冰冻圈科学国家重点实验室开放基金“阿勒泰地区雪质及冰雪旅游气候适宜性评价方法构建及其应用研究”(SKLCS-OP-2021-13)
新疆维吾尔自治区自然科学基金“新疆北部持续性暴雪过程水汽特征研究”(2021D01A01)
共同资助

新疆暴雪环流背景与落区

庄晓翠　王飞腾　孔令文
胥执强　李博渊　荆海亮　等著

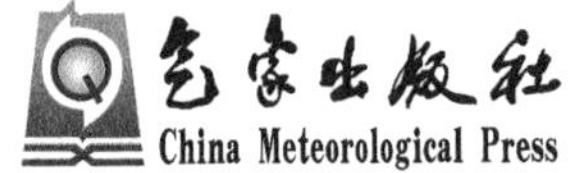

内 容 简 介

本书利用 1980—2021 年新疆 105 个国家基本气象站逐日降水量资料，对新疆近 42 年暴雪状况进行了较全面总结，按新疆暴雪标准，结合天气现象及气温<2 ℃、地面形成明显积雪及雪深>1 cm 的雨夹雪天气，筛选出新疆各站暴雪天气过程。按照新疆地域特点，定义了新疆局地暴雪、区域性暴雪及系统性暴雪过程，简要描述了各类暴雪天气实况，统计了各站暴雪及日最大降雪量、大暴雪发生情况。利用 NCEP/NCAR 2.5°×2.5°再分析资料，着重分析了区域性暴雪和系统性暴雪过程的高低空环流形势及配置。

本书为预报员了解新疆暴雪天气提供了重要的参考依据，同时也为新疆气象部门开展暴雪灾害监测、预报、灾害评估、重大暴雪过程预报技术总结等提供基础资料，也可供从事气象、水文、水利、农业、生态及环境等方面的科研业务人员、高等院校相关学科教师、决策管理者参考。

图书在版编目（CIP）数据

新疆暴雪环流背景与落区 / 庄晓翠等著. -- 北京 : 气象出版社, 2023.4
ISBN 978-7-5029-7917-1

Ⅰ. ①新… Ⅱ. ①庄… Ⅲ. ①雪暴－环流背景－新疆 Ⅳ. ①P426.63

中国国家版本馆CIP数据核字(2023)第047602号

新疆暴雪环流背景与落区

Xinjiang Baoxue Huanliu Beijing yu Luoqu

出版发行：气象出版社
地　　址：北京市海淀区中关村南大街 46 号　　邮政编码：100081
电　　话：010-68407112(总编室)　010-68408042(发行部)
网　　址：http://www.qxcbs.com　　E-mail：qxcbs@cma.gov.cn
责任编辑：王萃萃　　终　　审：张　斌
责任校对：张硕杰　　责任技编：赵相宁
封面设计：地大彩印设计中心
印　　刷：北京中石油彩色印刷有限责任公司
开　　本：787 mm×1092 mm　1/16　　印　　张：15.25
字　　数：390 千字
版　　次：2023 年 4 月第 1 版　　印　　次：2023 年 4 月第 1 次印刷
定　　价：80.00 元

本书著者名单

庄晓翠　王飞腾　孔令文　胥执强　李博渊　荆海亮

周雪英　白松竹　赵江伟　加孜拉·索力提肯

范宏云　赵正波　潘映梅　孟富强　李圆圆　陶　瑞

苏小岚　卜　钰　朱海棠　黄　荟　潘冬梅　王　红

钱康妮　红都孜　陈丽娟　王启迪　马秀清　罗孝茹

高　蕾　吉海燕　蔺婷婷　王　舒　娜孜曼·热苏力

前　言

新疆地处中国西北部，降水不受季风直接影响，平均年降水量约 147 mm，不到全国平均值的 1/4，属典型的大陆性干旱半干旱气候。降雪是新疆所有形式的地表水、地下水及高山积雪、冰川等水体的根本来源，是水分循环过程中的一个重要分量，也是新疆冬季主要的旅游资源。由于新疆地形复杂、地域辽阔，南有昆仑山脉、帕米尔高原、青藏高原，北有阿尔泰山脉，中部有天山山脉，形成了塔里木盆地（沙漠）和准噶尔盆地（古尔班通古特沙漠），特殊的地形地貌使降水分布极不均匀；天气系统受地形影响显著，一次大暴雪过程能改变当地的气候值，造成城市交通严重受阻，航班取消、延误、备降，给当地的交通、农牧业、电力、通信、建筑等造成损失，社会涉及面广，程度较深，引起了自治区各级领导、社会各界及公众的广泛关注，而新疆暴雪的发生发展受特殊地形影响机理复杂，对其预报一直是业务工作中的重点和难题。

目前，新疆是“丝绸之路经济带”的桥头堡，是国家重大经济战略主战场，引起了许多专家学者对新疆和中亚地区天气气候的高度关注，为了让广大专家学者及相关行业科研及业务人员对新疆暴雪天气的发生发展及影响区域有更清晰而全面的认识，更好地了解新疆暴雪天气的特点及规律，新疆阿勒泰地区气象局联合中国科学院西北生态环境资源研究院、新疆维吾尔自治区人工影响天气办公室、新疆维吾尔自治区气象服务中心、巴音郭楞蒙古自治州气象局和哈密市气象局等单位的专家，撰写了《新疆暴雪环流背景与落区》，本书既有理论基础，又有较强的实用性，是一本面向预报员的实用手册。从理论层面看，本书较全面分析了近 42 年新疆暴雪天气过程的环流特征及高低空配置。从技术层面看，本书集中对近 42 年新疆暴雪发生发展环流演变特征等进行了较深入的分析，从而使暴雪天气过程数据库更加业务化和实用化。本书图文并茂，尽量做到通俗易懂，避免晦涩之词，使科技论著更具有可读性，对新预报员来说简单易学。

本书对新疆 1980—2021 年所有暴雪站点和暴雪过程进行了分析，定义了新疆局地暴雪、区域性暴雪及系统性暴雪过程；该书将为新疆乃至全国的科研业务、高等院校相关学科教学、决策管理及相关研究提供参考依据。

《新疆暴雪环流背景与落区》共 5 章，主要内容如下：

第 1 章介绍了新疆降雪地方标准，定义了局地暴雪、区域性暴雪及系统性暴雪过程及本书所用相关资料；

第 2 章系统性暴雪过程，共统计出 45 次过程，其中有 7 次暖区暴雪过程、38 次冷锋暴雪过程，分析了每次过程的暴雪实况和落区特点、环流特征及高低空配置；

第 3 章区域性暴雪过程，共统计出 182 次过程，其中有 19 次暖区暴雪过程、163 次冷锋暴雪过程，分析了每次过程的暴雪实况和落区特点、环流特征及高低空配置；

第 4 章局地暴雪，共统计出 539 次，给出了新疆各站局地暴雪及其降雪量；

第 5 章统计了 1980—2021 年，新疆各站暴雪频次及日最大降雪量，各站大暴雪发生时间及日降雪量。

上述各章内容对新疆近 42 年来暴雪过程的环流特征及高低空配置进行了较详细的分析。天气预报的实质是对大气运动和天气过程演变规律的认识、掌握和应用。本书是新疆复杂地形地貌下运用天气学原理来揭示暴雪过程的环流演变特征，因此是既理论联系实际，又具有地方特色的书籍。

本书在中国科学院西北生态环境资源研究院、新疆维吾尔自治区人工影响天气办公室、新疆维吾尔自治区气象服务中心、巴音郭楞蒙古自治州气象局和哈密市气象局大力支持下，由阿勒泰地区气象局负责和组织本书的撰写和实施，并由新疆阿勒泰地区气象局承担的中国科学院西北生态环境资源研究院冰冻圈科学国家重点实验室开放基金项目“阿勒泰地区雪质及冰雪旅游气候适宜性评价方法构建及其应用研究”（SKLCS-OP-2021-13）和新疆维吾尔自治区自然科学基金项目“新疆北部持续性暴雪过程水汽特征研究”（2021D01A01）共同资助完成。

由于作者水平有限，书中难免有不妥之处，敬请读者提出批评和指正。

作者

2022 年 7 月

目　录

第 1 章　新疆降雪等级地方标准及暴雪定义

1.1　新疆降雪等级

新疆位于中国西北部具有三山夹两盆的特殊地形地貌，深居内陆属干旱、半干旱气候区，根据新疆气候特点和多年预报、服务实践及暴雪灾害记录、暴雪特点，通过统计分析确定了新疆降雪等级地方标准《降水量级别》(DB65/T 3273—2011)(表 1.1)。

表 1.1　新疆降雪量级地方标准　(单位:mm)

量级	6 h	12 h	24 h
微雪	0.0	0.0	0.0
小雪	0.1～2.0	0.1～2.5	0.1～3.0
中雪	2.1～4.0	2.6～5.0	3.1～6.0
大雪	4.1～8.0	5.1～10.0	6.1～12.0
暴雪	8.1～16.0	10.1～20.0	12.1～24.0
大暴雪	16.1～32.0	20.1～40.0	24.1～48.0
特大暴雪	>32.0	>40.0	>48.0

1.2　新疆暴雪定义

由于新疆地域辽阔，地形复杂，按照新疆降雪等级地方标准及预报业务规定，对新疆暴雪定义如下：

(1)暴雪：某测站日降雪量 $R>12.0$ mm 为暴雪，$R>24.0$ mm 为大暴雪，$R>48.0$ mm为特大暴雪。

(2)系统性暴雪过程：2 个以上相邻地区，1 天有 5 个以上测站出现暴雪。

(3)区域性暴雪过程：①1 天 1 个地区有 2 站或以上出现暴雪，或相邻两个地区的 2 个测站，直线距离在 200 km 以内；②全疆范围内，相邻 2～3 个地区 1 天有 3～4 站出现暴雪，或连续 2 天有 4 站及以上出现暴雪。

(4)局地暴雪：1 天 1 个地区有 1 站出现暴雪，或两个地区及以上各有 1 站出现暴雪。

(5)暖区暴雪过程：满足上述(1)—(4)条，且伴有 3 h 减压及 24 h 升温(简称减压升温)的降雪天气现象(崔彩霞 等，2017；庄晓翠 等，2016)。

1.3　资料选取及日降雪确定

利用 1980 年 1 月—2021 年 12 月新疆 105 个国家基本气象站逐日降水资料(其中，乌鲁木齐市天山大西沟山区站资料截至 2015 年)，即前一日 20 时至当日 20 时(北京时，下同)，如 2 日降雪量为 1 日 20 时至 2 日 20 时的累计降雪量。由于新疆地域辽阔，地形复杂，降雪初、终日自南向北及平原和山区不同，因此，在选取暴雪个例时，将气温＜2 ℃，地面形成明显积雪，雪深＞1 cm 的雨夹雪天气，同时，降水量满足暴雪过程的也统计在内。高低空环流形势图均为 NCEP/NCAR 2.5°×2.5°再分析资料。

1.4　地州简称及其他说明

本书中有关各地州的简称：博尔塔拉蒙古自治州简称"博州"，伊犁哈萨克自治州简称"伊犁州"，昌吉回族自治州简称"昌吉州"，巴音郭楞蒙古自治州简称"巴州"，克孜勒苏柯尔克孜自治州简称"克州"，塔额盆地为塔城地区北部(塔城站、裕民站、托里站)。站名均省略"站"，如阿勒泰站简写为"阿勒泰"，以此类推。

有关灾情和暴雪过程的较详细说明，均来自相关文献和灾情直报。

第 2 章　系统性暴雪天气过程

2.1　暖区暴雪过程

2.1.1　1993 年 11 月 12—14 日塔城地区、阿勒泰地区、伊犁州、昌吉州暴雪

【暴雪概况】暴雪出现在：12 日塔城地区北部裕民 17.8 mm、额敏 19.8 mm、托里 15.2 mm，阿勒泰地区富蕴 14.5 mm、青河 15.3 mm；13 日塔城地区北部裕民 14.2 mm，昌吉州北塔山 17.4 mm；14 日伊犁州察布查尔 12.5 mm、新源 17.1 mm。过程累计降雪中心出现在塔城地区北部裕民站(32.0 mm)(图 2.1a)。

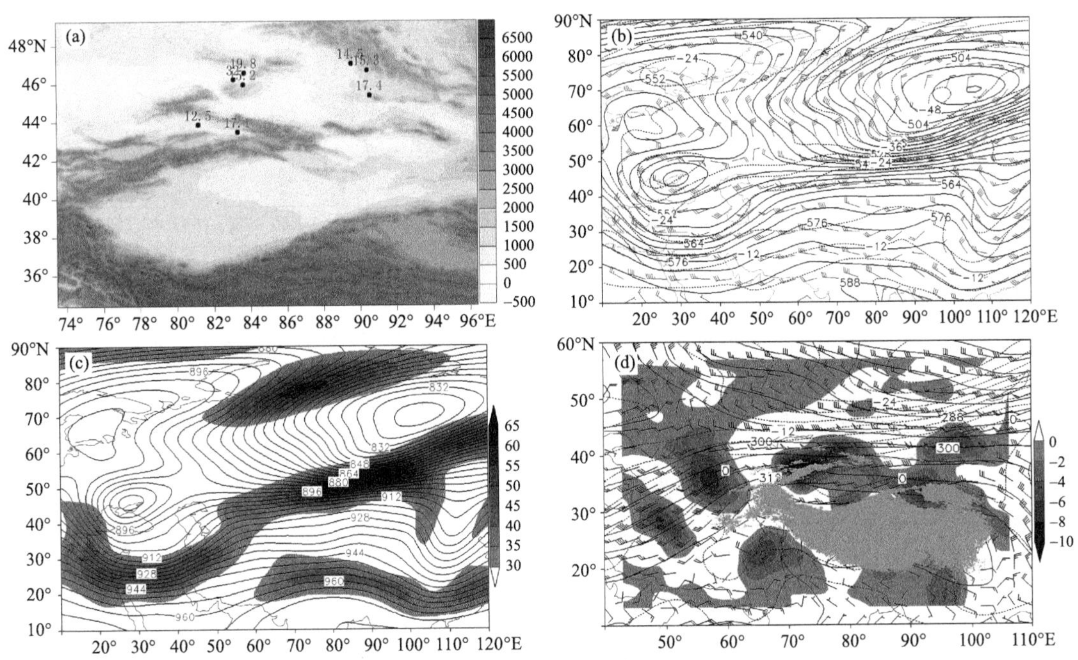

图 2.1　(a)1993 年 11 月 12—14 日累计暴雪量站点分布(单位：mm；填色为地形，单位：m)，以及 11 日 20 时(b)500 hPa 高度场(实线，单位：dagpm)、温度场(虚线，单位：℃)、风场(单位：$m \cdot s^{-1}$)，(c)300 hPa 高度场(实线，单位：dagpm)和风速≥30 $m \cdot s^{-1}$ 的急流(填色，单位：$m \cdot s^{-1}$)；(d)12 日 02 时 700 hPa 高度场(实线，单位：dagpm)、温度场(虚线，单位：℃)、风场(单位：$m \cdot s^{-1}$)及水汽通量散度(填色，单位：$10^{-5}\ g \cdot cm^{-2} \cdot hPa^{-1} \cdot s^{-1}$，浅灰色阴影为≥3 km 的地形)

【环流背景】11 日 20 时，500 hPa 上欧亚中高纬为两脊一槽型，欧洲沿岸、东亚为高压脊区，西伯利亚为极涡活动区，欧洲沿岸高压脊东南部黑海为切断低涡，该低涡前西南气流与极涡底部强锋区在咸海—巴尔喀什湖—新疆北部汇合；锋区上最大风速达 48 $m \cdot s^{-1}$，新疆北部

受极涡底部强偏西锋区控制(图 2.1b)。欧洲沿岸脊东移,脊前正变高东南落;极涡旋转缓慢东移,其底部锋区上不断分裂短波槽东移,造成新疆北部持续性的暴雪天气(图略)。300 hPa 上风速≥30 m·s^{-1}高空急流自地中海东部—咸海—巴尔喀什湖—新疆北部边界—贝加尔湖,呈西南—东北走向;新疆北部处于风速>45 m·s^{-1}急流轴右侧的强辐散区中(图 2.1c),700 hPa 上风速≥12 m·s^{-1}低空西南急流与西北气流在巴尔喀什湖—新疆北部汇合,该区位于汇合的偏西急流轴附近及水汽通量散度辐合区前部(图 2.1d)。暖区位于高空西南急流轴右侧辐散区,极涡底部偏西强锋区,低空偏西急流轴附近和水汽通量散度辐合区前部及地面上减压升温的重叠区域(图略)。

2.1.2 2007 年 11 月 23 日塔城地区、阿勒泰地区、伊犁州暴雪

【暴雪概况】23 日暖区暴雪出现在阿勒泰地区哈巴河 14.1 mm、阿勒泰 21.9 mm、富蕴 12.2 mm,塔城地区北部裕民 20.9 mm、额敏 14.6 mm、塔城 23.3 mm,伊犁州尼勒克 15.2 mm。过程降雪中心出现在塔城地区北部塔城(23.3 mm)(图 2.2a)。

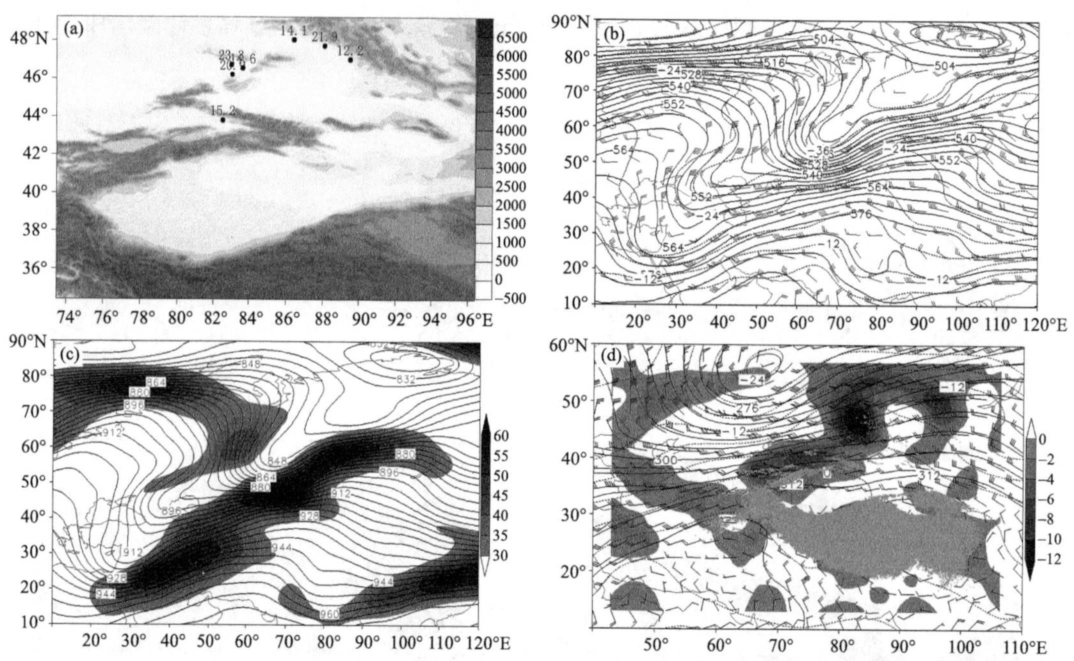

图 2.2 (a)2007 年 11 月 23 日暴雪量站点分布(单位:mm;填色为地形,单位:m),以及 22 日 20 时(b) 500 hPa 高度场(实线,单位:dagpm)、温度场(虚线,单位:℃)、风场(单位:m·s^{-1}),(c)300 hPa 高度场(实线,单位:dagpm)和风速≥30 m·s^{-1}的急流(填色,单位:m·s^{-1}),(d)700 hPa 高度场(实线,单位:dagpm)、温度场(虚线,单位:℃)、风场(单位:m·s^{-1})及水汽通量散度(填色,单位:10^{-5} g·cm^{-2}·hPa^{-1}·s^{-1},浅灰色阴影为≥3 km 的地形)

【环流背景】22 日 20 时,500 hPa 上欧亚范围内为两脊一槽型,欧洲—泰米尔半岛西部为西南—东北向的高压脊区,脊前西西伯利亚—里海—黑海—地中海为西南—东北向的低槽区,贝加尔湖为浅脊;高、中、低纬的槽前强西南锋区在咸海—巴尔喀什湖—新疆北部汇合,锋区上最大风速达 42 m·s^{-1},新疆北部位于强西南锋区上(图 2.2b)。欧洲脊西北部受极地冷空气侵袭,脊前正变高东南落,使西西伯利亚低槽东移减弱造成新疆北部暴雪天气。300 hPa 上风

速≥40 m·s^{-1}高空西南急流自红海—咸海—巴尔喀什湖—贝加尔湖呈西南—东北走向，新疆北部处于急流轴右侧的强辐散区中(图 2.2c)。700 hPa 上新疆北部位于风速≥20 m·s^{-1}低空西南急流出口区前部辐合区及水汽通量散度辐合区(图 2.2d)。地面图上，暖区暴雪区位于蒙古冷高压西部、中亚低压东南部的减压升温区域(图略)。暖区暴雪区位于高空西南急流轴右侧辐散区，西西伯利亚低槽前西南强锋区，低空西南急流出口区前部辐合区和水汽通量散度辐合区及地面低压东南部减压升温的重叠区域(图略)。

2.1.3　2010 年 1 月 6—7 日阿勒泰地区、塔城地区暴雪

【暴雪概况】1 月 6—7 日新疆阿勒泰地区、塔城地区北部出现罕见暖区暴雪。6 日阿勒泰地区富蕴 17.1 mm、青河 14.0 mm；7 日阿勒泰地区阿勒泰 20.0 mm、哈巴河16.0 mm、布尔津 12.5 mm、福海 12.9 mm、富蕴 37.3 mm、青河 24.0 mm，塔城地区北部塔城 21.1 mm、额敏 21.0 mm，其中，阿勒泰、富蕴、青河、塔城、额敏日降雪≥20 mm，富蕴站为暴雪中心。富蕴、青河站累计降雪量分别为 54.4 mm、38.0 mm，暴雪中心出现在阿勒泰地区富蕴站(54.4 mm)(图 2.3a)。

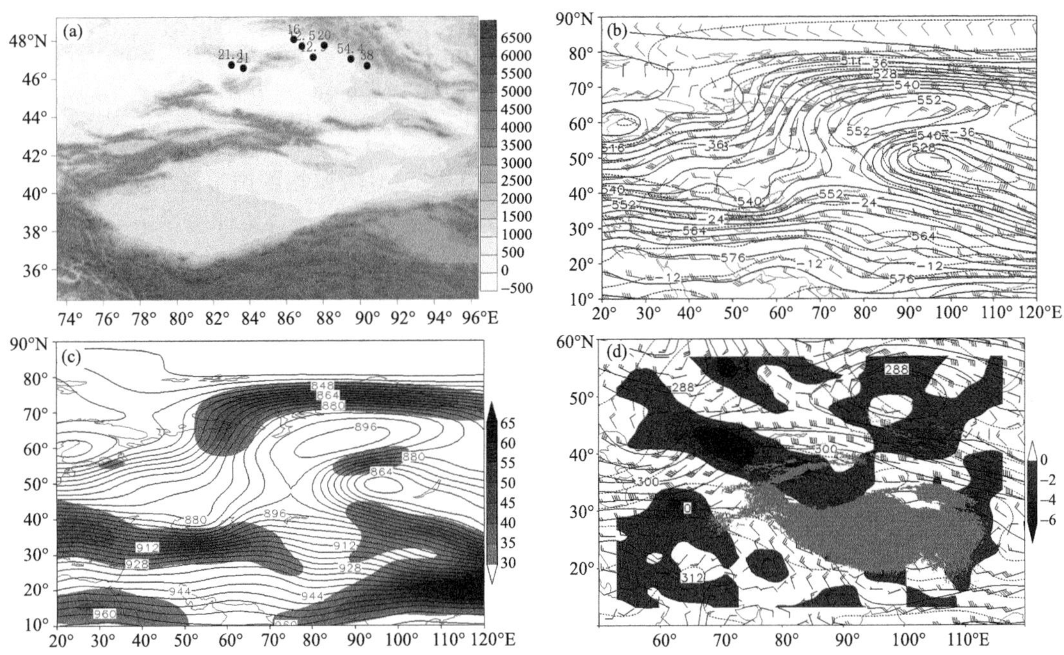

图 2.3　(a)2010 年 1 月 6—7 日累计暴雪量站点分布(单位：mm；填色为地形，单位：m)，以及 5 日 20 时(b)500 hPa 高度场(实线，单位：dagpm)、温度场(虚线，单位：℃)、风场(单位：m·s^{-1})，(c)300 hPa 高度场(实线，单位：dagpm)和风速≥30 m·s^{-1}的急流(填色，单位：m·s^{-1})，(d)700 hPa 高度场(实线，单位：dagpm)、温度场(虚线，单位：℃)、风场(单位：m·s^{-1})及水汽通量散度(填色，单位：10^{-5} g·cm^{-2}·hPa^{-1}·s^{-1}，浅灰色阴影为≥3 km 的地形高度)

【环流背景】5 日 20 时，500 hPa 欧亚范围内呈两槽一脊的 Ω 型，即欧洲为强低涡，西西伯利亚至泰米尔半岛为强阻塞高压，呈西南—东北向，萨彦岭为切断低涡(图 2.3b)。欧洲低涡不断分裂短波槽沿中纬度纬向锋区东移，与萨彦岭低涡底部强锋区在新疆北部上空汇合，锋区上不断有短波槽东移造成新疆北部暖区暴雪天气(图略)。300 hPa 上低涡底部为风速≥30 m·s^{-1}高空西

北急流，新疆北部处于急流入口区右侧的强辐散区中(图 2.3c)。700 hPa 上风速≥16 m·s^{-1}低空偏西急流，呈顺时针走向，新疆北部位于低空急流轴附近；暴雪区位于低空急流出口区前部辐合区及水汽通量散度辐合区(图 2.3d)。地面图上，暴雪区位于中亚气旋前部暖锋前及蒙古高压西南部的减压升温区域(图略)。暖区暴雪位于高空西北急流入口区右侧辐散区，萨彦岭低涡底部偏西强锋区，低空偏西急流出口区前部辐合和水汽通量散度辐合区及地面暖锋前减压升温的重叠区域(图略)。

此次过程是自 1960 年有完整气象记录以来最严重的暴雪天气过程，所造成的灾害之重为历史罕见。据地区民政局、畜牧局统计：雪灾造成阿勒泰地区 58.17 万人受灾，因灾伤病 548 人，死亡 9 人，紧急转移 97443 人；倒塌房屋 1547 间，损坏房屋 11622 间；牲畜受灾 227.34 万头(只)，占存栏数的 83.5%；被困牧民 7460 户，共 30699 人；被困牲畜 72.53 万头(只)，死亡牲畜 9742 头(只)，占存栏数的 0.36%；压塌蔬菜大棚 243 座，倒塌、损坏牲畜棚圈 2743 个，直接经济损失 22566 万元(庄晓翠 等，2010，2012，2018)。

2.1.4 2010 年 3 月 20—21 日阿勒泰地区、塔城地区、伊犁州、石河子市、昌吉州、乌鲁木齐市暴雪

【暴雪概况】20 日暖区暴雪出现在阿勒泰地区阿勒泰 15.5 mm、哈巴河 22.0 mm、布尔津 21.6 mm、青河 15.9 mm，塔城地区北部塔城 20.7 mm、裕民 18.9 mm、额敏 16.3 mm，冷锋暴雪出现在伊犁州霍城 12.4 mm、伊宁 15.4 mm、伊宁县 22.0 mm、尼勒克 12.2 mm、新源 20.6 mm；该日暴雪中心出现在阿勒泰地区哈巴河站和伊犁州伊宁县均为 22.0 mm。21 日冷锋暴雪出现在石河子市石河子 16.7 mm、乌兰乌苏 15.6 mm，塔城地区南部沙湾 24.4 mm，伊犁州新源 15.9 mm，乌鲁木齐市乌鲁木齐 13.4 mm、小渠子 15.2 mm，该日暴雪中心出现在塔城地区南部沙湾 24.4 mm。过程累计暴雪中心出现在伊犁州新源(36.5 mm)(图 2.4a)。

【环流背景】19 日 20 时，500 hPa 欧亚范围内呈两脊两槽型，欧洲大西洋沿岸为高压脊，新疆为锋区脊，乌拉尔山北部—新地岛为极涡活动区，中心位于新地岛，南北两支锋区在里海—咸海—巴尔喀什湖—新疆北部汇合，锋区呈西南—东北向，其上最大风速达 42 m·s^{-1}，新疆北部受锋区脊后西南气流控制(图 2.4b)。极涡部分东移南压，使锋区南压，其上不断分裂短波东移造成新疆北部持续性暴雪天气(图略)。300 hPa 上风速>50 m·s^{-1}高空西南急流轴自地中海—里海南部—咸海—巴尔喀什湖—新疆东部呈顺时针走向，急流核风速>75 m·s^{-1}，新疆北部位于急流轴右侧强辐散区(图 2.4c)。700 hPa 上风速>20 m·s^{-1}低空西南急流自咸海南部—巴尔喀什湖，急流核风速>30 m·s^{-1}，暴雪区位于急流出口区前部辐合区及水汽通量散度辐合区，辐合中心为$<-1.4\times10^{-4}$ g·cm^{-2}·hPa^{-1}·s^{-1}的强辐合区(图 2.4d)。地面图上，19 日 20 时新疆北部处于蒙古高压西部中亚气旋前部的减压升温区，从而造成 20 日阿勒泰地区和塔城地区北部暖区暴雪天气；20 日 14 时后，冷锋逐渐影响新疆，新疆北部各地逐渐受冷锋影响，造成伊犁州、石河子市、昌吉州、乌鲁木齐市及塔城地区南部冷锋暴雪，暴雪区位于冷锋附近(图略)。暖区暴雪位于高空西南急流轴右侧辐散区，槽前西南强锋区，低空西南急出口区前部辐合及水汽通量散度强辐合区及地面图上中亚气旋前部的减压升温的重叠区域(图略)。

2.1.5 2010 年 11 月 17—20 日阿勒泰地区、塔城地区、巴州暴雪

【暴雪概况】17 日暖区暴雪出现在阿勒泰地区富蕴 12.4 mm 和塔城地区北部托里 13.1 mm，冷锋暴雪出现在巴州巴音布鲁克 18.1 mm；暴雪中心在巴州巴音布鲁克站。18 日

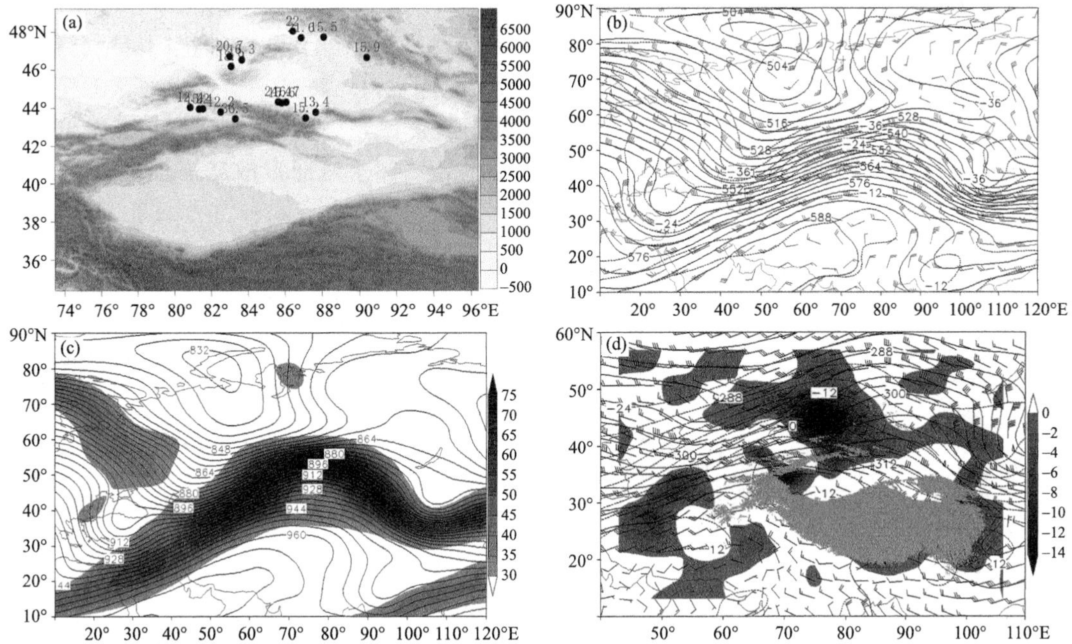

图 2.4　(a)2010 年 3 月 20—21 日累计暴雪量站点分布(单位:mm;填色为地形,单位:m),以及 19 日 20 时(b)500 hPa 高度场(实线,单位:dagpm)、温度场(虚线,单位:℃)、风场(单位:m·s⁻¹),(c)300 hPa 高度场(实线,单位:dagpm)和风速≥30 m·s⁻¹的急流(填色,单位:m·s⁻¹),(d)700 hPa 高度场(实线,单位:dagpm)、温度场(虚线,单位:℃)、风场(单位:m·s⁻¹)及水汽通量散度(填色,单位:10^{-5} g·cm^{-2}·hPa^{-1}·s^{-1},浅灰色阴影为≥3 km 的地形)

为暖区暴雪,出现在阿勒泰地区阿勒泰 16.6 mm、哈巴河 15.8 mm,阿勒泰站为暴雪中心。19 日为暖区暴雪,出现在阿勒泰地区布尔津 14.1 mm、富蕴 16.9 mm、青河 13.2 mm,塔城地区北部塔城 18.6 mm、裕民 21.8 mm、额敏 18.5 mm,暴雪中心在塔城地区北部裕民 21.8 mm。20 日为冷锋暴雪,出现在塔城地区南部的沙湾 17.2 mm。过程最大降雪中心在阿勒泰地区富蕴站(29.3 mm)(图 2.5a)。

【环流背景】16 日 20 时,500 hPa 欧亚范围内高纬 60°N 以北的极涡中心位于东西伯利亚,极涡西南伸至西西伯利亚,其底部为强锋区,其上最大西风为 40 m·s^{-1};中低纬呈两槽两脊型,地中海、新疆东部为低槽区,伊朗高原—欧洲、蒙古为高压脊区,新疆北部处于槽后西北锋区上(图 2.5b)。西北锋区上短波槽东移造成 17 日的暴雪天气;18 日开始极地不断有冷空气南下侵袭欧洲脊顶,脊前部分正变高东南下,促使锋区上不断分裂短波东移造成新疆北部持续性暴雪天气(图略)。300 hPa 上风速>35 m·s^{-1}高空急流轴自北欧—乌拉尔山—巴尔喀什湖—新疆西部—贝加尔湖呈逆时针走向,有 2 个急流核分别位于欧洲—西西伯利亚(风速>60 m·s^{-1})、贝加尔湖以西风速>45 m·s^{-1}(图 2.5c),17—18 日暴雪区位于偏西急流轴附近,19 日系统性暖区暴雪区位于急流轴右侧辐散区,20 日天山北坡冷锋暴雪位于急流出口区前部(图略)。17 日 20 时暖区暴雪前 700 hPa 上风速>20 m·s^{-1}低空西北急流,急流核风速>30 m·s^{-1};18—19 日暖区暴雪区位于西北低空急流出口区前部辐合区及水汽通量散度辐合大值区,辐合中心为<-1.6×10^{-4} g·cm^{-2}·hPa^{-1}·s^{-1}的强辐合区(图 2.5d),其他时间的暴雪区位于

风速>16 m·s^{-1}低空西北急流轴附近。地面图上，17 日 20 时巴尔喀什湖北部为低压区，中心达 1003 hPa，南部为高压，中心为 1033 hPa；北欧为冷高压强度较强；在高空引导气流作用下，北欧冷高逐渐东移南下，推动巴尔喀什湖北部低压南下东移，暖区暴雪产生在该低压东南部的减压升温区域；17 日和 20 日暴雪出现在冷锋附近（图略）。暖区暴雪区位于高空偏西急流轴附近，槽后西北锋区，低空西北急流出口区前部辐合区和水汽通量散度辐合大值区，及地面低压东南部减压升温的重叠区域（图略）。

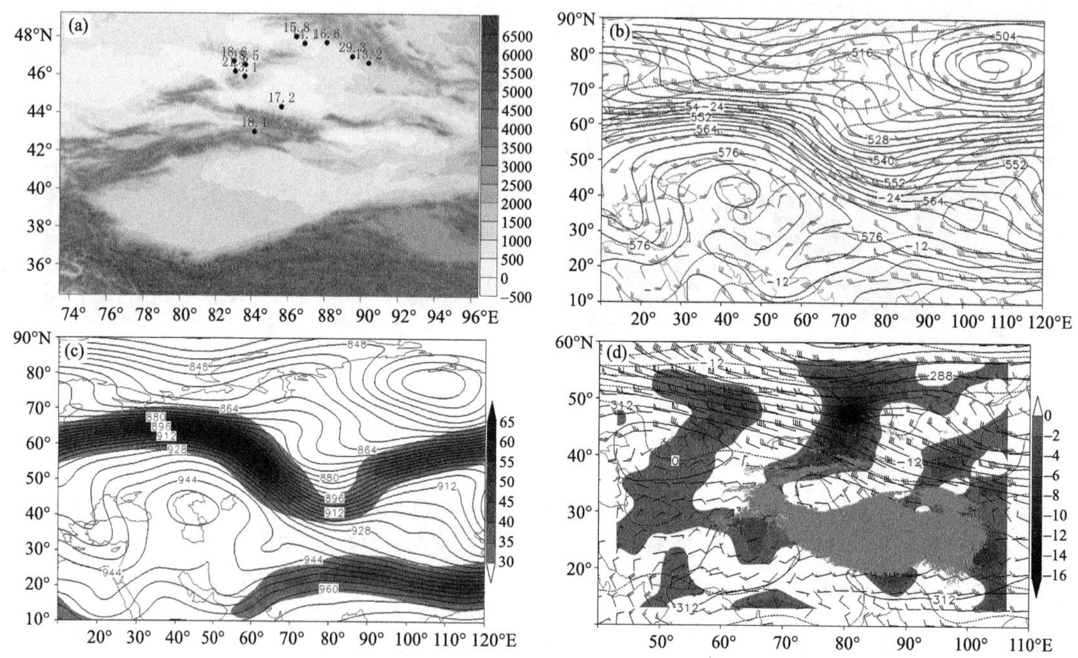

图 2.5　(a)2010 年 11 月 17—20 日累计暴雪量站点分布（单位：mm；填色为地形，单位：m），以及 16 日 20 时(b)500 hPa 高度场（实线，单位：dagpm）、温度场（虚线，单位：℃）、风场（单位：m·s^{-1}），(c)300 hPa 高度场（实线，单位：dagpm）和风速≥30 m·s^{-1}的急流（填色，单位：m·s^{-1}）；(d)17 日 20 时 700 hPa 高度场（实线，单位：dagpm）、温度场（虚线，单位：℃）、风场（单位：m·s^{-1}）及水汽通量散度（填色，单位：10^{-5} g·cm^{-2}·hPa^{-1}·s^{-1}，浅灰色阴影为≥3 km 的地形）

2.1.6　2010 年 12 月 3—4 日塔城地区、阿勒泰地区、伊犁州暴雪

【暴雪概况】3 日暖区暴雪出现在塔城地区北部塔城 36.8 mm、裕民 34.8 mm、额敏 39.8 mm，阿勒泰地区阿勒泰 14.4 mm、富蕴 21.3 mm、青河 13.0 mm。4 日伊犁州新源站出现 13.6 mm 的暴雪。塔城、额敏、裕民 3 站日降雪量为 34.8～39.8 mm，中心位于额敏（图 2.6a），据统计均突破 1960 年有气象记录以来的历史极值（张林梅 等，2021）。

【环流背景】2 日 20 时，500 hPa 上欧亚范围内极涡位于极区，中低纬为两脊一槽型，红海—黑海—西欧为高压脊区，贝加尔湖为浅脊，西西伯利亚至东欧为低压槽区，槽底为风速>36 m·s^{-1}的强西南锋区，最大风速为 52 m·s^{-1}呈东西向（图 2.6b）。极涡侵袭欧洲脊顶，脊前正变高东南下，导致西西伯利亚槽转向东移，造成新疆北部暴雪天气（图略）。300 hPa 上高空西南急流轴位于新疆西北部边境附近，急流核风速达 64 m·s^{-1}，新疆西部、北部处于风速>40 m·s^{-1}的急流带中，暴雪区位于急流轴附近（图 2.6c）。700 hPa 上咸海—巴尔喀什湖—新疆北部为风速

>20 m·s⁻¹的低空西南急流带，暴雪区位于低空西南急流轴附近及其右侧和水汽通量散度辐合区（图 2.6d）；在塔城与阿勒泰站之间有 12 m·s^{-1} 的风速辐合。地面图上，塔额盆地为西南风，阿勒泰地区为偏东风，暴雪落区位于蒙古高压西南部，西西伯利亚气旋东南部的减压升温区域（图略）。暖区暴雪位于高空西南急流轴附近辐散区，槽前强偏西锋区，低空西南急流轴附近及其右侧辐合区和水汽通量散度辐合区，地面图上西西伯利亚气旋东南部减压升温的重叠区域（图略）。

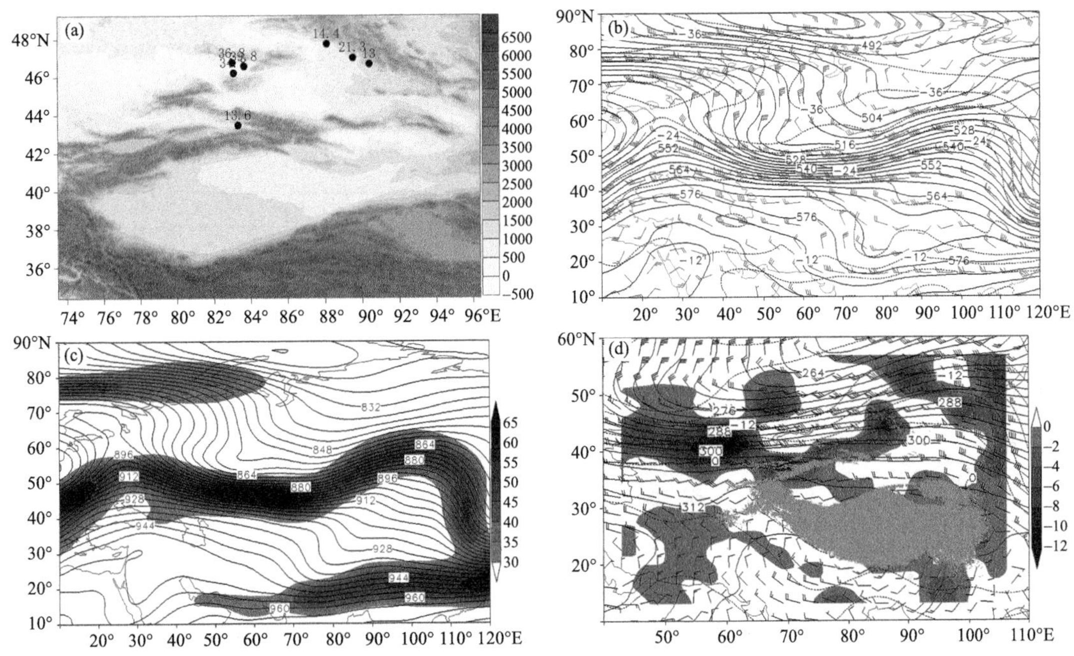

图 2.6　(a)2010 年 12 月 3—4 日累计暴雪量站点分布（单位：mm；填色为地形，单位：m），以及 2 日 20 时(b)500 hPa 高度场（实线，单位：dagpm）、温度场（虚线，单位：℃）、风场（单位：m·s^{-1}），(c)300 hPa 高度场（实线，单位：dagpm）和风速≥30 m·s^{-1} 的急流（填色，单位：m·s^{-1}），(d)700 hPa 高度场（实线，单位：dagpm）、温度场（虚线，单位：℃）、风场（单位：m·s^{-1}）及水汽通量散度（填色，单位：10^{-5} g·cm^{-2}·hPa^{-1}·s^{-1}，浅灰色阴影为≥3 km 的地形）

2.1.7　2016 年 11 月 10—13 日阿勒泰地区、塔城地区、伊犁州暴雪

【暴雪概况】暴雪发生在：10 日阿勒泰地区哈巴河 13.9 mm；11 日阿勒泰地区哈巴河 13.6 mm、吉木乃 14.6 mm，塔城地区北部塔城 23.9 mm、额敏 16.2 mm；12 日阿勒泰地区富蕴 25.2 mm、青河 16.8 mm，塔城地区北部塔城 13.6 mm、裕民 41.4 mm、托里 17.9 mm，伊犁州尼勒克 22.2 mm；13 日伊犁州伊宁县为 15.0 mm。暴雪中心出现在塔城地区北部裕民站 41.4 mm（图 2.7a）。12 日裕民站降雪量是自 1961 年有气象记录以来，在冬季日降雪量中居历史第一位，富蕴、青河居历史第三位。

此次暴雪过程塔城地区北部、阿勒泰地区自西向东出现降雪，过程最大累计降雪中心为塔城地区北部裕民站，达 55.3 mm，12 日降雪量达 41.4 mm，其中 11 日 14 时—12 日 02 时 12 h 降雪量 32.3 mm（雨夹雪转雪），11 日 20 时—12 日 02 时 6 h 降雪量 22.1 mm，最大小时雪强 5.5 mm（11 日 22—23 时）（李桉孛 等，2020）。

【环流背景】9 日 20 时，500 hPa 上极涡位于 60°N 以北的泰米尔半岛，中心在新地岛东部沿岸，极高位于北欧沿岸；中纬南欧—咸海为宽广的高压脊，并与北欧沿岸的极高打通，脊前西北气流与极涡底部强锋区自西西伯利亚—新疆北部汇合，其上最大风速达 40 m·s^{-1}，新疆北部受极涡底部西北锋区控制(图 2.7b)。由于极高与南欧脊反气旋打通，脊顶顺转，使极涡旋转南下，其底部强锋区南压，其上不断有短波槽东移，造成新疆北部持续性暴雪天气(图略)。300 hPa 上高空西北急流走向与 500 hPa 锋区一致(图 2.7c)，11—12 日暖区暴雪位于高空西北急流轴附近。700 hPa 上风速>20 m·s^{-1}的低空西北急流也与 500 hPa 锋区走向一致，暴雪区位于其前部风速辐合区及水汽通量散度辐合区，辐合中心水汽通量散度<−1.4×10^{-4} g·cm^{-2}·hPa^{-1}·s^{-1}(图 2.7d)。暴雪区位于高空西北急流轴附近的辐散区，极涡底部西北锋区，低空西北急流出口区前部辐合区和水汽通量散度辐合区，以及地面图上，蒙古高压西南部，西西伯利亚低压东部的减压升温的重叠区域(图略)。

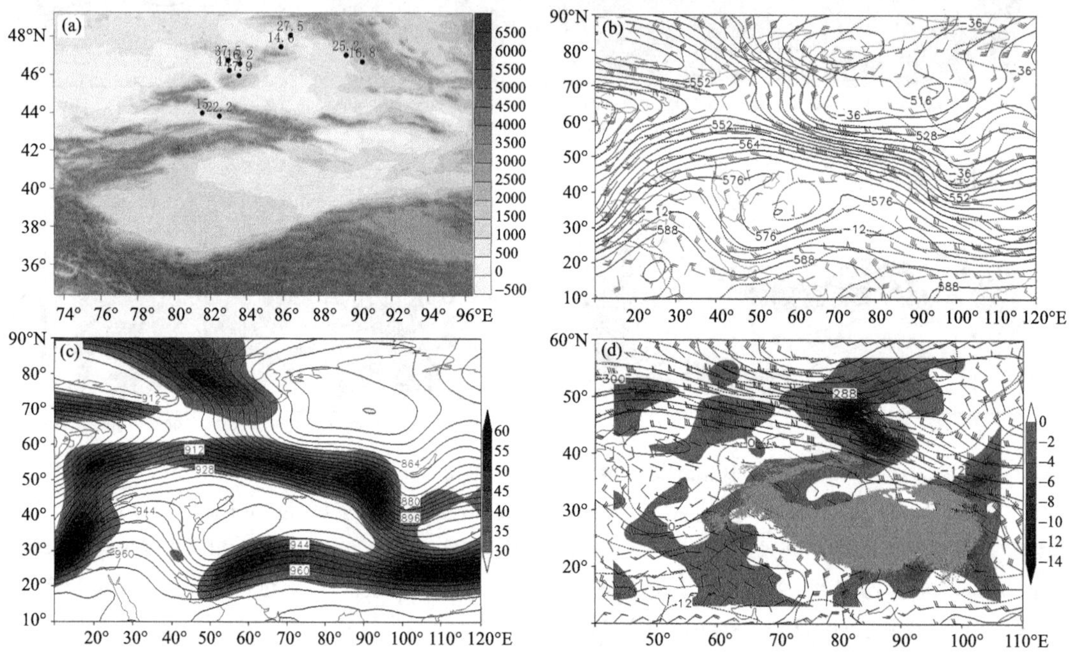

图 2.7　(a)2016 年 11 月 10—13 日累计暴雪量站点分布图(单位：mm；填色为地形，单位：m)，以及 9 日 20 时(b)500 hPa 高度场(实线，单位：dagpm)、温度场(虚线，单位：℃)、风场(单位：m·s^{-1})，(c)300 hPa 高度场(实线，单位：dagpm)和风速≥30 m·s^{-1}的急流(填色，单位：m·s^{-1})，(d)700 hPa 高度场(实线，单位：dagpm)、温度场(虚线，单位：℃)、风场(单位：m·s^{-1})及水汽通量散度(填色，单位：10^{-5} g·cm^{-2}·hPa^{-1}·s^{-1}，浅灰色阴影为≥3 km 的地形)

2.2　冷锋暴雪过程

2.2.1　1982 年 10 月 26—27 日博州、伊犁州、乌鲁木齐市、克州暴雪

【暴雪概况】暴雪发生在：26 日伊犁州霍尔果斯 23.5 mm、霍城 19.2 mm、伊宁 21.8 mm、伊宁县 18.1 mm，博州温泉 12.5 mm，乌鲁木齐市小渠子 16.2 mm，克州阿合奇 21.3 mm；27 日乌鲁木齐市米泉 16.9 mm、乌鲁木齐 15.2 mm。暴雪中心位于伊犁州霍尔果斯站 23.5 mm

(图 2.8a)。

【环流背景】25 日 20 时,500 hPa 上欧亚范围 60°N 以北为极涡活动区,呈东—西带状分布,中心位于泰米尔半岛,其底部为极锋锋区;中低纬为两脊一槽型,南欧、贝加尔湖为高压脊区,中亚为切断低涡,槽底南伸至 30°N 以南,其底部与南支地中海东部低涡前西南气流汇合,新疆北部受中亚低涡前西南气流控制(图 2.8b)。南欧脊受极地不稳定小槽的影响向南衰退,中亚低涡缓慢东移减弱,并不断分裂短波东移造成新疆北部暴雪天气(图略)。300 hPa 上风速 >40 m·s^{-1}高空西南急流从伊朗高原—巴尔喀什湖—贝加尔湖,暴雪区位于急流轴右侧辐散区(图 2.8c)。700 hPa上,暴雪区位于低空显著西南气流出口区右侧辐合区和水汽通量散度辐合区(图 2.8d)。暴雪区位于高空西南急流轴右侧辐散区,中亚低涡前西南气流,低空显著西南气流出口区右侧辐合区和水汽通量散度辐合区,以及地面图上冷锋附近的重叠区域(图略)。

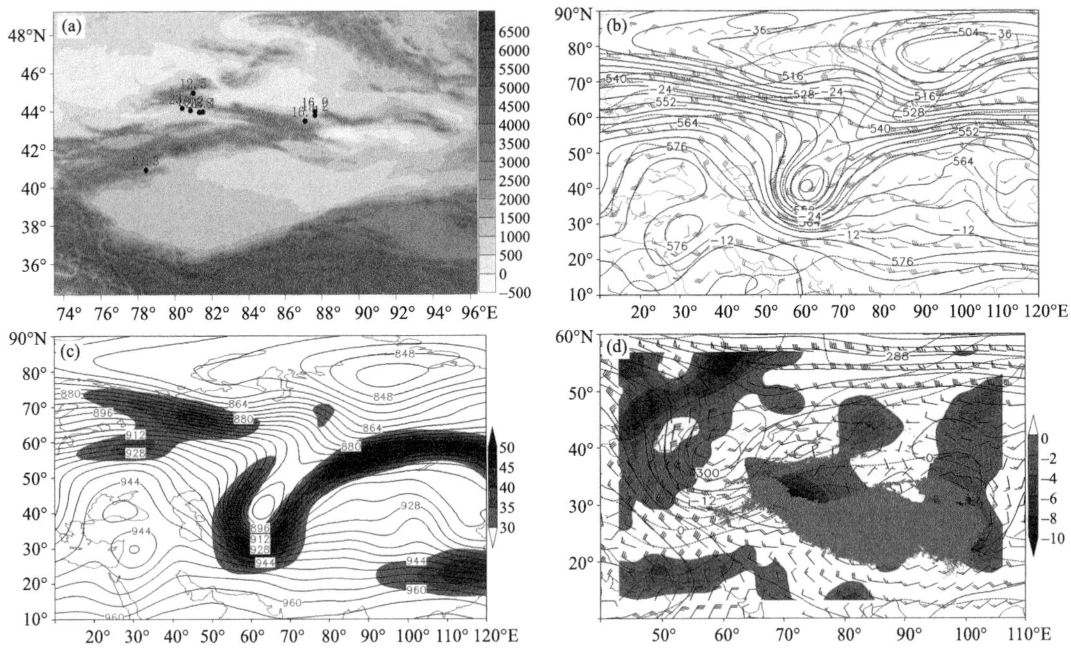

图 2.8　(a)1982 年 10 月 26—27 日累计暴雪量站点分布(单位:mm;填色为地形,单位:m),以及 25 日 20 时(b)500 hPa 高度场(实线,单位:dagpm)、温度场(虚线,单位:℃)、风场(单位:m·s^{-1}),(c)300 hPa 高度场(实线,单位:dagpm)和风速≥30 m·s^{-1}的急流(填色,单位:m·s^{-1}),(d)700 hPa 高度场(实线,单位:dagpm)、温度场(虚线,单位:℃)、风场(单位:m·s^{-1})及水汽通量散度(填色,单位:10^{-5} g·cm^{-2}·hPa^{-1}·s^{-1},浅灰色阴影为≥3 km 的地形)

2.2.2　1983 年 10 月 21—22 日伊犁州、乌鲁木齐市、昌吉州、巴州暴雪

【暴雪概况】暴雪出现在:21 日伊犁州新源 22.1 mm,乌鲁木齐市乌鲁木齐 13.1 mm;22 日乌鲁木齐市乌鲁木齐 26.7 mm、小渠子 24.3 mm、米泉 25.3 mm,昌吉州昌吉 17.6 mm、阜康 23.8 mm、吉木萨尔 12.7 mm、奇台 13.3 mm、天池 27.4 mm,巴州巴仑台 19.8 mm。过程累计降雪中心出现在乌鲁木齐(39.8 mm)(图 2.9a)。

【环流背景】20 日 20 时,500 hPa 上欧亚范围极锋锋区位于 60°N 以北,中低纬为两脊两槽型,南欧、贝加尔湖西部为高压脊区,中亚和东亚为低涡活动区,中亚低涡槽底南伸至 35°N

附近，新疆北部受该涡前西南气流控制（图 2.9b）。北欧冷空气侵袭南欧脊西北部，脊前正变东移南下，使中亚低涡缓慢东移减弱，并不断分裂短波东移造成新疆北部持续性暴雪天气。300 hPa上风速＞30 m·s^{-1}高空西南急流位于巴尔喀什湖东部新疆境外，暴雪区位于急流轴右侧辐散区，急流核风速＞40 m·s^{-1}（图 2.9c）。700 hPa 上，暴雪区位于低空偏南气流与东南气流的辐合区和水汽通量散度辐合区（图 2.9d）。暴雪区位于高空西南急流轴右侧辐散区，中亚低涡前西南气流、低空偏南气流与东南气流的辐合区和水汽通量散度辐合区，以及地面图上冷锋附近的重叠区域（图略）。

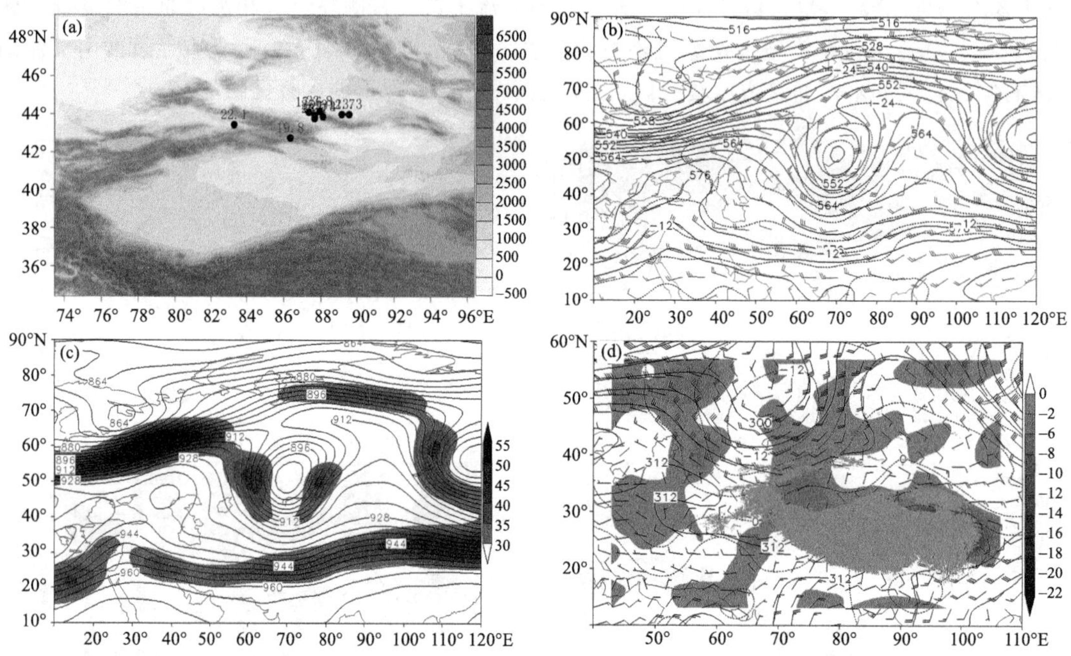

图 2.9　(a)1983 年 10 月 21—22 日累计暴雪量站点分布（单位：mm；填色为地形，单位：m）；以及 10 月 20 日 20 时(b)500 hPa 高度场（实线，单位：dagpm）、温度场（虚线，单位：℃）、风场（单位：m·s^{-1}），(c)300 hPa 高度场（实线，单位：dagpm）和风速≥30 m·s^{-1}的急流（填色，单位：m·s^{-1}），(d)700 hPa 高度场（实线，单位：dagpm）、温度场（虚线，单位：℃）、风场（单位：m·s^{-1}）及水汽通量散度（填色，单位：10^{-5} g·cm^{-2}·hPa^{-1}·s^{-1}；浅灰色阴影为≥3 km 的地形）

2.2.3　1985 年 5 月 14 日乌鲁木齐市、昌吉州暴雪

【暴雪概况】14 日暴雪发生在乌鲁木齐市米泉 15.5 mm、乌鲁木齐 15.7 mm、小渠子 17.9 mm，昌吉州天池 20.8 mm、木垒 13.7 mm。暴雪中心位于天池站（图 2.10a）

【环流背景】13 日 20 时，500 hPa 上欧亚范围内为两脊一槽型，咸海—西欧、贝加尔湖为高压脊区，中亚低槽与极涡气旋性接通，槽底南伸至 35°N 以南，新疆北部受中亚槽前强西南锋区控制，最大风速 34 m·s^{-1}（图 2.10b）。极地冷空气侵袭西欧脊顶，脊前正变高东南落，导致中亚低槽东移减弱造成天山北坡及山区暴雪天气（图略）。300 hPa 上风速＞30 m·s^{-1}高空西南急流位于巴尔喀什湖东部新疆境外，暴雪区位于急流轴右侧辐散区，急流核风速＞50 m·s^{-1}（图 2.10c），700 hPa 上，位于风速＞12 m·s^{-1}低空偏西急流出口区前部辐合区和水汽通量散度辐合区（图 2.10d）。暴雪区位于高空西南急流轴右侧辐散区，中亚槽前西南锋区，低空偏西

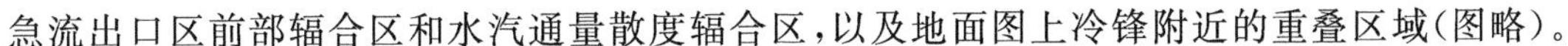
急流出口区前部辐合区和水汽通量散度辐合区，以及地面图上冷锋附近的重叠区域（图略）。

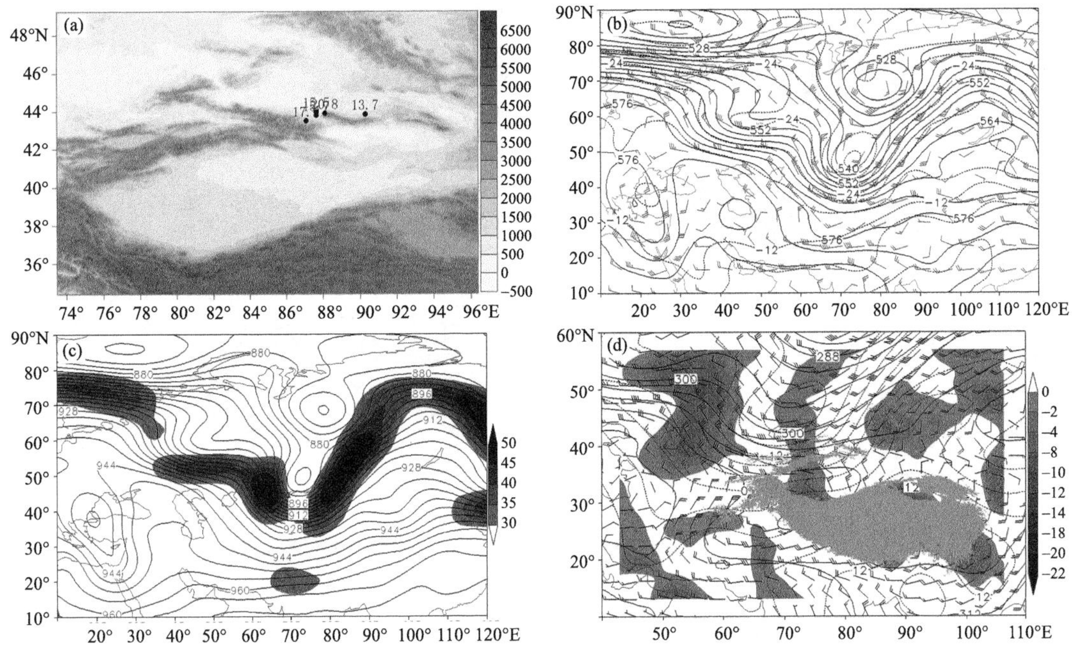

图 2.10　(a)1985 年 5 月 14 日暴雪量站点分布（单位：mm；填色为地形，单位：m）；以及 13 日 20 时（b）500 hPa 高度场（实线，单位：dagpm）、温度场（虚线，单位：℃）、风场（单位：$m \cdot s^{-1}$），(c)300 hPa 高度场（实线，单位：dagpm）和风速≥30 $m \cdot s^{-1}$的急流（填色，单位：$m \cdot s^{-1}$），(d)700 hPa 高度场（实线，单位：dagpm）、温度场（虚线，单位：℃）、风场（单位：$m \cdot s^{-1}$）及水汽通量散度（填色，单位：10^{-5} $g \cdot cm^{-2} \cdot hPa^{-1} \cdot s^{-1}$，浅灰阴影为≥3 km 的地形）

2.2.4　1987 年 2 月 13 日伊犁州、博州、昌吉州、巴州、乌鲁木齐市暴雪

【暴雪概况】13 日暴雪出现在伊犁州伊宁 14.1 mm、伊宁县 17.2 mm、新源 14.0 mm、特克斯 13.4 mm，博州博乐 13.4 mm，昌吉州呼图壁 12.4 mm、昌吉 13.2 mm，乌鲁木齐市乌鲁木齐 14.7 mm、米泉 13.9 mm，巴州库尔勒 20.8 mm。暴雪中心出现在巴州库尔勒（20.8 mm）（图 2.11a）。

【环流背景】12 日 20 时，500 hPa 上欧亚范围内为北脊南涡型，乌拉尔山北部为强盛的阻塞高压（北脊），其南部为深厚的低涡，呈东西走向，低涡底部为强西风锋区，新疆北部受低涡东南部西南气流控制（图 2.11b）。西欧脊向东北发展与北脊反气旋性打通，使南涡旋转东移造成新疆北部暴雪天气（图略）。300 hPa 上风速＞30 $m \cdot s^{-1}$高空西南急流位于巴尔喀什湖东部新疆境外，呈顺时针弯曲，暴雪区位于西南急流轴右侧辐散区（图 2.11c），700 hPa 上，位于风速＞16 $m \cdot s^{-1}$低空西北急流轴右侧辐合区和水汽通量散度辐合区（图 2.11d）。暴雪区位于高空西南急流轴右侧辐散区，低涡东南部西南气流，低空西北急流轴右侧辐合区和水汽通量散度辐合区，以及地面图上冷锋附近的重叠区域（图略）。

2.2.5　1988 年 2 月 3—5 日塔城地区、伊犁州、石河子市暴雪

【暴雪概况】暴雪出现在：3 日塔城地区裕民 15.5 mm，伊犁州霍尔果斯 18.9 mm；4 日伊犁州霍尔果斯 12.4 mm、霍城 18.6 mm、察布查尔 13.1 mm、伊宁 17.2 mm、伊宁县 17.6 mm、新源

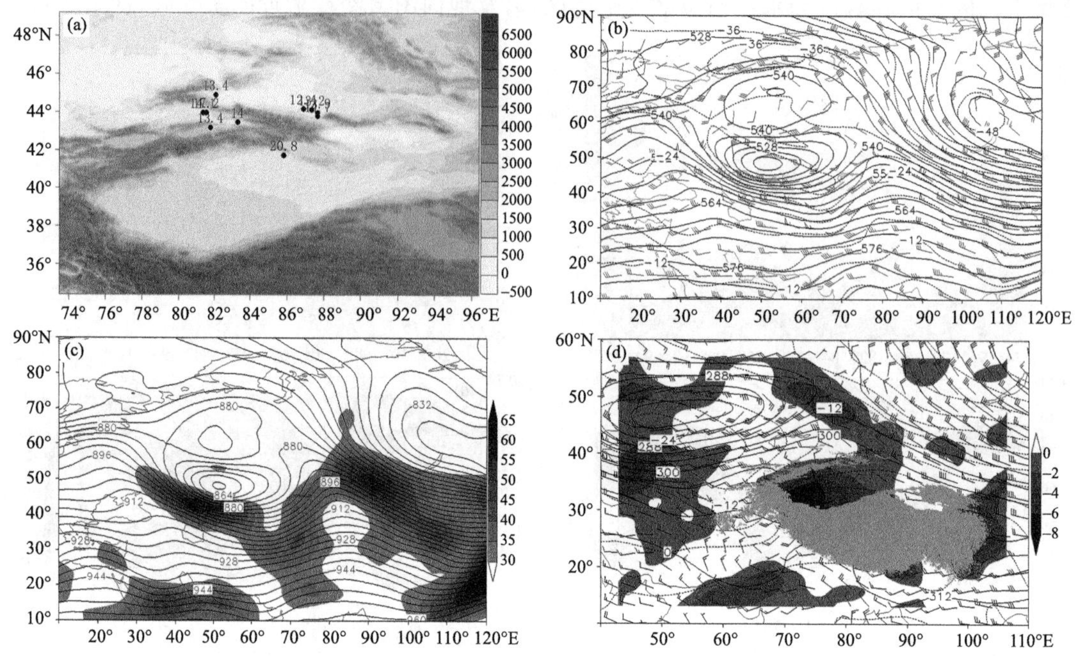

图 2.11 (a)1987 年 2 月 13 日暴雪量站点分布(单位:mm;填色为地形,单位:m);以及 2 月 12 日 20 时(b)500 hPa 高度场(实线,单位:dagpm)、温度场(虚线,单位:℃)、风场(单位:m·s^{-1}),(c)300 hPa 高度场(实线,单位:dagpm)和风速≥30 m·s^{-1}的急流(填色,单位:m·s^{-1}),(d)700 hPa 高度场(实线,单位:dagpm)、温度场(虚线,单位:℃)、风场(单位:m·s^{-1})及水汽通量散度(填色,单位:10^{-5} g·cm^{-2}·hPa^{-1}·s^{-1},浅灰色阴影为≥3 km 的地形)

12.4 mm,塔城地区南部沙湾 19.5 mm;石河子市乌兰乌苏 18.7 mm、石河子 17.8 mm;5 日伊犁州察布查尔 13.1 mm。过程累计降雪中心出现在伊犁州霍尔果斯站(31.3 mm)(图 2.12a)。

【环流背景】2 日 20 时,500 hPa 上欧亚范围内中高纬为两脊一槽型,欧洲、贝加尔湖为高压脊区,西西伯利亚为极涡活动区,极涡中心位于泰米尔半岛西部沿岸,其底部为强锋区。中低纬为两脊两槽型,地中海—黑海—欧洲为脊区、阿富汗—巴基斯坦为宽广的高压脊区,地中海东部、东亚为槽区。地中海东部槽前西南气流与极涡底强锋区在里海—咸海—巴尔喀什湖—新疆北部汇合,新疆北部位于偏西锋区上(图 2.12b);欧洲脊东扩,极涡旋转,底部锋区上不断分裂短波东移造成新疆北部持续性暴雪天气(图略)。300 hPa 上风速>45 m·s^{-1}高空西南急流位于红海—波斯湾—里海—咸海—巴尔喀什湖—新疆北部境外,暴雪区位于西南急流轴右侧辐散区,急流核风速>55 m·s^{-1}(图 2.12c),700 hPa 上风速>16 m·s^{-1}低空西北急流与西南急流在巴尔喀什湖—新疆北部汇合,暴雪区位于偏西急流轴右侧辐合区和水汽通量散度辐合区(图 2.12d)。暴雪区位于高空西南急流轴右侧辐散区、极涡底部强偏西锋区、低空偏西急流轴右侧辐合区和水汽通量散度辐合区,以及地面图上冷锋附近的重叠区域(图略)。

此次暴雪过程伊犁州由于连降暴雪使交通中断;4 日石河子市暴雪对交通和牧业有一定影响(温克刚 等,2006)。

2.2.6 1992 年 3 月 13 日克州、喀什地区暴雪

【暴雪概况】13 日暴雪出现在克州阿图什 19.3 mm、阿克陶 19.2 mm,喀什地区喀什

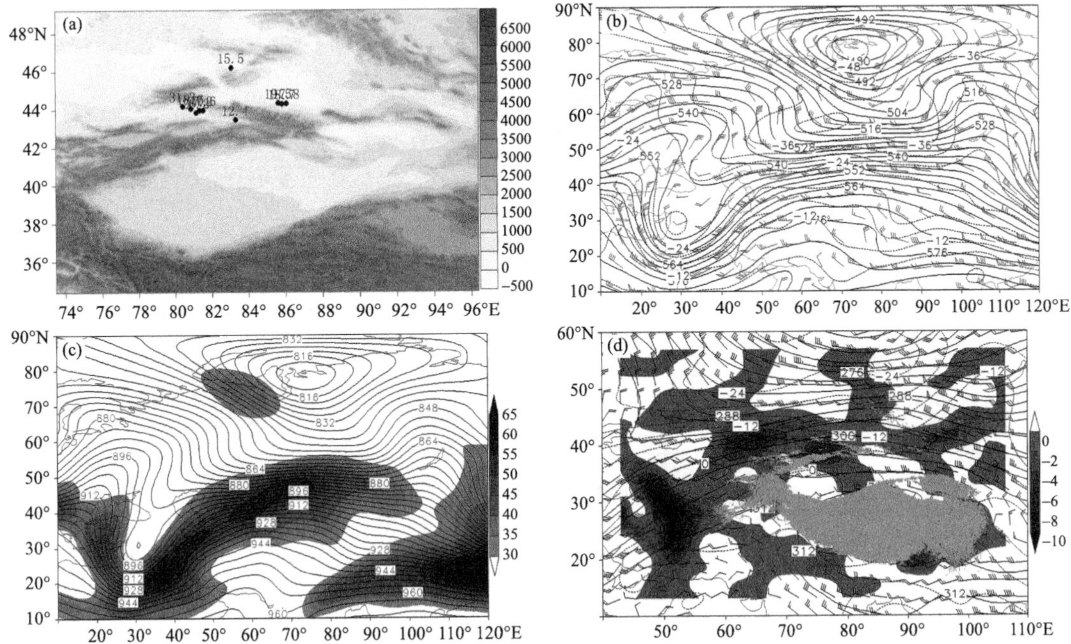

图 2.12　(a)1988 年 2 月 3—5 日累计暴雪量站点分布(单位:mm;填色为地形,单位:m);以及 2 月 2 日 20 时(b)500 hPa 高度场(实线,单位:dagpm)、温度场(虚线,单位:℃)、风场(单位:m·s^{-1}),(c)300 hPa 高度场(实线,单位:dagpm)和风速≥30 m·s^{-1}的急流(填色,单位:m·s^{-1}),(d)700 hPa 高度场(实线,单位:dagpm)、温度场(虚线,单位:℃)、风场(单位:m·s^{-1})及水汽通量散度(填色,单位:10^{-5} g·cm^{-2}·hPa^{-1}·s^{-1},浅灰色阴影为≥3 km 的地形)

19.7 mm、英吉沙 14.9 mm、莎车 17.1 mm、叶城 19.8 mm、泽普 17.9 mm,暴雪中心出现在喀什地区叶站 19.8 mm(图 2.13a)。

【环流背景】12 日 20 时,500 hPa 欧亚范围为两脊一槽型,沙特阿拉伯—欧洲—泰米尔半岛为高压脊区,呈西南—东北向,新疆东部为浅脊,两脊之间的西西伯利亚—中亚为低槽活动区,槽底南伸至 20°N 附近,南疆盆地受低槽前强西南暖湿气流控制,同时贝加尔湖为低涡,低涡内冷空气从南疆盆地东部不断向西侵入(图 2.13b),这种“东冷西暖夹攻”形势为南疆西部暴雪天气提供有利环流条件。欧洲脊西北部受不稳定小槽影响,脊前正变高东南下,使中亚低槽东移北收造成南疆西部暴雪天气(图略)。300 hPa 上急流自地中海东部—帕米尔高原西部分为南北 2 支,北支至巴尔喀什湖东部—贝加尔湖,南支位于青藏高原南部,南疆西部位于北支西南急流轴右侧和风速>60 m·s^{-1}的急流核出口区左前侧的分流辐散区(图 2.13c)。700 hPa 上暴雪区域位于南疆盆地的偏东气流与南疆西部大地形形成的辐合抬升区及水汽通量散度辐合区(图 2.13d)。暴雪前,地面图上里咸海—巴尔喀什湖—西伯利亚为西南—东北向的高压带,南疆盆地位于冷锋后。暴雪区位于北支高空西南急流轴右侧和风速>60 m·s^{-1}的急流核出口区左前侧的分流辐散区,中亚槽前西南气流、低层偏东气流与南疆西部大地形形成的辐合抬升区和水汽通量散度辐合区以及地面图上东灌冷空气前部的重叠区域(图略)。

2.2.7　1994 年 4 月 6 日伊犁州、博州、塔城地区、乌鲁木齐市暴雪

【暴雪概况】6 日暴雪出现在伊犁州霍尔果斯 18.7 mm、霍城 18.6 mm、伊宁 17.2 mm、伊

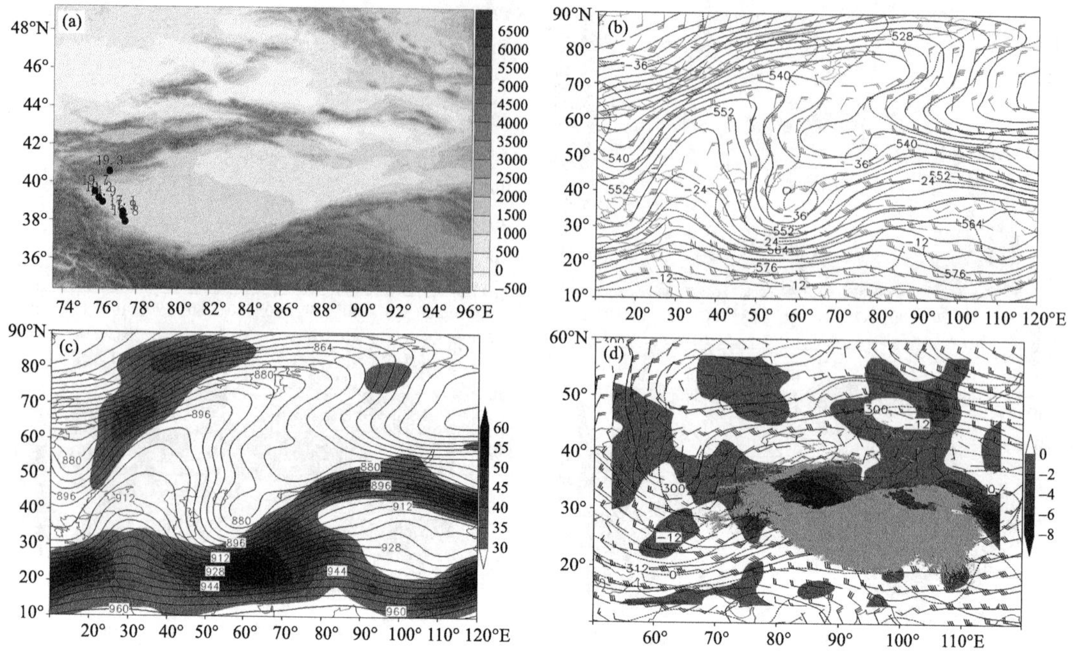

图 2.13　(a)1992 年 3 月 13 日暴雪量站点分布(单位:mm;填色为地形,单位:m);以及 12 日 20 时(b) 500 hPa 高度场(实线,单位:dagpm)、温度场(虚线,单位:℃)、风场(单位:m · s^{-1}),(c)300 hPa 高度场(实线,单位:dagpm)和风速≥30 m · s^{-1}的急流(填色,单位:m · s^{-1});(d)13 日 02 时 700 hPa 高度场(实线,单位:dagpm)、温度场(虚线,单位:℃)、风场(单位:m · s^{-1})及水汽通量散度(填色,单位:10^{-5} g · cm^{-2} · hPa^{-1} · s^{-1},浅灰色阴影为≥3 km 的地形)

宁县 15.7 mm、新源 13.6 mm,博州温泉 12.2 mm,乌鲁木齐市米泉 16.5 mm、乌鲁木齐 17.0 mm,塔城地区额敏 15.4 mm。暴雪中心出现在伊犁州霍尔果斯(18.7 mm)(图 2.14a)。

【环流背景】5 日 20 时,500 hPa 上欧亚范围内为两脊一槽型,地中海黑海—欧洲、贝加尔湖—蒙古为高压脊区,西部脊强盛,西西伯利亚—中亚为低槽活动区,槽底南伸至 25°N 附近,槽前西南气流控制新疆北部(图 2.14b)。北欧冷空气侵袭欧洲脊西北部,使该脊部分减弱东移,与南欧发展北挺的脊叠加,替换原来的脊,同时下游脊和极涡强盛稳定少动,阻止中亚槽东移,欧洲脊前冷空气南下至该槽中,使中亚槽加深切涡,同时分裂短波槽东移造成新疆北部暴雪天气(图略)。300 hPa 上风速>45 m · s^{-1}高空西南急流位于巴尔喀什湖—贝加尔湖,暴雪区位于急流轴右侧辐散区,急流核风速>55 m · s^{-1}(图 2.14c)。700 hPa 上,新疆北部暴雪区为偏北和偏东风与天山地形相互作用形成的辐合抬升,并伴有水汽通量散度辐合区(图 2.14d),有利于暴雪的产生。暴雪区位于高空西南急流轴右侧辐散区,中亚槽前西南气流,低空偏北和偏东风与天山地形相互作用形成的辐合抬升和水汽通量散度辐合区,以及地面图上冷锋附近的重叠区域(图略)。

2.2.8　1995 年 10 月 18—19 日博州、伊犁州、乌鲁木齐市、阿克苏地区暴雪

【暴雪概况】暴雪出现在:18 日伊犁州霍尔果斯 16.0 mm、霍城 20.3 mm、伊宁 13.5 mm、伊宁县 15.7 mm,博州温泉 23.3 mm;19 日乌鲁木齐市乌鲁木齐 13.4 mm,阿克苏地区拜城 27.4 mm。过程降雪中心出现在阿克苏地区拜城站 27.4 mm(图 2.15a)。

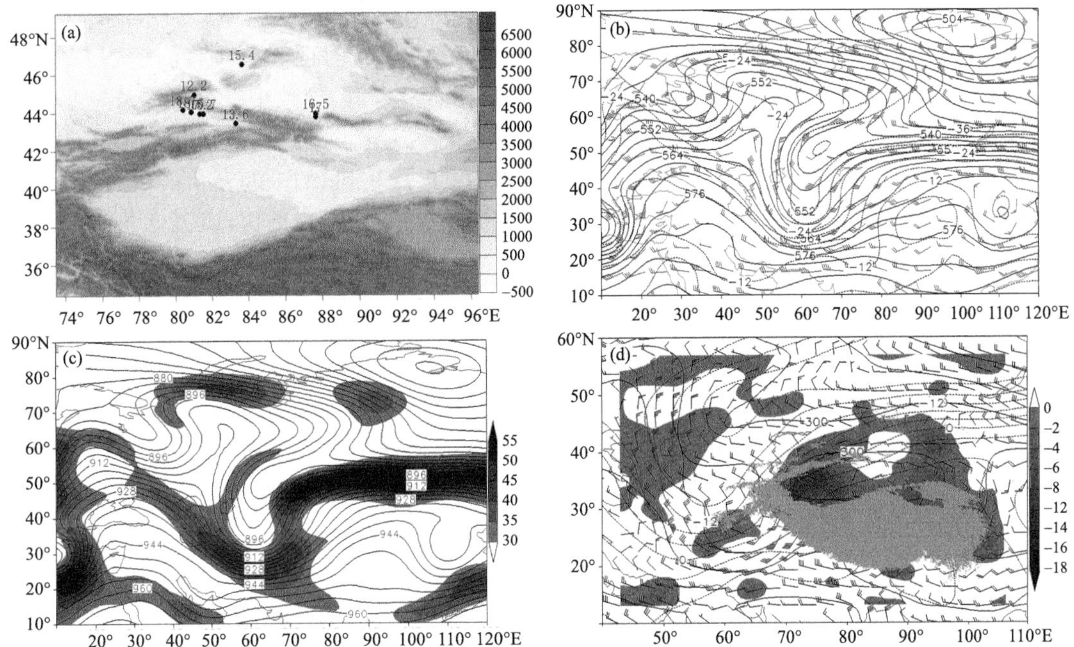

图 2.14　(a)1994 年 4 月 6 日暴雪量站点分布(单位:mm;填色为地形,单位:m);以及 5 日 20 时(b)500 hPa 高度场(实线,单位:dagpm)、温度场(虚线,单位:℃)、风场(单位:m·s^{-1}),(c)300 hPa 高度场(实线,单位:dagpm)和风速≥30 m·s^{-1}的急流(填色,单位:m·s^{-1}),(d)700 hPa 高度场(实线,单位:dagpm)、温度场(虚线,单位:℃)、风场(单位:m·s^{-1})及水汽通量散度(填色,单位:10^{-5} g·cm^{-2}·hPa^{-1}·s^{-1},浅灰色阴影为≥3 km 的地形)

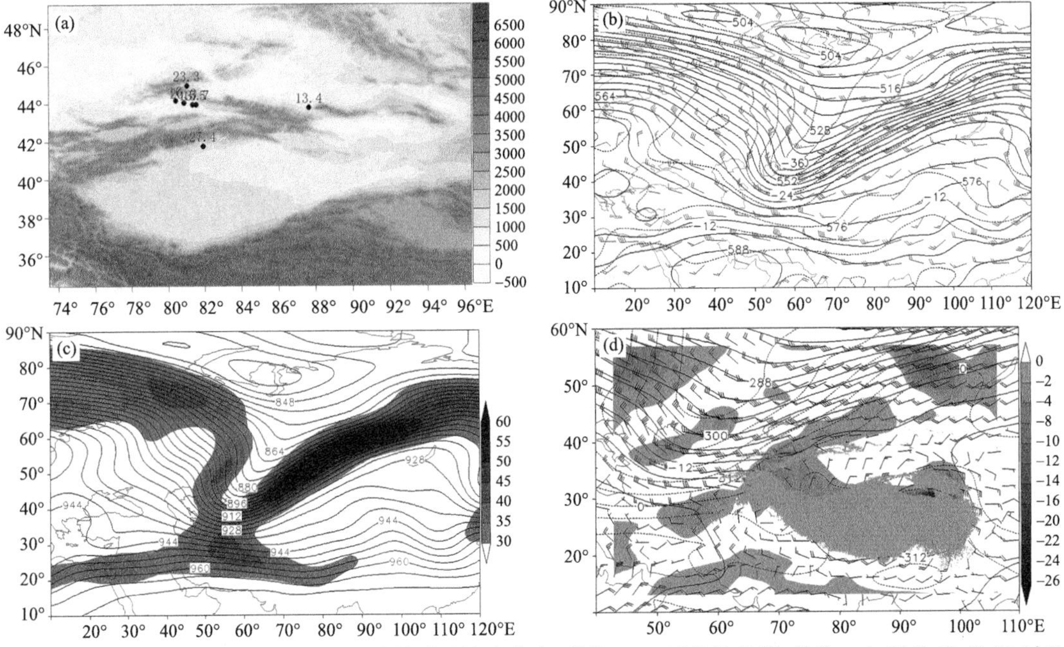

图 2.15　(a)1995 年 10 月 18—19 日累计暴雪量站点分布(单位:mm;填色为地形,单位:m);以及 17 日 20 时(b)500 hPa 高度场(实线,单位:dagpm)、温度场(虚线,单位:℃)、风场(单位:m·s^{-1}),(c)300 hPa 高度场(实线,单位:dagpm)和风速≥30 m·s^{-1}的急流(填色,单位:m·s^{-1}),(d)700 hPa 高度场(实线,单位:dagpm)、温度场(虚线,单位:℃)、风场(单位:m·s^{-1})及水汽通量散度(填色,单位:10^{-5} g·cm^{-2}·hPa^{-1}·s^{-1},浅灰色阴影为≥3 km 的地形)

【环流背景】17 日 20 时，500 hPa 上欧亚范围内为两脊一槽型，欧洲和贝加尔湖—蒙古为高压脊区，西西伯利亚—中亚为低槽活动区，槽底南伸至 30°N 附近，槽前西南气流控制新疆西部(图 2.15b)。极地冷空气侵袭欧洲脊北部，使该脊向南衰退，导致中亚低槽东移减弱造成新疆西部暴雪天气(图略)。300 hPa 上风速>40 m·s^{-1}高空西南急流位于伊朗高原—巴尔喀什湖—中西伯利亚，暴雪区位于急流轴右侧辐散区，急流核风速>55 m·s^{-1}(图 2.15c)。700 hPa 上，暴雪区位于风速>16 m·s^{-1}的低空西南急流轴右侧辐合区，以及水汽通量散度辐合区(图 2.15d)。暴雪区位于高空西南急流轴右侧辐散区，中亚槽前西南气流，低空西南急流轴右侧辐合区和水汽通量散度辐合区以及地面图上冷锋附近的重叠区域(图略)。

2.2.9　1996 年 4 月 10—11 日巴州、昌吉州、乌鲁木齐市暴雪

【暴雪概况】暴雪出现在：10 日乌鲁木齐市乌鲁木齐 19.4 mm、米泉 16.8 mm；11 日昌吉州阜康 12.8 mm、天池 13.9 mm，巴州巴仑台 18.8 mm，乌鲁木齐市米泉 17.9 mm、乌鲁木齐 19.8 mm。过程累计降雪中心出现在乌鲁木齐(39.2 mm)(图 2.16a)。

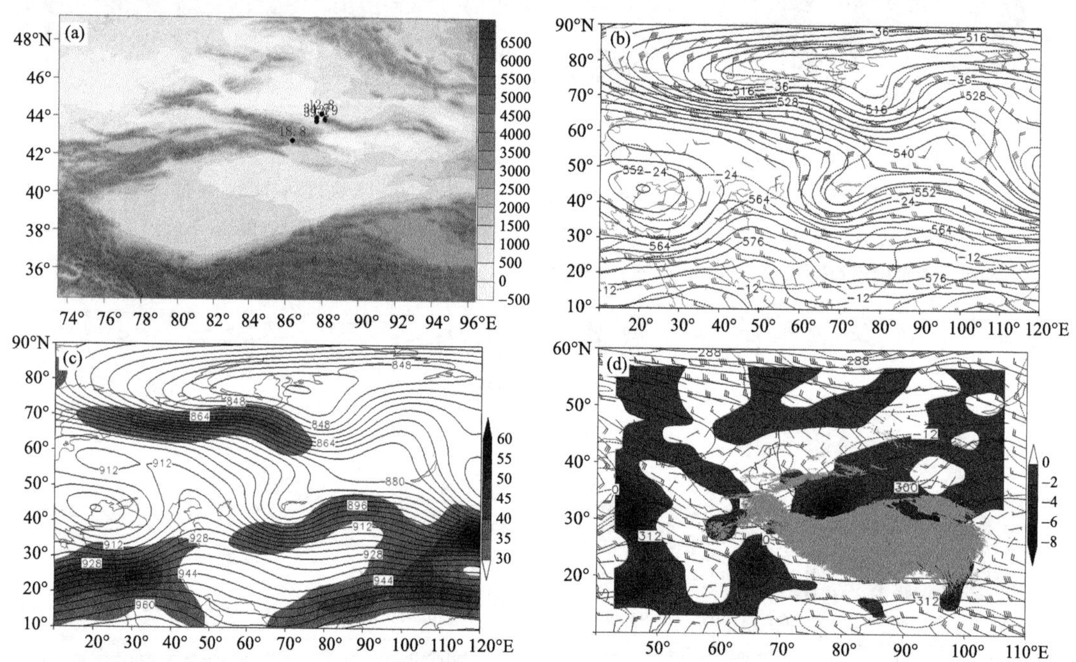

图 2.16　(a)1996 年 4 月 10—11 日累计暴雪量站点分布(单位：mm；填色为地形，单位：m)；以及 4 月 9 日 20 时(b)500 hPa 高度场(实线，单位：dagpm)、温度场(虚线，单位：℃)、风场(单位：m·s^{-1})，(c)300 hPa 高度场(实线，单位：dagpm)和风速≥30 m·s^{-1}的急流(填色，单位：m·s^{-1})；(d)10 日 02 时 700 hPa 高度场(实线，单位：dagpm)、温度场(虚线，单位：℃)、风场(单位：m·s^{-1})及水汽通量散度(填色，单位：10^{-5} g·cm^{-2}·hPa^{-1}·s^{-1}，浅灰色阴影为≥3 km 的地形)

【环流背景】9 日 20 时，500 hPa 上欧亚范围内极涡位于极区，呈东—西带状分布，底部为强锋区；中低纬为两槽两脊型，黑海、中亚为槽区，伊朗高原至欧洲、贝加尔湖为脊区，新疆受中亚槽前西南气流控制(图 2.16b)。极涡加强南压，使欧洲脊南压，脊前冷空气南下，推动中亚槽东移减弱造成天山北坡及山区暴雪天气(图略)。300 hPa 上暴雪区位于风速>30 m·s^{-1}高空西南急流轴右侧辐散区(图 2.16c)，700 hPa 上位于西北气流与天山地形的相互作用形成

的辐合区抬升和水汽通量散度辐合区(图 2.16d)。暴雪区位于高空西南急流轴右侧辐散区，中亚槽前西南气流、低空西北气流与天山地形相互作用形成的辐合区和水汽通量散度辐合区，以及地面图上冷锋附近的重叠区域(图略)。

2.2.10　1996 年 10 月 21 日昌吉州、乌鲁木齐市、哈密市暴雪

【暴雪概况】21 日暴雪出现在昌吉州蔡家湖 12.1 mm、呼图壁 16.2 mm、昌吉 17.3 mm、阜康 24.4 mm、吉木萨尔 15.9 mm、奇台 17.4 mm、天池 16.8 mm、木垒 22.4 mm，乌鲁木齐市米泉 19.5 mm、乌鲁木齐 22.0 mm、小渠子 15.0 mm，哈密市巴里坤 12.7 mm。暴雪中心出现在昌吉州阜康(24.4 mm)(图 2.17a)。

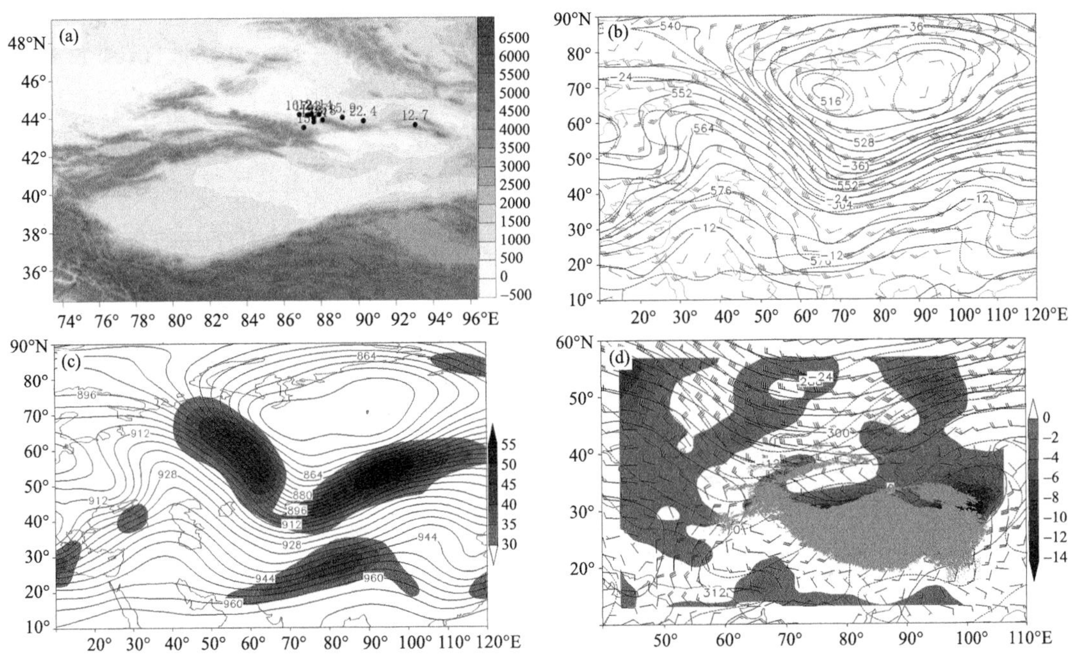

图 2.17　(a)1996 年 10 月 21 日暴雪量站点分布(单位:mm;填色为地形,单位:m);以及 10 月 20 日 20 时(b)500 hPa 高度场(实线,单位:dagpm)、温度场(虚线,单位:℃)、风场(单位:$m \cdot s^{-1}$),(c)300 hPa 高度场(实线,单位:dagpm)和风速≥30 $m \cdot s^{-1}$ 的急流(填色,单位:$m \cdot s^{-1}$),(d)700 hPa 高度场(实线,单位:dagpm)、温度场(虚线,单位:℃)、风场(单位:$m \cdot s^{-1}$)及水汽通量散度(填色,单位:$10^{-5}\ g \cdot cm^{-2} \cdot hPa^{-1} \cdot s^{-1}$,浅灰色阴影为≥3 km 的地形)

【环流背景】20 日 20 时，500 hPa 上欧亚范围内为两脊一槽型，红海波斯湾—欧洲、贝加尔湖以东为高压脊区，西西伯利亚为极涡活动区，极涡中心位于泰米尔半岛西部，其底部为强锋区，槽底南伸至 40°N 以南；新疆北部受槽前西南气流控制(图 2.17b)。极涡旋转略有南下，其底部锋区上不断分裂短波槽东移造成天山北坡及山区暴雪天气(图略)。300 hPa 上风速＞35 $m \cdot s^{-1}$ 高空西南急流位于巴尔喀什湖—贝加尔湖西部，暴雪区位于急流轴右侧辐散区，急流核风速＞50 $m \cdot s^{-1}$(图 2.17c)，700 hPa 上位于风速＞12 $m \cdot s^{-1}$ 低空偏西急流轴右侧辐合区和水汽通量散度辐合区(图 2.17d)。暴雪区位于高空西南急流轴右侧辐散区，槽前西南气流，低空偏西急流轴右侧辐合区和水汽通量散度辐合区，以及地面图上冷锋附近的重叠区域(图略)。

2.2.11 1996 年 11 月 8—9 日伊犁州、昌吉州、石河子市、塔城地区、阿勒泰地区暴雪

【暴雪概况】暴雪出现在:8 日阿勒泰地区富蕴 18.8 mm;9 日伊犁州尼勒克 12.9 mm、新源 27.1 mm,昌吉州呼图壁 13.7 mm,石河子市石河子 26.8 mm、乌兰乌苏 22.1 mm,塔城地区南部沙湾 21.5 mm。过程降雪中心出现在伊犁州新源站(27.1 mm)(图 2.18a)。

【环流背景】7 日 20 时,500 hPa 上欧亚范围内中高纬为两槽一脊型,北欧、西伯利亚—乌拉尔山南部为低槽活动区,呈东—西向分布,欧洲—泰米尔半岛为阻塞高压,中纬处于其底部的纬向锋区上,其上多波动,新疆北部位于低槽底部偏西锋区上(图 2.18b)。阻塞高压西部受槽前偏南气流影响缓慢东移,脊前正变高东南落,使锋区上不断分裂短波槽东移造成新疆北部持续性暴雪天气(图略)。300 hPa 上风速>30 m·s^{-1}高空西南急流位于红海—波斯湾—里海—咸海南部—巴尔喀什湖—新疆西部境外,暴雪区位于急流出口区前部辐散区(图 2.18c),700 hPa上位于风速>12 m·s^{-1}低空偏西急流出口区前侧辐合区和水汽通量散度辐合区(图 2.18d)。暴雪区位于高空偏西急流出口区前部辐散区、低槽底部偏西锋区、低空偏西急流出口区前侧辐合区和水汽通量散度辐合区,以及地面图上冷锋附近的重叠区域(图略)。

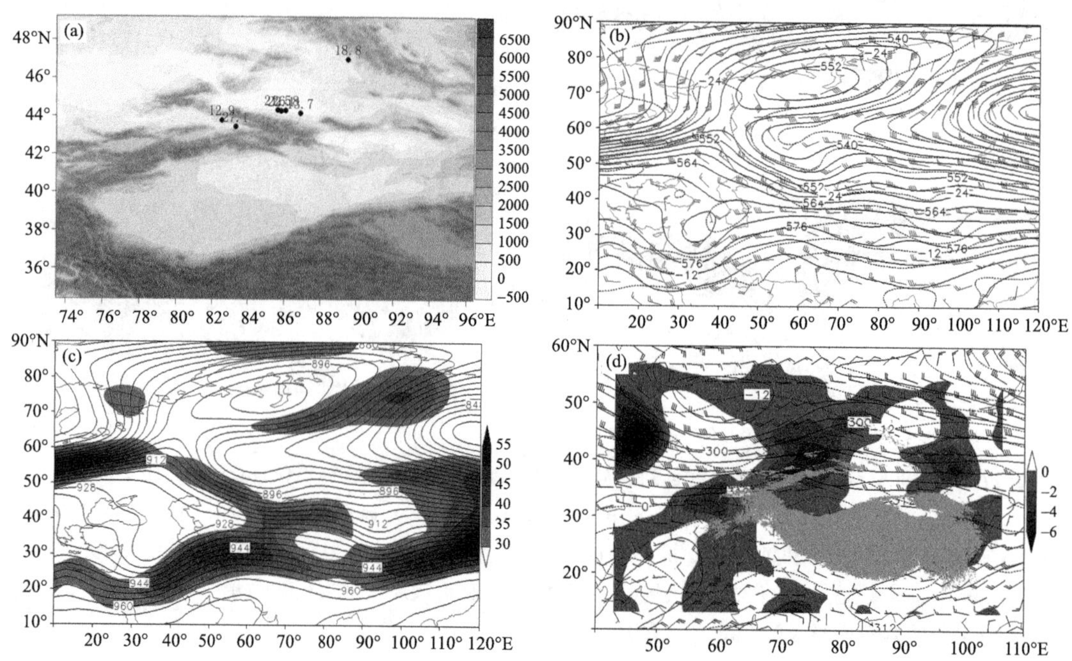

图 2.18 (a)1996 年 11 月 8—9 日累计暴雪量站点分布(单位:mm;填色为地形,单位:m);以及 11 月 7 日 20 时(b)500 hPa 高度场(实线,单位:dagpm)、温度场(虚线,单位:℃)、风场(单位:m·s^{-1}),(c)300 hPa 高度场(实线,单位:dagpm)和风速≥30 m·s^{-1}的急流(填色,单位:m·s^{-1}),(d)700 hPa 高度场(实线,单位:dagpm)、温度场(虚线,单位:℃)、风场(单位:m·s^{-1})及水汽通量散度(填色,单位:10^{-5} g·cm^{-2}·hPa^{-1}·s^{-1},浅灰色阴影为≥3 km 的地形)

2.2.12 1996 年 12 月 28—30 日伊犁州、巴州、塔城地区、阿勒泰地区暴雪

【暴雪概况】28—29 日塔城地区北部、阿勒泰地区出现暖区暴雪:28 日塔城地区北部塔城 14.5 mm、额敏 12.8 mm,阿勒泰地区阿勒泰 25.2 mm;29 日阿勒泰地区阿勒泰 14.5 mm,塔城地区北部裕民 17.6 mm、额敏 13.2 mm;30 日伊犁州和巴州冷锋暴雪,伊犁州尼勒克

25.7 mm、伊宁县 13.9 mm、巩留 14.6 mm、新源 34.6 mm，巴州巴音布鲁克 15.9 mm。过程累计降雪中心出现在阿勒泰(39.7 mm)(图 2.19a)。

【环流背景】27 日 20 时，500 hPa 上欧亚范围内 50°N 以北为极涡活动区，低纬为宽广的脊区，南支锋区与极涡底部锋区在里海和咸海北部—巴尔喀什湖—新疆北部汇合，新疆北部受偏西锋区控制(图 2.19b)。极涡旋转略有南压，其底部锋区上不断分裂短波槽东移造成新疆北部持续性暴雪天气(图略)。300 hPa 上风速$>35\ m \cdot s^{-1}$高空偏西急流与锋区位置基本一致，暴雪区位于急流轴右侧部辐散区(图 2.19c)，700 hPa 上位于风速$>16\ m \cdot s^{-1}$低空偏西急流轴右侧辐合区和水汽通量散度辐合区(图 2.19d)。地面图上，暖区暴雪前 27 日 20 时，暴雪区位于鞍型场区的降压升温区域；28 日 20 时，北疆北部位于蒙古高压西南部、中亚低压控制的减压升温区域；即 28—29 日的暖区暴雪位于鞍型场和低压区的降压升温区域。30 日冷锋暴雪位于冷锋附近(图略)。

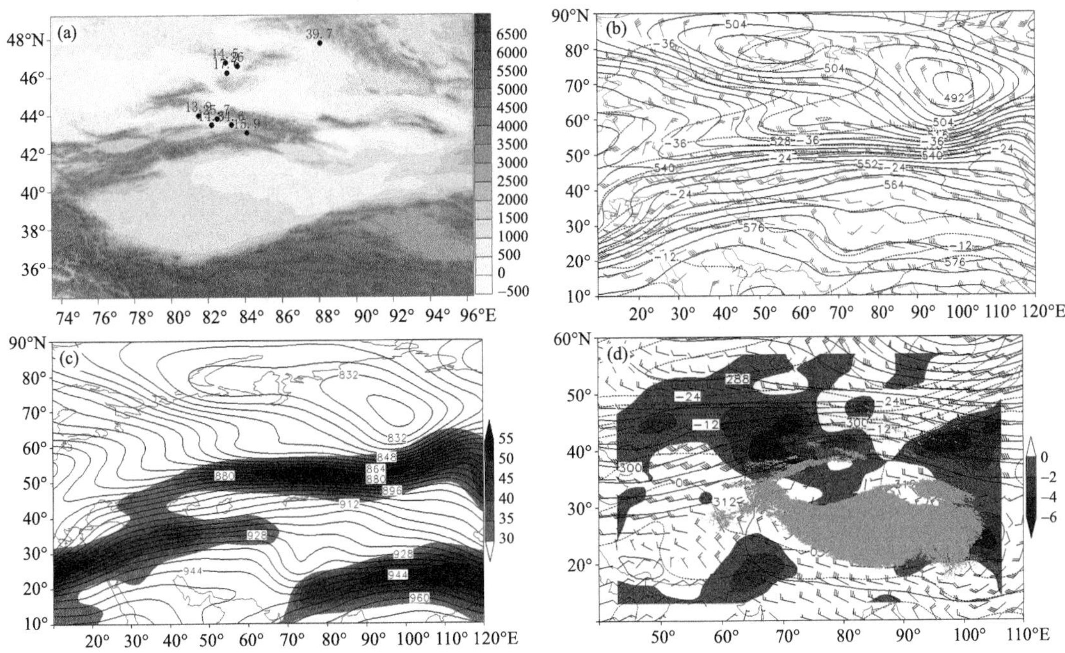

图 2.19 (a)1996 年 12 月 28—30 日累计暴雪量站点分布(单位：mm；填色为地形，单位：m)；以及 12 月 27 日 20 时(b)500 hPa 高度场(实线，单位：dagpm)、温度场(虚线，单位：℃)、风场(单位：$m \cdot s^{-1}$)，(c)300 hPa 高度场(实线，单位：dagpm)和风速$\geqslant 30\ m \cdot s^{-1}$的急流(填色，单位：$m \cdot s^{-1}$)，(d)700 hPa 高度场(实线，单位：dagpm)、温度场(虚线，单位：℃)、风场(单位：$m \cdot s^{-1}$)及水汽通量散度(填色，单位：$10^{-5}\ g \cdot cm^{-2} \cdot hPa^{-1} \cdot s^{-1}$，浅灰色阴影为$\geqslant 3$ km 的地形)

2.2.13 1999 年 4 月 23 日石河子市、昌吉州、塔城地区、乌鲁木齐市暴雪

【暴雪概况】23 日暴雪出现在塔城地区南部乌苏 14.5 mm、沙湾 18.9 mm，石河子市石河子 16.6 mm、乌兰乌苏 17.9 mm，昌吉州阜康 13.2 mm、昌吉 17.5 mm、吉木萨尔 13.6 mm，乌鲁木齐市乌鲁木齐 17.5 mm、小渠子 17.3 mm。暴雪中心出现在塔城地区南部沙湾(18.9 mm)(图 2.20a)。

【环流背景】22 日 20 时，500 hPa 上欧亚范围内中高纬为两脊一槽型，欧洲为阻塞高压，贝加尔湖为浅脊，西西伯利亚—中亚为低槽活动区，呈西南—东北向，槽底南伸至 35°N 附近；低纬为纬向，其上多波动，与西西伯利亚槽底部汇合，新疆北部受槽前西南气流控制（图 2.20b）。极地冷空气侵袭阻塞高压顶部，脊前正变高东南落，使西西伯利亚低槽东移北收造成天山北坡及山区暴雪天气（图略）。300 hPa 上风速＞35 m·s^{-1}高空西南急流位于里海南部—巴尔喀什湖—新疆西北边界—贝加尔湖，暴雪区位于急流轴右侧辐散区（图 2.20c），700 hPa 上位于风速＞12 m·s^{-1}低空西南急流出口区前侧辐合区和水汽通量散度辐合区（图 2.20d）。暴雪区位于高空西南急流轴右侧辐散区，西西伯利亚槽前西南气流、低空西南急流出口区前侧辐合区和水汽通量散度辐合区，以及地面图上冷锋附近的重叠区域（图略）。

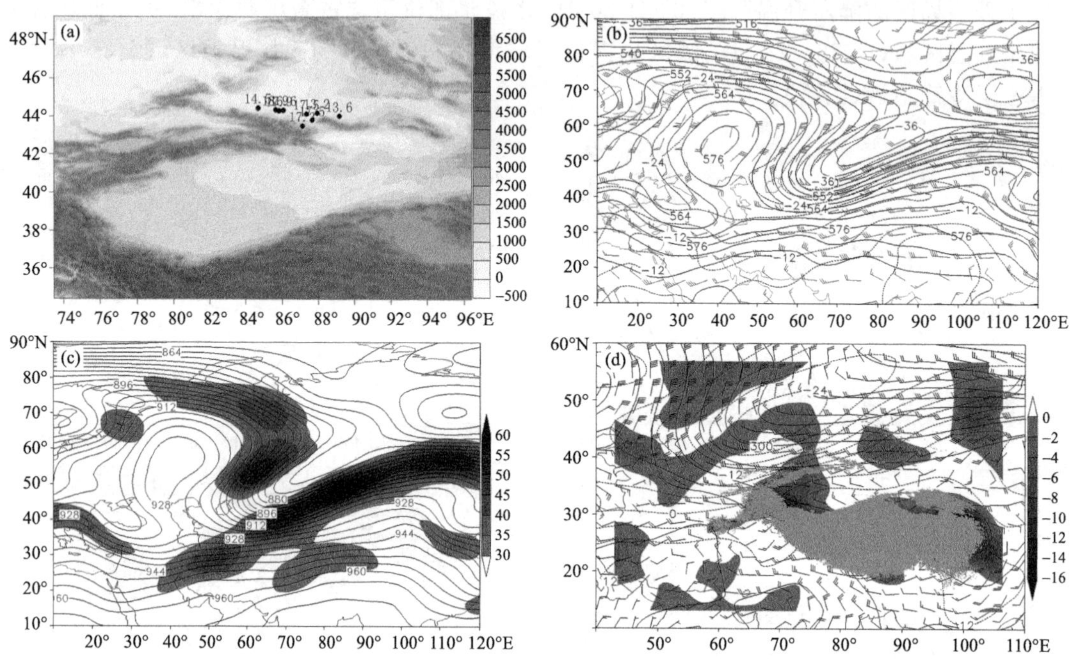

图 2.20 (a)1999 年 4 月 23 日暴雪量站点分布（单位：mm；填色为地形，单位：m）；以及 4 月 22 日 20 时 (b)500 hPa 高度场（实线，单位：dagpm）、温度场（虚线，单位：℃）、风场（单位：m·s^{-1}），(c)300 hPa 高度场（实线，单位：dagpm）和风速≥30 m·s^{-1}的急流（填色，单位：m·s^{-1}），(d)700 hPa 高度场（实线，单位：dagpm）、温度场（虚线，单位：℃）、风场（单位：m·s^{-1}）及水汽通量散度（填色，单位：10^{-5} g·cm^{-2}·hPa^{-1}·s^{-1}，浅灰色阴影为≥3 km 的地形）

2.2.14 2000 年 1 月 2—3 日塔城地区、伊犁州、石河子市、昌吉州暴雪

【暴雪概况】暴雪出现在：2 日塔城地区北部裕民 14.1 mm，伊犁州察布查尔 24.2 mm、伊宁 26.3 mm、尼勒克 19.5 mm、伊宁县 27.4 mm、新源 23.5 mm；3 日石河子市石河子 19.6 mm、乌兰乌苏 15.2 mm，昌吉州呼图壁 14.1 mm、昌吉 13.8 mm、木垒 17.5 mm，伊犁州巩留 12.5 mm、新源(22.4 mm)。过程累计降雪量新源为暴雪中心(45.9 mm)（图 2.21a）。

【环流背景】1 日 20 时，500 hPa 上欧亚范围内中高纬为一脊一槽型，北欧为高压脊区，西伯利亚至欧洲为极涡活动区，伴有横槽，其底部为强西风锋区，并与南支锋区在里咸海至新疆北部汇合，新疆北部受偏西锋区控制（图 2.21b）。北欧脊西北部受不稳定小槽影响，略有东移与南支向北发生的脊同位相打通，脊前正变高东南下，使极涡旋转南压，其底部强锋区上不断有短波槽东移造成新疆北部暴雪天气(图略)。300 hPa 上暴雪区位于风速>35 m · s^{-1}高空偏西急流轴右侧辐散区,急流核风速>55 m · s^{-1}(图 2.21c),700 hPa 上位于风速>20 m · s^{-1}低空偏西急流轴右侧强辐合区及水汽通量散度辐合区(图 2.21d)。暴雪区位于高空偏西急流轴右侧辐散区,极涡底部偏西锋区,低空偏西急流轴右侧强辐合区和水汽通量散度辐合区,以及地面图上冷锋附近的重叠区域(图略)。

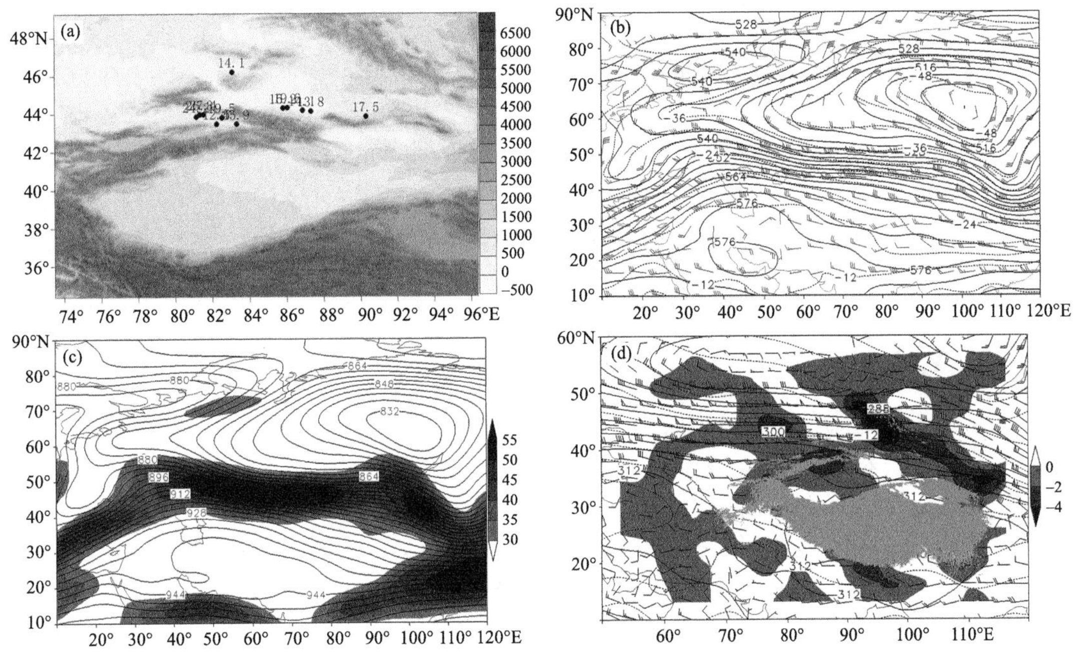

图 2.21　(a)2000 年 1 月 2—3 日累计暴雪量站点分布(单位:mm;填色为地形,单位:m);以及 1 日 20 时(b)500 hPa 高度场(实线,单位:dagpm)、温度场(虚线,单位:℃)、风场(单位:m · s^{-1}),(c)300 hPa 高度场(实线,单位:dagpm)和风速≥30 m · s^{-1}的急流(填色,单位:m · s^{-1}),(d)700 hPa 高度场(实线,单位:dagpm)、温度场(虚线,单位:℃)、风场(单位:m · s^{-1})及水汽通量散度(填色,单位:10^{-5} g · cm^{-2} · hPa^{-1} · s^{-1},浅灰色阴影为≥3 km 的地形)

2.2.15　2002 年 4 月 21 日乌鲁木齐市、昌吉州暴雪

【暴雪概况】21 日暴雪出现在乌鲁木齐市乌鲁木齐 21.1 mm、小渠子 16.9 mm,昌吉州天池 17.5 mm、北塔山 14.4 mm、木垒 15.1 mm,暴雪中心出现在乌鲁木齐站(图 2.22a)。

【环流背景】20 日 20 时,500 hPa 上欧亚范围内北支中高纬为两槽一脊型,北欧为低涡活动区,西伯利亚为低槽区,乌拉尔山为高压脊区;南支地中海黑海为低涡活动区,伊朗—里海为高压脊区,并与乌拉尔山脊同位相打通,两支锋区在巴尔喀什湖—新疆北部汇合,新疆北部受槽前偏西锋区影响(图 2.22b)。乌拉尔山脊西北部受不稳定小槽影响减弱东移,推动西伯利亚槽东移,其底部锋区上分裂短波东移造成新疆北部暴雪天气。300 hPa 暴雪区位于风速>30 m · s^{-1}高空偏西急流轴附近辐散区(图 2.22c),700 hPa 上位于风速>12 m · s^{-1}西北风与偏西急流在天山北坡形成切变区,及水汽通量散度辐合区(图 2.22d)。暴雪区位于高空偏西急流轴附近辐散区、槽前偏西锋区、低空偏西急流出口区前部辐合区和水汽通量散度辐合区,以及地面图上冷锋附近的重叠区域(图略)。

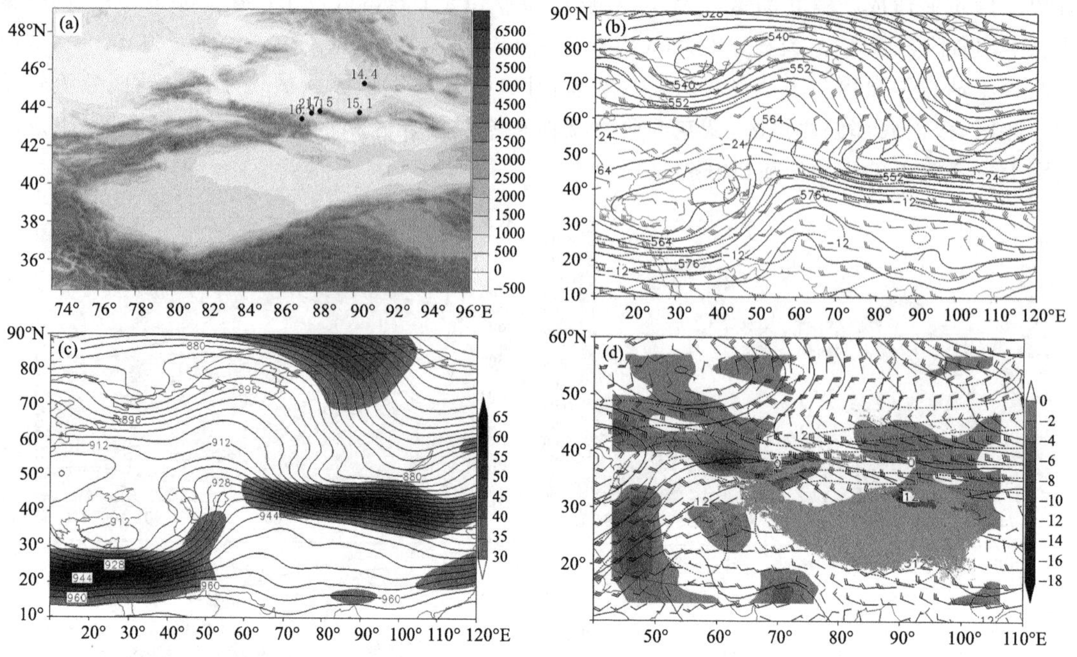

图 2.22　(a)2002 年 4 月 21 日暴雪量站点分布(单位:mm;填色为地形,单位:m);以及 20 日 20 时(b)500 hPa 高度场(实线,单位:dagpm)、温度场(虚线,单位:℃)、风场(单位:m · s^{-1}),(c)300 hPa 高度场(实线,单位:dagpm)和风速≥30 m · s^{-1}的急流(填色,单位:m · s^{-1}),(d)700 hPa 高度场(实线,单位:dagpm)、温度场(虚线,单位:℃)、风场(单位:m · s^{-1})及水汽通量散度(填色,单位:10^{-5} g · cm^{-2} · hPa^{-1} · s^{-1},浅灰色阴影为≥3 km 的地形)

2.2.16　2003 年 3 月 2—5 日喀什地区、克州、阿克苏地区、巴州暴雪

【暴雪概况】暴雪出现在:2 日克州阿图什 23.5 mm、乌恰 15.4 mm、阿克陶 30.0 mm,喀什地区喀什 18.3 mm、英吉沙 20.7 mm;3 日克州阿图什 12.3 mm;4 日克州阿合奇 16.4 mm,阿克苏地区乌什 14.5 mm;5 日阿克苏地区柯坪 12.1 mm,巴州库尔勒 18.9 mm。过程累计降雪中心出现在阿图什站(35.8 mm)(图 2.23a)。

【环流背景】1 日 20 时,500 hPa 欧亚范围内为两支锋区型,北支位于 60°N 以北,极涡位于新地岛—西伯利亚沿岸,其底部为极锋锋区;南支位于中低纬,其上多槽脊系统,中亚低涡位于里海—咸海,南疆盆地受该低涡前强西南暖湿气流控制,同时贝加尔湖—新疆东部为低槽,槽内冷空气从南疆盆地东部不断向西侵入(图 2.23b),这种"东冷西暖夹攻"形势为南疆西部暴雪天气提供有利环流条件。极涡旋转南压底部锋区与中亚低涡同位相打通,低涡缓慢减弱东移造成南疆西部暴雪天气(图略)。300 hPa 与 500 hPa 一致为两支急流型,极锋急流在 60°N以北,急流轴上最大风速 50 m · s^{-1};南支西南急流自红海—波斯湾—南疆盆地—甘肃,急流轴上最大风速 60 m · s^{-1},暴雪区位于南支急流轴附近辐散区(图 2.23c)。700 hPa 上暴雪区域位于南疆盆地的偏东气流与南疆西部大地形形成的辐合区及水汽通量散度辐合区(图 2.23d)。暴雪过程前地面图上,50°N 以南为北高南低,即巴尔喀什湖—新疆北部—蒙古西部为高压带,南疆盆地冷锋后。暴雪区位于高空偏西急流轴附近辐散区,中亚低涡前西南暖湿气流、低空偏东气流与南疆西部大地形形成的辐合区和水汽通量散度辐合区,以及地面东灌形势前部的重叠区域(图略)。

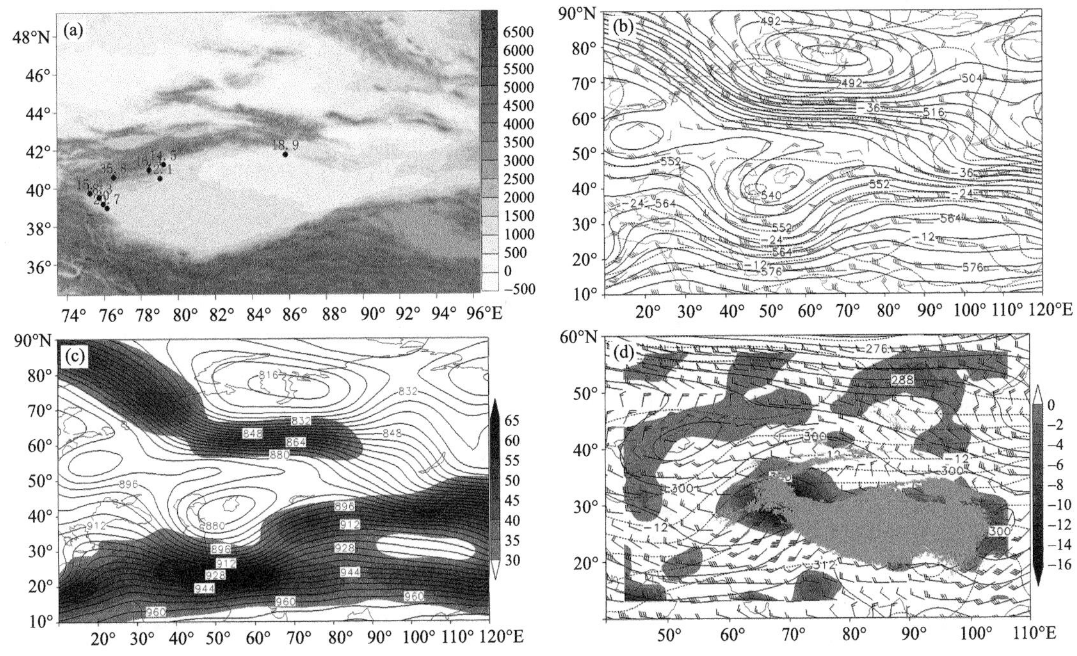

图 2.23　(a)2003 年 3 月 2—5 日累计暴雪量站点分布(单位:mm;填色为地形,单位:m);以及 3 月 1 日 20 时(b)500 hPa 高度场(实线,单位:dagpm)、温度场(虚线,单位:℃)、风场(单位:$m \cdot s^{-1}$),(c)300 hPa 高度场(实线,单位:dagpm)和风速≥30 $m \cdot s^{-1}$的急流(填色,单位:$m \cdot s^{-1}$),(d)700 hPa 高度场(实线,单位:dagpm)、温度场(虚线,单位:℃)、风场(单位:$m \cdot s^{-1}$)及水汽通量散度(填色,单位:10^{-5} $g \cdot cm^{-2} \cdot hPa^{-1} \cdot s^{-1}$,浅灰色阴影为≥3 km 的地形)

2.2.17　2003 年 9 月 28 日昌吉州、乌鲁木齐市、哈密市暴雪

【暴雪概况】28 日暴雪出现在昌吉州吉木萨尔 16.5 mm、奇台 17.6 mm、木垒 19.2 mm、天池 20.1 mm,乌鲁木齐市乌鲁木齐 31.5 mm、小渠子 19.8 mm、牧试站 18.3 mm,哈密市巴里坤 20.1 mm。暴雪中心位于乌鲁木齐站(31.5 mm)(图 2.24a)。

【环流背景】27 日 20 时,500 hPa 上欧亚范围内极锋锋区位于 60°N 以北,中低纬为两槽两脊型,西欧为低槽区,中亚为低涡,低涡底部南伸至 30°N 附近,伊朗高原—欧洲为高压脊区,贝加尔湖为浅脊;新疆北部处于中亚低涡前西南气流控制(图 2.24b)。极地冷空气侵袭欧洲脊西北部,脊前正变高东南下,使中亚低涡旋转东移,并分裂短波造成天山北坡及山区暴雪天气(图略)。300 hPa 风速>30 $m \cdot s^{-1}$高空西南急流自伊朗高原—青藏高原西部,在此分为南北 2 支,北支自新疆西北部边界—贝加尔湖,南支沿高原—其东部与第 1 支汇合,暴雪区位于北支急流轴右侧,南支急流轴左侧辐散区(图 2.24c)。700 hPa 上新疆北部为气旋性环流,暴雪位于其底部西风气流风速辐合区(图 2.24d)。暴雪区位于高空北支西南急流轴右侧,南支偏西急流轴左侧辐散区,中亚低涡前西南气流、低空西风气流以及地面图上冷锋后的重叠区域(图略)。

2003 年 9 月 27—28 日,受来自西西伯利亚的强冷空气的影响,新疆大部分地区都出现了降雨、降温、霜冻转雪的天气过程。其中,降水量 R>10 mm 的区域集中在石河子以东的新疆北部沿天山一带、阿克苏地区西南部以及巴州的部分地区，$R>20$ mm 的降水区位于乌鲁木齐以东的新疆北部沿天山一带、巴州北部和东疆北部。这次暴雪过程中乌鲁木齐市受影响最严重的地区，先是大雨、狂风肆虐，到了 28 日 02 时左右，转为暴雪天气。观测资料表明，乌鲁木齐雨转雪后 6 h 的降雪量就达 18 mm，积雪深度达 7 cm，这是近 10 年来最大的一场初雪。暴风雪造成乌鲁木齐市区大面积停电，有近万棵大树被拦腰折断；吐鲁番—乌鲁木齐—大黄山高等级公路被迫关闭，216 国道 731～734 km 处出现塌方，18 趟列车延误；建筑、农业等行业也都遭受重创(温克刚 等，2006)。

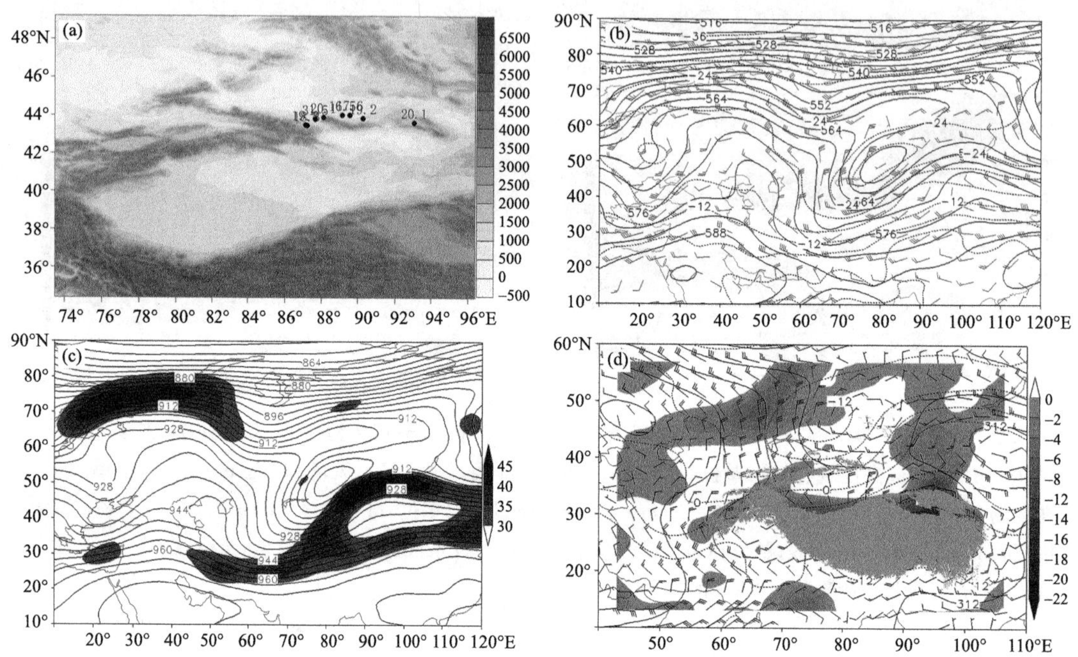

图 2.24　(a)2003 年 9 月 28 日暴雪量站点分布(单位：mm；填色为地形，单位：m)；以及 27 日 20 时(b) 500 hPa 高度场(实线，单位：dagpm)、温度场(虚线，单位：℃)、风场(单位：$m\cdot s^{-1}$)，(c)300 hPa 高度场(实线，单位：dagpm)和风速≥30 $m\cdot s^{-1}$的急流(填色，单位：$m\cdot s^{-1}$)，(d)700 hPa 高度场(实线，单位：dagpm)、温度场(虚线，单位：℃)、风场(单位：$m\cdot s^{-1}$)及水汽通量散度(填色，单位：10^{-5} $g\cdot cm^{-2}\cdot hPa^{-1}\cdot s^{-1}$，浅灰色阴影为≥3 km 的地形)

2.2.18　2004 年 11 月 7—8 日阿勒泰地区、塔城地区、石河子市、伊犁州暴雪

【暴雪概况】7 日暖区暴雪发生在阿勒泰地区阿勒泰 15.1 mm、青河 15.6 mm，塔城地区北部塔城 12.6 mm、裕民 14.7 mm；8 日暴雪出现在石河子市石河子 12.9 mm、乌兰乌苏 17.5 mm，塔城地区南部沙湾 18.1 mm，伊犁州察布查尔 14.9 mm、伊宁 20.4 mm、尼勒克 16.1 mm、伊宁县 23.7 mm、巩留 14.9 mm、新源 22.4 mm，过程降雪中心出现在伊宁县站(23.7 mm)(图 2.25a)。

【环流背景】6 日 20 时，500 hPa 上欧亚范围内中高纬为两槽两脊型，北欧为低槽区，西西伯利亚为极涡活动区，欧洲为高压脊区，贝加尔湖东北部为脊；新疆处于极涡底部强偏西锋区控制；低纬为纬向，其上有弱槽东移与极涡底部强锋区在巴尔喀什湖有些汇合(图 2.25b)。欧洲脊顶受极地冷空侵袭，脊前正变高东南下，使极涡旋转缓慢东移减弱，其底部锋区上不断分裂短波东移造成新疆北部持续性暴雪天气(图略)。300 hPa 风速＞40 m·s^{-1}高空偏西急流位于极涡底部,暴雪区位于急流轴右侧辐散区(图 2.25c),700 hPa 上位于风速＞20 m·s^{-1}的偏西急流出口区前部辐合区和水汽通量散度辐合区(图 2.25d)。地面图上,7 日暖区暴雪位于高压后部低压东南部的减压升温区域;8 日的冷锋暴雪区位于冷锋后部(图略)。

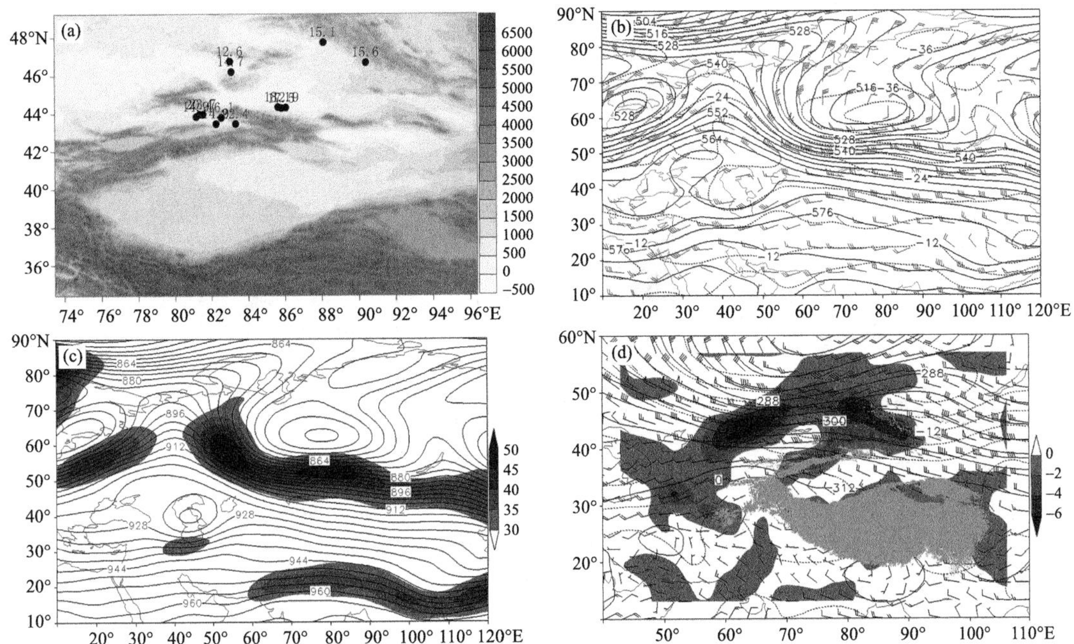

图 2.25　(a)2004 年 11 月 7—8 日累计暴雪量站点分布(单位:mm;填色为地形,单位:m);以及 6 日 20 时(b)500 hPa 高度场(实线,单位:dagpm)、温度场(虚线,单位:℃)、风场(单位:m·s^{-1}),(c)300 hPa 高度场(实线,单位:dagpm)和风速≥30 m·s^{-1}的急流(填色,单位:m·s^{-1}),(d)700 hPa 高度场(实线,单位:dagpm)、温度场(虚线,单位:℃)、风场(单位:m·s^{-1})及水汽通量散度(填色,单位:10^{-5} g·cm^{-2}·hPa^{-1}·s^{-1},浅灰色阴影为≥3 km 的地形)

2.2.19　2004 年 12 月 19 日伊犁州、博州暴雪

【暴雪概况】19 日暴雪出现在博州博乐 12.4 mm、温泉 15.7 mm,伊犁州霍尔果斯 15.8 mm、霍城 22.1 mm、伊宁 13.5 mm、伊宁县 13.5 mm。过程降雪中心出现在伊犁州霍城(22.1 mm)(图 2.26a)。

【环流背景】18 日 20 时,500 hPa 上欧亚范围内中低纬为两槽两脊型,西西伯利亚为低涡,槽底南伸至 25°N 以南,东亚为槽区,红海—欧洲、新疆东部为高压脊区;新疆处于西西伯利亚低涡前西南气流控制(图 2.26b)。欧洲脊顶受极地冷空侵袭,脊前正变高东南下,西西伯利亚低涡旋转分裂短波东移造成新疆西部暴雪天气(图略)。300 hPa 风速＞40 m·s^{-1}高空西南急流自波斯湾—巴尔喀什湖—阿勒泰边界,新疆西部位于急流轴右侧辐散区(图 2.26c),700 hPa 上位于风速＞12 m·s^{-1}的西南急流出口区前部辐合区和水汽通量散度辐合区(图 2.26d)。暴雪区位于高空西南急流轴右侧辐散区,西西伯利亚低涡东南部西南气流,低空西南急流出口区前部辐合区和水汽通量散度辐合区,以及地面图上冷锋附近的重叠区域(图略)。

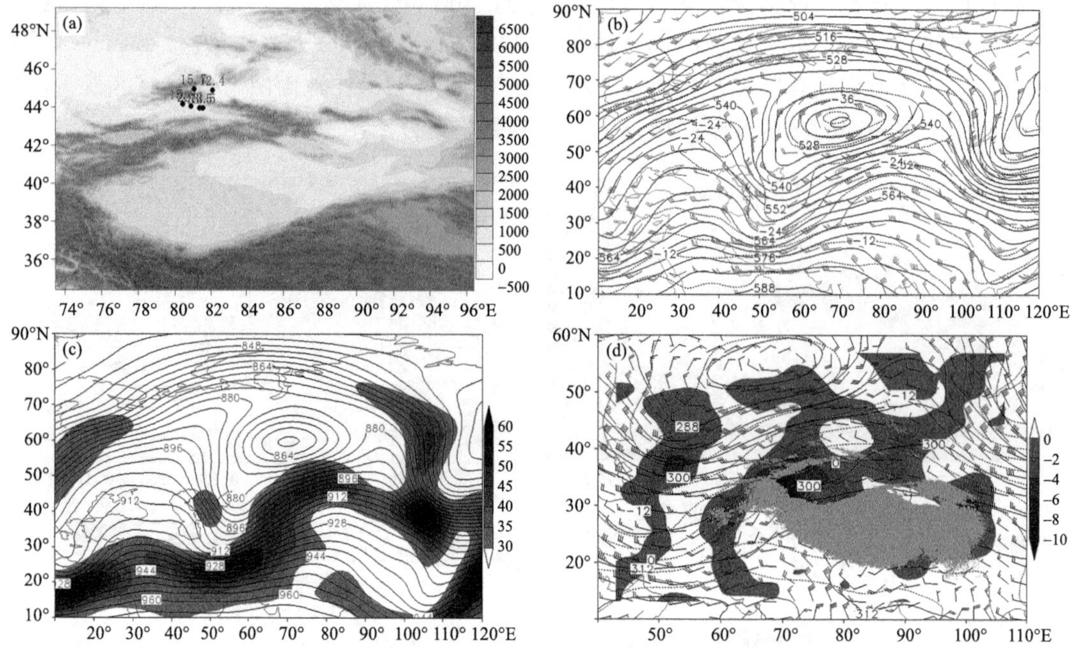

图 2.26　(a)2004 年 12 月 19 日暴雪量站点分布(单位:mm;填色为地形,单位:m);以及 12 月 18 日 20 时(b)500 hPa 高度场(实线,单位:dagpm)、温度场(虚线,单位:℃)、风场(单位:m·s^{-1}),(c)300 hPa 高度场(实线,单位:dagpm)和风速≥30 m·s^{-1}的急流(填色,单位:m·s^{-1});(d)2 日 02 时 700 hPa 高度场(实线,单位:dagpm)、温度场(虚线,单位:℃)、风场(单位:m·s^{-1})及水汽通量散度(填色,单位:10^{-5} g·cm^{-2}·hPa^{-1}·s^{-1},浅灰色阴影为≥3 km 的地形)

2.2.20　2005 年 11 月 3—4 日昌吉州、乌鲁木齐市、阿勒泰地区暴雪

【暴雪概况】3 日暖区暴雪出现在阿勒泰地区哈巴河 14.1 mm、阿勒泰 12.9 mm、富蕴 20.9 mm、青河 12.1 mm;4 日暴雪出现在昌吉州北塔山 16.4 mm、吉木萨尔 13.4 mm、天池 21.9 mm,乌鲁木齐市乌鲁木齐 15.4 mm、米泉 17.9 mm、小渠子 13.3 mm、牧试站 12.1 mm。过程累计降雪中心出现在昌吉州天池(21.9 mm)(图 2.27a)。

【环流背景】2 日 20 时,500 hPa 上欧亚范围内为两槽一脊型,黑海为低涡,西伯利亚为极涡活动区,伊朗高原—欧洲为高压脊区,脊线呈西北—东南向;新疆北部受西伯利亚极涡底部西北强锋区控制(图 2.27b)。欧洲脊顶受极地冷空气侵袭,脊线顺转,脊前正变高东南下,极涡旋转南压缓慢东移,其底部强锋区上不断分裂短波东移造成新疆北部暴雪天气(图略)。300 hPa上风速>30 m·s^{-1}高空偏西急流位于极涡底部,暴雪区位于急流轴右侧辐散区(图 2.27c),700 hPa 上位于风速>20 m·s^{-1}的偏西急轴右侧辐合区和水汽通量散度辐合区(图 2.27d)。地面图上,3 日暖区暴雪位于低压南部的减压升温区域;4 日的冷锋暴雪区位于冷锋附近(图略)。

2.2.21　2008 年 3 月 19 日昌吉州、乌鲁木齐市暴雪

【暴雪概况】19 日暴雪出现在昌吉州奇台 14.2 mm、天池 17.1 mm、木垒 15.6 mm,乌鲁木齐市乌鲁木齐 12.1 mm、小渠子 20.5 mm、牧试站 16.7 mm。过程降雪中心出现在乌鲁木齐市小渠子(20.5 mm)(图 2.28a)。

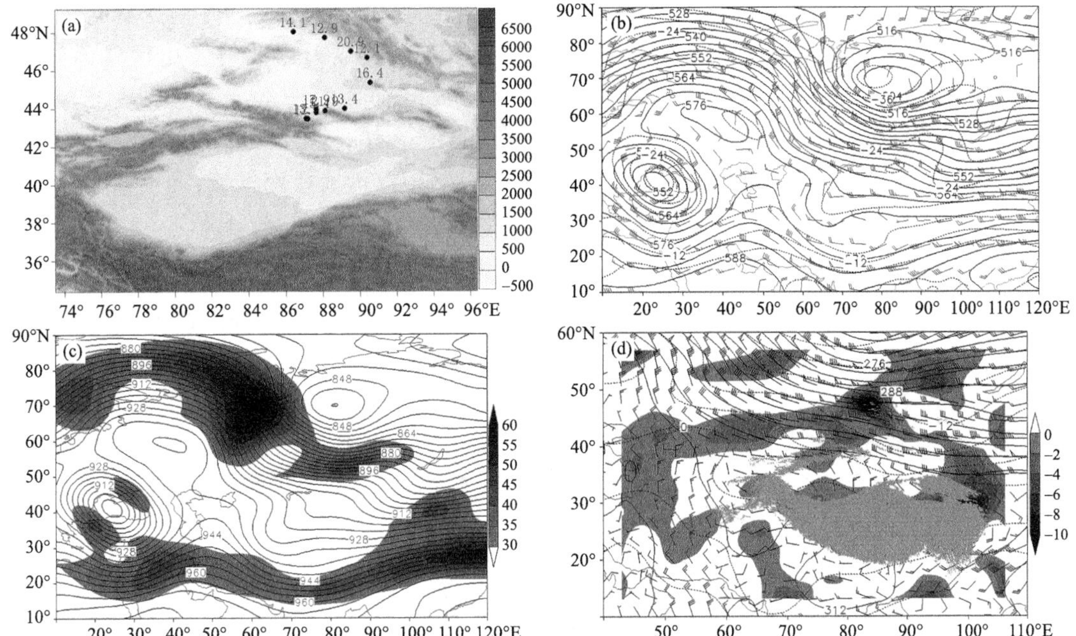

图 2.27　(a)2005 年 11 月 3—4 日累计暴雪量站点分布(单位:mm;填色为地形,单位:m);以及 2 日 20 时(b)500 hPa 高度场(实线,单位:dagpm)、温度场(虚线,单位:℃)、风场(单位:m · s^{-1}),(c)300 hPa 高度场(实线,单位:dagpm)和风速≥30 m · s^{-1}的急流(填色,单位:m · s^{-1}),(d)700 hPa 高度场(实线,单位:dagpm)、温度场(虚线,单位:℃)、风场(单位:m · s^{-1})及水汽通量散度(填色,单位:10^{-5} g · cm^{-2} · hPa^{-1} · s^{-1},浅灰色阴影为≥3 km 的地形)

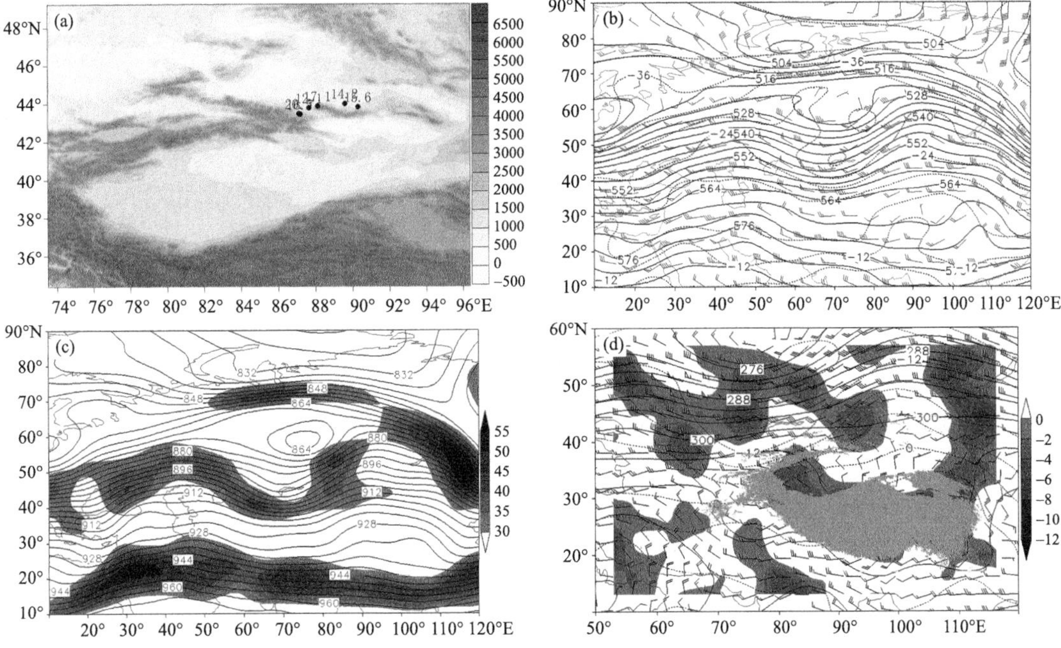

图 2.28　(a)2008 年 3 月 19 日暴雪量站点分布(单位:mm;填色为地形,单位:m);以及 18 日 20 时(b)500 hPa 高度场(实线,单位:dagpm)、温度场(虚线,单位:℃)、风场(单位:m · s^{-1}),(c)300 hPa 高度场(实线,单位:dagpm)和风速≥30 m · s^{-1}的急流(填色,单位:m · s^{-1}),(d)700 hPa 高度场(实线,单位:dagpm)、温度场(虚线,单位:℃)、风场(单位:m · s^{-1})及水汽通量散度(填色,单位:10^{-5} g · cm^{-2} · hPa^{-1} · s^{-1},浅灰色阴影为≥3 km 的地形)

【环流背景】18 日 20 时,500 hPa 上欧亚范围内为纬向,西西伯利亚—中亚为锋区上短波槽,新疆北部受其前部西南气流控制(图 2.28b);该槽东移造成天山北坡及山区暴雪天气。300 hPa 上风速>30 m·s^{-1}高空西南急流位于中亚短波槽前,暴雪区位于急流轴右侧辐散区(图 2.28c),700 hPa 上位于风速>16 m·s^{-1}的西南急流轴右侧辐合区和水汽通量散度辐合区(图 2.28d)。暴雪区位于高空西南急流轴右侧辐散区,中亚槽前西南气流,低空西南急流轴右侧辐合区和水汽通量散度辐合区,以及地面图上冷锋附近的重叠区域(图略)。

2.2.22　2008 年 4 月 18 日伊犁州、昌吉州、石河子市、乌鲁木齐市、塔城地区暴雪

【暴雪概况】18 日暴雪出现在石河子市炮台 16.7 mm、莫索湾 14.7 mm、石河子 16.4 mm、乌兰乌苏 15.5 mm,塔城地区南部沙湾 19.5 mm,昌吉州蔡家湖 15.9 mm、呼图壁 17.7 mm、昌吉 20.9 mm、阜康 14.1 mm、吉木萨尔 23.8 mm、奇台 13.7 mm、天池 20.6 mm、木垒 12.4 mm,乌鲁木齐市米泉 20.4 mm、乌鲁木齐 19.5 mm、小渠子 12.9 mm、牧试站 13.9 mm。过程降雪中心出现在昌吉州吉木萨尔(23.8 mm)(图 2.29a)。

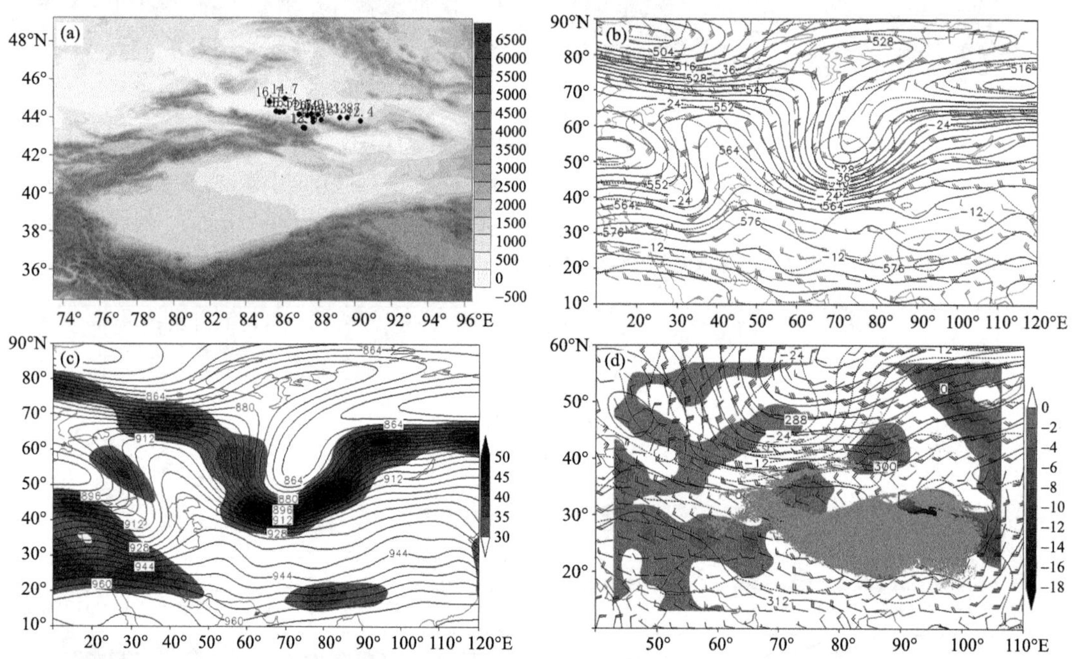

图 2.29　(a)2008 年 4 月 18 日暴雪量站点分布(单位:mm;填色为地形,单位:m);以及 4 月 17 日 20 时(b)500 hPa 高度场(实线,单位:dagpm)、温度场(虚线,单位:℃)、风场(单位:m·s^{-1}),(c)300 hPa 高度场(实线,单位:dagpm)和风速≥30 m·s^{-1}的急流(填色,单位:m·s^{-1}),(d)700 hPa 高度场(实线,单位:dagpm)、温度场(虚线,单位:℃)、风场(单位:m·s^{-1})及水汽通量散度(填色,单位:10^{-5} g·cm^{-2}·hPa^{-1}·s^{-1},浅灰色阴影为≥3 km 的地形)

【环流背景】17 日 20 时,500 hPa 上欧亚范围内为两槽两脊型,北欧沿岸为低槽区,西西伯利亚为低槽,槽底南伸至 35°N 附近,欧洲为高压脊区,贝加尔湖为浅脊;新疆北部受西西伯利亚低槽前西南气流控制(图 2.29b)。欧洲脊顶受极地冷空气侵袭,脊前正变高东南下,西西伯利亚低槽东移减弱造成天山北坡及山区暴雪天气(图略)。300 hPa 上风速>40 m·s^{-1}高空西南急流位于咸海—巴尔喀什湖—贝加尔湖西北部,暴雪区位于急流轴右侧辐散区

(图 2.29c)，700 hPa上位于风速>12 m·s^{-1}的偏西急流出口区前部辐合区和水汽通量散度辐合区(图 2.29d)。暴雪区位于高空西南急流轴右侧辐散区，西西伯利亚槽前西南气流，低空偏西急流出口区前部辐合区和水汽通量散度辐合区，以及地面图上冷锋后的重叠区域(图略)。

2.2.23　2009 年 3 月 20 日昌吉州、乌鲁木齐市暴雪

【暴雪概况】20 日暴雪出现在昌吉州阜康 18.1 mm、奇台 14.8 mm、天池 16.5 mm、木垒 18.0 mm，乌鲁木齐市米泉 21.9 mm、乌鲁木齐 27.5 mm、小渠子 13.6 mm、牧试站 16.0 mm。过程降雪中心出现在乌鲁木齐(27.5 mm)(图 2.30a)。

【环流背景】19 日 20 时，500 hPa 上欧亚范围内中纬为纬向锋区，其上多波动，中亚为弱槽，新疆北部受其槽前西南气流控制(图 2.30b)，该槽东移造成天山北坡及山区暴雪天气。300 hPa上风速>40 m·s^{-1}高空西南急流位于巴尔喀什湖南部—贝加尔湖，暴雪区位于急流轴附近辐散区(图 2.30c)，700 hPa 上位于风速>12 m·s^{-1}的偏西急流出口区前部辐合区和水汽通量散度辐合区(图 2.30d)。暴雪区位于高空西南急流轴附近辐散区，中亚短波槽前西南气流，低空偏西急流出口区前部辐合区和水汽通量散度辐合区，以及地面图上冷锋后的重叠区域(图略)。

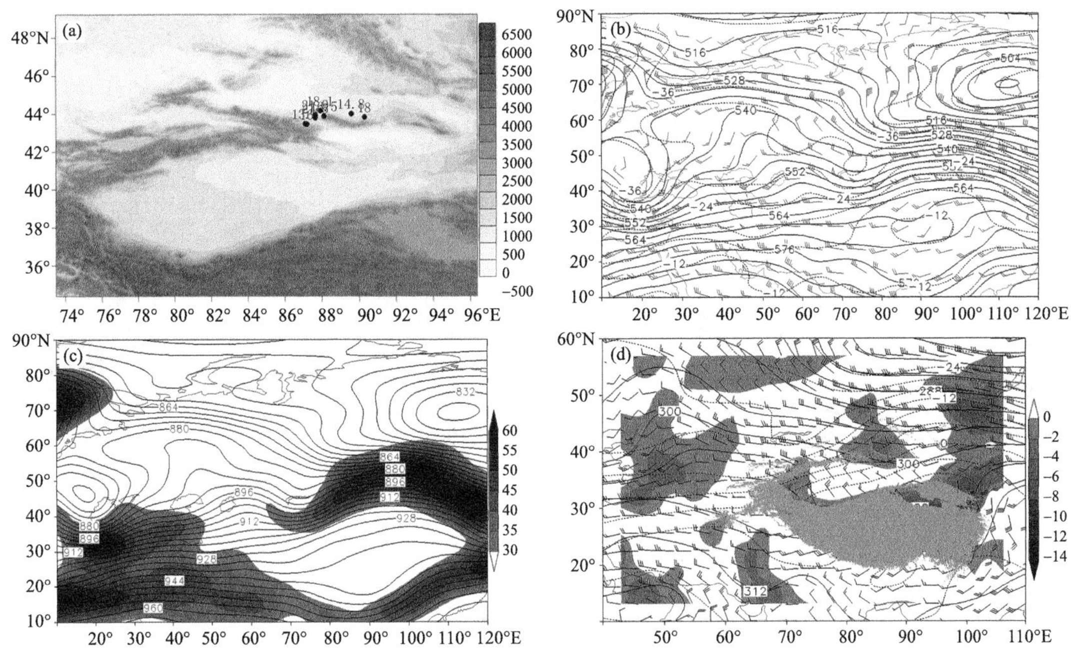

图 2.30　(a)2009 年 3 月 20 日暴雪量站点分布(单位:mm;填色为地形，单位:m)；以及 3 月 19 日 20 时(b)500 hPa 高度场(实线，单位:dagpm)、温度场(虚线，单位:℃)、风场(单位:m·s^{-1})，(c)300 hPa 高度场(实线，单位:dagpm)和风速≥30 m·s^{-1}的急流(填色，单位:m·s^{-1})，(d)700 hPa 高度场(实线，单位:dagpm)、温度场(虚线，单位:℃)、风场(单位:m·s^{-1})及水汽通量散度(填色，单位:10^{-5} g·cm^{-2}·hPa^{-1}·s^{-1}，浅灰色阴影为≥3 km 的地形)

2.2.24　2009 年 5 月 26 日巴州、昌吉州、乌鲁木齐市暴雪

【暴雪概况】26 日暴雪出现在中天山山区，巴州巴仑台 36.2 mm，昌吉州天池 49.9 mm，乌鲁木齐市小渠子 36.3 mm、天山大西沟 23.0 mm、牧试站 28.2 mm。过程降雪中心出现在昌吉州天池(49.9 mm)(图 2.31a)。

【环流背景】25 日 20 时,500 hPa 上欧亚范围内为两槽两脊型,欧洲为低槽区,西西伯利亚低涡与中亚低槽,同位相打通,槽底南伸至 35°N 附近,乌拉尔山为高压脊区,贝加尔湖为脊区;新疆北部受西西伯利亚—中亚槽前西南气流控制(图 2.31b)。欧洲低槽发展东移,使乌拉尔山脊东移,导致西西伯利亚—中亚的低槽东移,并分裂短波槽造成中天山山区暴雪天气。300 hPa 上风速>40 $m \cdot s^{-1}$高空西南急流位于新疆西部境外—贝加尔湖,暴雪区位于急流轴右侧辐散区(图 2.31c),700 hPa 上位于偏北与偏西气流形成的切变线南侧及南疆盆地东部的东南气流与天山地形形成的辐合区和水汽通量散度辐合区(图 2.31d)。暴雪区位于高空西南急流轴右侧辐散区,槽前西南气流,低空偏北与偏西气流形成的切变线南侧及南疆盆地东部的东南气流与天山地形形成的辐合区和水汽通量散度辐合区,以及地面图上冷锋后部的重叠区域(图略)。

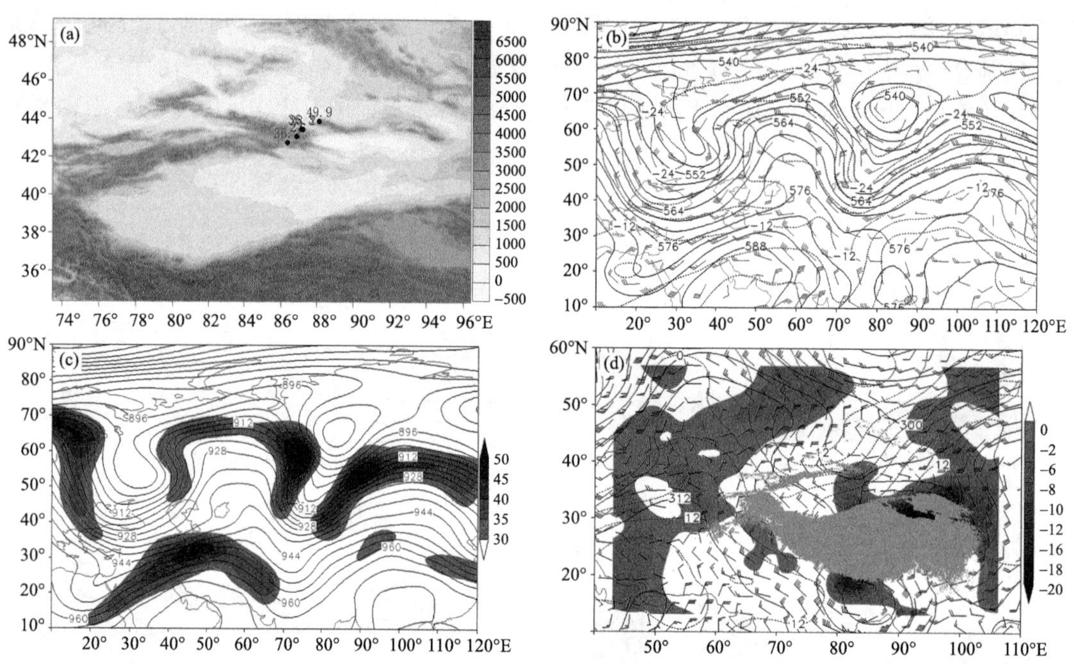

图 2.31　(a)2009 年 5 月 26 日暴雪量站点分布(单位:mm;填色为地形,单位:m);以及 5 月 25 日 20 时(b)500 hPa 高度场(实线,单位:dagpm)、温度场(虚线,单位:℃)、风场(单位:$m \cdot s^{-1}$),(c)300 hPa 高度场(实线,单位:dagpm)和风速≥30 $m \cdot s^{-1}$的急流(填色,单位:$m \cdot s^{-1}$);(d)26 日 02 时 700 hPa 高度场(实线,单位:dagpm)、温度场(虚线,单位:℃)、风场(单位:$m \cdot s^{-1}$)及水汽通量散度(填色,单位:10^{-5} $g \cdot cm^{-2} \cdot hPa^{-1} \cdot s^{-1}$,浅灰色阴影为≥3 km 的地形)

2.2.25　2010 年 2 月 23—24 日石河子市、伊犁州、塔城地区暴雪

【暴雪概况】暴雪出现在:23 日石河子及其以西的天山北坡,降雪主要集中在该日,伊犁州霍城 12.4 mm、伊宁 14.0 mm、伊宁县 15.1 mm、新源 26.8 mm,塔城地区南部乌苏 40.2 mm、沙湾 26.8 mm,石河子市炮台 14.7 mm、石河子 18.2 mm、乌兰乌苏 18.7 mm,暴雪中心为乌苏站,突破该站冬季 1961 年以来降雪极值。24 日新源站暴雪(12.4 mm),该站累计降雪量为 39.2 mm(图 3.32a)。

【环流背景】22 日 20 时,500 hPa 欧亚范围内中高纬为一脊一槽型,欧洲为高压脊区,西伯利亚为极涡，其底部为强西风锋区；南支地中海东部为弱槽，槽前西南气流与极涡底部强锋区在巴尔喀什湖—新疆北部汇合，新疆北部受强西风锋区控制（图 2.32b）；极涡旋转略有南压，锋区上分裂短波槽东移，造成新疆北部暴雪天气（图略）。300 hPa 上，新疆北部位于风速＞40 $m \cdot s^{-1}$ 的强西风急流带上，暴雪区位于极锋急流轴右侧（图 2.32c），700 hPa 上风速＞12 $m \cdot s^{-1}$ 低空西北急流与西南急流在巴尔喀什湖—新疆北部汇合，暴雪区位于低空急流轴右侧辐合区，并有水汽通量散度的辐合（图 2.32d）。暴雪区位于高空极锋急流轴右侧，强西风锋区，低空西风急流轴右侧辐合区和水汽通量散度辐合区，以及地面图上冷锋附近的重叠区域（图略）。

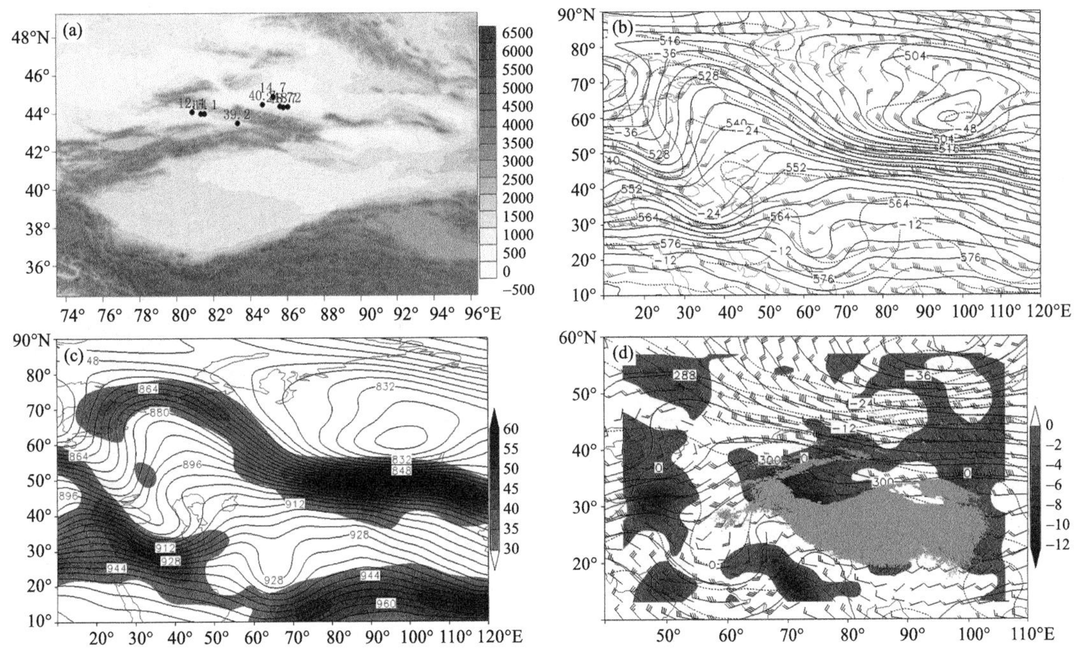

图 2.32　(a)2010 年 2 月 23—24 日累计暴雪量站点分布（单位：mm；填色为地形，单位：m）；以及 22 日 20 时(b)500 hPa 高度场（实线，单位：dagpm）、温度场（虚线，单位：℃）、风场（单位：$m \cdot s^{-1}$），(c)300 hPa 高度场（实线，单位：dagpm）和风速≥30 $m \cdot s^{-1}$ 的急流（填色，单位：$m \cdot s^{-1}$），(d)700 hPa 高度场（实线，单位：dagpm）、温度场（虚线，单位：℃）、风场（单位：$m \cdot s^{-1}$）及水汽通量散度（填色，单位：10^{-5} $g \cdot cm^{-2} \cdot hPa^{-1} \cdot s^{-1}$，浅灰色阴影为≥3 km 的地形）

此次暴雪过程的降雪量之大、降雪强度之强、降雪范围之广和积雪深度之厚均为历史罕见，给新疆天山北坡中部地区的经济建设和人民生活财产等带来严重危害，造成近亿元的经济损失（赵俊荣 等，2010，2013）。

2.2.26　2010 年 3 月 28 日博州、伊犁州、石河子市、乌鲁木齐市、塔城地区暴雪

【暴雪概况】28 日暴雪出现在博州博乐 14.8 mm，伊犁州伊宁 27.2 mm、伊宁县 23.7 mm、新源 18.8 mm，塔城地区南部乌苏 19.4 mm，石河子市石河子 13.2 mm，乌鲁木齐市米泉 13.2 mm、乌鲁木齐 12.7 mm、小渠子 13.8 mm。暴雪中心出现在伊宁 27.2 mm（图 2.33a）。

【环流背景】27 日 20 时，500 hPa 欧亚范围内极涡位于新地岛南部，呈西北—东南向，极锋锋区位于其底部；中低纬为两脊一槽型，欧洲、新疆东部至贝加尔湖为高压脊区，西西伯利亚至中亚的高、中、低纬为低槽活动区，2 支锋区上的槽同位相叠加，槽底南伸至 40°N 以南，新疆

北部处于槽前西南气流控制(图 2.33b);极涡南压,分裂小槽侵袭欧洲脊,脊前正变高东南下,使西西伯利亚至中亚的低槽东移减弱,造成新疆北部暴雪天气(图略)。300 hPa 上咸海南部—巴尔喀什湖—贝加尔湖为风速>40 m·s^{-1}的高空西南急流,急流核风速>50 m·s^{-1},暴雪区位于急流轴右侧辐散区(图 3.33c),700 hPa 上位于风速>16 m·s^{-1}低空西南急流轴右侧辐合及水汽通量散度辐合区(图 3.33d)。暴雪区位于高空西南急流轴右侧辐散区,槽前西南气流,低空西南急流出口区前部辐合和水汽通量散度辐合区以及地面冷锋后的重叠区域(图略)。

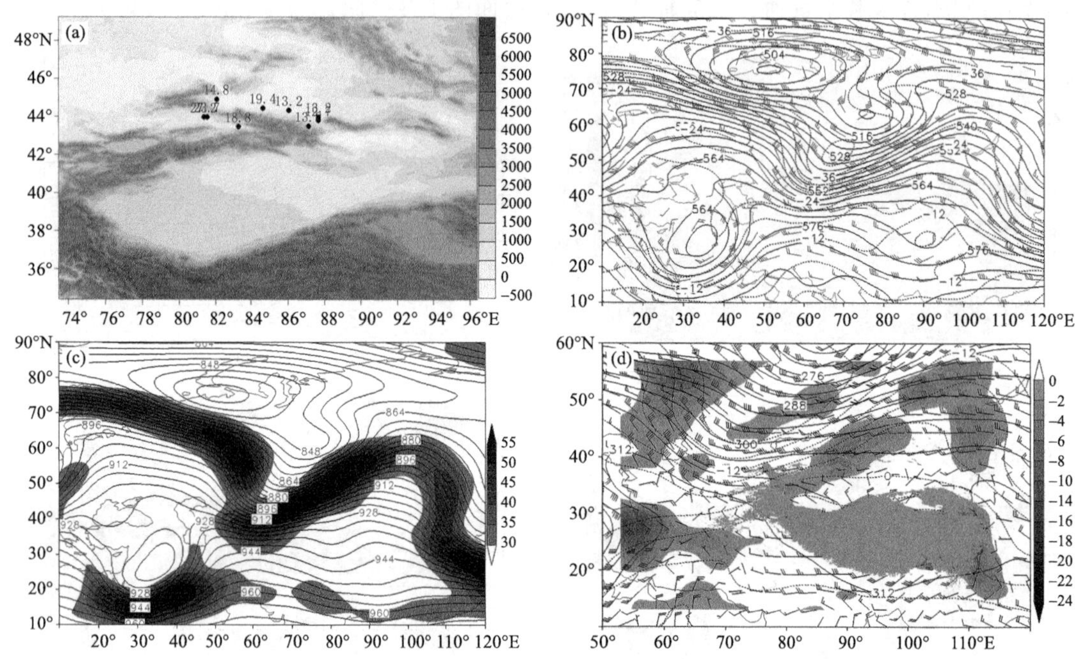

图 2.33　(a)2010 年 3 月 28 日暴雪站点分布(单位:mm;填色为地形,单位:m);以及 3 月 27 日 20 时(b) 500 hPa 高度场(实线,单位:dagpm)、温度场(虚线,单位:℃)、风场(单位:m·s^{-1}),(c)300 hPa 高度场(实线,单位:dagpm)和风速≥30 m·s^{-1}的急流(填色,单位:m·s^{-1}),(d)700 hPa 高度场(实线,单位:dagpm)、温度场(虚线,单位:℃)、风场(单位:m·s^{-1})及水汽通量散度(填色,单位:10^{-5} g·cm^{-2}·hPa^{-1}·s^{-1},浅灰色阴影为≥3 km 的地形)

2.2.27　2011 年 3 月 16 日博州、伊犁州、乌鲁木齐市、塔城地区暴雪

【暴雪概况】16 日暴雪出现在博州博乐 15.3 mm,伊犁州伊宁 14.3 mm、霍城 14.9 mm、伊宁县 17.4 mm;塔城地区南部乌苏 12.7 mm,乌鲁木齐市米泉 12.6 mm、乌鲁木齐 15.8 mm 雪;暴雪中心出现在伊犁州伊宁县(17.4 mm)(图 2.34a)。

【环流背景】15 日 20 时,500 hPa 欧亚范围内为三脊三槽的经向环流,北欧、地中海—黑海—南欧、阿拉伯海—新疆东部—贝加尔湖为高压脊区,西欧为低槽区,西西伯利亚至里海南部的高、中、低纬为低槽活动区,东亚为槽区,槽脊呈西南—东北向,南北 2 支锋区在咸海与巴尔喀什湖南部—新疆北部汇合,槽底南伸至 25°N 附近,新疆北部处于槽前西南气流控制(图 2.34b);上游槽脊系统东移导致西西伯利亚至里海南的低槽东移减弱造成新疆北部暴雪天气(图略)。300 hPa 新疆北部处于风速>40 m·s^{-1}的高空西南急流轴右侧辐散区,急流核风速>55 m·s^{-1}(图 2.34c),700 hPa 暴雪区位于风速>20 m·s^{-1}低空西南急流轴右侧辐合区及水汽通量散度辐合区(图 2.34d)。暴雪区位于高空西南急流轴右侧辐散区,槽前西南气流,低空西南急流右侧辐合和水汽通量散度辐合区以及地面冷锋后的重叠区域(图略)。

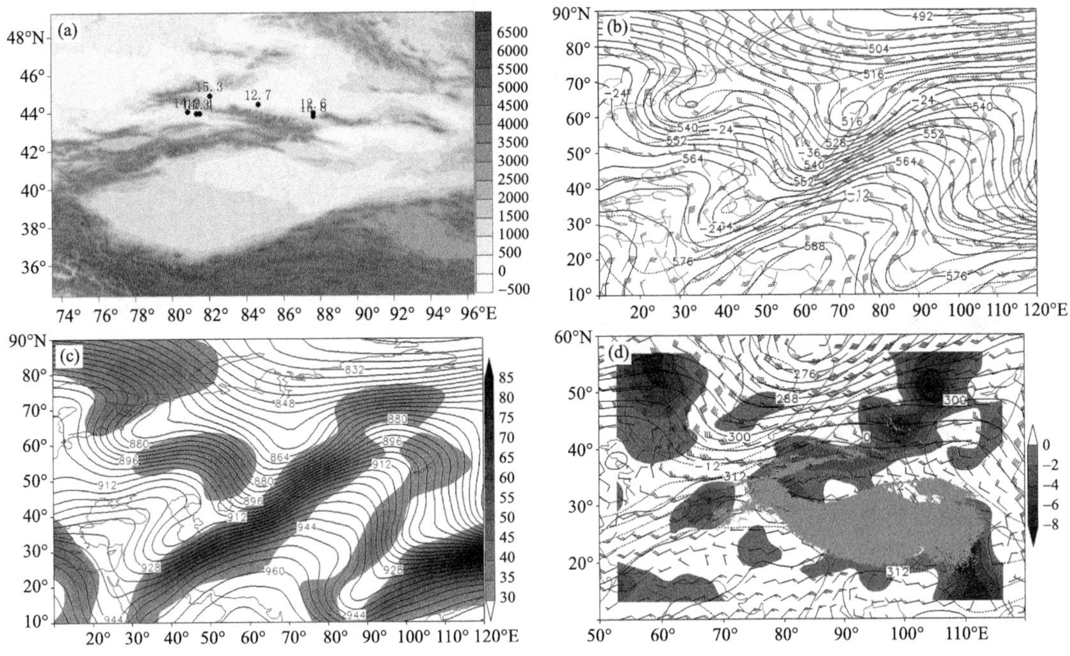

图 2.34　(a)2011 年 3 月 16 日暴雪量站点分布(单位:mm;填色为地形,单位:m);以及 3 月 15 日 20 时(b)500 hPa 高度场(实线,单位:dagpm)、温度场(虚线,单位:℃)、风场(单位:m·s^{-1}),(c)300 hPa 高度场(实线,单位:dagpm)和风速≥30 m·s^{-1}的急流(填色,单位:m·s^{-1}),(d)700 hPa 高度场(实线,单位:dagpm)、温度场(虚线,单位:℃)、风场(单位:m·s^{-1})及水汽通量散度(填色,单位:10^{-5} g·cm^{-2}·hPa^{-1}·s^{-1},浅灰色阴影为≥3 km 的地形)

2.2.28　2011 年 4 月 4 日塔城地区、石河子市、昌吉州、乌鲁木齐市暴雪

【暴雪概况】4 日暴雪出现在塔城地区南部沙湾 15.8 mm,石河子市石河子 19.3 mm、乌兰乌苏 16.5 mm,昌吉州呼图壁 13.9 mm、昌吉 14.1 mm、阜康 19.0 mm、天池 18.0 mm,乌鲁木齐市米泉 18.7 mm、乌鲁木齐 25.2 mm、小渠子 20.0 mm、牧试站 12.1 mm。暴雪中心出现在乌鲁木齐 25.2 mm(图 2.35a)

【环流背景】3 日 20 时,暴雪前 500 hPa 欧亚范围内中高纬为两脊一槽型,里咸海(里海—咸海)至欧洲、贝加尔湖为高压脊区,前者呈西北—东南向,西西伯利亚至中亚为低槽区,槽底南伸至 35°N 附近;黑海至地中海为低涡活动区,新疆北部受西西伯利亚至中亚的槽前西南气流控制(图 2.35b);黑海至地中海的低涡旋转略有东移,低涡前暖平流使欧洲脊发展脊线顺转,脊前正变高东南落,导致西西伯利亚至中亚的低槽东移,造成天山北坡暴雪天气(图略)。300 hPa 天山北坡位于风速>40 m·s^{-1}的高空西南急流轴右侧的分流辐散区,急流核风速>50 m·s^{-1}(图 2.35c),700 hPa 上位于风速>12 m·s^{-1}西北—偏西急流轴右侧辐合区和水汽通量散度辐合区(图 2.35d)。暴雪区位于高空西南急流轴右侧的分流辐散区,槽前西南气流,低空西北—偏西急流轴右侧辐合和水汽通量散度辐合区,以及地面上冷锋附近的重叠区域(图略)。

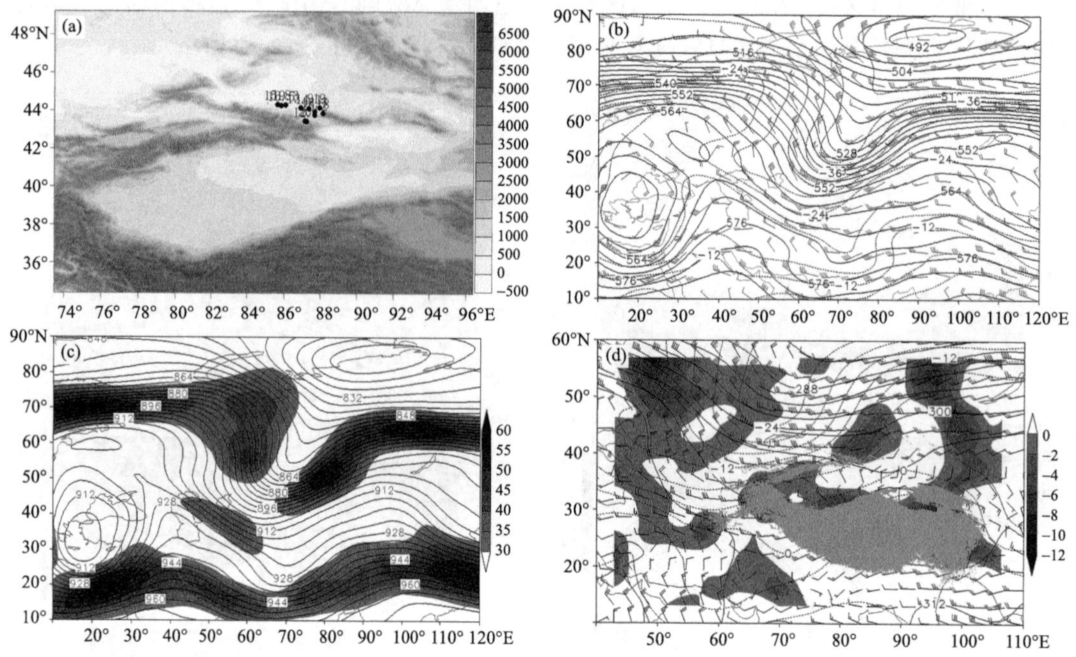

图 2.35　(a)2011 年 4 月 4 日暴雪站点分布(单位:mm;填色为地形,单位:m);以及 3 日 20 时(b) 500 hPa 高度场(实线,单位:dagpm)、温度场(虚线,单位:℃)、风场(单位:m·s^{-1}),(c)300 hPa 高度场(实线,单位:dagpm)和风速≥30 m·s^{-1}的急流(填色,单位:m·s^{-1}),(d)700 hPa 高度场(实线,单位:dagpm)、温度场(虚线,单位:℃)、风场(单位:m·s^{-1})及水汽通量散度(填色,单位:10^{-5} g·cm^{-2}·hPa^{-1}·s^{-1},浅灰色阴影为≥3 km 的地形)

2.2.29　2011 年 10 月 30 日石河子市、昌吉州、乌鲁木齐市暴雪

【暴雪概况】30 日暴雪出现在石河子市石河子 13.1 mm,乌鲁木齐市米泉 16.1 mm、乌鲁木齐 12.4 mm,昌吉州阜康 12.2 mm、木垒 12.2 mm,暴雪中心出现在乌鲁木齐市米泉 16.1 mm(图 2.36a)。

【环流背景】29 日 20 时,暴雪前 500 hPa 欧亚范围内为两脊一槽型,欧洲、贝加尔湖为高压脊区,西西伯利亚至中亚为低槽区,槽底南伸至 35°N 附近;黑海至地中海低涡前西南气流与西西伯利亚至中亚槽底偏西气流在咸海—巴尔喀什湖—新疆北部汇合,新疆北部位于槽前西南强锋区上(图 2.36b);欧洲脊受不稳定小槽的影响向南衰退,导致西伯利亚至中亚的低槽东移减弱造成天山北坡暴雪天气(图略)。300 hPa 新疆北部位于风速>40 m·s^{-1}的高空西南急流轴右侧的分流辐散区,急流核风速>45 m·s^{-1}(图 2.36c),700 hPa 上天山北坡位于风速>16 m·s^{-1}西北—偏西急流出口区前部辐合区和水汽通量散度辐合区(图 2.36d)。暴雪区位于高空西南急流轴右侧的分流辐散区,西西伯利亚槽前西南气流,低空偏西急流出口区前侧辐合和水汽通量散度辐合区,以及地面冷锋附近的重叠区域(图略)。

2.2.30　2011 年 12 月 6 日克州、喀什地区暴雪

【暴雪概况】6 日暴雪出现在克州阿图什 19.6 mm、乌恰 14.0 mm、阿克陶 16.7 mm,喀什地区喀什 15.8 mm、英吉沙 14.1 mm,暴雪中心出现在克州阿图什站 19.6 mm(图 2.37a)。

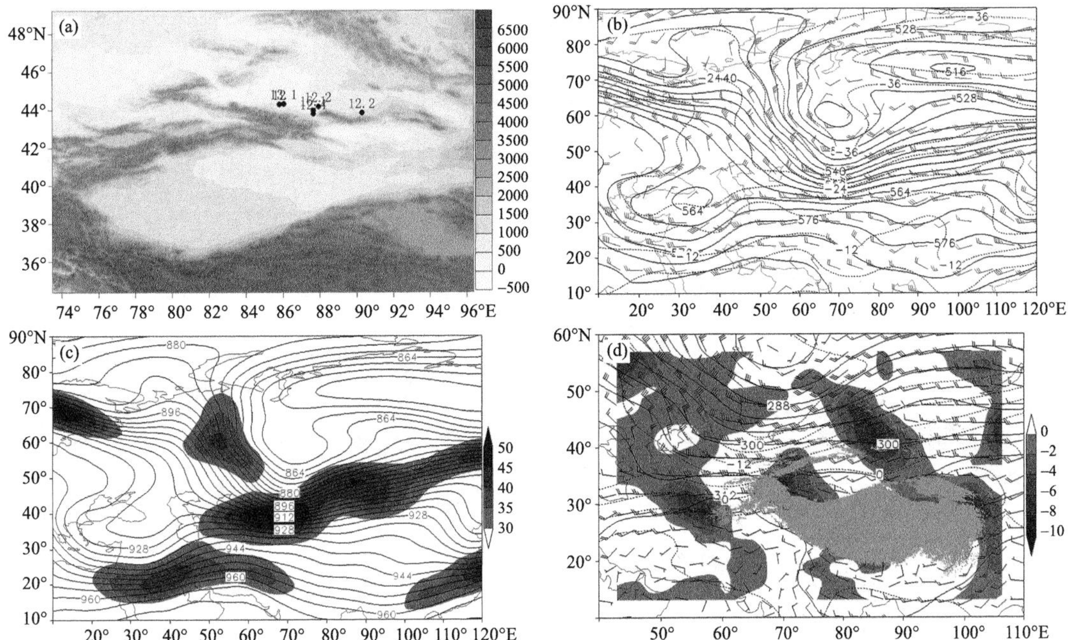

图 2.36　(a)2011 年 10 月 30 日暴雪量站点分布(单位:mm;填色为地形,单位:m);以及 29 日 20 时(b)500 hPa 高度场(实线,单位:dagpm)、温度场(虚线,单位:℃)、风场(单位:$m \cdot s^{-1}$),(c)300 hPa 高度场(实线,单位:dagpm)和风速≥30 $m \cdot s^{-1}$的急流(填色,单位:$m \cdot s^{-1}$),(d)700 hPa 高度场(实线,单位:dagpm)、温度场(虚线,单位:℃)、风场(单位:$m \cdot s^{-1}$)及水汽通量散度(填色,单位:10^{-5} $g \cdot cm^{-2} \cdot hPa^{-1} \cdot s^{-1}$,浅灰色阴影为≥3 km 的地形)

2011 年 12 月 5—9 日南疆西部出现大到暴雪过程,强降雪时段为 5 日 20 时至 7 日 08 时,此次降雪过程特点是强降雪落区集中于喀什和克州地区,8 站出现大到暴雪,阿图什、喀什、阿克陶、乌恰、英吉沙 5 个站的过程降雪量分别为 25.3 mm、20.8 mm、20.7 mm、18.7 mm 和 18.0 mm,均突破近 60 年 12 月同期极值,是 2011 年新疆十大气候事件之一,暴雪给设施农业、交通运输等造成一定损失(张云惠 等,2016)。

【环流背景】5 日 20 时,北欧和喀拉海东部为极涡活动区,欧亚范围内为北脊南涡型,东欧—西西伯利亚为宽广的高压脊区,塔什干为低涡活动区,该涡与北支高压脊呈反位相,南疆西部受塔什干低涡前西南暖湿气流控制(图 2.37b);该涡旋转略有东南移,并分裂短波东移影响南疆西部,同时新疆东部为长波槽,槽内冷空气从南疆盆地东部不断向西侵入,这种“东冷西暖夹攻”形势造成南疆西部暴雪天气(图略)。300 hPa 上风速>40 $m \cdot s^{-1}$的副热带高空西南急流轴从红海—波斯湾—青藏高原南部,南疆西部暴雪区位于急流轴左侧的分流辐散区,急流核风速>45 $m \cdot s^{-1}$(图 2.37c)。700 hPa 上南疆盆地的偏东风与西部大地型形成辐合,暴雪区域位于该辐合区和水汽通量散度辐合区(图 2.37d)。地面图上南疆盆地位于冷锋后部,冷空气主力从南疆盆地东部灌入至南疆西部,南疆西部降雪前后气压增加达17 hPa(图略)。暴雪区位于高空西南急流轴左侧的分流辐散区,塔什干低涡前西南暖湿气流,低空南疆盆地的偏东风与西部大地型形成辐合区和水汽通量散度辐合区,以及地面冷锋后部东灌气流的重叠区域(图略)。

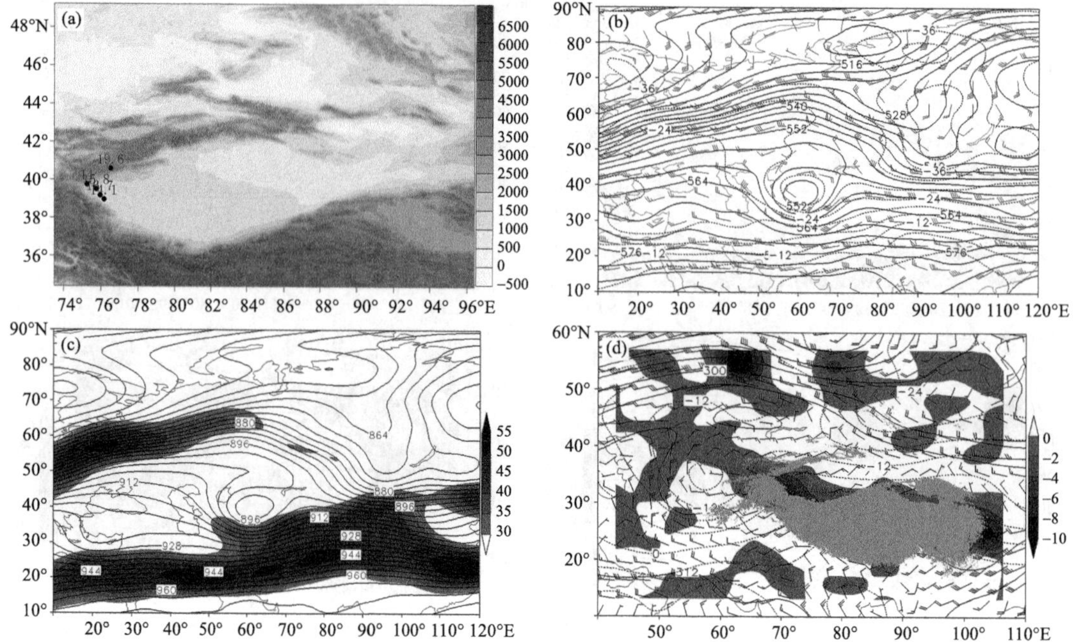

图 2.37　(a)2011 年 12 月 6 日暴雪量站点分布(单位:mm;填色为地形,单位:m);以及 5 日 20 时(b) 500 hPa 高度场(实线,单位:dagpm)、温度场(虚线,单位:℃)、风场(单位:m・s^{-1}),(c)300 hPa 高度场(实线,单位:dagpm)和风速≥30 m・s^{-1}的急流(填色,单位:m・s^{-1}),(d)700 hPa 高度场(实线,单位:dagpm)、温度场(虚线,单位:℃)、风场(单位:m・s^{-1})及水汽通量散度(填色,单位:10^{-5} g・cm^{-2}・hPa^{-1}・s^{-1},浅灰色阴影为≥3 km 的地形)

2.2.31　2014 年 4 月 23 日伊犁州、乌鲁木齐市、昌吉州暴雪

【暴雪概况】23 日暴雪发生在伊犁州新源 15.0 mm,乌鲁木齐市米泉 13.3 mm、乌鲁木齐 16.9 mm、小渠子 18.0 mm、牧试 15.1 mm;昌吉州天池 22.6 mm、木垒 14.2 mm。暴雪中心出现在天池站 22.6 mm(图 2.38a)

【环流背景】22 日 20 时,暴雪前 500 hPa 欧亚范围内为两脊一槽型,里咸海至欧洲、贝加尔湖为高压脊区,西西伯利亚为低槽区,槽前西南风达 28 m・s^{-1},新疆北部位于槽前西南强锋区(图 2.38b);欧洲脊西北部受不稳定小槽侵袭向东南衰退,导致西西伯利亚低槽东移造成天山北坡及山区暴雪天气(图略)。300 hPa 天山北坡位于风速>40 m・s^{-1}的高空西南急流轴右侧的分流辐散区,急流核风速>45 m・s^{-1}(图 2.38c),700 hPa 上位于>16 m・s^{-1}低空西风急流出口区前部辐合区,急流核风速达 22 m・s^{-1},配合有水汽通量散度辐合区(图 2.38d)。暴雪区位于高空西南急流轴右侧的分流辐散区,西西伯利亚槽前强西南锋区,低空西风急流出口区前侧辐合和水汽通量散度辐合区,以及地面冷锋后的重叠区域(图略)。

2.2.32　2014 年 11 月 9 日博州、伊犁州暴雪

【暴雪概况】9 日暴雪出现在博州区温泉 13.8 mm,伊犁州霍尔果斯 12.7 mm、霍城 13.2 mm、察布查尔 14.8 mm、伊宁 19.1 mm、伊宁县 18.5 mm、巩留 13.2 mm、新源12.1 mm;暴雪中心出现在伊宁 19.1 mm(图 2.39a)。

【环流背景】11 月 8 日 20 时,500 hPa 欧亚范围内为两脊一槽的经向环流,欧洲和蒙古至

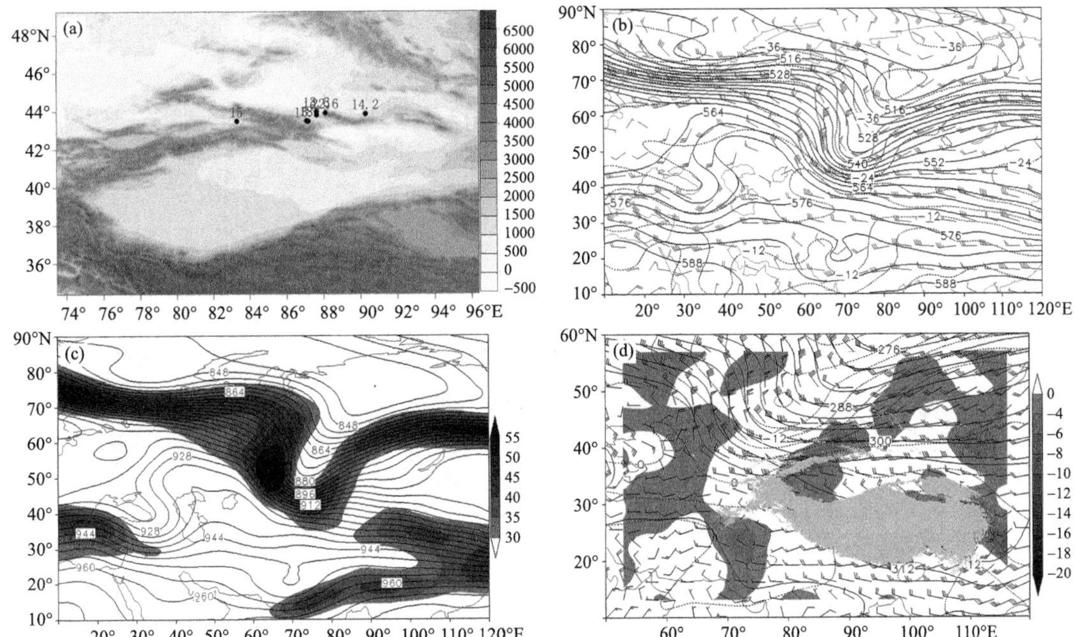

图 2.38　(a)2014 年 4 月 23 日暴雪量站点分布(单位:mm;填色为地形,单位:m);以及 22 日 20 时(b) 500 hPa 高度场(实线,单位:dagpm)、温度场(虚线,单位:℃)、风场(单位:m·s^{-1}),(c)300 hPa 高度场(实线,单位:dagpm)和风速≥30 m·s^{-1}的急流(填色,单位:m·s^{-1}),(d)700 hPa 高度场(实线,单位:dagpm)、温度场(虚线,单位:℃)、风场(单位:m·s^{-1})及水汽通量散度(填色,单位:10^{-5} g·cm^{-2}·hPa^{-1}·s^{-1},浅灰色阴影为≥3 km 的地形)

贝加尔湖为高压脊区,西西伯利亚至中亚的高、中、低纬为低槽活动区,南北 2 支锋区上的槽同位向叠加,槽底南伸至 30°N 附近,新疆西部处于槽前西南气流控制(图 2.39b);欧洲脊顶受不稳定小槽影响,脊前正变高东南下,导致中亚低槽东移,造成新疆西部暴雪天气(图略)。300 hPa上新疆西部位于风速>30 m·s^{-1}的高空西南急流入口区右后侧辐散区(图 2.39c),700 hPa上位于低空偏北气流与天山地形相互作用形成的辐合抬升及水汽通量辐合区(图 2.39d)。暴雪位于高空西南急流入口区右后侧辐散区,槽前西南气流,低空偏北气流与天山地形形成的辐合抬升和水汽通量散度辐合区,以及地面冷锋后的重叠区域(图略)。

2.2.33　2015 年 2 月 13 日石河子市、昌吉州、乌鲁木齐市、伊犁州暴雪

【暴雪概况】13 日暴雪发生在石河子市石河子 14.4 mm,昌吉州玛纳斯 14.2 mm、呼图壁 13.9 mm、昌吉 13.8 mm、天池 14.5 mm、木垒 13.4 mm,伊犁州新源 13.4 mm,乌鲁木齐市乌鲁木齐 13.1 mm、小渠子 14.0 mm。暴雪中心位于昌吉州天池站(14.5 mm)(图 2.40a)。

【环流背景】12 日 20 时,暴雪前 500 hPa 欧亚范围内中高纬为两脊一槽型,欧洲、贝加尔湖为高压脊区,西西伯利亚为低槽区;中低纬为两槽一脊,黑海至地中海为低涡活动区,巴基斯坦为低槽活动区,伊朗为高压脊区,与中高纬系统呈反位相;黑海至地中海低涡前西南气流与西西伯利亚低槽前西南气流在巴尔喀什湖到新疆北部汇合,形成较强的锋区,新疆北部受槽前西南锋区控制(图 2.40b);欧洲脊顶受不稳定小槽影响,脊前正变高东南下,导致西西伯利亚低槽东移减弱造成天山北坡及山区暴雪天气(图略)。300 hPa 天山北坡及山区位于风速>30 m·s^{-1}的

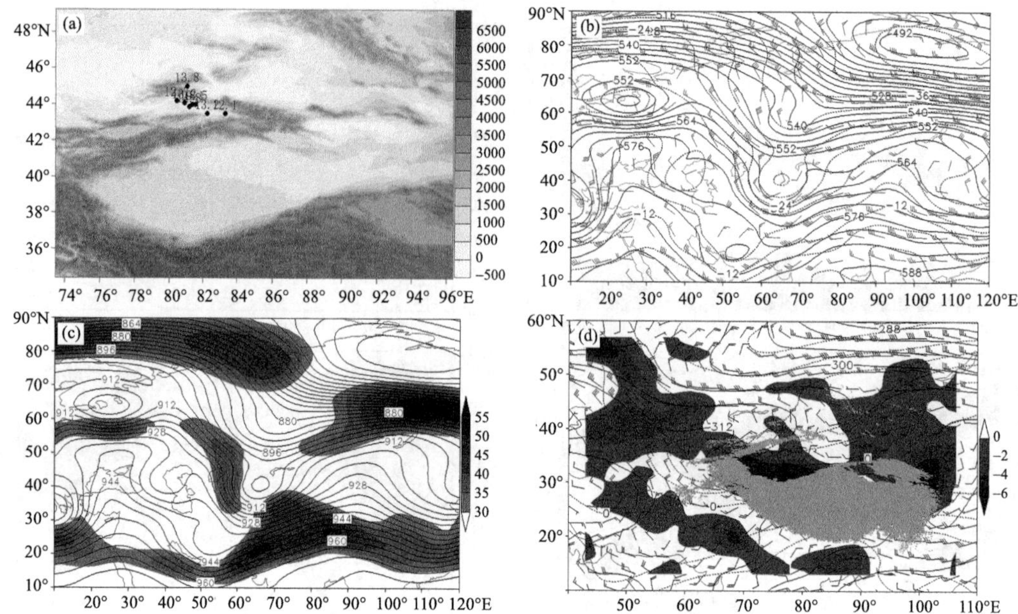

图 2.39　(a)2014 年 11 月 9 日暴雪量站点分布(单位:mm;填色为地形,单位:m);以及 11 月 8 日 20 时(b)500 hPa 高度场(实线,单位:dagpm)、温度场(虚线,单位:℃)、风场(单位:$m \cdot s^{-1}$),(c)300 hPa 高度场(实线,单位:dagpm)和风速≥30 $m \cdot s^{-1}$的急流(填色,单位:$m \cdot s^{-1}$);(d)9 日 02 时 700 hPa 高度场(实线,单位:dagpm)、温度场(虚线,单位:℃)、风场(单位:$m \cdot s^{-1}$)及水汽通量散度(填色,单位:10^{-5} $g \cdot cm^{-2} \cdot hPa^{-1} \cdot s^{-1}$,浅灰色阴影为≥3 km 的地形)

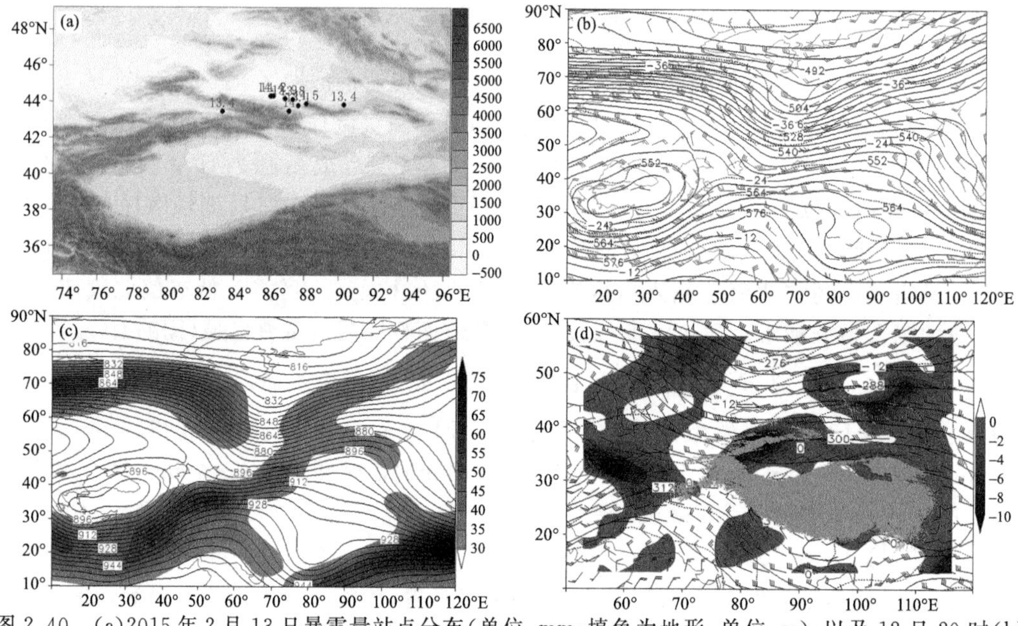

图 2.40　(a)2015 年 2 月 13 日暴雪量站点分布(单位:mm;填色为地形,单位:m);以及 12 日 20 时(b)500 hPa 高度场(实线,单位:dagpm)、温度场(虚线,单位:℃)、风场(单位:$m \cdot s^{-1}$),(c)300 hPa 高度场(实线,单位:dagpm)和风速≥30 $m \cdot s^{-1}$的急流(填色,单位:$m \cdot s^{-1}$);(d)13 日 02 时 700 hPa 高度场(实线,单位:dagpm)、温度场(虚线,单位:℃)、风场(单位:$m \cdot s^{-1}$)及水汽通量散度(填色,单位:10^{-5} $g \cdot cm^{-2} \cdot hPa^{-1} \cdot s^{-1}$,浅灰色阴影为≥3 km 的地形)

高空西南急流轴右侧的分流辐散区，急流核风速>40 m·s^{-1}(图 2.40c)，700 hPa 上位于风速>16 m·s^{-1}西风急流轴右侧辐合区和水汽通量散度辐合区(图 2.40d)。暴雪区位于高空西南急流轴右侧的分流辐散区，槽前较强西南锋区，低空西风急流轴右侧辐合和水汽通量散度辐合区，以及地面冷锋附近的重叠区域(图略)。

2.2.34　2015 年 12 月 10—11 日伊犁州、博州、塔城地区、石河子市、乌鲁木齐市、昌吉州、阿克苏地区暴雪

【暴雪概况】暴雪出现在：10 日伊犁州伊宁县 13.9 mm；11 日博州温泉 13.0 mm，塔城地区南部乌苏 13.7 mm，石河子市石河子 13.2 mm、乌兰乌苏 13.3 mm，昌吉州玛纳斯 16.7 mm、蔡家湖 18.0 mm、昌吉 20.8 mm、阜康 17.1 mm、吉木萨尔 15.7 mm、奇台 15.8 mm、木垒 14.4 mm，乌鲁木齐市米泉 27.4 mm、乌鲁木齐 35.9 mm、小渠子 21.7 mm、牧试站 14.7 mm，伊犁州新源 13.2 mm，阿克苏地区温宿 16.6 mm。暴雪中心出现在乌鲁木齐站(35.9 mm)(图 2.41a)

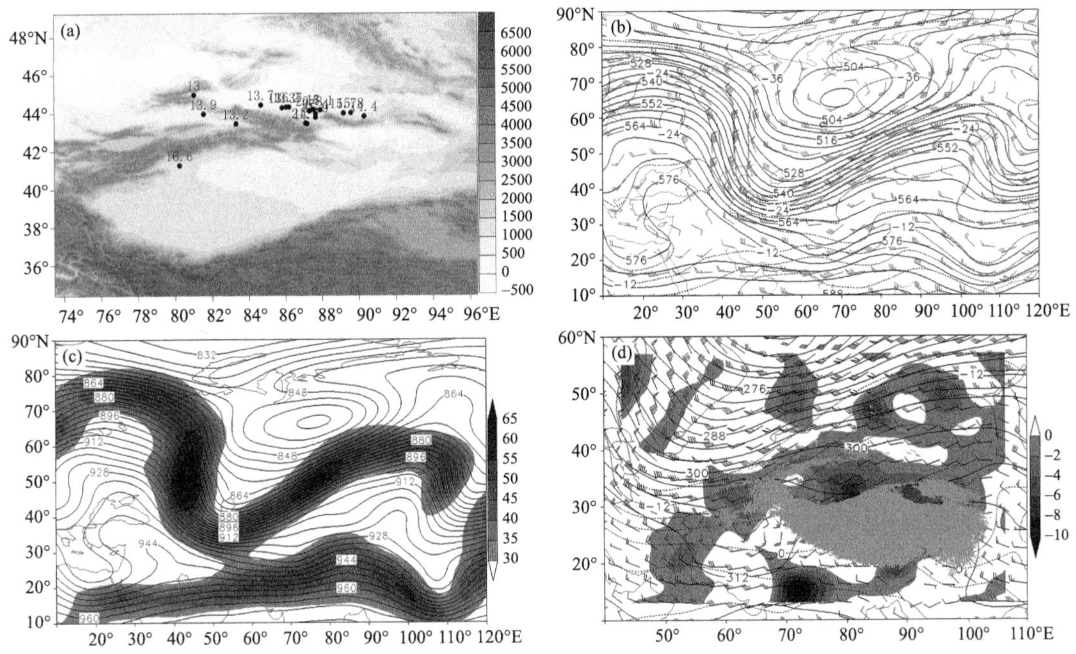

图 2.41　(a)2015 年 12 月 10—11 日累计暴雪量站点分布(单位：mm；填色为地形，单位：m)；以及 9 日 20 时(b)500 hPa 高度场(实线，单位：dagpm)、温度场(虚线，单位：℃)、风场(单位：m·s^{-1})，(c)300 hPa 高度场(实线，单位：dagpm)和风速≥30 m·s^{-1}的急流(填色，单位：m·s^{-1})；(d)10 日 02 时 700 hPa 高度场(实线，单位：dagpm)、温度场(虚线，单位：℃)、风场(单位：m·s^{-1})及水汽通量散度(填色，单位：10^{-5} g·cm^{-2}·hPa^{-1}·s^{-1}，浅灰色阴影为≥3 km 的地形)

【环流背景】9 日 20 时，暴雪前 500 hPa 欧亚范围内为两脊一槽型，欧洲、新疆东部—贝加尔湖为高压脊区，西西伯利亚至里咸海南部为低槽区，槽底南伸至 30°N 附近，槽前西南锋区风速达 40 m·s^{-1}；新疆北部受槽前西南强锋区控制(图 2.41b)；欧洲脊顶受不稳定小槽影响向南衰退，导致低槽减弱东移，造成天山北坡大范围暴雪天气(图略)。300 hPa 天山北坡位于风速>40 m·s^{-1}的高空西南急流轴右侧的分流辐散区，急流核风速>60 m·s^{-1}(图 2.41c)，700 hPa 上位

于风速>16 m·s^{-1}西南急流轴右侧辐合区(急流核风速达 28 m·s^{-1})和水汽通量散度辐合区(图 2.41d)。暴雪区位于高空西南急流轴右侧的分流辐散区,西西伯利亚—中亚槽前强西南锋区,低空西南急流轴右侧辐合区和水汽通量散度辐合区以及地面冷锋附近的重叠区域(图略)。

此次暴雪天气具有以下特点:(1)暴雪范围广。18 站出现暴雪、2 站大暴雪,新疆北部沿天山一带为主要暴雪区,乌苏到木垒一线自西向东约 10 站突破冬季降雪日极大值(新疆北部沿天山一带有 7 站)。(2)乌鲁木齐 11 日降雪量 35.9 mm,突破近 51 年(1965—2015 年)来的冬季日极大值,最大积雪深度 45 cm。(3)降雪持续时间长。大部地区降雪持续 20 h 以上,乌鲁木齐持续 37 h。(4)平原地区的降雪强于天山山区。乌鲁木齐站为最大降雪中心,过程累计降雪量 46.3 mm,超过历年冬季平均降雪量 40.1 mm,而天山山区的小渠子和牧试站累计降雪量分别为 23.0 mm 和 15.5 mm。深厚的积雪对设施农业、畜牧业、林果业等带来不利影响,影响最大的是公路交通和民航运营,此次暴雪导致乌鲁木齐城区交通严重堵塞,多处道路拥堵,机动车辆不及平时的 1/5,公共交通车辆行速不到平时的一半,不少市民选择步行或乘坐公交出行,11 日就发生交通事故 180 余起;乌鲁木齐国际机场航班延误,据统计 1300 人受灾,经济损失 300 万元(张俊兰 等,2018)。

2.2.35　2016 年 3 月 3 日石河子市、昌吉州、乌鲁木齐市暴雪

【暴雪概况】3 日暴雪发生在石河子市石河子 12.3 mm、乌兰乌苏 13.0 mm,昌吉州北塔山 12.8 mm、玛纳斯 14.3 mm、阜康 14.8 mm、木垒 12.2 mm,乌鲁木齐市小渠子 12.3 mm;暴雪中心出现在阜康站(14.8 mm)(图 2.42a)。

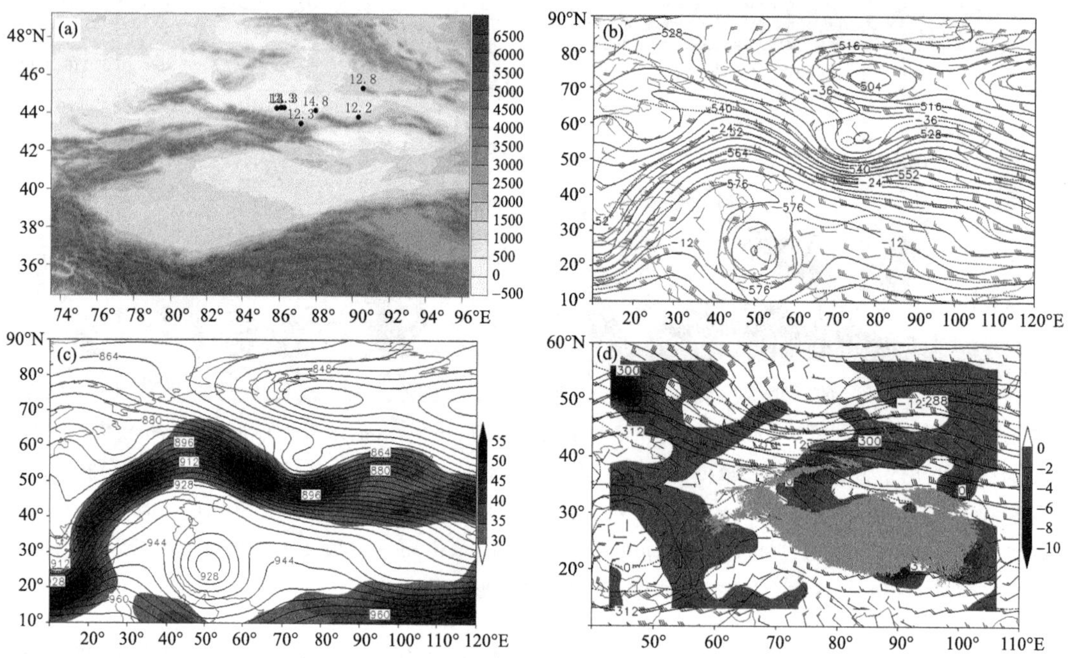

图 2.42　(a)2016 年 3 月 3 日暴雪量站点分布(单位:mm;填色为地形,单位:m);以及 2 日 20 时(b)500 hPa 高度场(实线,单位:dagpm)、温度场(虚线,单位:℃)、风场(单位:m·s^{-1}),(c)300 hPa 高度场(实线,单位:dagpm)和风速≥30 m·s^{-1}的急流(填色,单位:m·s^{-1}),(d)700 hPa 高度场(实线,单位:dagpm)、温度场(虚线,单位:℃)、风场(单位:m·s^{-1})及水汽通量散度(填色,单位:10^{-5} g·cm^{-2}·hPa^{-1}·s^{-1},浅灰色阴影为≥3 km 的地形)

【环流背景】2 日 20 时，暴雪前 500 hPa 欧亚范围内为两脊一槽型，里咸海至欧洲、贝加尔湖为高压脊区，西西伯利亚为低槽区，新疆北部受槽前西南气流控制(图 2.42b)；极地冷空气侵袭欧洲脊顶，脊前正变高东南下，导致西西伯利亚低槽东移减弱造成天山北坡及山区暴雪天气(图略)。300 hPa 天山北坡及山区位于风速＞40 m·s^{-1}的高空西风急流轴右侧的分流辐散区(图 2.42c)，700 hPa 上位于风速＞16 m·s^{-1}西风急流轴右侧辐合区(急流核风速达 28 m·s^{-1})和水汽通量散度辐合区(图 2.42d)。暴雪区位于高空西风急流轴右侧的分流辐散区，西西伯利亚槽前西南气流，低空西风急流轴右侧辐合和水汽通量散度辐合区，以及地面冷锋附近的重叠区域(图略)。

2.2.36　2016 年 11 月 4—5 日伊犁州、乌鲁木齐市、昌吉州暴雪

【暴雪概况】暴雪出现在：4 日伊犁州新源 14.7 mm、特克斯 17.1 mm，乌鲁木齐市小渠子 15.4 mm；5 日伊犁州特克斯 14.6 mm，乌鲁木齐市小渠子 22.1 mm、乌鲁木齐 23.5 mm、牧试站 22.7 mm，昌吉州天池 27.9 mm、木垒 15.0 mm。过程累计降雪中心出现在伊犁州特克斯站 31.7 mm(图 2.43a)。

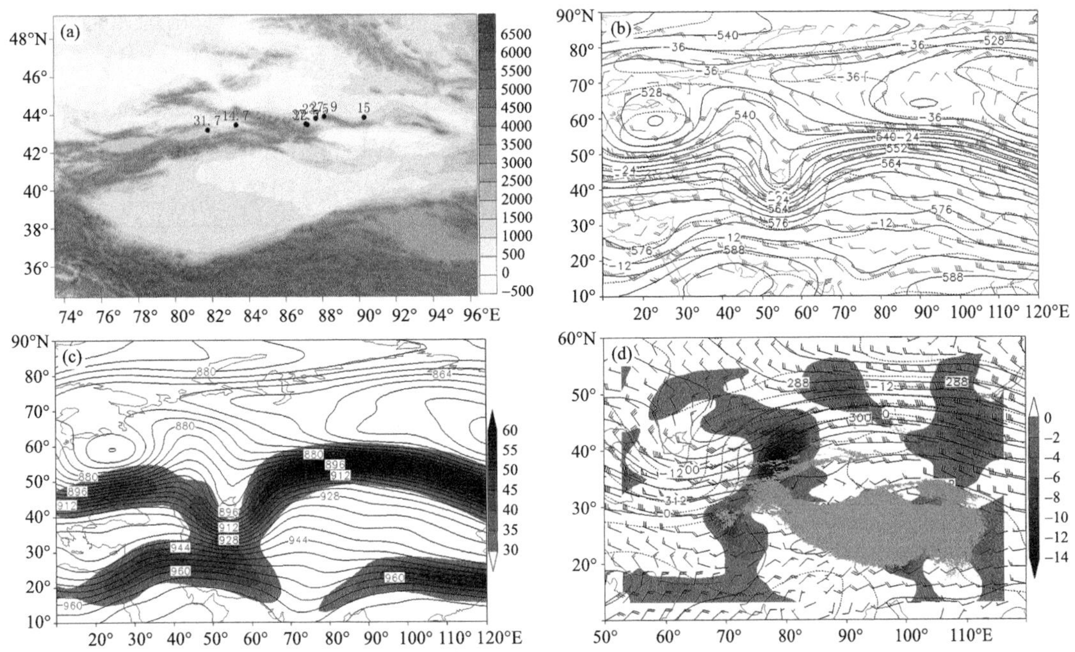

图 2.43　(a)2016 年 11 月 4—5 日累计暴雪量站点分布(单位：mm；填色为地形，单位：m)；以及 3 日 20 时(b)500 hPa 高度场(实线，单位：dagpm)、温度场(虚线，单位：℃)、风场(单位：m·s^{-1})，(c)300 hPa 高度场(实线，单位：dagpm)和风速≥30 m·s^{-1}的急流(填色，单位：m·s^{-1})，(d)700 hPa 高度场(实线，单位：dagpm)、温度场(虚线，单位：℃)、风场(单位：m·s^{-1})及水汽通量散度(填色，单位：10^{-5} g·cm^{-2}·hPa^{-1}·s^{-1}，浅灰色阴影为≥3 km 的地形)

【环流背景】3 日 20 时，500 hPa 欧亚范围内 60°N 以北为极涡活动区，呈东—西带状分布，极涡底部为纬向环流，40°—50°N 为锋区，其上多弱槽活动，咸海为较明显的低槽，槽前西南气流控制新疆北部(图 2.43b)，该槽缓慢东移造成新疆北部暴雪天气。300 hPa 新疆北部位于风速＞45 m·s^{-1}的高空西南急流轴右侧的分流辐散区，急流核风速＞60 m·s^{-1}(图 2.43c)，

700 hPa 上位于风速＞20 m·s^{-1}西南急流出口区前部辐合区(急流核风速达 28 m·s^{-1})和水汽通量散度辐合区(图 2.43d)。暴雪区位于高空西南急流轴右侧的分流辐散区，槽前西南气流，低空西南急流出口区前部辐合区和水汽通量散度辐合区，以及地面图上冷锋附近的重叠区域(图略)。

2.2.37 2017 年 2 月 19—21 日伊犁州、昌吉州、乌鲁木齐市暴雪

【暴雪概况】暴雪发生在:19 日伊犁州伊宁县 12.1 mm、巩留 13.2 mm、新源 14.1 mm;20 日乌鲁木齐市米泉 14.8 mm、乌鲁木齐 17.4 mm，昌吉州奇台 12.3 mm、天池 12.2 mm、木垒 13.1 mm，阿克苏地区沙雅 24.5 mm，巴州库尔勒 13.6 mm;21 日克州阿图什 16.8 mm，喀什地区喀什 14.1 mm。暴雪中心出现在阿克苏地区沙雅站(24.5 mm)(图 2.44a)。

【环流背景】18 日 20 时，暴雪前 500 hPa 欧亚范围内高纬为纬向环流，其上多波动，中低纬为两脊一槽型，南欧、南疆为高压脊区，乌拉尔山南部—里海东南部的中亚为低槽区，槽底南伸至 20°N 附近，新疆北部及南疆西部受槽前西南气流控制(图 2.44b)；南欧脊受不稳定小槽影响，脊前正变高东移南下，导致中亚低槽东移减弱造成 19 日伊犁州暴雪;20—21 日锋区上不断分裂的短波槽东移造成天山两侧暴雪天气(图略)。300 hPa 天山两侧及南疆西部位于风速＞40 m·s^{-1}的高空西南急流轴右侧的分流辐散区，急流核风速＞60 m·s^{-1}(图 2.44c)，700 hPa 上天山两侧位于风速＞16 m·s^{-1}西南急流出口前侧辐合区和水汽通量散度辐合区(图 2.44d)。暴雪区位于高空西南急流轴右侧的分流辐散区，槽前西南气流，低空西南急流出口区前侧辐合和水汽通量散度辐合区，以及地面冷锋后的重叠区域(图略)。

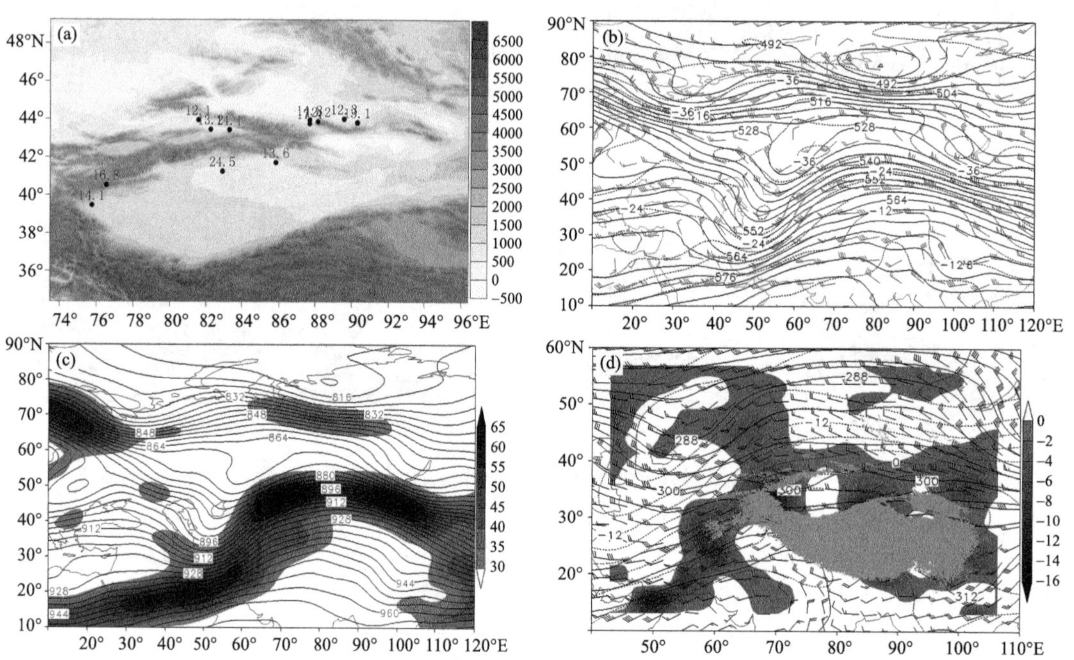

图 2.44 (a)2017 年 2 月 19—21 日累计暴雪量站点分布(单位:mm;填色为地形，单位:m)；以及 18 日 20 时(b)500 hPa 高度场(实线，单位:dagpm)、温度场(虚线，单位:℃)、风场(单位:m·s^{-1})，(c)300 hPa 高度场(实线，单位:dagpm)和风速≥30 m·s^{-1}的急流(填色，单位:m·s^{-1})，(d)700 hPa 高度场(实线，单位:dagpm)、温度场(虚线，单位:℃)、风场(单位:m·s^{-1})及水汽通量散度(填色，单位:10^{-5} g·cm^{-2}·hPa^{-1}·s^{-1}，浅灰色阴影为≥3 km 的地形)

2.2.38　2018 年 10 月 17—18 日博州、伊犁州、昌吉州、乌鲁木齐市、巴州暴雪

【暴雪概况】暴雪发生在：17 日博州温泉 15.6 mm，伊犁州霍尔果斯 17.2 mm、霍城 16.3 mm、察布查尔 12.6 mm、伊宁 18.0 mm、伊宁县 12.8 mm；18 日昌吉州阜康 16.6 mm、天池 12.2 mm、木垒 12.4 mm，伊犁州新源 15.4 mm，乌鲁木齐市乌鲁木齐 26.1 mm，巴州巴仑台 18.3 mm、和硕 17.3 mm。过程降雪中心位于乌鲁木齐站 26.1 mm(图 2.45a)。

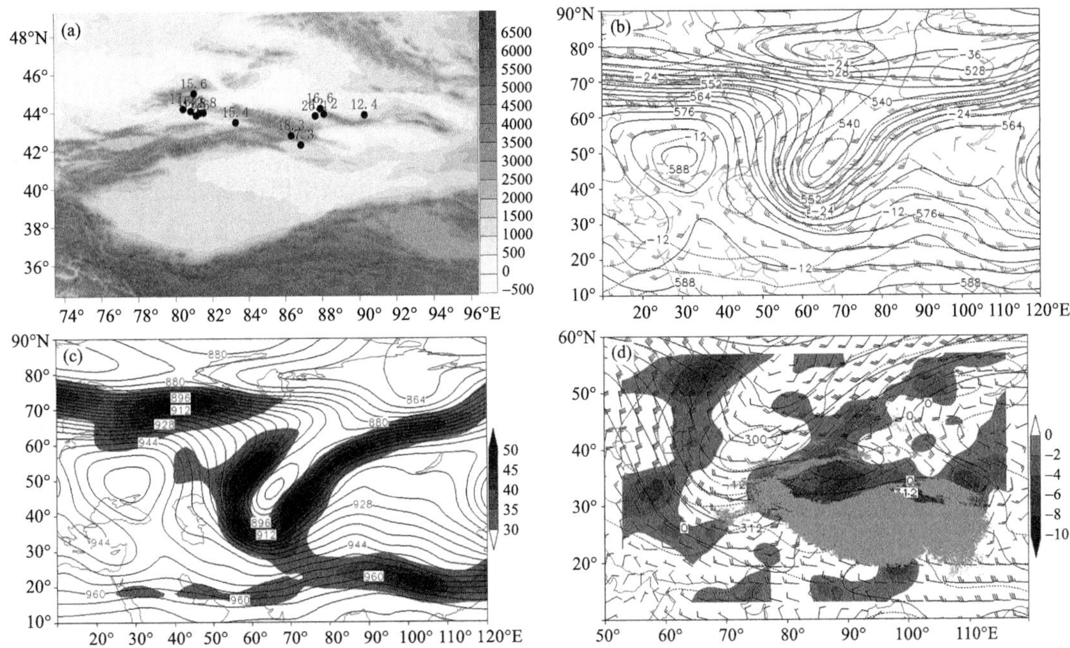

图 2.45　(a)2018 年 10 月 17—18 日累计暴雪量站点分布(单位：mm；填色为地形，单位：m)；以及 16 日 20 时(b)500 hPa 高度场(实线，单位：dagpm)、温度场(虚线，单位：℃)、风场(单位：$m \cdot s^{-1}$)，(c)300 hPa 高度场(实线，单位：dagpm)和风速≥30 $m \cdot s^{-1}$的急流(填色，单位：$m \cdot s^{-1}$)；(d)17 日 02 时 700 hPa 高度场(实线，单位：dagpm)、温度场(虚线，单位：℃)、风场(单位：$m \cdot s^{-1}$)及水汽通量散度(填色，单位：$10^{-5}\ g \cdot cm^{-2} \cdot hPa^{-1} \cdot s^{-1}$，浅灰色阴影为≥3 km 的地形)

【环流背景】16 日 20 时，暴雪前 500 hPa 欧亚范围内为两脊一槽型，伊朗高原至欧洲为阻塞高压，新疆东部—贝加尔湖为高压脊区，西西伯利亚—中亚为低槽区，槽底南伸至 35°N 附近，天山两侧及南疆西部受槽前西南气流控制(图 2.45b)；极地冷空气侵袭欧洲脊顶，脊前正变高东南下，使西西伯利亚—中亚的低槽缓慢减弱东移造成天山两侧暴雪天气(图略)。300 hPa 天山两侧位于风速＞40 $m \cdot s^{-1}$的高空西南急流轴右侧的分流辐散区(图 2.45c)，700 hPa 上天山北侧位于西南气流与东南气流形成的辐合区，天山南侧为东南气流与天山地形形成的辐合抬升和水汽通量散度辐合区(图 2.45d)。暴雪区位于高空西南急流轴右侧的分流辐散区，槽前西南气流，低空西南气流与东南气流形成的辐合区及东南气流与天山地形形成的辐合抬升和水汽通量散度辐合区，以及地面图上冷锋附近的重叠区域(图略)。

第3章 区域性暴雪天气过程

3.1 暖区暴雪过程

3.1.1 1980年11月19日阿勒泰地区暴雪

【暴雪概况】19日阿勒泰地区出现暖区暴雪，阿勒泰16.5 mm、哈巴河12.1 mm（图3.1a）。

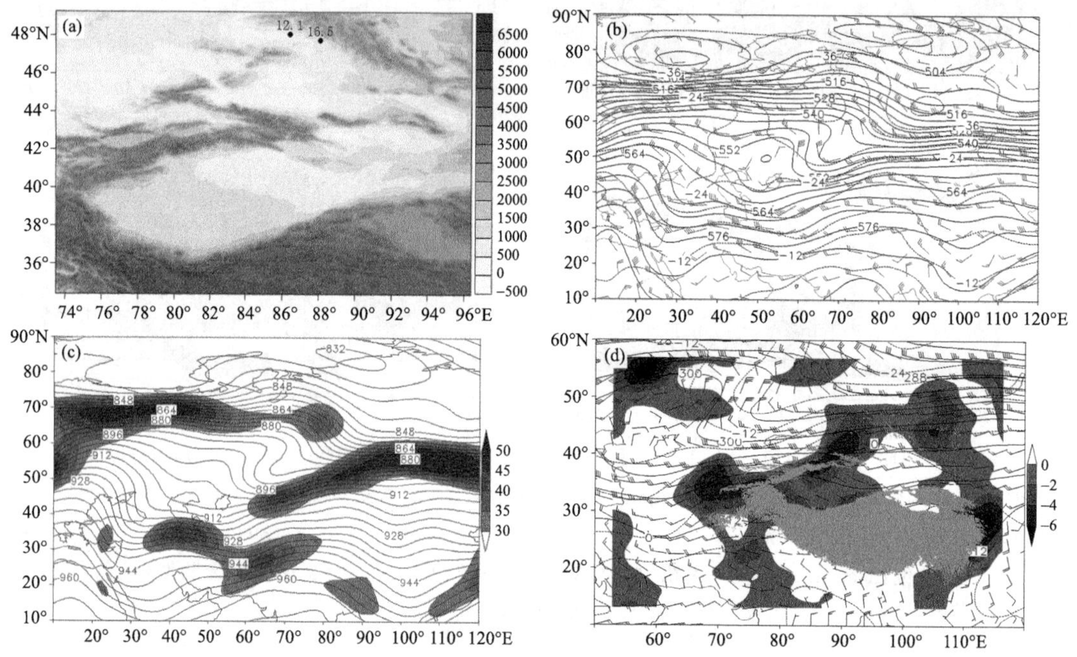

图3.1 (a)1980年11月19日暴雪量站点分布（单位：mm；填色为地形，单位：m）；以及11月18日20时(b)500 hPa高度场（实线，单位：dagpm）、温度场（虚线，单位：℃）、风场（单位：m·s^{-1}），(c)300 hPa高度场（实线，单位：dagpm）和风速≥30 m·s^{-1}的急流（填色，单位：m·s^{-1}），(d)700 hPa高度场（实线，单位：dagpm）、温度场（虚线，单位：℃）、风场（单位：m·s^{-1}）及水汽通量散度（填色，单位：10^{-5} g·cm^{-2}·hPa^{-1}·s^{-1}，浅灰色阴影为≥3 km的地形）

【环流背景】18日20时，500 hPa欧亚范围内为纬向环流，南、北2支锋区在中纬度汇合，南支黑海附近的短波槽前西南气流与北支西西伯利亚低槽前西南气流在巴尔喀什湖至新疆北部汇合，形成较强的西南强锋区，新疆北部受其控制（图3.1b）；西西伯利亚低槽东移造成阿勒泰地区暖区暴雪天气。300 hPa上阿勒泰地区处于风速>40 m·s^{-1}的强高空西南急流轴右侧辐散区（图3.1c），700 hPa上位于风速>12 m·s^{-1}低空西南急流前部辐合区和水汽通量散度辐合区（图3.1d）。暴雪区位于高空西南急流轴右侧辐散区，西西伯利亚低槽前西南锋区，低空西南急流前部辐合区和水汽通量散度辐合区，以及地面上蒙古高压西南部、低压东南部减压升温的重叠区(图略)。

3.1.2　1982 年 5 月 11 日塔城地区暴雪

【暴雪概况】11 日塔城地区北部出现暖区暴雪,裕民 14.5 mm、托里 20.1 mm (图 3.2a)。

【环流背景】10 日 20 时,500 hPa 欧亚范围内为一脊一槽型,欧洲为高压脊区,西伯利亚为低压槽区,新疆北部位于槽前较强偏西锋区控制,偏西气流风速为 24 m·s^{-1}(图 3.2b);极地不稳定小槽侵袭欧洲脊顶,脊前正变高东南落,使西伯利亚低槽减弱东移,造成塔额盆地暴雪天气(图略)。300 hPa 上暴雪区位于风速>30 m·s^{-1}的高空偏北急流出口区左前部和偏西急流入口区左后侧的分流辐散区(图 3.2c),700 hPa 上位于风速>12 m·s^{-1}低空西北急流出口前部辐合区和水汽通量散度辐合区域(图 3.2d)。暴雪区位于高空偏北急流出口区左前部和偏西急流入口区左侧的分流辐散区,西伯利亚槽前强西风锋区,低空西北急流出口区前部辐合区、水汽通量散度辐合区域,以及地面冷高压北部低压南部减压升温的重叠区域(图略)。

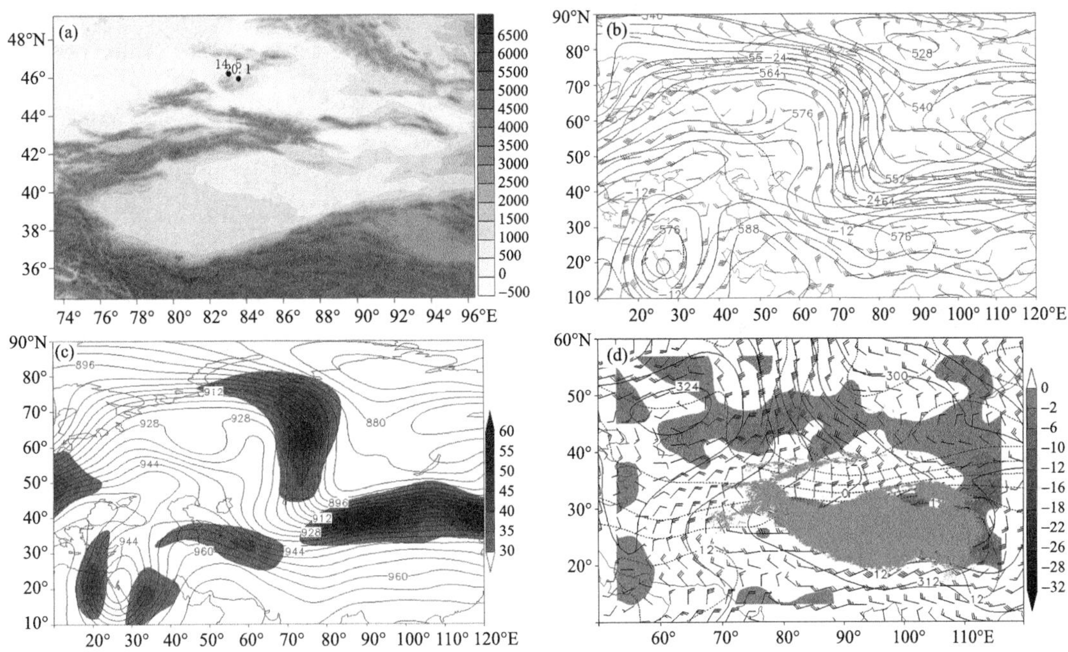

图 3.2　(a)1982 年 5 月 11 日暴雪量站点分布(单位:mm;填色为地形,单位:m),以及 10 日 20 时(b) 500 hPa 高度场(实线,单位:dagpm)、温度场(虚线,单位:℃)、风场(单位:m·s^{-1}),(c)300 hPa 高度场(实线,单位:dagpm)和风速≥30 m·s^{-1}的急流(填色,单位:m·s^{-1}),(d)700 hPa 高度场(实线,单位:dagpm)、温度场(虚线,单位:℃)、风场(单位:m·s^{-1})及水汽通量散度(填色,单位:10^{-5} g·cm^{-2}·hPa^{-1}·s^{-1},浅灰色阴影为≥3 km 的地形)

3.1.3　1986 年 12 月 28 日阿勒泰地区暴雪

【暴雪概况】28 日阿勒泰地区出现暖区暴雪,阿勒泰 16.7 mm、富蕴 15.8 mm (图 3.3a)。

【环流背景】27 日 20 时,500 hPa 欧亚范围内 50°N 以北为强盛的极涡活动区,其底部的中低纬为纬向锋区,南北 2 支锋区在巴尔喀什湖至新疆北部汇合,其上西风风速达 38 m·s^{-1},新疆北部受强盛的平直西风锋区控制(图 3.3b);极涡旋转,其底部锋区上不断分裂短波东移造成阿勒泰地区暴雪天气(图略)。300 hPa 上阿勒泰地区为风速>50 m·s^{-1}呈东西走向的高空西风急流，暴雪区位于西风急流轴右侧辐散区(图 3.3c)，700 hPa 上风速>16 m·s^{-1}低空西南急流与偏西急流在巴尔喀什湖—西伯利亚汇合，急流核达 22 m·s^{-1}，新疆北部位于西风急流轴右侧辐合区和水汽通量散度辐合的区域(图 3.3d)。暴雪区位于高空强西风急流轴右侧辐散区，极涡底部强盛西风锋区，低空强西风急流轴右侧辐合区和水汽通量散度辐合区，以及地面鞍型场减压升温的重叠区域(图略)。

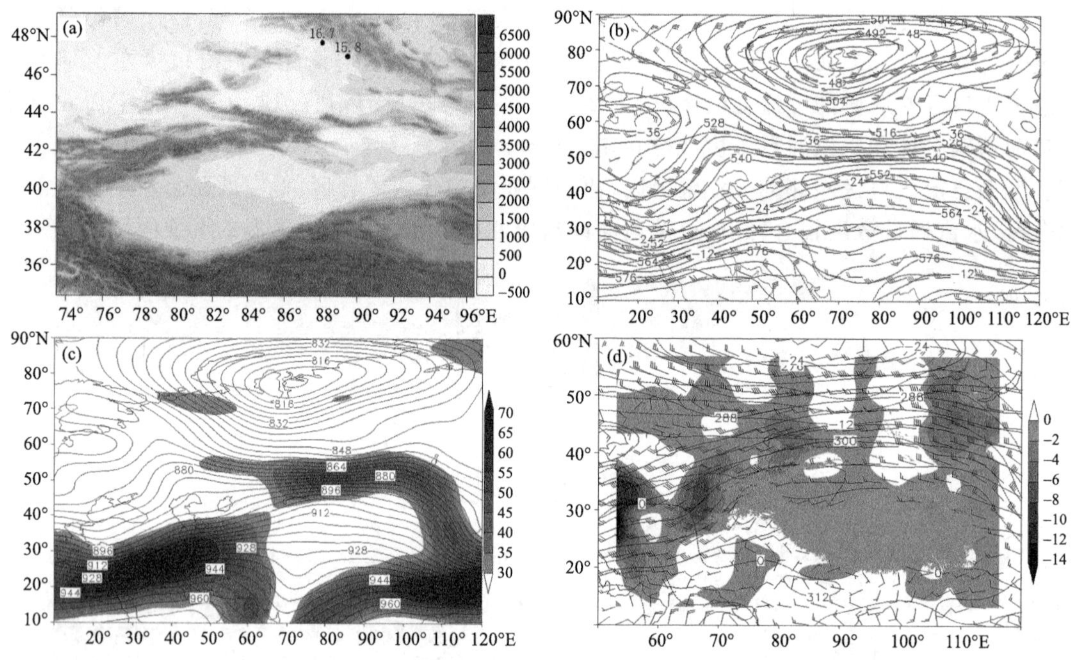

图 3.3 (a)1986 年 12 月 28 日暴雪量站点分布(单位:mm;填色为地形，单位:m)，以及 12 月 27 日 20 时(b)500 hPa 高度场(实线，单位:dagpm)、温度场(虚线，单位:℃)、风场(单位:m·s^{-1})，(c)300 hPa 高度场(实线，单位:dagpm)和风速≥30 m·s^{-1}的急流(填色，单位:m·s^{-1})，(d)700 hPa 高度场(实线，单位:dagpm)、温度场(虚线，单位:℃)、风场(单位:m·s^{-1})及水汽通量散度(填色，单位:10^{-5} g·cm^{-2}·hPa^{-1}·s^{-1}，浅灰色阴影为≥3 km 的地形)

3.1.4 1990 年 11 月 26 日阿勒泰地区暴雪

【暴雪概况】26 日阿勒泰地区出现暖区暴雪，富蕴 12.4 mm、青河 16.5 mm (图 3.4a)。

【环流背景】25 日 20 时，500 hPa 欧亚范围内为两脊一槽型，欧洲、东亚为高压脊区，西伯利亚为极涡活动区，呈东—西向，其底部强锋区与南支锋区在里海—咸海—巴尔喀什湖—新疆北部有些汇合，其上最大西风达 40 m·s^{-1}，阿勒泰地区位于极涡底部强盛西风锋区上(图 3.4b)；欧洲脊西北部受不稳定小槽影响，脊线顺转，脊前正变高东南下，使极涡旋转略有东移南压，其底部锋区上不断分裂短波东移造成阿勒泰地区暴雪天气(图略)。300 hPa 上风速>40 m·s^{-1}西风急流位于极涡底部，呈东—西向，急流核风速>50 m·s^{-1}，阿勒泰地区位于急流轴右侧辐散区(图 3.4c)；700 hPa 上西南气流与风速>20 m·s^{-1}低空西风急流在巴尔喀什湖—新疆北部汇合，阿勒泰地区位于低空急流轴右侧辐合区和水汽通量散度辐合区域(图 3.4d)。暴雪区位于高空西风急流轴右侧辐散区，极涡底部强盛西风锋区，低空西风急流轴右侧辐合区和水汽通量散度辐合区以及地面上鞍型场区减压升温的重叠区域(图略)。

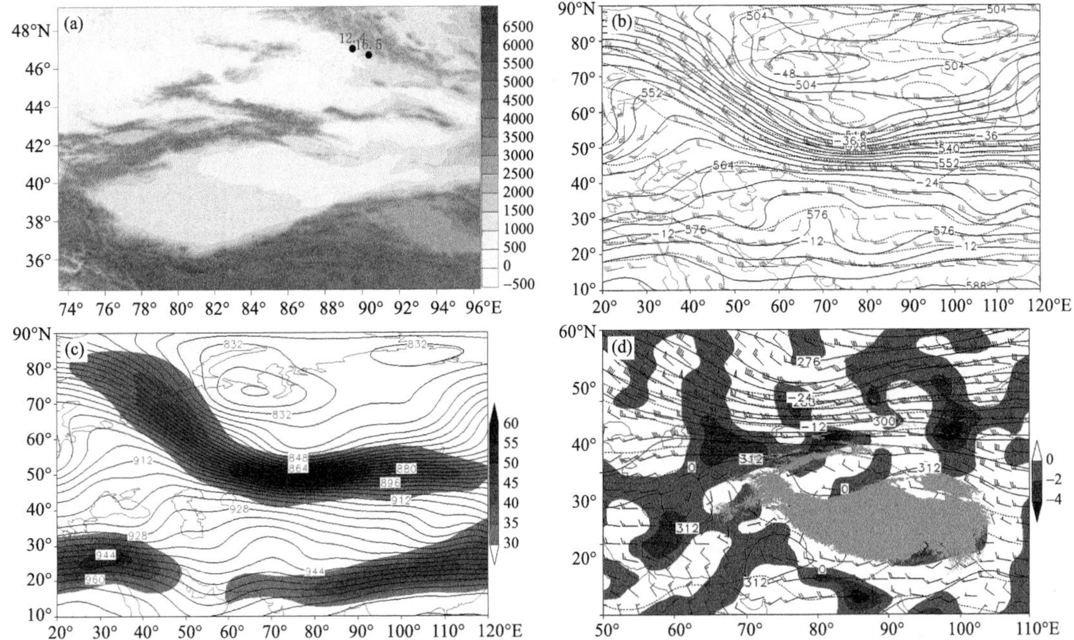

图 3.4　(a)1990 年 11 月 26 日暴雪量站点分布(单位:mm;填色为地形,单位:m);以及 25 日 20 时(b) 500 hPa 高度场(实线,单位:dagpm)、温度场(虚线,单位:℃)、风场(单位:$m \cdot s^{-1}$),(c)300 hPa 高度场(实线,单位:dagpm)和风速≥30 $m \cdot s^{-1}$的急流(填色,单位:$m \cdot s^{-1}$),(d)700 hPa 高度场(实线,单位:dagpm)、温度场(虚线,单位:℃)、风场(单位:$m \cdot s^{-1}$)及水汽通量散度(填色,单位:10^{-5} $g \cdot cm^{-2} \cdot hPa^{-1} \cdot s^{-1}$,浅灰色阴影为≥3 km 的地形)

3.1.5　1991 年 11 月 30 日阿勒泰地区、塔城地区、伊犁州暴雪

【暴雪概况】30 日暴雪出现在阿勒泰地区富蕴 14.6 mm,塔城地区北部塔城 12.5 mm、裕民 13.3 mm、额敏 14.3 mm,伊犁州伊宁县 17.4 mm,其中伊宁县为暴雪中心(图 3.5a)。

【环流背景】29 日 20 时,500 hPa 欧亚范围内为两脊两槽型,波斯湾—里海—欧洲为经向度较大的脊区,贝加尔湖为浅脊,地中海和黑海为低涡、西伯利亚为极涡活动区,其底部为强偏西风锋区,最大西风风速达 40 $m \cdot s^{-1}$,新疆北部位于锋区南部(图 3.5b);极涡旋转略有南压,其底部强盛西风锋区上不断分裂短波东移造成新疆北部暖区暴雪天气(图略)。300 hPa 上新疆北部位于风速>40 $m \cdot s^{-1}$西风急流轴右侧,急流核风速>50 $m \cdot s^{-1}$,暴雪区位于西风急流轴右侧辐散区(图 3.5c),700 hPa 上位于风速>20 $m \cdot s^{-1}$低空西风急流轴右侧辐合区和水汽通量散度辐合区域(图 3.5d)。暴雪区位于高空西风急流轴右侧辐散区,极涡底部强西风锋区,低空西风急流轴右侧辐合区和水汽通量散度辐合区域,以及地面上低压东南部的减压升温的重叠区域(图略)。

3.1.6　1996 年 10 月 27—28 日阿勒泰地区、昌吉州暴雪

【暴雪概况】暴雪出现在:27 日昌吉州天池 12.4 mm,阿勒泰地区青河 21.6 mm;28 日阿勒泰地区富蕴 16.5 mm、青河 18.1 mm,其中阿勒泰地区青河为暴雪中心,累计降雪量为 30.5 mm(图 3.6a)。

【环流背景】26 日 20 时,500 hPa 欧亚范围内中高纬为一脊一槽型,西欧为高压脊区,极涡

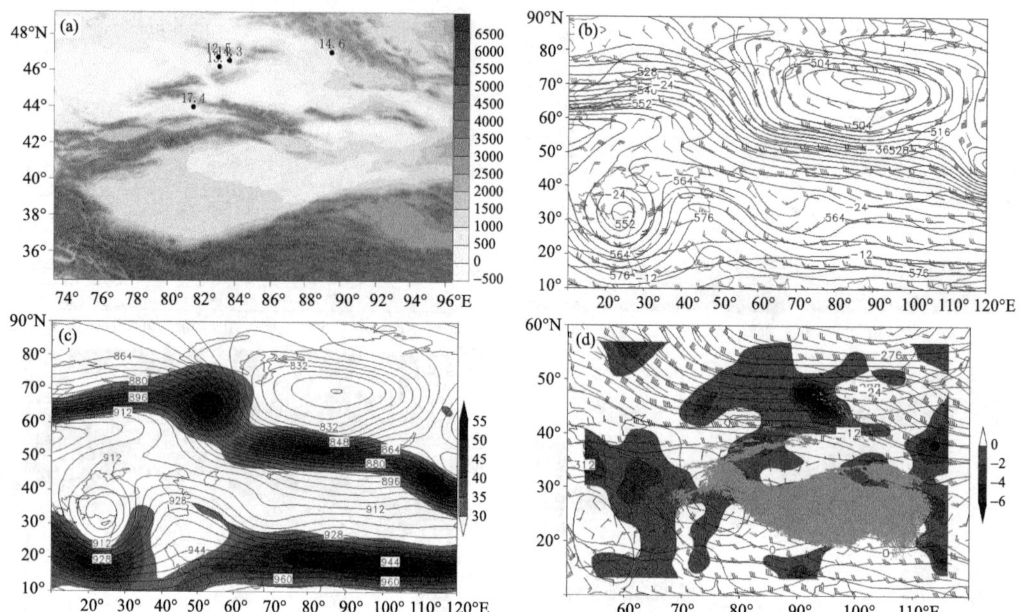

图 3.5 (a)1990 年 11 月 30 日暴雪量站点分布(单位:mm;填色为地形,单位:m);以及 11 月 29 日 20 时(b)500 hPa 高度场(实线,单位:dagpm)、温度场(虚线,单位:℃)、风场(单位:m·s^{-1}),(c)300 hPa 高度场(实线,单位:dagpm)和风速≥30 m·s^{-1}的急流(填色,单位:m·s^{-1});(d)30 日 02 时 700 hPa 高度场(实线,单位:dagpm)、温度场(虚线,单位:℃)、风场(单位:m·s^{-1})及水汽通量散度(填色,单位:10^{-5} g·cm^{-2}·hPa^{-1}·s^{-1},浅灰色阴影为≥3 km 的地形)

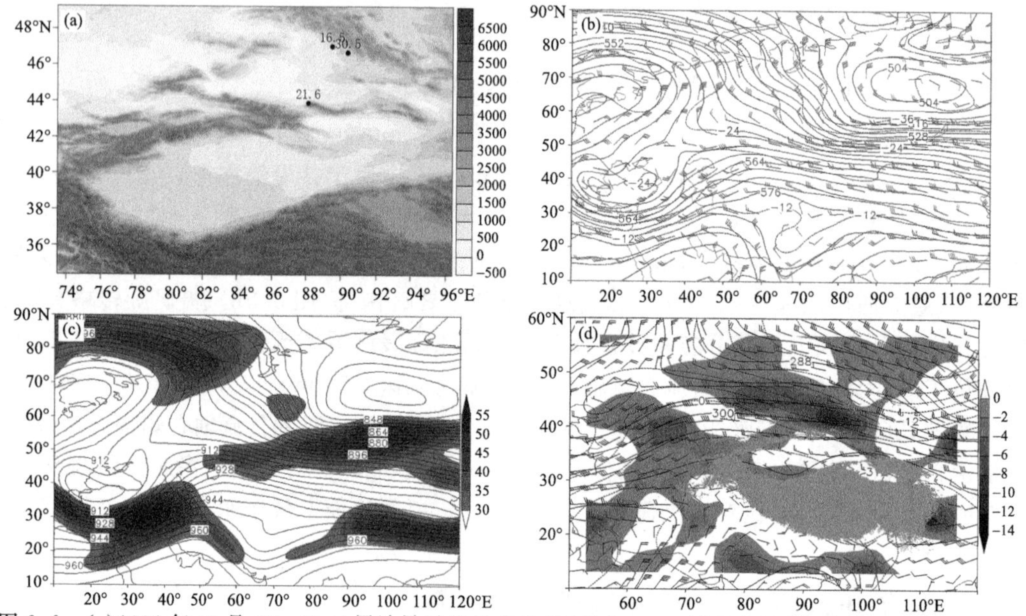

图 3.6 (a)1996 年 10 月 27—28 日累计暴雪量站点分布(单位:mm;填色为地形,单位:m);以及 10 月 26 日 20 时(b)500 hPa 高度场(实线,单位:dagpm)、温度场(虚线,单位:℃)、风场(单位:m·s^{-1}),(c)300 hPa 高度场(实线,单位:dagpm)和风速≥30 m·s^{-1}的急流(填色,单位:m·s^{-1});(d)27 日 20 时 700 hPa 高度场(实线,单位:dagpm)、温度场(虚线,单位:℃)、风场(单位:m·s^{-1})及水汽通量散度(填色,单位:10^{-5} g·cm^{-2}·hPa^{-1}·s^{-1},浅灰色阴影为≥3 km 的地形)

中心位于中西伯利亚；南支黑海附近为低槽区，槽前西南气流与极涡底部强锋区在里海—咸海—巴尔喀什湖—新疆北部汇合，锋区上最大风速达 38 m·s^{-1}，新疆北部受强西风锋区控制(图 3.6b)；西欧脊顶受不稳定小槽影响，脊前正变高东南下，使极涡东移，其底部锋区上分裂短波东移造成新疆北部暴雪天气(图略)。300 hPa 上新疆北部位于风速≥40 m·s^{-1}西风急流轴右侧辐散区，急流核风速≥50 m·s^{-1}，暴雪区位于急流轴右侧辐散区(图 3.6c)，700 hPa 上位于风速>12 m·s^{-1}低空西风急流出口区前部辐合区和水汽通量散度辐合的区域(图 3.6d)。暖区暴雪区位于高空西风急流轴右侧，强盛西风锋区，低空西风急流出口区前部辐合和水汽通量散度辐合区，以及地面上鞍型场区内减压升温的重叠区域(图略)。

1996 年 10 月 26—31 日，阿勒泰地区连降大雪(27—28 日青河和富蕴县达暴雪)，平均降水量 34.5 mm，其中，吉木乃降水量为 59.2 mm、青河降水量为 49.8 mm，给牧业生产带来危害。被困人口达 2.15 万人，受灾草场 87600 hm^2，大雪埋没畜圈 196 个，压塌畜圈 375 个，造成危险畜圈 78 个，倒塌 279 户牧民住房，1324 户牧民住房成为危房，造成瘦弱牲畜 7.1 万头(只)，10.1 万头(只)无法采食，7000 余头(只)牲畜被雪围困，死亡牲畜 2245 头(只)。大雪还造成阿勒泰市、青河县、布尔津县、哈巴河县雪崩，造成人畜伤亡，死亡 7 人，重伤 3 人(温克刚 等，2006)。

3.1.7 1997 年 11 月 23 日阿勒泰地区暴雪

【暴雪概况】23 日阿勒泰地区出现暖区暴雪，富蕴 12.2 mm、青河 17.3 mm(图 3.7a)。

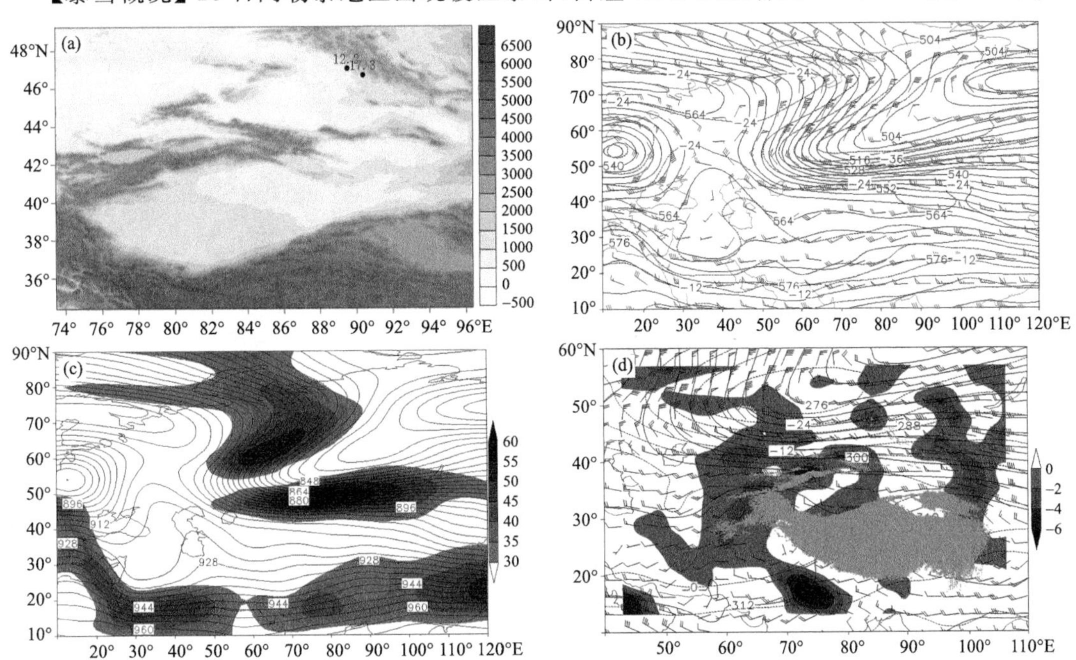

图 3.7 (a)1997 年 11 月 23 日暴雪量站点分布(单位:mm;填色为地形，单位:m)，以及 22 日 20 时(b)500 hPa 高度场(实线，单位:dagpm)、温度场(虚线，单位:℃)、风场(单位:m·s^{-1})，(c)300 hPa 高度场(实线，单位:dagpm)和风速≥30 m·s^{-1}的急流(填色，单位:m·s^{-1})，(d)700 hPa 高度场(实线，单位:dagpm)、温度场(虚线，单位:℃)、风场(单位:m·s^{-1})及水汽通量散度(填色，单位:10^{-5} g·cm^{-2}·hPa^{-1}·s^{-1}，浅灰色阴影为≥3 km 的地形)

【环流背景】22 日 20 时，500 hPa 欧亚范围内为两槽一脊型，西欧为低涡活动区，西西伯利亚为低槽区，呈西南—东北向，南欧—北欧为强盛的高压脊区；新疆北部受西西伯利亚槽前强西南锋区控制，其上风速达 36 m·s^{-1}（图 3.7b）。欧洲脊受不稳定小槽影响，脊前正变高东南落，脊线略有顺转，使西西伯利亚低槽减弱东移，造成阿勒泰地区暴雪天气（图略）。300 hPa 上阿勒泰地区位于风速＞40 m·s^{-1}西风急流轴右侧，急流核风速≥60 m·s^{-1}，暴雪区位于高空西风急流轴右侧辐散区（图 3.7c），700 hPa 上位于风速＞20 m·s^{-1}低空强盛西风急流轴附近和水汽通量散度辐合区域（图 3.7d）。暴雪区位于高空西风急流轴右侧辐散区，西西伯利亚槽前强盛西南锋区，低空强盛西风急流轴附近和水汽通量散度辐合区域，以及地面鞍型场内的减压升温的重叠区域（图略）。

3.1.8　1997 年 12 月 17 日阿勒泰地区、塔城地区暴雪

【暴雪概况】17 日暴雪出现在阿勒泰地区阿勒泰 21.1 mm，塔城地区北部塔城 25.3 mm、额敏 15.2 mm，其中，塔城地区北部塔城为暴雪中心（图 3.8a）。

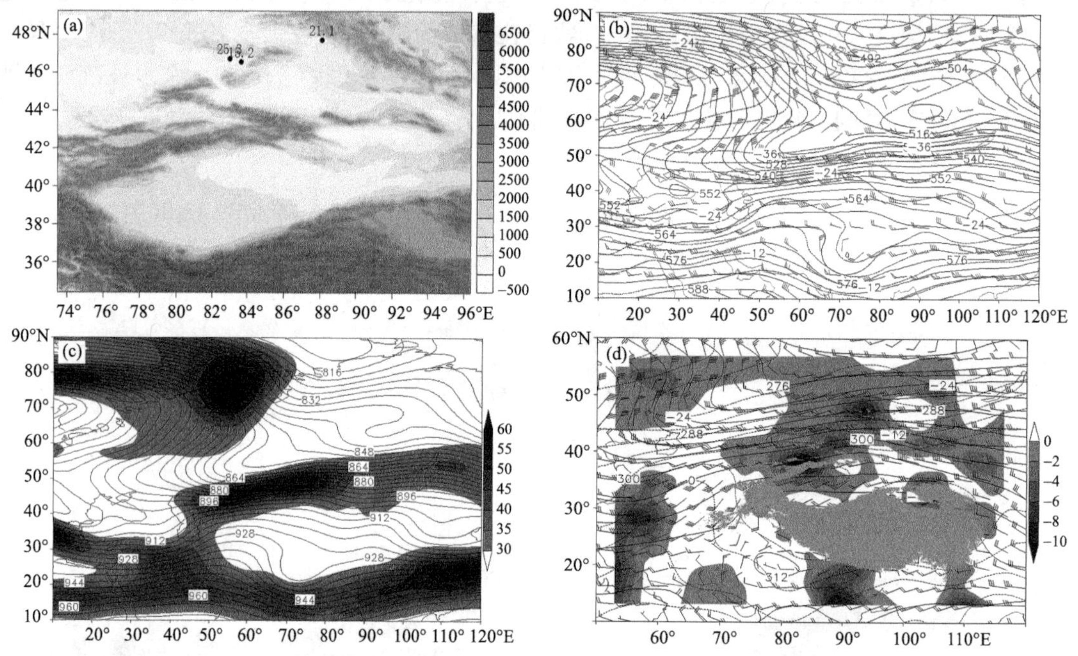

图 3.8　(a)1997 年 12 月 17 日暴雪量站点分布（单位：mm；填色为地形，单位：m）；以及 12 月 16 日 20 时(b)500 hPa 高度场（实线，单位：dagpm）、温度场（虚线，单位：℃）、风场（单位：m·s^{-1}），(c)300 hPa 高度场（实线，单位：dagpm）和风速≥30 m·s^{-1}的急流（填色，单位：m·s^{-1}）；(d)17 日 02 时 700 hPa 高度场（实线，单位：dagpm）、温度场（虚线，单位：℃）、风场（单位：m·s^{-1}）及水汽通量散度（填色，单位：10^{-5} g·cm^{-2}·hPa^{-1}·s^{-1}，浅灰色阴影为≥3 km 的地形）

【环流背景】16 日 20 时，500 hPa 欧亚范围内为两脊一槽型，欧洲为强盛的高压脊区，贝加尔湖为浅脊，西西伯利亚为槽区，呈西南—东北向，其底部锋区与南支锋区在咸海—巴尔喀什湖—新疆北部汇合，新疆北部为槽前强西南锋区控制，其上最大风速达 38 m·s^{-1}（图 3.8b）；欧洲脊顶受不稳定小槽影响，脊前正变高东南下，使西西伯利亚低槽减弱东移造成新疆北部暖区暴雪天气（图略）。300 hPa 上新疆北部位于风速＞40 m·s^{-1}西南急流轴右侧，急流核风速≥60 m·s^{-1}，暴雪区位于西南急流轴右侧辐散区（图 3.8c），700 hPa 上位于风速＞20 m·s^{-1}低空西南急流轴右侧辐合区和水汽通量散度辐合的区域（图 3.8d）。暴雪区位于高空西南急流轴右侧辐散

区，西西伯利亚槽前强盛西南锋区，低空西南急流轴右侧辐合和水汽通量散度辐合区域，以及地面上中亚低压前部减压升温的重叠区域(图略)。

1997 年 12 月 17 日前后，阿勒泰地区普降大到暴雪，阿勒泰市积雪 50 cm，市区达 88 cm，为历史最高纪录。这次降雪主要集中在青河、富蕴、吉木乃、布尔津、哈巴河县和阿勒泰市的沿山一带，山区积雪深度达 100～200 cm，各县、市交通要道被雪阻断，牧业遭受灾害(温克刚 等，2006)。

3.1.9　2000 年 11 月 23 日阿勒泰地区、塔城地区暴雪

【暴雪概况】23 日暴雪出现在阿勒泰地区富蕴 20.1 mm、青河 14.5 mm，塔城地区北部塔城 12.3 mm；暴雪中心位于阿勒泰地区富蕴站(图 3.9a)。

【环流背景】此次暴雪过程前，500 hPa 欧亚范围内中高纬为两脊一槽型，即西欧为阻塞高压脊，贝加尔湖为浅脊，西西伯利亚至东欧(40°—90°E)为东—西走向的低涡，新疆北部位于其南部偏西强锋区中(图 3.9b)；西欧脊受不稳定小槽影响，脊前正变高东南下，使西西伯利亚低涡减弱东移，其底部锋区上短波槽东移造成新疆北部暖区暴雪天气(图略)。300 hPa 上低涡底部为风速≥40 m·s^{-1}高空西风急流，新疆北部处于急流轴右侧的强辐散区中(图 3.9c)，700 hPa 上位于风速>16 m·s^{-1}低空偏西急流出口区前部辐合区及水汽通量散度辐合区(图 3.9d)。暴雪区位于高空偏西急流轴右侧辐散区，西西伯利亚低涡底部偏西强锋区，低空偏西急流出口区前部辐合区和水汽通量散度辐合区，以及地面上蒙古高压西南部、中亚低压东北部减压升温的重叠区域(图略)。

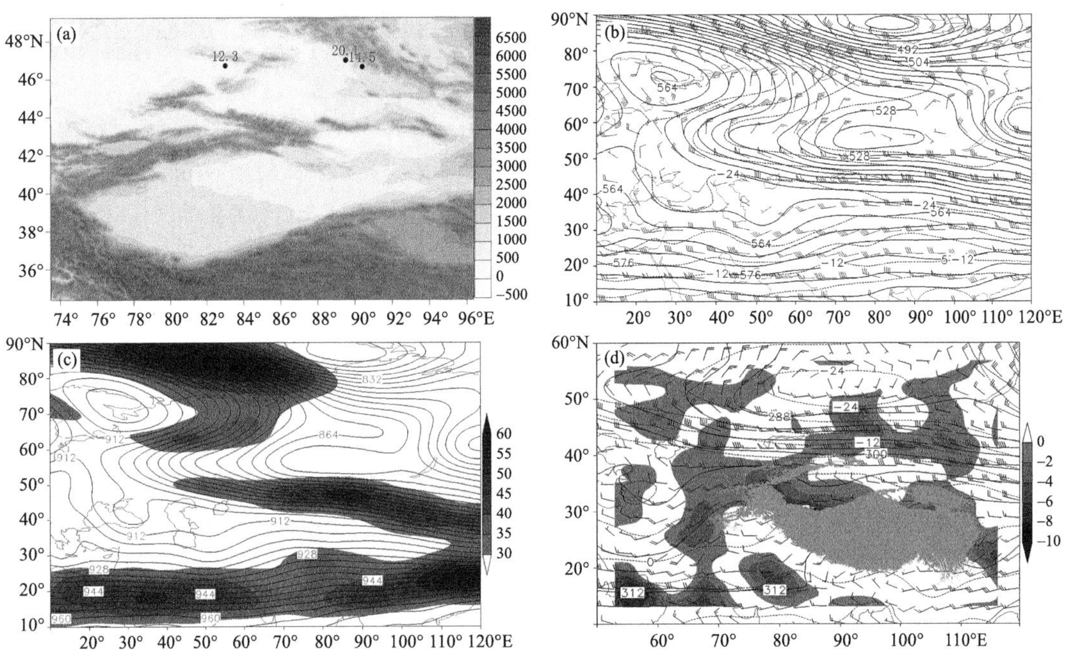

图 3.9　(a)2000 年 11 月 23 日暴雪量站点分布(单位：mm；填色为地形，单位：m)，以及 22 日 20 时(b)500 hPa 高度场(实线，单位：dagpm)、温度场(虚线，单位：℃)、风场(单位：m·s^{-1})，(c)300 hPa 高度场(实线，单位：dagpm)和风速≥30 m·s^{-1}的急流(填色，单位：m·s^{-1})，(d)700 hPa 高度场(实线，单位：dagpm)、温度场(虚线，单位：℃)、风场(单位：m·s^{-1})及水汽通量散度(填色，单位：10^{-5} g·cm^{-2}·hPa^{-1}·s^{-1}，浅灰色阴影为≥3 km 的地形)

3.1.10　2002 年 11 月 20—21 日阿勒泰地区、塔城地区暴雪

【暴雪概况】暴雪发生在：20 日塔城地区北部塔城 21.0 mm；21 日阿勒泰地区哈巴河 16.3 mm、阿勒泰 15.8 mm、富蕴站 15.3 mm，塔城地区北部塔城 30.1 mm。过程累计暴雪中心位于塔城站 51.1 mm（图 3.10a）。

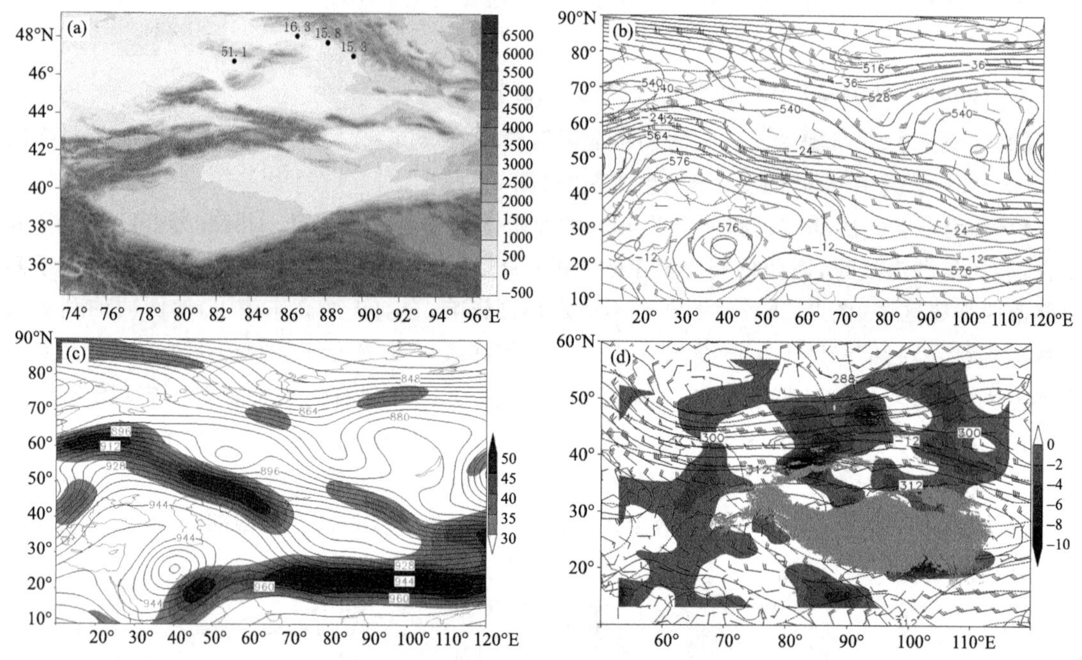

图 3.10　(a)2002 年 11 月 20—21 日累计暴雪量站点分布（单位：mm；填色为地形，单位：m）；以及 19 日 20 时(b)500 hPa 高度场（实线，单位：dagpm）、温度场（虚线，单位：℃）、风场（单位：$m \cdot s^{-1}$），(c)300 hPa 高度场（实线，单位：dagpm）和风速≥30 $m \cdot s^{-1}$的急流（填色，单位：$m \cdot s^{-1}$）；(d)20 日 02 时 700 hPa 高度场（实线，单位：dagpm）、温度场（虚线，单位：℃）、风场（单位：$m \cdot s^{-1}$）及水汽通量散度（填色，单位：$10^{-5}\ g \cdot cm^{-2} \cdot hPa^{-1} \cdot s^{-1}$，浅灰色阴影为≥3 km 的地形）

【环流背景】此次暴雪过程前，500 hPa 欧亚范围内高纬 60°N 以北为纬向环流，中低纬为两脊一槽型，南欧和贝加尔湖为高压脊区，乌拉尔山至西西伯利亚为宽广的低槽区，其底部为较强的西风锋区，最大风速为 32 $m \cdot s^{-1}$，新疆北部受偏西锋区控制（图 3.10b）；南欧脊后受低涡前暖平流影响东移，使锋区上短波槽东移造成新疆北部的暖区暴雪天气（图略）。300 hPa 上巴尔喀什湖以西和以东各为风速＞30 $m \cdot s^{-1}$的高空西北急流，新疆北部位于急流出口区左前部和入口区右侧辐散区中（图 3.10c），700 hPa 上位于风速≥16 $m \cdot s^{-1}$低空西风急流出口区前部辐合区和水汽通量散度辐合区（图 3.10d）。暴雪区位于高空西北急流出口区左前部和入口区右侧的辐散区中，槽底偏西锋区，低空西风急流出口区前部辐合区和水汽通量散度辐合区，以及地面图上，中亚低压东南部、蒙古高压西部减压升温的重叠区域（图略）。

3.1.11　2004 年 3 月 8—9 日阿勒泰地区、塔城地区、伊犁州暴雪

【暴雪概况】暴雪出现在：8 日阿勒泰地区哈巴河 15.5 mm，塔城地区北部裕民 16.9 mm、额敏 13.1 mm；9 日伊犁州新源 13.5 mm。暴雪中心位于塔城地区北部裕民站（图 3.11a）。

【环流背景】此次暴雪过程前，500 hPa 欧亚范围内为两脊一槽型，即西欧为高压脊区，伊

朗高原—贝加尔湖为西南—东北向的高压脊区，乌拉尔山至泰米尔半岛为极涡活动区，呈西南—东北向，南支西南强锋区与极涡东南部锋区在里咸海—巴尔喀什湖—西西伯利亚汇合，锋区上最大西南风速达 44 m·s^{-1}，新疆北部受西南锋区控制(图 3.11b)；极涡旋转南压，西南锋区转为偏西锋区，其上短波槽东移造成新疆北部的暖区暴雪天气(图略)。300 hPa 上低涡东南部为风速>60 m·s^{-1}高空西南急流，塔额盆地和阿勒泰地区位于急流轴出口区右侧的强辐散区中(图 3.11c)。700 hPa 新疆北部位于风速≥20 m·s^{-1}低空西南急流轴右侧辐合区和水汽通散度辐合区(图 3.11d)。暴雪区位于高空强西南急流出口区右侧强辐散区，极涡东南部强西南锋区，低空西南急流轴右侧辐合区和水汽通散度辐合区，以及地面上中亚低压前部、蒙古高压西南部的减压升温的重叠区域(图略)。

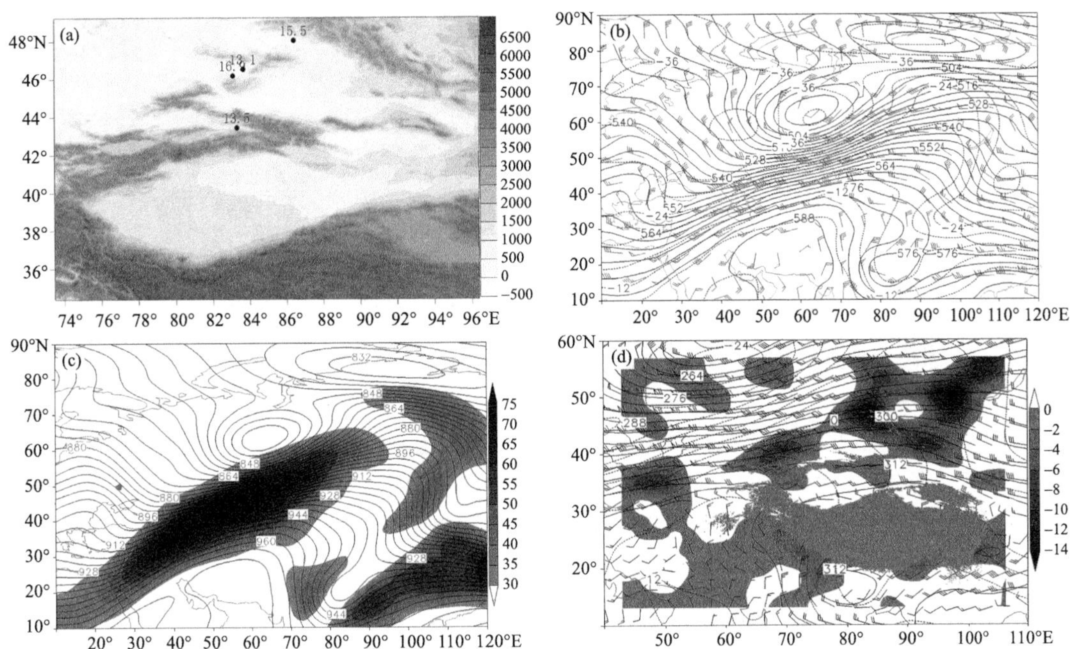

图 3.11　(a)2004 年 3 月 8—9 日暴雪量站点分布(单位：mm；填色为地形，单位：m)，以及 7 日 20 时(b) 500 hPa 高度场(实线，单位：dagpm)、温度场(虚线，单位：℃)、风场(单位：m·s^{-1})，(c)300 hPa 高度场(实线，单位：dagpm)和风速≥30 m·s^{-1}的急流(填色，单位：m·s^{-1})，(d)700 hPa 高度场(实线，单位：dagpm)、温度场(虚线，单位：℃)、风场(单位：m·s^{-1})及水汽通量散度(填色，单位：10^{-5} g·cm^{-2}·hPa^{-1}·s^{-1}，浅灰色阴影为≥3 km 的地形)

3.1.12　2009 年 1 月 16 日阿勒泰地区、塔城地区暴雪

【暴雪概况】16 日暴雪出现在阿勒泰地区阿勒泰 12.3 mm、青河 12.3 mm，塔城地区北部裕民 14.6 mm、塔城 19.4 mm。暴雪中心位于塔城站(图 3.12a)。

【环流背景】此次暴雪过程前，500 hPa 欧亚范围内为两脊一槽型，即南欧和贝加尔湖为高压脊区，西西伯利亚为低涡，其底部为强西风锋区，新疆北部为强西风锋区控制(图 3.12b)；南欧脊受上游槽前西南暖湿气流影响东移，使西西伯利亚低涡减弱东移造成暖区暴雪天气(图略)。300 hPa 上新疆北部位于风速≥30 m·s^{-1}北支西南急流轴右侧和南支偏西急流轴左侧的辐散区中(图 3.12c)，700 hPa 上位于风速≥20 m·s^{-1}低空西风急流轴右侧辐合区和水汽通量散度辐合区(图 3.12d)。暴雪区位于高空西南急流轴右侧和偏西急流轴左侧的辐散区,西西伯利亚低涡底部强西风锋区,低空西风急流轴右侧辐合区和水汽通量散度辐合区,以及地面图上蒙古高压西南部、西西伯利亚低压东南部的减压升温的重叠区域(图略)。

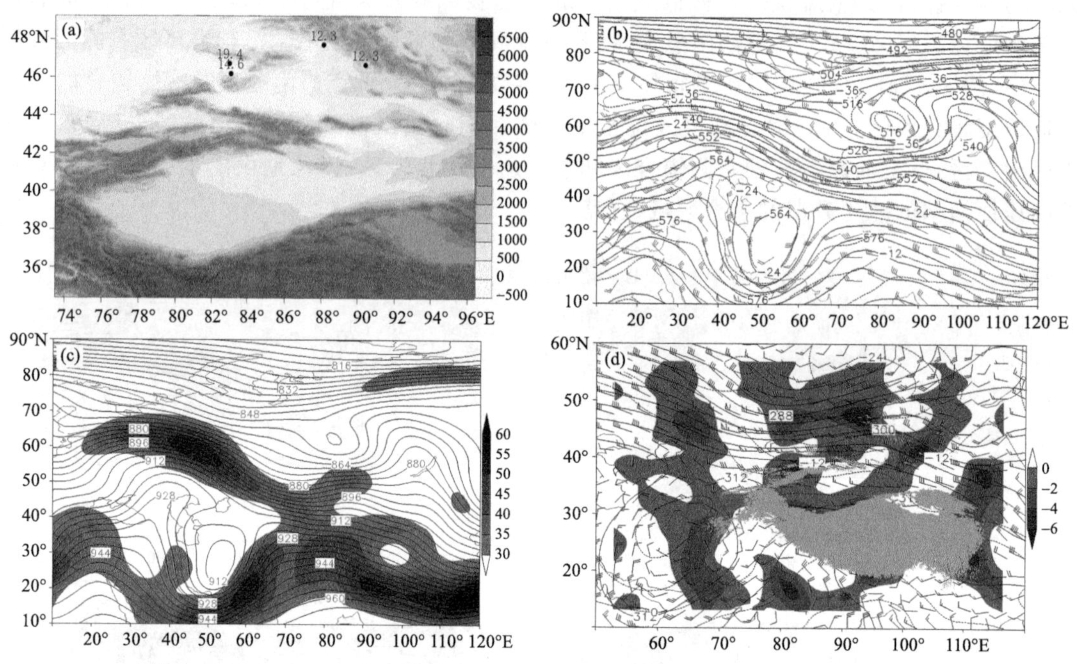

图 3.12　(a)2009 年 1 月 16 日暴雪量站点分布(单位:mm;填色为地形,单位:m),以及 15 日 20 时(b)500 hPa 高度场(实线,单位:dagpm)、温度场(虚线,单位:℃)、风场(单位:m · s^{-1}),(c)300 hPa 高度场(实线,单位:dagpm)和风速≥30 m · s^{-1}的急流(填色,单位:m · s^{-1}),(d)700 hPa 高度场(实线,单位:dagpm)、温度场(虚线,单位:℃)、风场(单位:m · s^{-1})及水汽通量散度(填色,单位:10^{-5} g · cm^{-2} · hPa^{-1} · s^{-1},浅灰色阴影为≥3 km 的地形)

3.1.13　2009 年 12 月 23 日阿勒泰地区、伊犁州、乌鲁木齐市暴雪

【暴雪概况】23 日暖区暴雪出现在阿勒泰地区富蕴 19.1 mm、青河 18.3 mm,乌鲁木齐市乌鲁木齐 14.5 mm 和伊犁州新源 13.5 mm 为冷锋暴雪。暴雪中心位于阿勒泰地区富蕴站(图 3.13a)。

【环流背景】此次暴雪过程前,500 hPa 欧亚范围内中高纬为两槽两脊型,即北欧、西伯利亚为极涡活动区,伊朗至乌拉尔山—新地岛为高压脊区,贝加尔湖东部为脊区;南北支锋区上系统同位相叠加,在巴尔喀什湖至新疆北部有些汇合;新疆北部位于西伯利亚极涡西南部强偏西锋区上(图 3.13b);乌拉尔山脊顶受不稳定小槽影响,脊前正变高东南下,使西伯利亚极涡略有东移,其底部锋区上分裂短波槽东移造成暴雪天气(图略)。300 hPa 上新疆北部位于风速≥30 m · s^{-1}高空西南急流入口区右侧辐散区(图 3.13c),700 hPa 上风速≥16 m · s^{-1}低空西北急流出口区前部辐合区及水汽通量散度辐合区(图 3.13d)。暴雪区位于高空西南急流入口区右侧辐散区,西伯利亚极涡西南部强偏西锋区,低空西北急流出口区前部辐合区和水汽通量散度辐合区,以及地面图上西伯利亚低压东南部的减压升温的重叠区域(图略)。

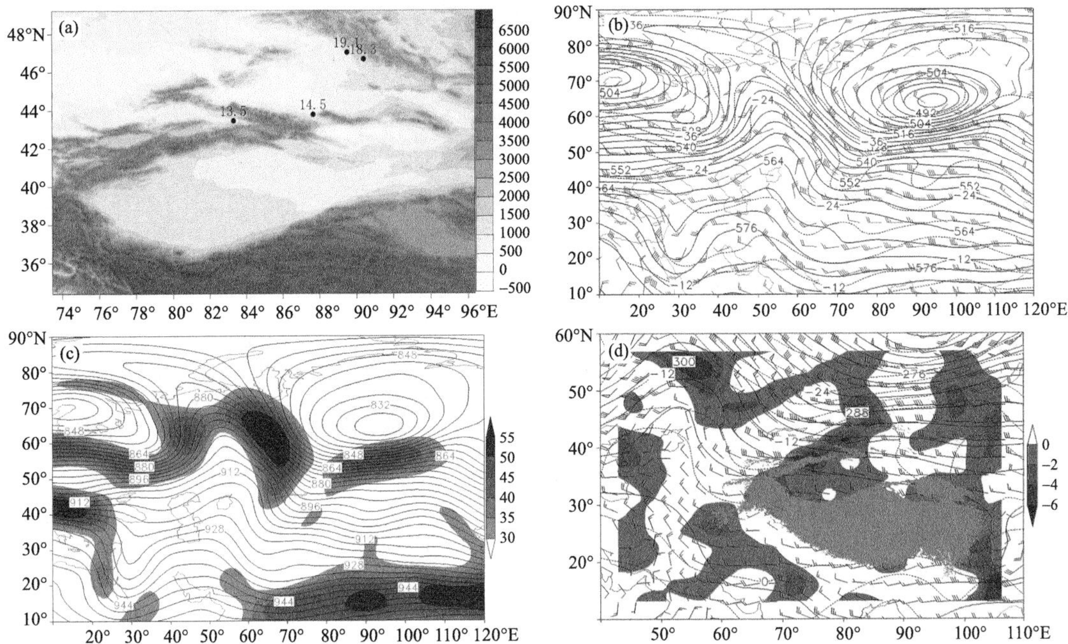

图 3.13　(a)2009 年 12 月 23 日暴雪量站点分布(单位:mm;填色为地形,单位:m),以及 22 日 20 时(b) 500 hPa 高度场(实线,单位:dagpm)、温度场(虚线,单位:℃)、风场(单位:m·s^{-1}),(c)300 hPa 高度场(实线,单位:dagpm)和风速≥30 m·s^{-1}的急流(填色,单位:m·s^{-1}),(d)700 hPa 高度场(实线,单位:dagpm)、温度场(虚线,单位:℃)、风场(单位:m·s^{-1})及水汽通量散度(填色,单位:10^{-5} g·cm^{-2}·hPa^{-1}·s^{-1},浅灰色阴影为≥3 km 的地形)

3.1.14　2010 年 1 月 2 日塔城地区暴雪

【暴雪概况】2 日暴雪出现在塔城地区北部裕民 20.9 mm、托里 12.9 mm(图 3.14a)。

【环流背景】此次暴雪过程前,500 hPa 欧亚范围为两槽两脊型,北欧、东亚为低涡活动区,中低纬里咸海—中亚为宽广的锋区脊控制,其上多槽脊系统,里海南部至沙特阿拉伯的南支槽前西南气流与偏西锋区在巴尔喀什湖—新疆北部汇合,锋区较强(最大西风风速 26 m·s^{-1}),新疆北部位于汇合的较强西风锋区上(图 3.14b),其上短波槽东移造成塔额盆地暴雪天气(图略)。300 hPa 上塔额盆地位于风速≥30 m·s^{-1}高空西风急流轴右侧辐散区(图 3.14c),700 hPa 上西南气流与风速≥16 m·s^{-1}低空偏西急流在巴尔喀什湖—新疆北部汇合,新疆北部位于急流轴附近的辐合区及水汽通量散度辐合区(图 3.14d)。暴雪区位于高空西风急流轴右侧辐散区,汇合的偏西锋区上,低空偏西急流轴附近的辐合区和水汽通量散度辐合区,以及地面图上蒙古高压西南部、中亚倒槽前部减压升温的重叠区域(图略)。

3.1.15　2010 年 3 月 10 日塔城地区暴雪

【暴雪概况】10 日暴雪发生在塔城地区北部塔城 15.7 mm、裕民 19.6 mm、额敏 14.0 mm,暴雪中心位于裕民站(图 3.15a)。

【环流背景】此次暴雪过程前,500 hPa 欧亚范围内中高纬为两槽两脊型,西西伯利亚、东西伯利亚为低涡活动区,南欧为浅脊,西伯利亚至泰米尔半岛为强盛高压脊区;南支地中海东部槽前西南气流与西西伯利亚低涡底部强锋区在南欧—里海—咸海—巴尔喀什湖—新疆北部

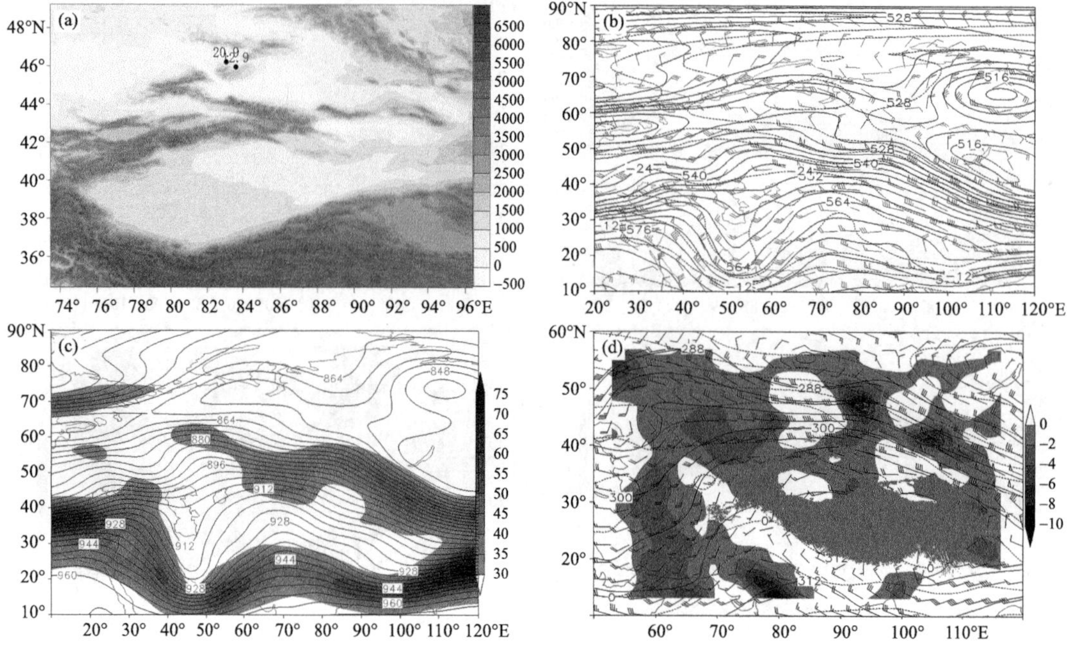

图 3.14　(a)2010 年 1 月 2 日暴雪量站点分布(单位:mm;填色为地形,单位:m),以及 1 日 20 时(b) 500 hPa 高度场(实线,单位:dagpm)、温度场(虚线,单位:℃)、风场(单位:m·s^{-1}),(c)300 hPa 高度场(实线,单位:dagpm)和风速≥30 m·s^{-1}的急流(填色,单位:m·s^{-1}),(d)700 hPa 高度场(实线,单位:dagpm)、温度场(虚线,单位:℃)、风场(单位:m·s^{-1})及水汽通量散度(填色,单位:10^{-5} g·cm^{-2}·hPa^{-1}·s^{-1},浅灰色阴影为≥3 km 的地形)

汇合,强锋区上最大西风风速达 40 m·s^{-1}(图 3.15b);受极地冷空气影响南欧脊衰退,西西伯利亚低涡旋转南压东移,其底部锋区上分裂短波东移造成塔额盆地暖区暴雪天气(图略)。300 hPa上低涡底部为风速>30 m·s^{-1}的高空西风急流,急流核风速>50 m·s^{-1},新疆北部位于高空西风急流出口区右侧辐散区(图 3.15c)。700 hPa 上里咸海—巴尔喀什湖为风速>16 m·s^{-1}的偏西急流,急流核风速>28 m·s^{-1},塔额盆地位于偏西急流出口区前部辐合区及水汽通量散度辐合区(图 3.15d)。暴雪区位于高空西风急流出口区右侧辐散区,西西伯利亚低涡底部偏西强锋区,低空偏西急流出口区前部辐合区和水汽通量散度辐合区,以及地面图上鞍型场区的减压升温区的重叠区域(图略)。

3.1.16　2010 年 3 月 17 日阿勒泰地区暴雪

【暴雪概况】17 日暴雪出现在阿勒泰地区哈巴河 15.5 mm、布尔津 15.0 mm、阿勒泰 14.5 mm。暴雪中心位于哈巴河站(图 3.16a)。

【环流背景】此次暴雪过程前,500 hPa 欧亚范围为两槽两脊型,欧洲至西西伯利亚北部、东亚为低压槽区,西欧为浅脊,贝加尔湖—极地为强盛的高压脊区;两支锋区在地中海—里海—咸海—巴尔喀什湖—新疆北部汇合,锋区呈西南—东北向,其上最大风速达 44 m·s^{-1},新疆北部位于强西南锋区上(图 3.16b);极地巴伦支海极涡发展东南移,使西南强锋区东移南压,其上分裂短波东移造成阿勒泰地区的暖区暴雪天气(图略)。300 hPa 上阿勒泰地区位于风速>45 m·s^{-1}高空西风急流轴右侧,急流核风速>55 m·s^{-1}(图 3.16c),700 hPa 上风速

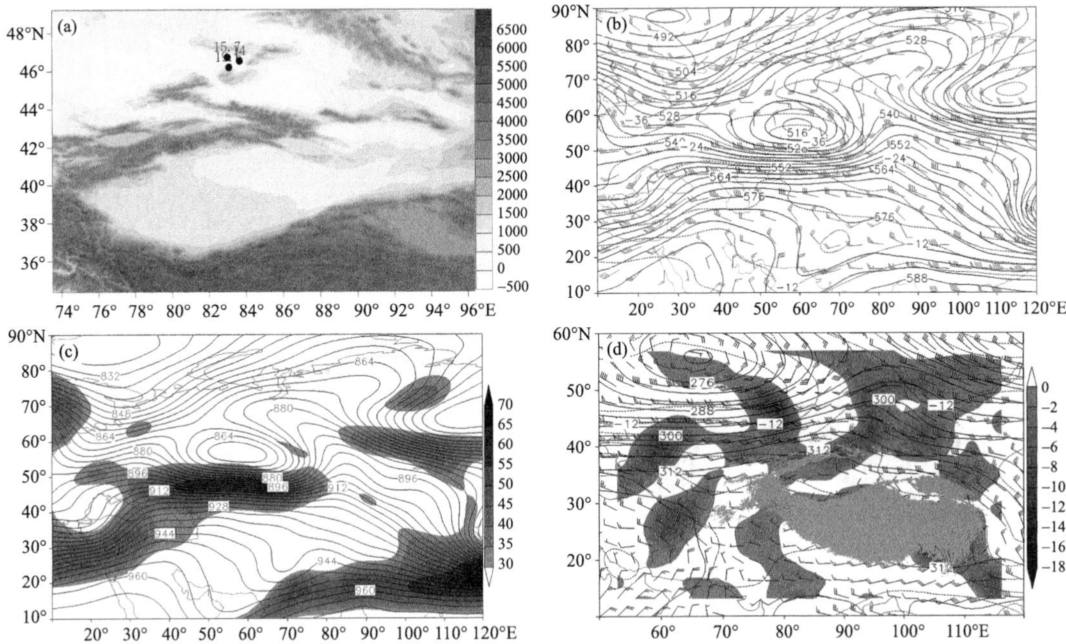

图 3.15 (a)2010 年 3 月 10 日暴雪量站点分布(单位:mm;填色为地形,单位:m);以及 9 日 20 时(b) 500 hPa 高度场(实线,单位:dagpm)、温度场(虚线,单位:℃)、风场(单位:m·s^{-1}),(c)300 hPa 高度场(实线,单位:dagpm)和风速≥30 m·s^{-1}的急流(填色,单位:m·s^{-1}),(d)700 hPa 高度场(实线,单位:dagpm)、温度场(虚线,单位:℃)、风场(单位:m·s^{-1})及水汽通量散度(填色,单位:10^{-5} g·cm^{-2}·hPa^{-1}·s^{-1},浅灰色阴影为≥3 km的地形)

>20 m·s^{-1}低空西南急流轴自里海—咸海—巴尔喀什湖,急流核风速>30 m·s^{-1},该区位于急流出口区前部辐合区及水汽通量散度辐合大值区(图 3.16d)。暴雪区位于高空西风急流轴右侧辐散区,低涡底部强西南锋区,低空西南急流出口区前部辐合区和水汽通量散度辐合大值区,地面图上蒙古高压西南部,中亚气旋前部的减压升温的重叠区域(图略)。

3.1.17 2010 年 12 月 21 日塔城地区、伊犁州暴雪

【暴雪概况】21 日暴雪出现在塔城地区北部裕民 30.1 mm、额敏 13.9 mm、塔城 15.8 mm,伊犁州新源 12.1 mm、尼勒克 16.0 mm。暴雪中心位于塔城地区裕民站(30.1 mm)(图 3.17a)。

【环流背景】此次暴雪过程前,500 hPa 欧亚范围内中高纬为两槽一脊型,即乌拉尔山为强盛的高压脊,西伯利亚和欧洲沿岸为低槽活动区;中低纬为纬向锋区,其上短波槽前西南气流与乌拉尔山高压脊东南部槽前西南气流在巴尔喀什湖—新疆北部汇合(图 3.17b);欧洲沿岸低涡东移,使槽脊系统东移造成暴雪天气(图略)。300 hPa 新疆北部位于风速≥30 m·s^{-1}高空西风急流出口区左前侧和西北急流入口区右侧辐散区(图 3.17c),700 hPa 上塔额盆地位于风速≥16 m·s^{-1}低空偏西急流轴右侧辐合区和水汽通量散度辐合区(图 3.17d)。暴雪区位于高空西风急流出口区左前侧和西北急流入口区右侧辐散区,汇合的西南锋区上,低空偏西急流轴右侧辐合区和水汽通量散度辐合区,以及地面图上鞍型场区的减压升温的重叠区域(图略)。

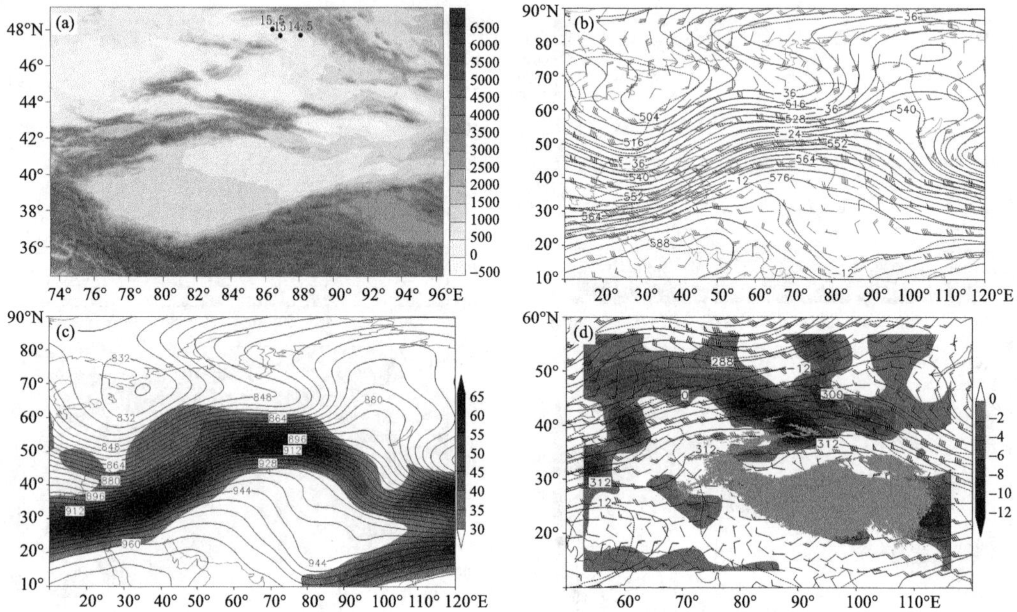

图 3.16　(a)2010 年 3 月 17 日暴雪量站点分布(单位:mm;填色为地形,单位:m),以及 16 日 20 时(b) 500 hPa 高度场(实线,单位:dagpm)、温度场(虚线,单位:℃)、风场(单位:$m\cdot s^{-1}$),(c)300 hPa 高度场(实线,单位:dagpm)和风速≥30 $m\cdot s^{-1}$的急流(填色,单位:$m\cdot s^{-1}$),(d)700 hPa 高度场(实线,单位:dagpm)、温度场(虚线,单位:℃)、风场(单位:$m\cdot s^{-1}$)及水汽通量散度(填色,单位:10^{-5} $g\cdot cm^{-2}\cdot hPa^{-1}\cdot s^{-1}$,浅灰色阴影为≥3 km 的地形)

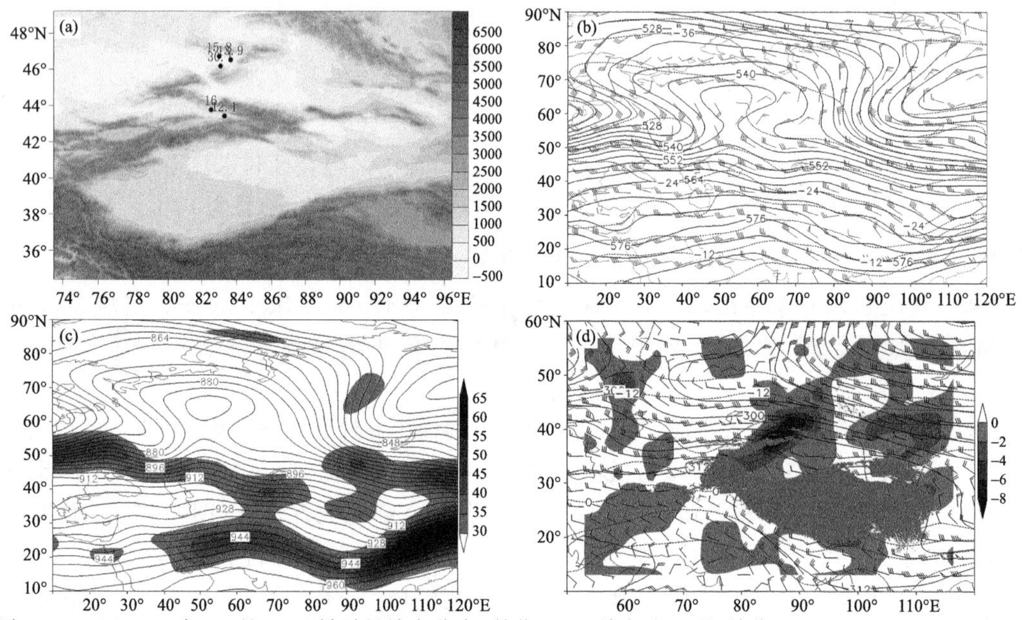

图 3.17　(a)2010 年 12 月 21 日暴雪量站点分布(单位:mm;填色为地形,单位:m);以及 20 日 20 时(b) 500 hPa 高度场(实线,单位:dagpm)、温度场(虚线,单位:℃)、风场(单位:$m\cdot s^{-1}$),(c)300 hPa 高度场(实线,单位:dagpm)和风速≥30 $m\cdot s^{-1}$的急流(填色,单位:$m\cdot s^{-1}$),(d)700 hPa 高度场(实线,单位:dagpm)、温度场(虚线,单位:℃)、风场(单位:$m\cdot s^{-1}$)及水汽通量散度(填色,单位:10^{-5} $g\cdot cm^{-2}\cdot hPa^{-1}\cdot s^{-1}$,浅灰色阴影为≥3 km 的地形)

3.1.18　2018 年 3 月 1 日阿勒泰地区、塔城地区暴雪

【暴雪概况】1 日暴雪出现在阿勒泰地区富蕴 18.5 mm、青河 13.2 mm，塔城地区北部额敏 15.0 mm。暴雪中心位于阿勒泰地区富蕴站(图 3.18a)。

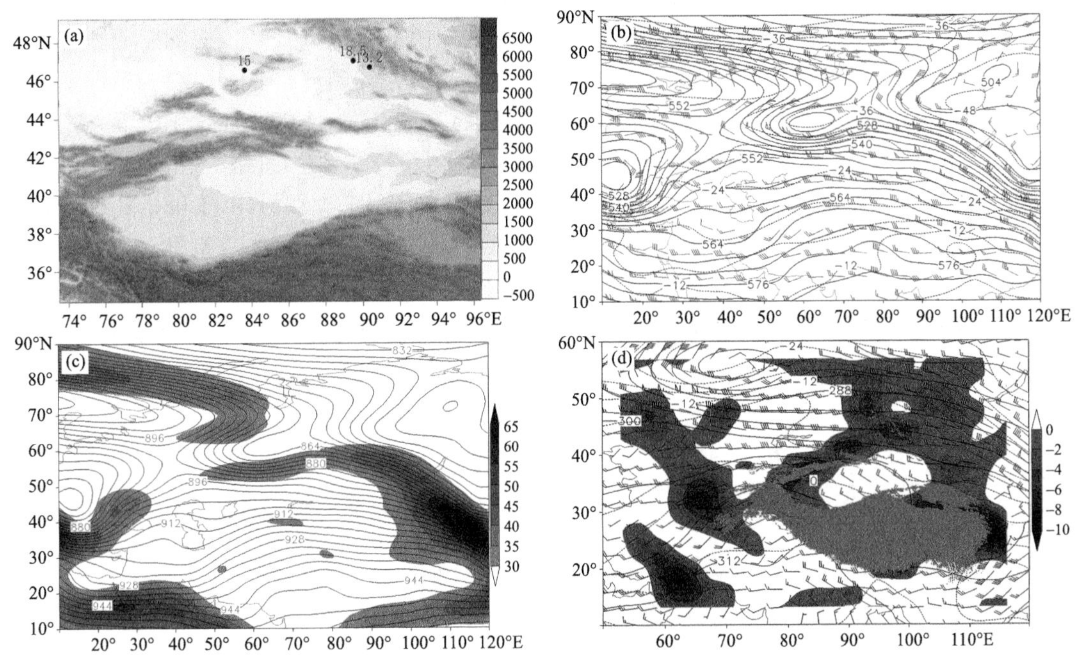

图 3.18　(a)2018 年 3 月 1 日暴雪量站点分布(单位：mm；填色为地形，单位：m)，以及 2 月 28 日 20 时(b)500 hPa 高度场(实线，单位：dagpm)、温度场(虚线，单位：℃)、风场(单位：$m \cdot s^{-1}$)，(c)300 hPa 高度场(实线，单位：dagpm)和风速≥30 $m \cdot s^{-1}$的急流(填色，单位：$m \cdot s^{-1}$)，(d)700 hPa 高度场(实线，单位：dagpm)、温度场(虚线，单位：℃)、风场(单位：$m \cdot s^{-1}$)及水汽通量散度(填色，单位：10^{-5} $g \cdot cm^{-2} \cdot hPa^{-1} \cdot s^{-1}$，浅灰色阴影为≥3 km 的地形)

【环流背景】此次暴雪过程前，500 hPa 欧亚范围内为两槽一脊型，即北欧为阻塞高压与南欧高压脊同位相叠加，黑海、乌拉尔山中北部—东西伯利亚为低涡活动区，后者呈东—西向，其底部强锋区与黑海低涡前部分西南气流在西西伯利亚汇合，新疆北部位于汇合的偏西气流上(图 3.18b)；极地冷空气侵袭欧洲脊北部，脊前正变高东南下，使乌拉尔山中部低涡南下减弱，其底部锋区上分裂短波东移造成新疆北部暖区暴雪天气(图略)。300 hPa 上新疆北部位于风速≥30 $m \cdot s^{-1}$高空西风急流轴右侧辐散区(图 3.18c)。700 hPa 西南气流与风速≥16 $m \cdot s^{-1}$低空偏西急流在巴尔喀什湖汇合，暴雪区位于低空急流出口区前部辐合区及水汽通量散度辐合区(图 3.18d)。暴雪区位于高空西风急流轴右侧辐散区，低涡底部偏西气流，低空偏西急流出口区前部辐合区及水汽通量散度辐合区，地面图上蒙古高压西部、中亚低压东南部的减压升温的重叠区域(图略)。

3.1.19　2021 年 11 月 1—4 日塔城地区、阿勒泰地区、伊犁州暴雪

【暴雪概况】暴雪出现在：1 日塔城地区北部塔城 16.6 mm；2 日阿勒泰地区哈巴河 16.1 mm、阿勒泰 15.1 mm、富蕴 22.5 mm；3 日阿勒泰地区哈巴河 17.6 mm、青河 12.7 mm；4 日伊犁州新源 15.3 mm。其中，阿勒泰地区哈巴河站为降雪过程的中心，累计降雪量为

33.7 mm(图 3.19a)。

【环流背景】10 月 31 日 20 时,500 hPa 欧亚范围内为两脊一槽型,伊朗高原至欧洲和东亚为高压脊区,前者呈西北—东南向;西伯利亚为极涡活动区,其底部锋区上的中亚为低槽区,巴尔喀什湖—新疆北部为槽前西南锋区控制(图 3.19b);欧洲脊西北部受冷空气侵袭,脊前正变高东南下,中亚低槽减弱东移造成 11 月 1 日塔额盆地的暴雪天气,同时,极涡中心东移新疆北部位于其底部偏西锋区上;欧洲脊顶继续受冷空气侵袭,脊线顺转,向东北发展,其前部冷空气沿脊前东北气流西南下使中亚低槽加深切涡,呈西南—东北向,新疆北部位于该涡东南部西南强锋区上,其上不断分裂短波东移造成新疆北部持续性暴雪天气(图略)。300 hPa 新疆北部位于风速>30 m·s^{-1}的高空西北急流出口区右侧辐散区(图 3.19c),2 日和 3 日急流转为西风急流。700 hPa 新疆北部位于低空西风急流轴右侧辐合区及水汽通量散度辐合区(图 3.19d)。暴雪区位于高空西北急流出口区右侧辐散区,低涡底部偏西锋区,低空西风急流轴右侧辐合区和水汽通量散度辐合区以及地面低压东南部减压升温的重叠区域(图略)。

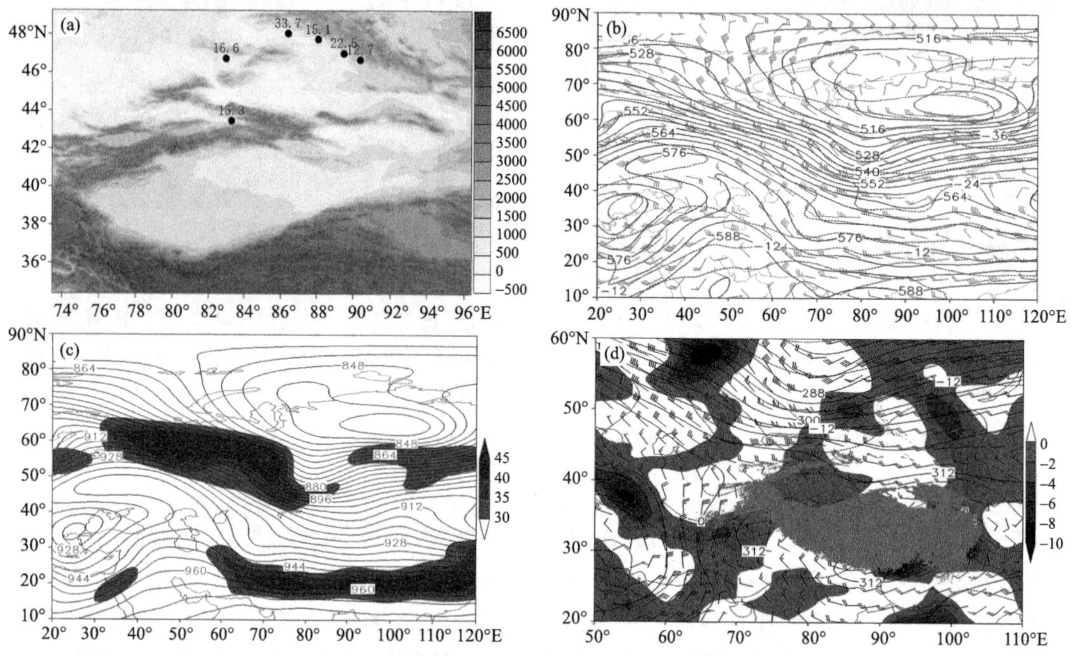

图 3.19　(a)2021 年 11 月 1—4 日累计暴雪量站点分布(单位:mm;填色为地形,单位:m);以及 10 月 31 日 20 时(b)500 hPa 高度场(实线,单位:dagpm)、温度场(虚线,单位:℃)、风场(单位:m·s^{-1}),(c)300 hPa 高度场(实线,单位:dagpm)和风速≥30 m·s^{-1}的急流(填色,单位:m·s^{-1}),(d) 700 hPa 高度场(实线,单位:dagpm)、温度场(虚线,单位:℃)、风场(单位:m·s^{-1})及水汽通量散度(填色,单位:10^{-5} g·cm^{-2}·hPa^{-1}·s^{-1},浅灰色阴影为≥3 km 的地形)

3.2　冷锋暴雪过程

3.2.1　1980 年 4 月 9 日昌吉州、乌鲁木齐市暴雪

【暴雪概况】9 日昌吉州天池 18.1 mm,乌鲁木齐市小渠子 14.1 mm 暴雪(图 3.20a)。

【环流背景】8 日 20 时,500 hPa 欧亚范围内中低纬为两脊两槽型,欧洲、贝加尔湖为脊区，黑海西部为低涡活动区，中亚为短波槽，新疆北部位于中亚槽前西南气流中（图 3.20b）；黑海低涡东北移，槽前暖平流使欧洲脊发展略有东移，脊线顺转，脊前正变高东南下，导致中亚短波槽东移造成中天山暴雪天气（图略）。300 hPa 上中天山位于风速＞30 m · s^{-1}高空偏西急流出口区前部辐散区，急流核位于巴尔喀什湖南侧风速＞40 m · s^{-1}（图 3.20c），700 hPa 上中天山山区位于低空偏西急流前部风速辐合区和水汽通量散度辐合区域。暴雪区位于高空偏西急流出口区前部辐散区，中亚槽前西南气流，低空偏西急流前部辐合和水汽通量辐合区以及地面冷锋附近的叠置区（图略）。

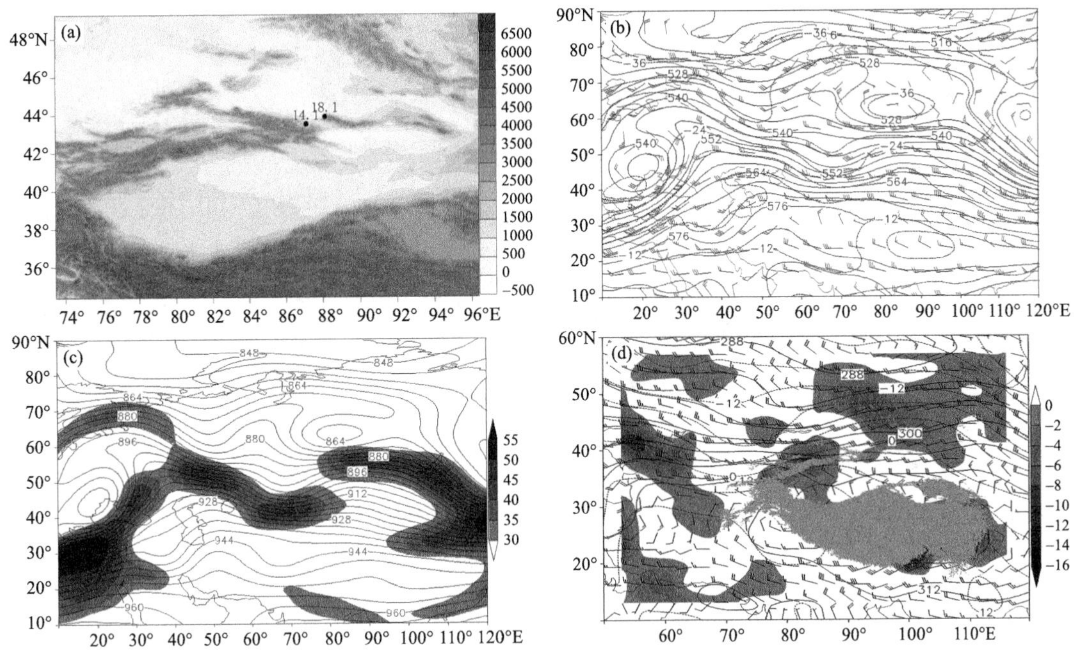

图 3.20　(a)1980 年 4 月 9 日暴雪量站点分布（单位：mm；填色为地形，单位：m），以及 8 日 20 时（b）500 hPa 高度场（实线，单位：dagpm）、温度场（虚线，单位：℃）、风场（单位：m · s^{-1}），(c)300 hPa 高度场（实线，单位：dagpm）和风速≥30 m · s^{-1}的急流（填色，单位：m · s^{-1}），(d)700 hPa 高度场（实线，单位：dagpm）、温度场（虚线，单位：℃）、风场（单位：m · s^{-1}）及水汽通量散度（填色，单位：10^{-5} g · cm^{-2} · hPa^{-1} · s^{-1}，浅灰色阴影为≥3 km 的地形）

3.2.2　1980 年 9 月 12—13 日昌吉州、乌鲁木齐市暴雪

【暴雪概况】暴雪出现在：12 日昌吉州天池 31.2 mm，乌鲁木齐市小渠子 30.2 mm；13 日乌鲁木齐市小渠子 20.1 mm，昌吉州天池 28.2 mm。过程降雪中心位于天池站，累计降雪量为 59.4 mm（图 3.21a）。

【环流背景】11 日 20 时，500 hPa 欧亚范围内为经向环流呈两脊两槽型，东欧至乌拉尔山、蒙古至贝加尔湖为高压脊区，欧洲沿岸、西西伯利亚至中亚为低槽区，后者槽前西南气流控制新疆北部（图 3.21b）；上游低槽不断侵袭东欧脊，该脊东移，推动西西伯利亚低槽东移造成中天山山区暴雪（图略）。300 hPa 上中天山处于风速＞35 m · s^{-1}西南高空急流轴右侧的高空辐散区，急流核风速＞50 m · s^{-1}（图 3.21c），700 hPa 上暴雪区位于偏北气流与西南风的切变辐合区及水汽通量散度辐合区(图 3.21d)。暴雪区位于高空西南急流轴右侧辐散区,西西伯利亚槽前西南气流,低空偏北气流与西南风的切变辐合区和水汽通量散度辐合区域以及地面冷锋后的重叠区域(图略)。

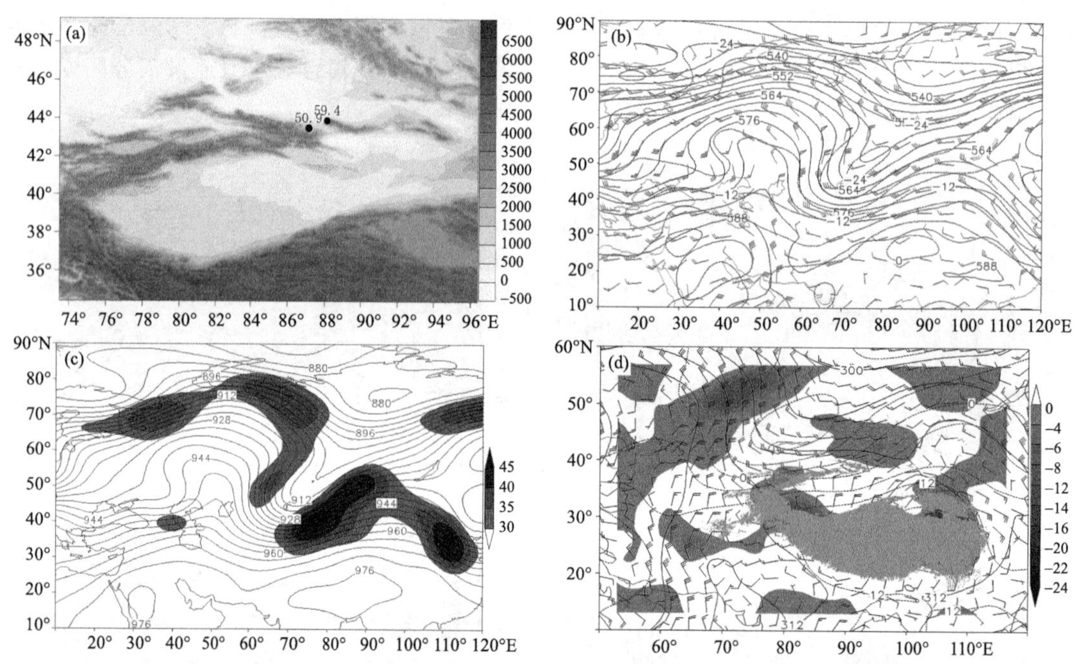

图 3.21　(a)1980 年 9 月 12—13 日累计暴雪量站点分布(单位:mm;填色为地形,单位:m);以及 9 月 11 日 20 时(b)500 hPa 高度场(实线,单位:dagpm)、温度场(虚线,单位:℃)、风场(单位:$m \cdot s^{-1}$),(c)300 hPa 高度场(实线,单位:dagpm)和风速≥30 $m \cdot s^{-1}$的急流(填色,单位:$m \cdot s^{-1}$),(d)700 hPa 高度场(实线,单位:dagpm)、温度场(虚线,单位:℃)、风场(单位:$m \cdot s^{-1}$)及水汽通量散度(填色,单位:$10^{-5}\ g \cdot cm^{-2} \cdot hPa^{-1} \cdot s^{-1}$,浅灰色阴影为≥3 km 的地形)

3.2.3　1980 年 10 月 8 日昌吉州、乌鲁木齐市暴雪

【暴雪概况】8 日暴雪出现在乌鲁木齐市小渠子 17.5 mm,昌吉州天池 14.9 mm (图 3.22a)。

【环流背景】7 日 20 时,500 hPa 欧亚范围内中高纬为两槽一脊型,西西伯利亚为阻塞高压,在其西南和东南侧为切断低涡,低涡底部锋区与中低纬向西风锋区汇合,新疆北部位于西伯利亚低涡东南部的西南锋区中(图 3.22b);西西伯利亚阻塞高压稳定,中纬度锋区上分裂短波槽东移造成中天山山区暴雪天气(图略)。300 hPa 上中天山山区位于风速>30 $m \cdot s^{-1}$的西南高空急流轴右侧,急流核风速>40 $m \cdot s^{-1}$(图 3.22c),700 hPa 上位于风速>12 $m \cdot s^{-1}$低空偏西急流前部辐合区和水汽通量散度辐合区域(图 3.22d)。暴雪区位于高空西南急流轴右侧辐散区,西伯利亚低涡东南部西南锋区,低空偏西急流前部辐合区和水汽通量散度辐合区域以及地面冷锋附近的叠置的区域(图略)。

3.2.4　1981 年 4 月 16 日昌吉州暴雪

【暴雪概况】16 日昌吉州出现暴雪,天池 14.5 mm、木垒 16.0 mm (图 3.23a)。

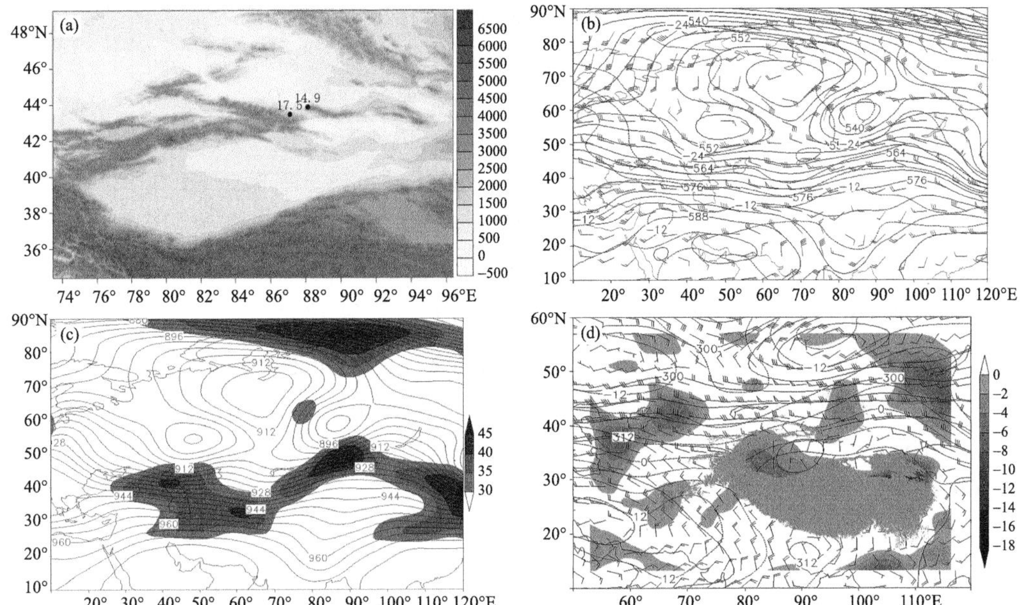

图 3.22 (a)1980 年 10 月 8 日暴雪量站点分布(单位:mm;填色为地形,单位:m);以及 10 月 7 日 20 时(b)500 hPa 高度场(实线,单位:dagpm)、温度场(虚线,单位:℃)、风场(单位:m·s^{-1}),(c)300 hPa 高度场(实线,单位:dagpm)和风速≥30 m·s^{-1}的急流(填色,单位:m·s^{-1}),(d)700 hPa 高度场(实线,单位:dagpm)、温度场(虚线,单位:℃)、风场(单位:m·s^{-1})及水汽通量散度(填色,单位:10^{-5} g·cm^{-2}·hPa^{-1}·s^{-1},浅灰色阴影为≥3 km 的地形)

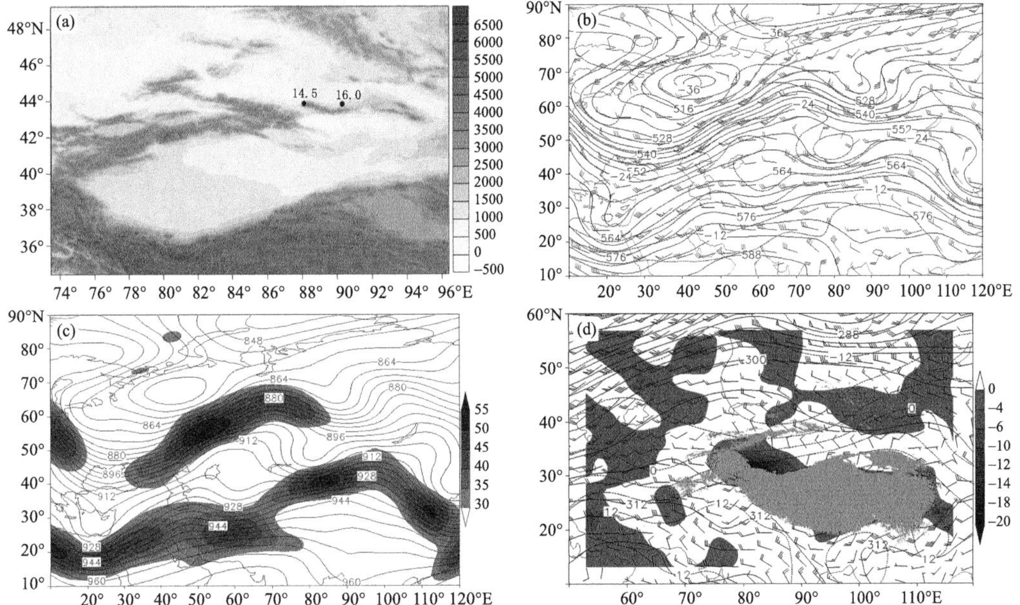

图 3.23 (a)1981 年 4 月 16 日暴雪量站点分布(单位:mm;填色为地形,单位:m),以及 4 月 15 日 20 时(b)500 hPa 高度场(实线,单位:dagpm)、温度场(虚线,单位:℃)、风场(单位:m·s^{-1}),(c)300 hPa 高度场(实线,单位:dagpm)和风速≥30 m·s^{-1}的急流(填色,单位:m·s^{-1}),(d)700 hPa 高度场(实线,单位:dagpm)、温度场(虚线,单位:℃)、风场(单位:m·s^{-1})及水汽通量散度(填色,单位:10^{-5} g·cm^{-2}·hPa^{-1}·s^{-1},浅灰色阴影为≥3 km 的地形)

【环流背景】15 日 20 时，500 hPa 欧亚范围内呈一槽一脊型，欧洲为低涡活动区，西伯利亚为宽广的脊区，南支中亚为短波槽，新疆北部位于其前部西南气流控制中（图 3.23b）；南支咸海东部脊发展使中亚槽东移造成昌吉州暴雪天气（图略）。300 hPa 上天山北坡及山区位于风速＞40 m·s^{-1}的高空西南急流轴附近，其上，急流核风速＞55 m·s^{-1}（图 3.23c），700 hPa 上位于低空西北气流与偏西气流切变辐合区和水汽通量散度辐合区附近（图 3.23d）。暴雪区位于高空西南急流轴附近辐散区，中亚短波槽前，低空西北气流与偏西气流切变辐合区和水汽通量散度辐合区附近以及地面冷锋附近的重叠区域（图略）。

3.2.5　1981 年 10 月 31 日乌鲁木齐市、昌吉州暴雪

【暴雪概况】31 日暴雪出现在乌鲁木齐市乌鲁木齐 22.4 mm、小渠子 20.7 mm，昌吉州天池 22.4 mm、木垒 16.4 mm，其中，乌鲁木齐和昌吉州天池均为暴雪中心（图 3.24a）。

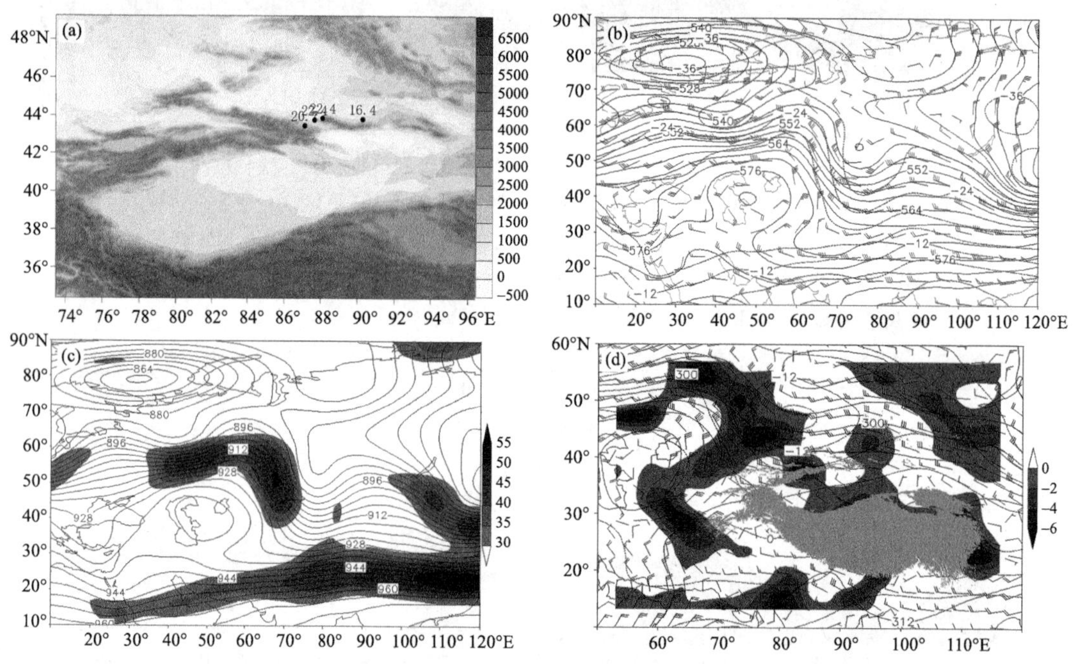

图 3.24　(a)1981 年 10 月 31 日暴雪量站点分布（单位：mm；填色为地形，单位：m），以及 10 月 30 日 20 时(b)500 hPa 高度场（实线，单位：dagpm）、温度场（虚线，单位：℃）、风场（单位：m·s^{-1}），(c)300 hPa 高度场（实线，单位：dagpm）和风速≥30 m·s^{-1}的急流（填色，单位：m·s^{-1}），(d)700 hPa 高度场（实线，单位：dagpm）、温度场（虚线，单位：℃）、风场（单位：m·s^{-1}）及水汽通量散度（填色，单位：10^{-5} g·cm^{-2}·hPa^{-1}·s^{-1}，浅灰色阴影为≥3 km 的地形）

【环流背景】30 日 20 时，500 hPa 欧亚范围内极涡位于巴伦支海和东亚，中低纬为两脊一槽型，伊朗高原至里海和咸海北部为强盛的高压脊区，新疆东部为浅脊，中亚为低槽区，天山北坡及山区受槽前西南气流控制（图 3.24b）；里海和咸海北部脊顶受不稳定小槽影响，脊前正变高东南落，使中亚低槽减弱东移造成天山北坡及山区暴雪天气（图略）。300 hPa 上天山北坡及山区位于风速＞30 m·s^{-1}的高空西北急流出口区左前侧和西南急流轴左侧辐散区（图 3.24c），700 hPa 上位于低空西风气流风速辐合区和水汽通量散度辐合区（图 3.24d）。暴雪区

位于高空西北急流出口区左前侧和西南急流轴左侧辐散区，中亚槽前西南气流，低空偏西气流风速辐合和水汽通量散度辐合区以及地面冷锋附近的重叠区域（图略）。

3.2.6　1981年12月26日伊犁州暴雪

【暴雪概况】26日伊犁州出现暴雪，察布查尔13.4 mm、尼勒克12.4 mm（图3.25a）。

【环流背景】25日，500 hPa欧亚范围内为一脊一槽型，里咸海至欧洲为高压脊区，西伯利亚为极涡动区，巴尔喀什湖至新疆北部为极涡西南部强西风锋区控制（图3.25b），其上短波槽东移造成伊犁州暴雪天气（图略）。300 hPa上新疆北部为风速≥40 m·s^{-1}高空西风急流，暴雪区位于急流轴附近（图3.25c），700 hPa上位于风速>12 m·s^{-1}低空西风急流轴右侧辐合区及其与地形的辐合抬升区和水汽通量散度辐合区域（图3.25d）。暴雪区位于高空西风急流轴附近辐散区，西伯利亚极涡西南部强西风锋区，低空西风急流轴右侧辐合区及其与地形的辐合抬升区和水汽通量散度辐合区域，以及地面冷锋附近的重叠区域（图略）。

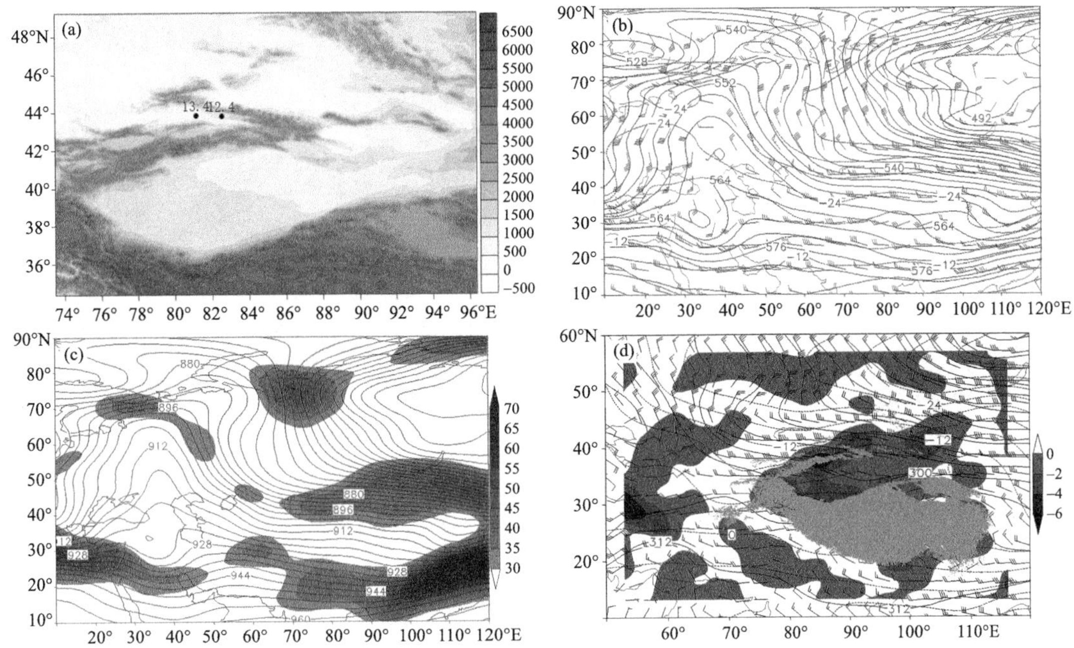

图3.25　(a)1981年12月26日暴雪量站点分布（单位：mm；填色为地形，单位：m）；以及12月25日20时(b)500 hPa高度场（实线，单位：dagpm）、温度场（虚线，单位：℃）、风场（单位：m·s^{-1}），(c)300 hPa高度场（实线，单位：dagpm）和风速≥30 m·s^{-1}的急流（填色，单位：m·s^{-1}），(d)700 hPa高度场（实线，单位：dagpm）、温度场（虚线，单位：℃）、风场（单位：m·s^{-1}）及水汽通量散度（填色，单位：10^{-5} g·cm^{-2}·hPa^{-1}·s^{-1}，浅灰色阴影为≥3 km的地形）

3.2.7　1982年3月23日克州、阿克苏地区暴雪

【暴雪概况】23日暴雪出现在克州阿合奇23.2 mm，阿克苏地区乌什14.6 mm（图3.26）。

【环流背景】22日20时，500 hPa欧亚范围内中高纬为两脊两槽型，西欧、西伯利亚为脊区，东亚为槽区，乌拉尔山—东欧为低涡活动区，其底部西南锋区与南支锋区在里海—咸海—巴尔喀什湖—新疆汇合，南疆位于锋区南部中亚短波槽前西南气流上（图3.26b），该短波槽东移造成南疆西部暴雪天气。300 hPa 上南疆西部位于风速>30 m·s^{-1}的高空西南急流轴右侧辐散区(图 3.26c),700 hPa 上位于低空东南气流与天山地形形成的辐合区和水汽通量散度辐合区域(图 3.26d)。地面图上,咸海和蒙古为冷高压,后者强度较强,南疆位于冷锋后,形成南疆盆地东风气流,与中亚槽前西南暖湿气流形成西暖、东冷的“东西夹攻”形势,有利于暴雪的产生。暴雪区位于高空西南急流轴右侧辐散区,中亚槽前西南暖湿气流,低空南疆盆地的东南气流与南疆西部天山地形形成的辐合抬升区和水汽通量散度辐合区域,以及地面冷锋后东灌气流的重叠区域(图略)。

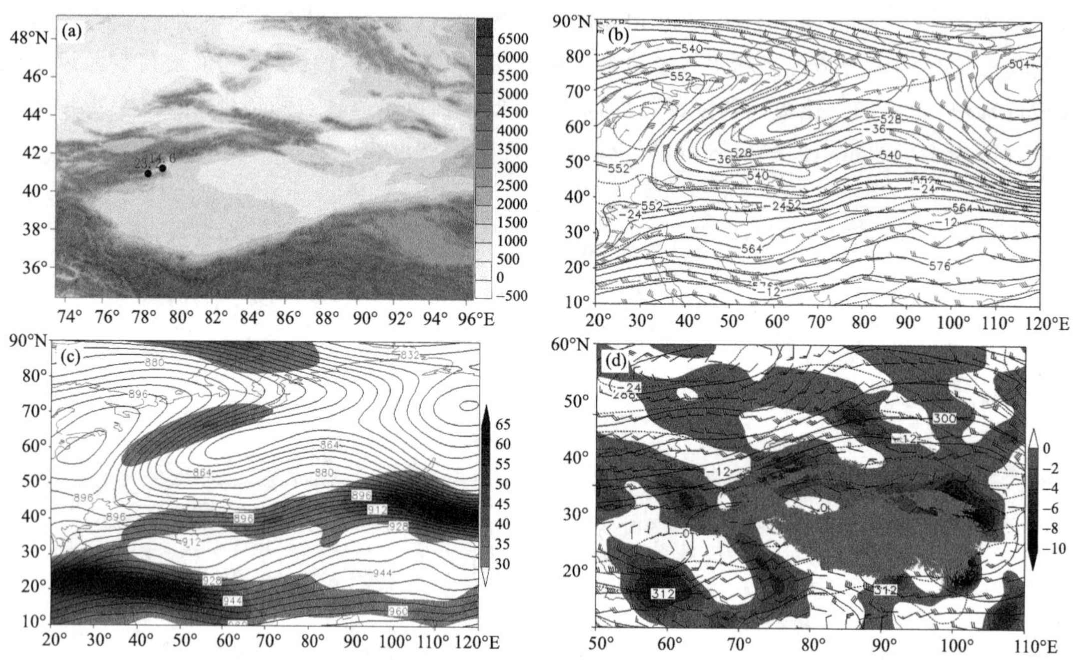

图 3.26　(a)1982 年 3 月 23 日暴雪量站点分布(单位:mm;填色为地形,单位:m),以及 3 月 22 日 20 时(b)500 hPa 高度场(实线,单位:dagpm)、温度场(虚线,单位:℃)、风场(单位:m·s^{-1}),(c)300 hPa 高度场(实线,单位:dagpm)和风速≥30 m·s^{-1}的急流(填色,单位:m·s^{-1}),(d)700 hPa 高度场(实线,单位:dagpm)、温度场(虚线,单位:℃)、风场(单位:m·s^{-1})及水汽通量散度(填色,单位:10^{-5} g·cm^{-2}·hPa^{-1}·s^{-1},浅灰色阴影为≥3 km 的地形)

3.2.8　1982 年 4 月 5 日乌鲁木齐市、昌吉州暴雪

【暴雪概况】5 日暴雪出现在乌鲁木齐市乌鲁木齐 12.2 mm、小渠子 18.0 mm,昌吉州天池 23.3 mm,其中,昌吉州天池为暴雪中心(图 3.27a)。

【环流背景】4 日 20 时,500 hPa 欧亚范围内中低纬为两脊一槽,波斯湾—南欧、蒙古至贝加尔湖为高压脊区,中亚为低压槽区,槽底南伸至 30°N 附近,新疆北部处于槽前西南气流控制(图 3.27b);北欧冷空气侵袭南欧脊西北部,南欧脊东移,使中亚低槽东移减弱造成天山北坡及山区暴雪天气(图略)。300 hPa 上新疆西部至北部为西南东北向的风速>45 m·s^{-1}强的高空西南急流,暴雪区位于急流轴右侧,急流核风速>55 m·s^{-1}(图 3.27c),700 hPa 上位于风速>12 m·s^{-1}低空偏西急流前部辐合区及偏西风与偏南风的切变辐合区和水汽通量散度辐合区域(图 3.27d)。暴雪区位于高空西南急流轴右侧辐散区,中亚槽前西南气流,低空偏西急

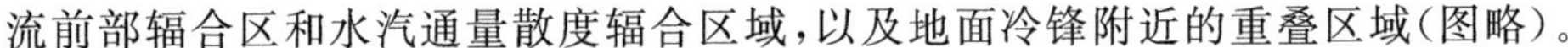

流前部辐合区和水汽通量散度辐合区域，以及地面冷锋附近的重叠区域(图略)。

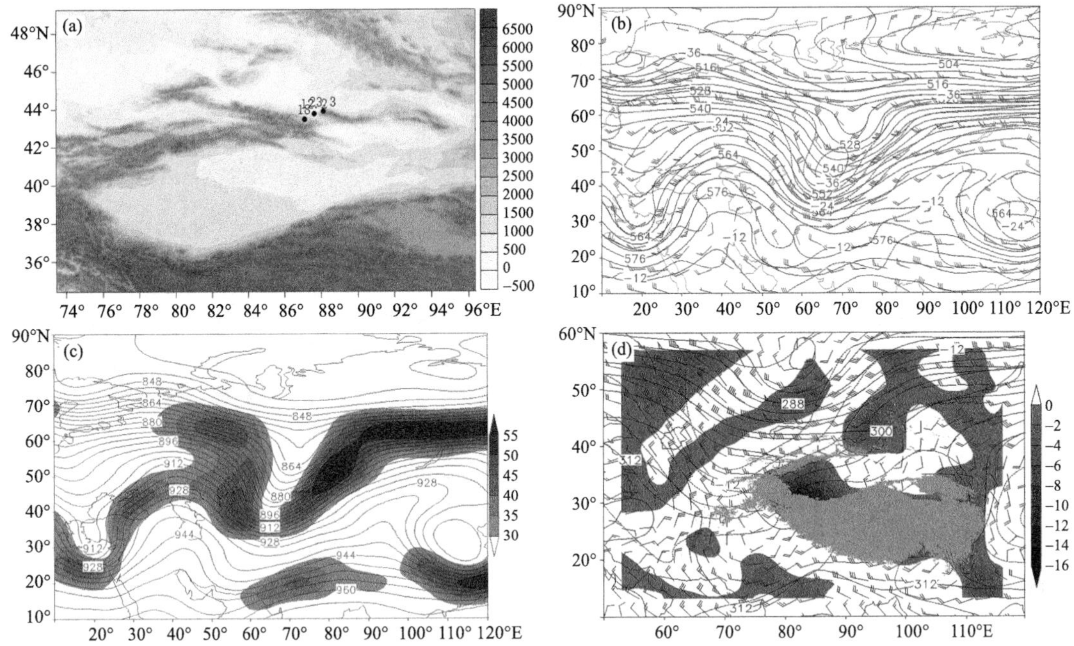

图 3.27　(a)1982 年 4 月 5 日暴雪量站点分布(单位：mm；填色为地形，单位：m)，以及 4 月 4 日 20 时(b) 500 hPa 高度场(实线，单位：dagpm)、温度场(虚线，单位：℃)、风场(单位：$m \cdot s^{-1}$)，(c)300 hPa 高度场(实线，单位：dagpm)和风速≥30 $m \cdot s^{-1}$的急流(填色，单位：$m \cdot s^{-1}$)，(d)700 hPa 高度场(实线，单位：dagpm)、温度场(虚线，单位：℃)、风场(单位：$m \cdot s^{-1}$)及水汽通量散度(填色，单位：$10^{-5}\ g \cdot cm^{-2} \cdot hPa^{-1} \cdot s^{-1}$，浅灰色阴影为≥3 km 的地形)

3.2.9　1982 年 11 月 11—12 日伊犁州、乌鲁木齐市暴雪

【暴雪概况】暴雪出现在：11 日伊犁州伊宁 13.3 mm、伊宁县 13.2 mm；12 日乌鲁木齐市乌鲁木齐 12.2 mm，其中，伊犁州伊宁为暴雪中心(图 3.28a)。

【环流背景】10 日 20 时，500 hPa 欧亚范围内为两脊一槽型，欧洲和新疆东部至贝加尔湖为高压脊区，中亚低槽与地中海东部低涡气旋性接通；地中海低涡前西南气流与中亚槽前西南气流在咸海至新疆北部汇合，新疆北部处于槽前风速 24 $m \cdot s^{-1}$的西南锋区控制(图 3.28b)；欧洲脊顶受极地冷空气侵袭，脊前正变高东南落，使中亚低槽东移减弱造成伊犁州暴雪天气(图略)。300 hPa 上新疆西部处于风速＞40 $m \cdot s^{-1}$强的高空西南急流轴右侧辐散区(图 3.28c)，700 hPa上位于风速＞12 $m \cdot s^{-1}$低空西南急流出口区前部辐合区和水汽通量散度辐合区域(图 3.28d)。暴雪区位于高空西南急流轴右侧辐散区，中亚槽前西南强锋区，低空西南急流出口区前部辐合区和水汽通量散度辐合区域，以及地面冷锋附近的重叠区域(图略)。

3.2.10　1983 年 5 月 19 日乌鲁木齐市、昌吉州暴雪

【暴雪概况】19 日中天山山区出现暴雪，乌鲁木齐市小渠子 27.4 mm，昌吉州天池 38.3 mm(图 3.29a)。

【环流背景】18 日 20 时，500 hPa 欧亚范围内呈两脊一槽型，欧洲、贝加尔湖为高压脊区，西西伯利亚为极涡活动区，槽底南伸至 35°N 附近，新疆北部位于其东南部西南强锋区中，其

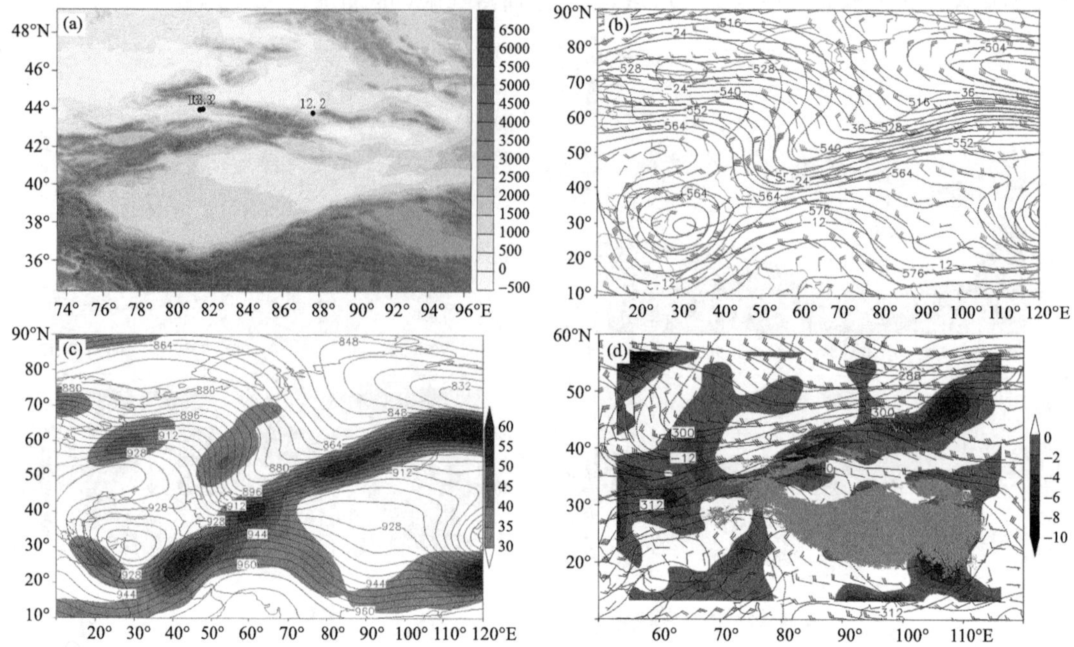

图 3.28 (a)1982 年 11 月 11—12 日累计暴雪量站点分布(单位:mm;填色为地形,单位:m),以及 11 月 10 日 20 时(b)500 hPa 高度场(实线,单位:dagpm)、温度场(虚线,单位:℃)、风场(单位:m·s^{-1}),(c) 300 hPa 高度场(实线,单位:dagpm)和风速≥30 m·s^{-1}的急流(填色,单位:m·s^{-1}),(d)700 hPa 高度场(实线,单位:dagpm)、温度场(虚线,单位:℃)、风场(单位:m·s^{-1})及水汽通量散度(填色,单位:10^{-5} g·cm^{-2}·hPa^{-1}·s^{-1},浅灰色阴影为≥3 km 的地形)

上最大西风风速达 40 m·s^{-1}(图 3.29b);极涡旋转略有东移,并分裂短波东移造成中天山山区暴雪(图略)。300 hPa 上中天山位于风速>40 m·s^{-1}的强高空西南急流轴右侧辐散区,急流核风速>50 m·s^{-1}(图 3.29c),700 hPa 上位于风速>12 m·s^{-1}低空西风急流出口区前部辐合区和水汽通量辐合区(图 3.29d)。暴雪区位于高空西南急流轴右侧辐散区,极涡东南部西南强锋区,低空西风急流出口区前部辐合区和水汽通量散度辐合区,以及地面冷锋后的重叠区域(图略)。

3.2.11 1983 年 6 月 2 日乌鲁木齐市、昌吉州暴雪

【暴雪概况】2 日中天山山区出现暴雪,乌鲁木齐市小渠子 16.0 mm、天山大西沟 12.1 mm,昌吉州天池 27.6 mm,其中天池为暴雪中心(图 3.30a)。

【环流背景】1 日 20 时,500 hPa 欧亚范围内为两脊两槽型,伊朗高原至欧洲为高压脊区,贝加尔湖为浅脊,地中海、西西伯利亚至中亚为低压槽区,后者槽底南伸至 35°N 以南,新疆北部受中亚槽前西南气流控制(图 3.30b);欧洲脊受不稳定小槽影响,脊前正变高东南下,使中亚槽减弱东移造成中天山山区暴雪天气(图略)。300 hPa 上中天山处于风速>40 m·s^{-1}强的高空西南急流轴右侧辐散区(图 3.30c),700 hPa 位于低空西北气流与天山地形形成的辐合抬升区和水汽通量散度辐合区(3.30d)。暴雪区位于高空西南急流轴右侧辐散区,中亚槽前西南气流,低空西北气流与天山地形形成的辐合抬升区和水汽通量散度辐合区以及地面冷锋附近的重叠区域(图略)。

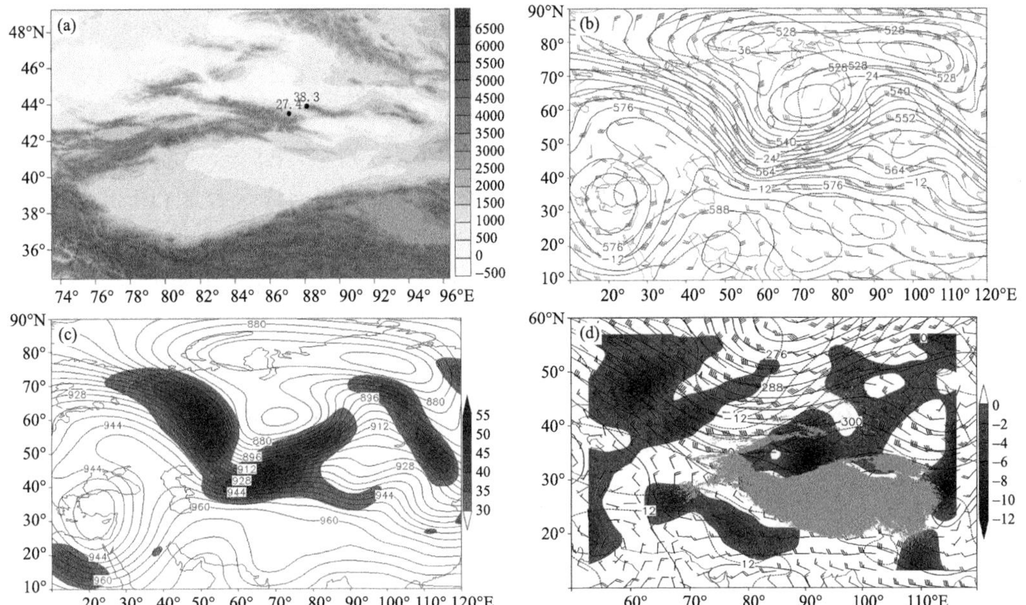

图3.29 (a)1983年5月19日暴雪量站点分布(单位:mm;填色为地形,单位:m);以及5月18日20时(b)500 hPa高度场(实线,单位:dagpm)、温度场(虚线,单位:℃)、风场(单位:m·s^{-1}),(c)300 hPa高度场(实线,单位:dagpm)和风速≥30 m·s^{-1}的急流(填色,单位:m·s^{-1});(d)19日08时700 hPa高度场(实线,单位:dagpm)、温度场(虚线,单位:℃)、风场(单位:m·s^{-1})及水汽通量散度(填色,单位:10^{-5} g·cm^{-2}·hPa^{-1}·s^{-1},灰色阴影为≥3 km的地形)

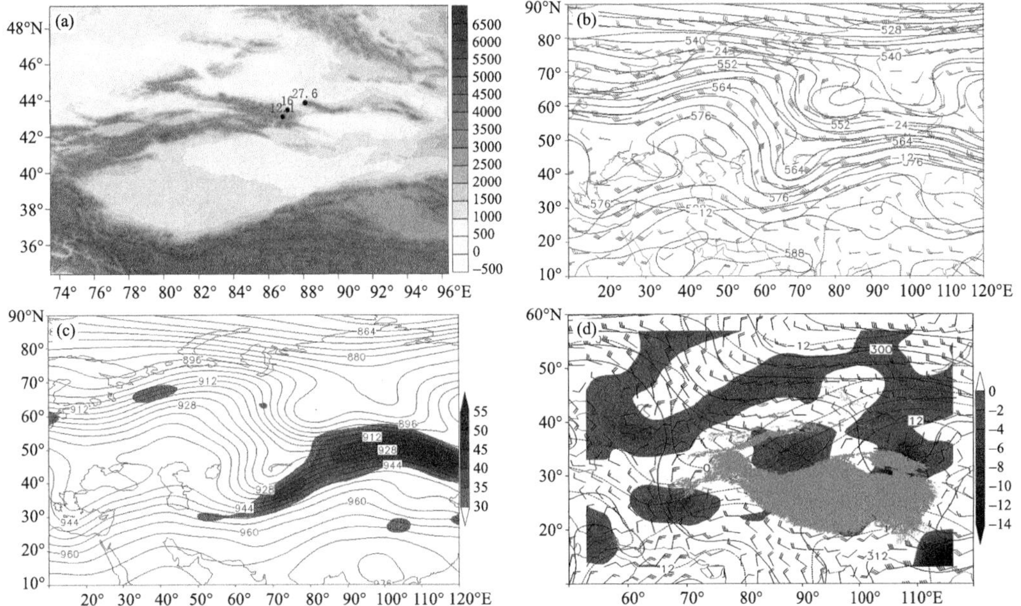

图3.30 (a)1983年6月2日暴雪量站点分布(单位:mm;填色为地形,单位:m);以及6月1日20时(b)500 hPa高度场(实线,单位:dagpm)、温度场(虚线,单位:℃)、风场(单位:m·s^{-1}),(c)300 hPa高度场(实线,单位:dagpm)和风速≥30 m·s^{-1}的急流(填色,单位:m·s^{-1});(d)2日02时700 hPa高度场(实线,单位:dagpm)、温度场(虚线,单位:℃)、风场(单位:m·s^{-1})及水汽通量散度(填色,单位:10^{-5} g·cm^{-2}·hPa^{-1}·s^{-1},浅灰色阴影为≥3 km的地形)

3.2.12　1983 年 9 月 16 日乌鲁木齐市、昌吉州暴雪

【暴雪概况】16 日中天山山区出现暴雪，乌鲁木齐市小渠子 26.4 mm，昌吉州天池 13.7 mm（图 3.31a）。

【环流背景】15 日 20 时，500 hPa 欧亚范围内呈两脊一槽型，里海至北欧为高压脊区，东亚为脊区，西西伯利亚为极涡活动区，新疆北部受极涡东南部西南锋区控制（图 3.31b）；北欧脊受不稳定小槽影响，脊前正变高东南下，使极涡旋转，其底部锋区上分裂短波东移造成中天山山区暴雪天气（图略）。300 hPa 上中天山位于风速＞40 m・s^{-1} 高空西南急流轴右侧辐散区（图 3.31c），700 hPa 上位于风速＞12 m・s^{-1} 低空西风急流前风速辐合区和水汽通量散度辐合区（图 3.31d）。暴雪区位于高空西南急流轴右侧辐散区，极涡东南部西南锋区，低空西风急流前辐合区、水汽通量散度辐合区以及地面冷锋后的重叠区域（图略）。

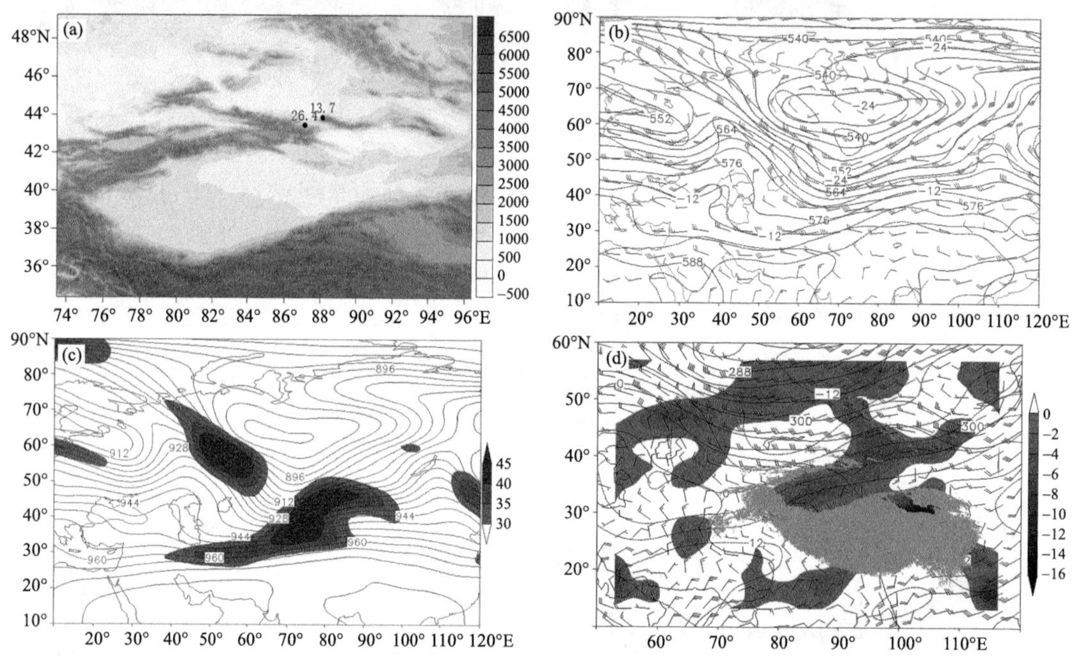

图 3.31　(a)1983 年 9 月 16 日暴雪量站点分布（单位：mm；填色为地形，单位：m）；以及 9 月 15 日 20 时 (b)500 hPa 高度场（实线，单位：dagpm）、温度场（虚线，单位：℃）、风场（单位：m・s^{-1}），(c)300 hPa 高度场（实线，单位：dagpm）和风速≥30 m・s^{-1} 的急流（填色，单位：m・s^{-1}）；(d)16 日 02 时 00 hPa 高度场（实线，单位：dagpm）、温度场（虚线，单位：℃）、风场（单位：m・s^{-1}）及水汽通量散度（填色，单位：10^{-5} g・cm^{-2}・hPa^{-1}・s^{-1}，灰色阴影为≥3 km 的地形）

3.2.13　1983 年 11 月 6 日乌鲁木齐市、昌吉州暴雪

【暴雪概况】6 日暴雪出现在乌鲁木齐市小渠子 20.9 mm，昌吉州天池 15.1 mm、木垒 17.3 mm，其中，乌鲁木齐市小渠子为暴雪中心（图 3.32a）。

【环流背景】5 日 20 时，500 hPa 欧亚范围内为两脊一槽型，伊朗高原至欧洲、新疆东部至贝加尔湖为高压脊区，西西伯利亚至中亚为低槽区，槽底南伸至 30°N 附近，新疆北部受中亚槽前强西南锋区控制，西南风速达 36 m・s^{-1}（图 3.32b）；欧洲脊受不稳定小槽影响，脊前正变

高东南下，中亚槽减弱北收造成中天山山区及北坡暴雪天气（图略）。300 hPa 上天山山区及北坡位于风速＞40 m·s^{-1}强盛高空西南急流轴右侧辐散区，急流核风速＞60 m·s^{-1}（图3.32c），700 hPa 上位于风速＞12 m·s^{-1}低空西风急流出口区前部辐合区及偏西气流与西南气流的切变辐合区和水汽通量散度辐合区（图3.32d）。暴雪区位于高空西南急流轴右侧辐散区，中亚槽前西南强锋区，低空西风急流出口区前部辐合区、偏西气流与西南气流切变辐合区和水汽通量散度辐合区，以及地面冷锋附近的重叠区域（图略）。

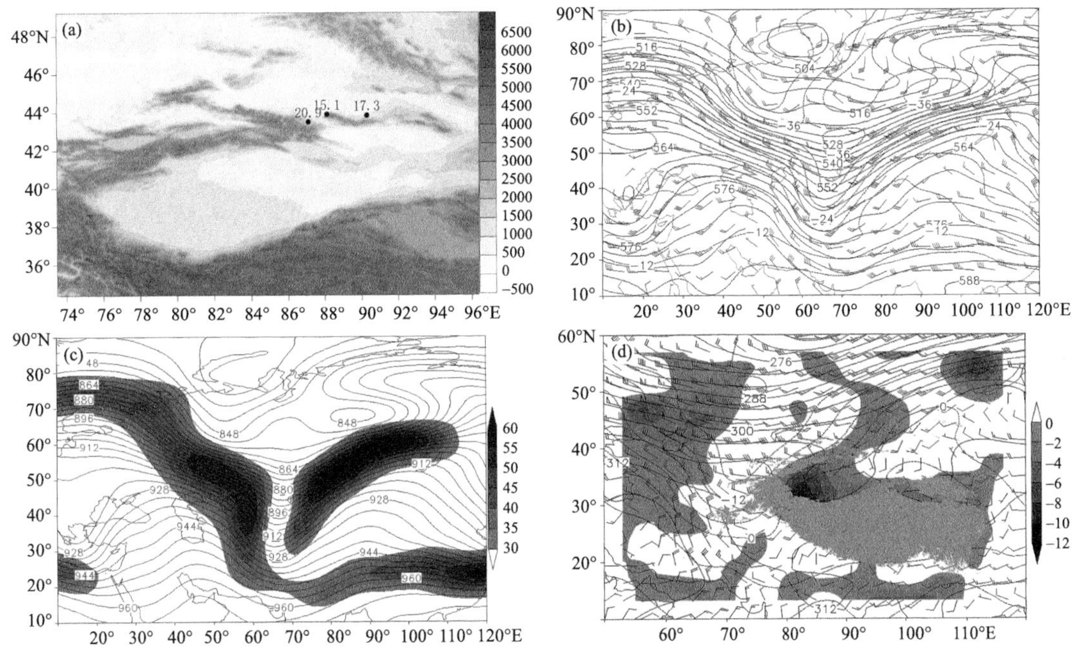

图3.32 (a)1983年11月6日暴雪量站点分布（单位：mm；填色为地形，单位：m）；以及11月5日20时(b)500 hPa 高度场（实线，单位：dagpm）、温度场（虚线，单位：℃）、风场（单位：m·s^{-1}），(c)300 hPa 高度场（实线，单位：dagpm）和风速≥30 m·s^{-1}的急流（填色，单位：m·s^{-1}），(d)700 hPa 高度场（实线，单位：dagpm）、温度场（虚线，单位：℃）、风场（单位：m·s^{-1}）及水汽通量散度（填色，单位：10^{-5} g·cm^{-2}·hPa^{-1}·s^{-1}，浅灰色阴影为≥3 km 的地形）

3.2.14 1983年11月22日伊犁州暴雪

【暴雪概况】22日伊犁州出现暴雪，察布查尔12.5 mm、霍城14.5 mm（图3.33a）。

【环流背景】21日20时，500 hPa 欧亚范围内中纬度为纬向锋区，新疆北部位于中亚短波槽前西南锋区上（图3.33b），该短波槽东移造成伊犁州暴雪天气。300 hPa 上新疆西部位于风速≥40 m·s^{-1}高空西南急流轴右侧辐散区中（图3.33c），700 hPa 上位于风速≥12 m·s^{-1}低空偏西急流轴右侧辐合和水汽通量散度辐合区（图3.33d）。暴雪区位于高空西南急流轴右侧辐散区，短波前西南锋区，低空偏西急流轴右侧辐合和水汽通量散度辐合区，以及地面冷锋附近的重叠区域（图略）。

3.2.15 1984年4月19日昌吉州暴雪

【暴雪概况】19日昌吉州出现暴雪，天池22.4 mm、木垒16.8 mm（图3.34a）。

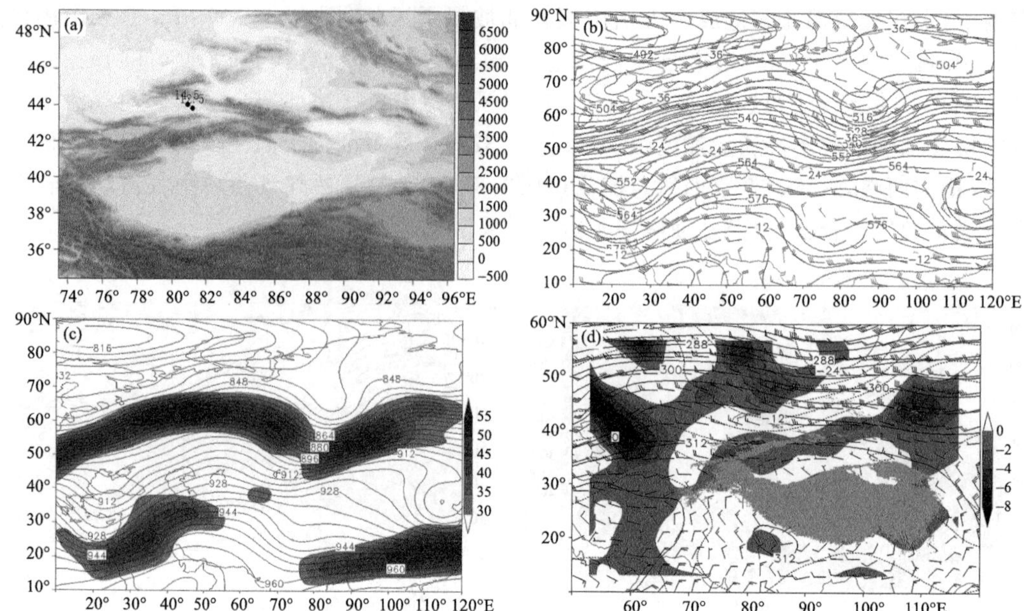

图 3.33 (a)1983 年 11 月 22 日暴雪量站点分布(单位:mm;填色为地形,单位:m);以及 11 月 21 日 20 时(b)500 hPa 高度场(实线,单位:dagpm)、温度场(虚线,单位:℃)、风场(单位:m·s^{-1}),(c)300 hPa 高度场(实线,单位:dagpm)和风速≥30 m·s^{-1}的急流(填色,单位:m·s^{-1}),(d)700 hPa 高度场(实线,单位:dagpm)、温度场(虚线,单位:℃)、风场(单位:m·s^{-1})及水汽通量散度(填色,单位:10^{-5} g·cm^{-2}·hPa^{-1}·s^{-1},浅灰色阴影为≥3 km 的地形)

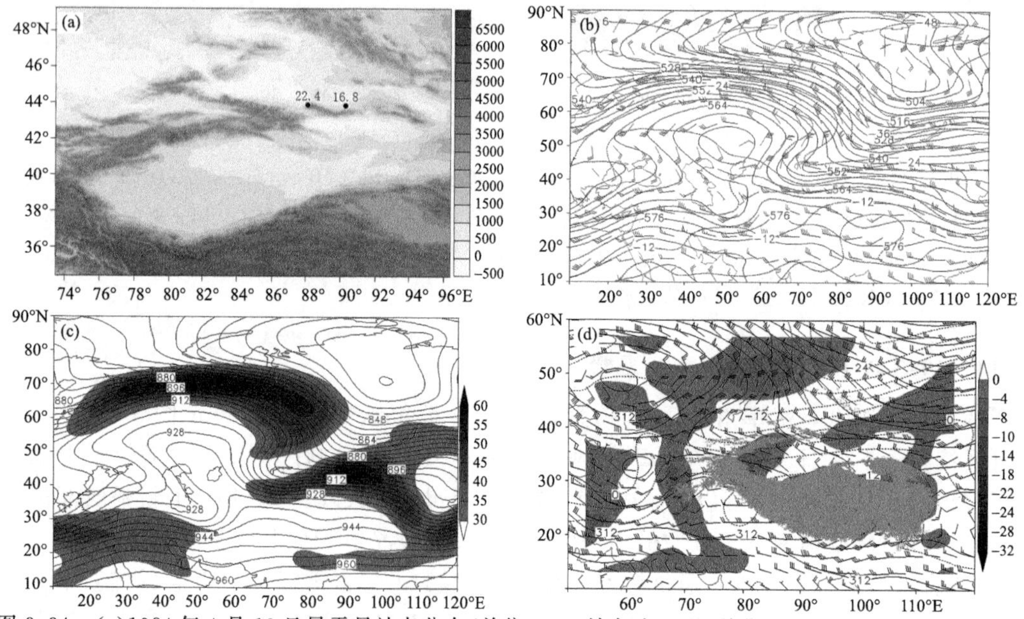

图 3.34 (a)1984 年 4 月 19 日暴雪量站点分布(单位:mm;填色为地形,单位:m);以及 4 月 18 日 20 时(b)500 hPa 高度场(实线,单位:dagpm)、温度场(虚线,单位:℃)、风场(单位:m·s^{-1}),(c)300 hPa 高度场(实线,单位:dagpm)和风速≥30 m·s^{-1}的急流(填色,单位:m·s^{-1}),(d)700 hPa 高度场(实线,单位:dagpm)、温度场(虚线,单位:℃)、风场(单位:m·s^{-1})及水汽通量散度(填色,单位:10^{-5} g·cm^{-2}·hPa^{-1}·s^{-1},浅灰色阴影为≥3 km 的地形)

【环流背景】18 日 20 时，500 hPa 欧亚范围内呈一脊一槽型，咸海至乌拉尔山地区为阻塞高压，西西伯利亚至中亚为低槽区，呈东北—西南向，新疆北部受中亚槽前偏西锋区控制（图 3.34b）；极地冷空气侵袭乌拉尔山脊顶，脊前正变高东南下，中亚槽减弱东移造成昌吉州暴雪天气（图略）。300 hPa 上新疆北部位于风速≥35 m·s^{-1}高空西风急流中，暴雪区位于急流轴附近，急流核风速>60 m·s^{-1}（图 3.34c），700 hPa 上位于风速≥12 m·s^{-1}低空西北急流轴右侧辐合及其与天山地形形成辐合抬升区、水汽通量散度辐合区（3.34d）。暴雪区位于高空西风急流轴附近辐散区，中亚槽前西风锋区，低空西北急流轴右侧辐合及其与天山地形形成辐合抬升区、水汽通量散度辐合区，以及地面冷锋后的重叠区域（图略）。

3.2.16　1984 年 4 月 24 日塔城地区、石河子市暴雪

【暴雪概况】24 日暴雪出现在塔城地区南部沙湾 13.0 mm，石河子市乌兰乌苏 17.6 mm（图 3.35a）。

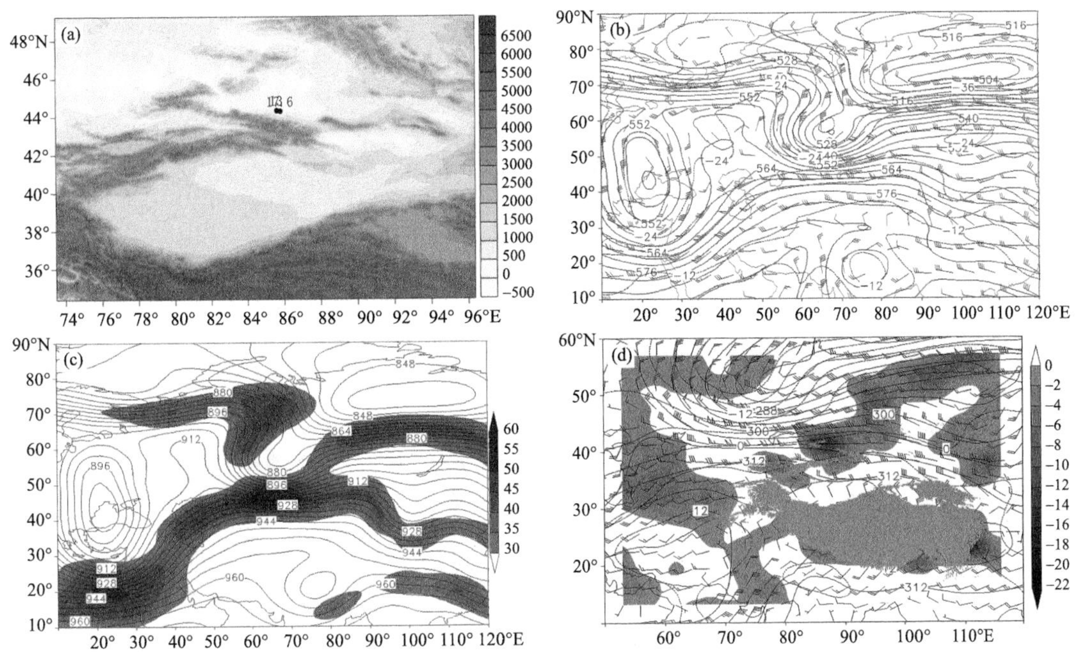

图 3.35　(a)1984 年 4 月 24 日暴雪量站点分布（单位：mm；填色为地形，单位：m）；以及 4 月 23 日 20 时 (b)500 hPa 高度场（实线，单位：dagpm）、温度场（虚线，单位：℃）、风场（单位：m·s^{-1}），(c)300 hPa 高度场（实线，单位：dagpm）和风速≥30 m·s^{-1}的急流（填色，单位：m·s^{-1}），(d)700 hPa 高度场（实线，单位：dagpm）、温度场（虚线，单位：℃）、风场（单位：m·s^{-1}）及水汽通量散度（填色，单位：10^{-5} g·cm^{-2}·hPa^{-1}·s^{-1}，浅灰色阴影为≥3 km 的地形）

【环流背景】23 日 20 时，500 hPa 欧亚范围内呈两脊两槽型，咸海至欧洲为高压脊区，贝加尔湖为浅脊，黑海附近为低涡活动区，西西伯利亚为低涡，其底部强锋区与黑海低涡前西南气流在巴尔喀什湖至新疆北部汇合，其上最大西风风速为 32 m·s^{-1}，新疆北部受较强西风锋区控制（图 3.35b）；欧洲脊受不稳定小槽影响，向东南衰退，西西伯利亚低涡减弱东移造成天山北坡暴雪天气（图略）。300 hPa 上天山北坡位于风速≥35 m·s^{-1}高空西风急流轴右侧辐散区（图 3.35c），700 hPa 上位于风速≥20 m·s^{-1}低空偏西急流轴右侧辐合区和水汽通量散度辐合区

(图 3.35d)。暴雪区位于高空西风急流轴右侧分流辐散区中,西西伯利亚低涡底部较强西风锋区,低空西风急流轴右侧辐合区、水汽通量散度辐合区以及地面上冷锋后的重叠区域(图略)。

3.2.17 1984 年 5 月 9 日乌鲁木齐市、昌吉州暴雪

【暴雪概况】9 日中天山山区出现暴雪,乌鲁木齐市小渠子 14.4 mm、牧试站 12.6 mm,昌吉州天池 20.2 mm,其中,天池为暴雪中心(图 3.36a)。

【环流背景】8 日 20 时,500 hPa 欧亚范围内中低纬为两脊两槽型,东欧、贝加尔湖为脊区,黑海为槽区,西伯利亚为低涡,其底部为强锋区,并与低纬锋区有些汇合,新疆北部受低涡底部西风锋区控制(图 3.6b);东欧脊受不稳定小槽影响,脊前正变高东南下,使西伯利亚低涡减弱东移,其底部锋区分裂短波造成中天山山区暴雪天气(图略)。300 hPa 上中天山位于风速≥40 m·s^{-1}高空西风急流轴右侧辐散区(图 3.36c),700 hPa 上位于西北气流与天山地形形成的辐合区及水汽通量散度辐合区域(图 3.36d)。暴雪区位于高空西风急流轴右侧辐散区,西伯利亚低涡底部西风锋区,低空西北气流与天山地形形成的辐合区和水汽通量散度辐合区域以及地面冷锋后的重叠区域(图略)。

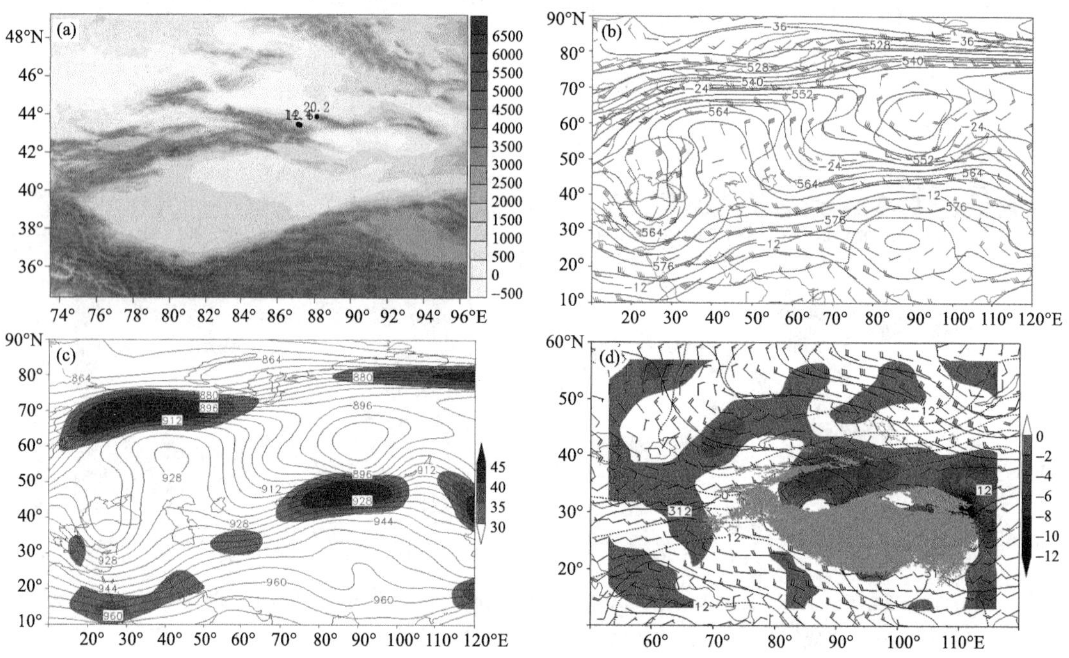

图 3.36 (a)1984 年 5 月 9 日暴雪量站点分布(单位:mm;填色为地形,单位:m);以及 5 月 8 日 20 时(b)500 hPa 高度场(实线,单位:dagpm)、温度场(虚线,单位:℃)、风场(单位:m·s^{-1}),(c)300 hPa 高度场(实线,单位:dagpm)和风速≥30 m·s^{-1}的急流(填色,单位:m·s^{-1});(d)9 日 02 时 700 hPa 高度场(实线,单位:dagpm)、温度场(虚线,单位:℃)、风场(单位:m·s^{-1})及水汽通量散度(填色,单位:10^{-5} g·cm^{-2}·hPa^{-1}·s^{-1},浅灰色阴影为≥3 km 的地形)

3.2.18 1984 年 9 月 20—21 日乌鲁木齐市、昌吉州、哈密市暴雪

【暴雪概况】暴雪出现在:20 日乌鲁木齐市小渠子 24.3 mm、牧试站 20.3 mm、天山大西沟 13.6 mm,昌吉州天池 23.5 mm;21 日哈密市巴里坤 15.8 mm。其中,乌鲁木齐市小渠子为暴雪中心(图 3.37a)。

【环流背景】19日20时，500 hPa欧亚范围内呈两脊一槽型，南欧脊与新地岛极地高压反气旋接通，贝加尔湖为浅脊，西西伯利亚为低槽区，槽底南伸至35°N以南，新疆受该槽前西南锋区控制(图3.37b)；极地高压东移，极地冷空气沿其南部西退至西西伯利亚地区，使该槽加深成涡，同时其底部锋区不断分裂短波东移造成中天山和哈密市山区暴雪天气(图略)。300 hPa上中天山位于风速≥30 m·s^{-1}高空西南急流轴右侧辐散区(图3.37c)，700 hPa上为西北气流与西南气流形成的切变辐合区和水汽通量散度辐合区域。暴雪区位于高空西南急流轴右侧辐散区，西西伯利亚槽前西南锋区，低空西北气流与西南气流形成的切变辐合区、水汽通量散度辐合区以及地面冷锋后的重叠区域(图略)。

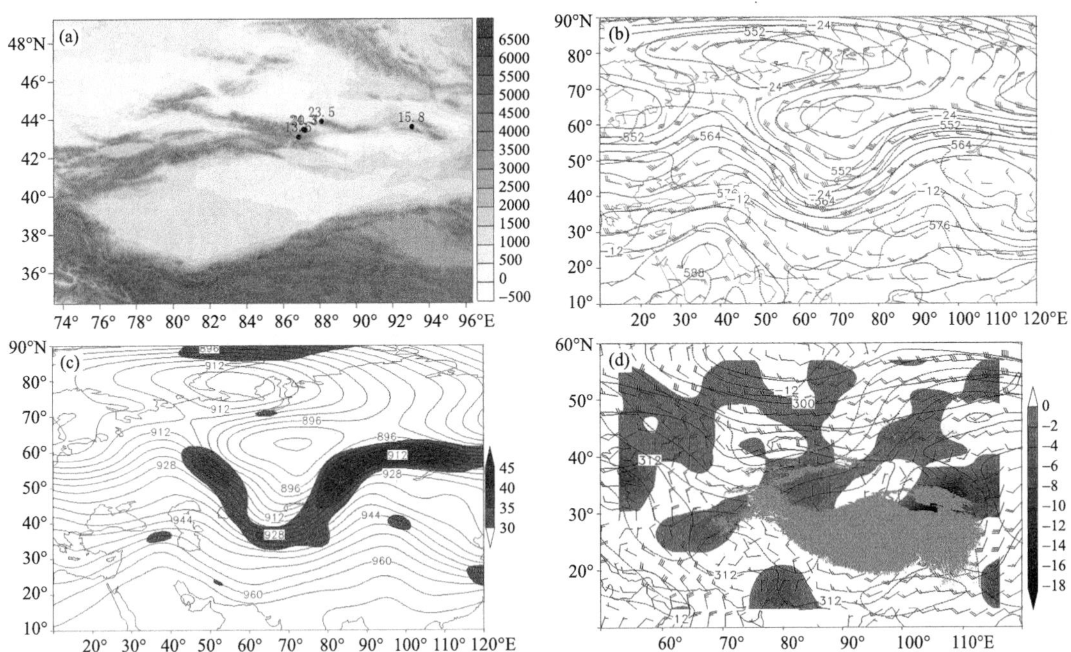

图3.37 (a)1984年9月20—21日暴雪量站点分布(单位：mm；填色为地形，单位：m)；以及9月19日20时(b)500 hPa高度场(实线，单位：dagpm)、温度场(虚线，单位：℃)、风场(单位：m·s^{-1})，(c)300 hPa高度场(实线，单位：dagpm)和风速≥30 m·s^{-1}的急流(填色，单位：m·s^{-1})；(d)20日02时700 hPa高度场(实线，单位：dagpm)、温度场(虚线，单位：℃)、风场(单位：m·s^{-1})及水汽通量散度(填色，单位：10^{-5} g·cm^{-2}·hPa^{-1}·s^{-1}，浅灰色阴影为≥3 km的地形)

3.2.19 1984年9月25—26日乌鲁木齐市、昌吉州、哈密市暴雪

【暴雪概况】暴雪出现在：25日乌鲁木齐市小渠子17.9 mm、牧试站15.8 mm，昌吉州天池24.2 mm；26日乌鲁木齐市小渠子12.1 mm，昌吉州木垒24.5 mm，哈密市巴里坤19.8 mm。过程降雪中心出现在乌鲁木齐市小渠子，累计降雪量30.0 mm(图3.38a)。

【环流背景】25日02时(24日20时缺资料)，500 hPa欧亚范围内伊朗高原—北欧为高压脊区，脊线呈西北—东南走向，脊前西北气流上2股较强冷空分别位于新地岛南部(低涡)和中亚(槽)，前者较强，新疆位于中亚低槽前西南气流上(图3.38b)；新地岛低涡发展略有南下，其前部弱脊发展，使中亚低槽缓慢东移造成中天山及北坡暴雪天气(图略)。300 hPa上中天山位于风速≥30 m·s^{-1}高空西风急流轴右侧辐散区(图3.38c)，700 hPa上位于风速≥12 m·s^{-1}低空偏西急流出口区前部辐合区和水汽通量散度辐合区域(图 3.38d)。暴雪区位于高空西风急流轴右侧辐散区,中亚槽前西南气流,低空偏西急流出口区前部辐合区和水汽通量散度辐合区以及地面冷锋后的重叠区域(图略)。

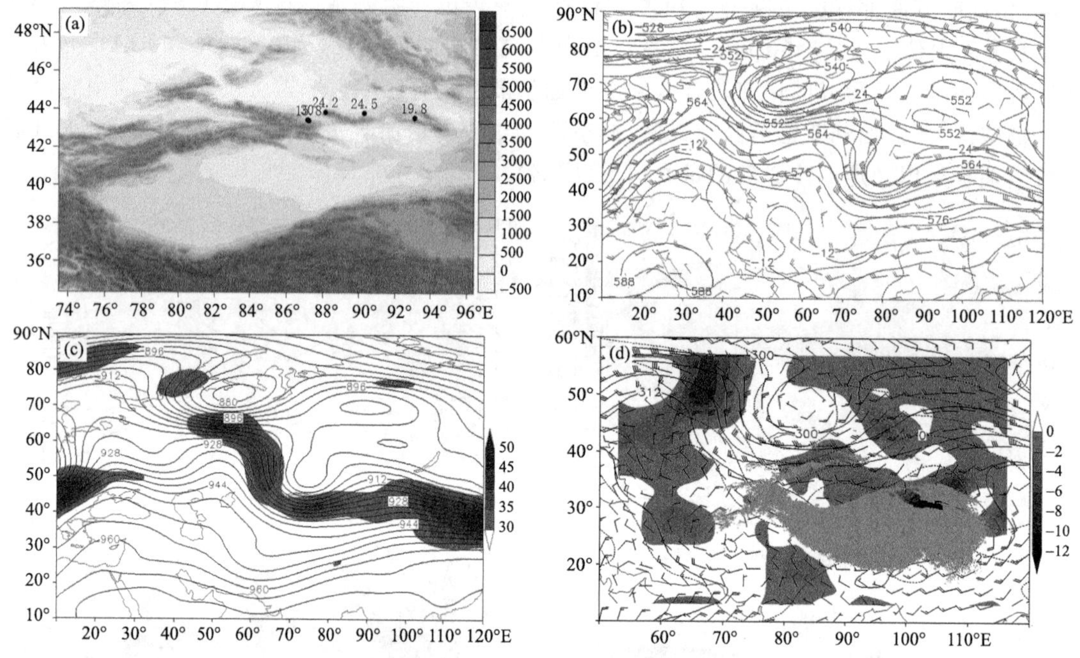

图 3.38　(a)1984 年 9 月 25—26 日累计暴雪量站点分布(单位:mm;填色为地形,单位:m);以及 9 月 25 日 02 时(b)500 hPa 高度场(实线,单位:dagpm)、温度场(虚线,单位:℃)、风场(单位:$m \cdot s^{-1}$),(c)300 hPa 高度场(实线,单位:dagpm)和风速≥30 $m \cdot s^{-1}$的急流(填色,单位:$m \cdot s^{-1}$),(d)700 hPa 高度场(实线,单位:dagpm)、温度场(虚线,单位:℃)、风场(单位:$m \cdot s^{-1}$)及水汽通量散度(填色,单位:10^{-5} $g \cdot cm^{-2} \cdot hPa^{-1} \cdot s^{-1}$,浅灰色阴影为≥3 km 的地形)

3.2.20　1984 年 10 月 23 日乌鲁木齐市、昌吉州暴雪

【暴雪概况】23 日暴雪出现在乌鲁木齐市小渠子 16.2 mm,昌吉州天池 16.7 mm、木垒 15.7 mm,其中昌吉州天池为暴雪中心(图 3.39a)。

【环流背景】22 日 20 时,500 hPa 欧亚范围内为两脊一槽型,里海—乌拉尔山南部、新疆东部—贝加尔湖为高压脊区,中亚为低槽区,新疆北部受其前部西南气流控制(图 3.39b);受不稳定小槽影响,乌拉尔山高压脊向东南衰退,使中亚低槽东移减弱造成中天山及北坡暴雪天气(图略)。300 hPa 上中天山及北坡位于风速≥30 $m \cdot s^{-1}$高空西南急流轴右侧辐散区(图 3.39c),700 hPa 上位于风速≥12 $m \cdot s^{-1}$低空偏西急流前部辐合区及偏北气流与天山地形形成的辐合抬升和水汽通量散度辐合区(图 3.39d)。暴雪区位于高空西南急流轴右侧辐散区,中亚槽前西南气流,低空偏西急流前部辐合区及偏北气流与天山地形形成的辐合抬升、水汽通量散度辐合区,以及地面上冷锋后的重叠区域(图略)。

3.2.21　1984 年 11 月 4 日伊犁州暴雪

【暴雪概况】4 日伊犁州出现暴雪,霍城 14.7 mm、伊宁县 14.7 mm、特克斯 15.8 mm,其中,特克斯为暴雪中心(图 3.40a)。

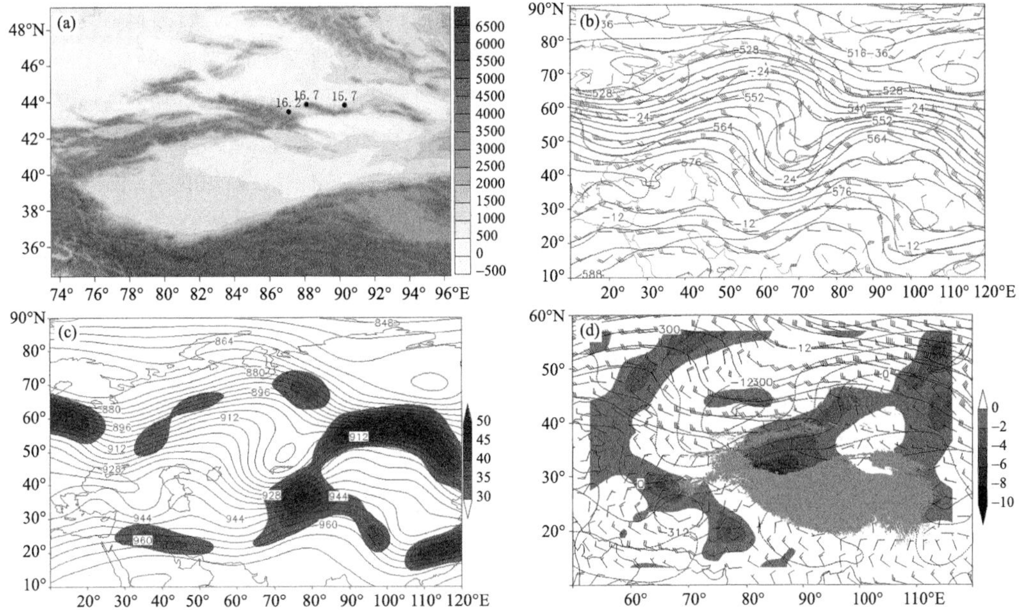

图 3.39　(a)1984 年 10 月 23 日暴雪量站点分布(单位:mm;填色为地形,单位:m);以及 10 月 22 日 20 时(b)500 hPa 高度场(实线,单位:dagpm)、温度场(虚线,单位:℃)、风场(单位:$m \cdot s^{-1}$),(c)300 hPa 高度场(实线,单位:dagpm)和风速≥30 $m \cdot s^{-1}$的急流(填色,单位:$m \cdot s^{-1}$),(d)700 hPa 高度场(实线,单位:dagpm)、温度场(虚线,单位:℃)、风场(单位:$m \cdot s^{-1}$)及水汽通量散度(填色,单位:10^{-5} $g \cdot cm^{-2} \cdot hPa^{-1} \cdot s^{-1}$,浅灰色阴影为≥3 km 的地形)

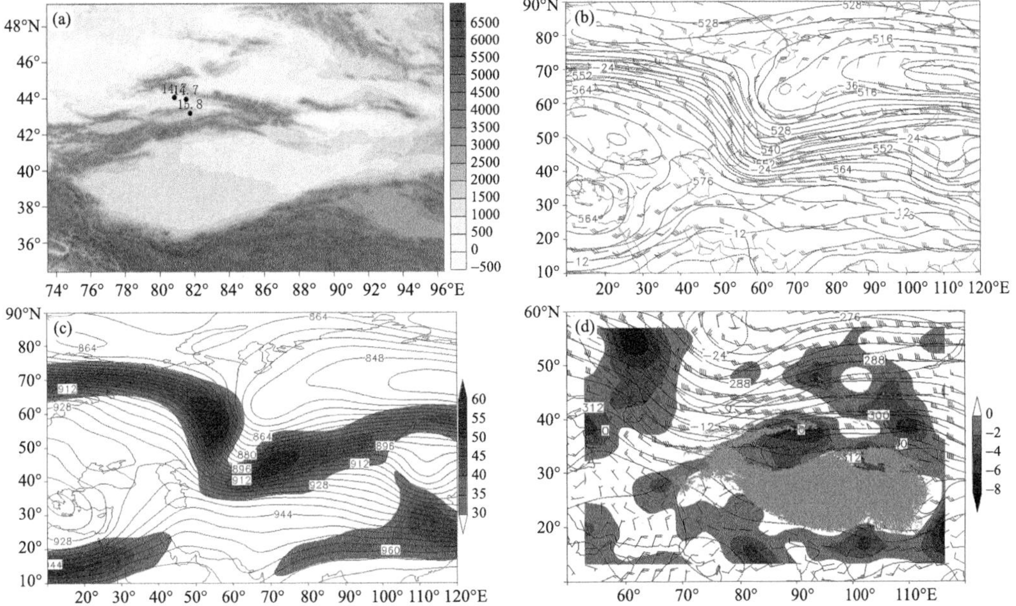

图 3.40　(a)1984 年 11 月 4 日暴雪量站点分布(单位:mm;填色为地形,单位:m);以及 11 月 3 日 20 时(b)500 hPa 高度场(实线,单位:dagpm)、温度场(虚线,单位:℃)、风场(单位:$m \cdot s^{-1}$),(c)300 hPa 高度场(实线,单位:dagpm)和风速≥30 $m \cdot s^{-1}$的急流(填色,单位:$m \cdot s^{-1}$);(d)4 日 02 时 700 hPa 高度场(实线,单位:dagpm)、温度场(虚线,单位:℃)、风场(单位:$m \cdot s^{-1}$)及水汽通量散度(填色,单位:10^{-5} $g \cdot cm^{-2} \cdot hPa^{-1} \cdot s^{-1}$,浅灰色阴影为≥3 km 的地形)

【环流背景】3 日 20 时，500 hPa 欧亚范围内为两脊一槽型，里海至欧洲为高压脊区，贝加尔湖为浅脊，西伯利亚为低涡活动区，呈东—西分布，与中亚低槽气旋性接通，新疆北部受中亚槽前强盛的西南锋区控制，其上最大风速 30 m·s^{-1}（图 3.40b）；欧洲脊受不稳定小槽影响，脊前正变高东南下，使中亚低槽减弱东移造成伊犁州暴雪天气（图略）。300 hPa 上伊犁州位于风速＞40 m·s^{-1}高空西南急流轴右侧辐散区，急流核风速＞60 m·s^{-1}（图 3.40c），700 hPa 上位于风速≥16 m·s^{-1}低空西风急流轴右侧辐合区和水汽通量散度辐合区域（图 3.40d）。暴雪区位于高空西南急流轴右侧辐散区，中亚槽前强西南风锋区，低空西风急流轴右侧辐合区和水汽通量散度辐合区域，以及地面冷锋附近的重叠区域（图略）。

3.2.22 1985 年 2 月 25 日伊犁州暴雪

【暴雪概况】25 日伊犁州出现暴雪，伊宁 15.4 mm、伊宁县 13.6 mm、巩留 13.0 mm，其中，伊宁为暴雪中心（图 3.41a）。

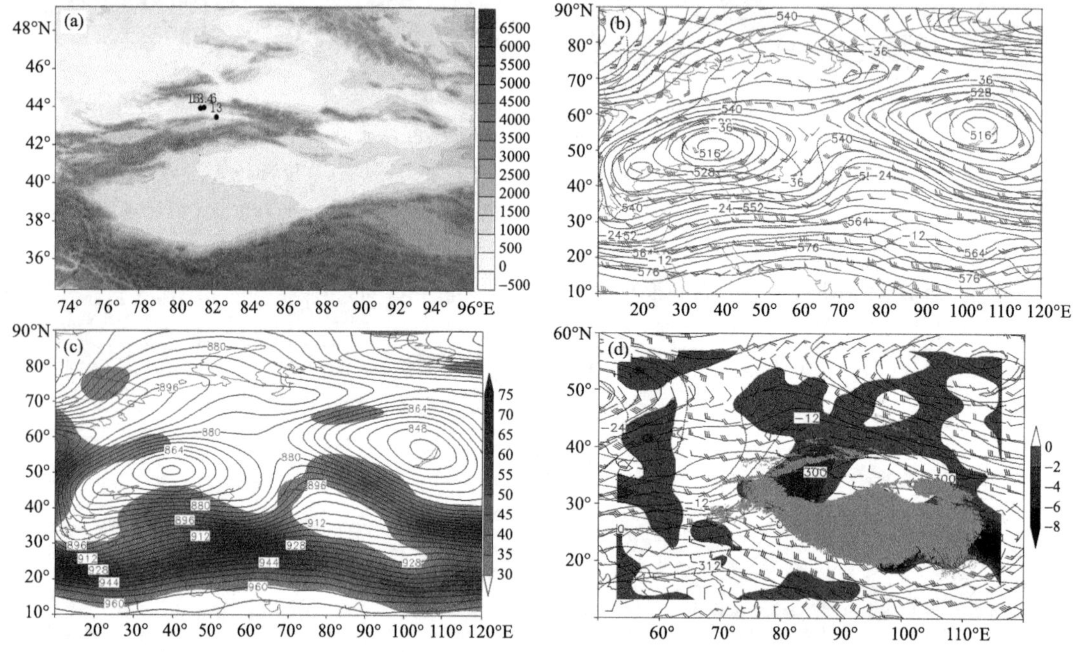

图 3.41 (a)1985 年 2 月 25 日暴雪量站点分布（单位：mm；填色为地形，单位：m）；以及 2 月 24 日 20 时(b)500 hPa 高度场（实线，单位：dagpm）、温度场（虚线，单位：℃）、风场（单位：m·s^{-1}），(c)300 hPa 高度场（实线，单位：dagpm）和风速≥30 m·s^{-1}的急流（填色，单位：m·s^{-1}），(d)700 hPa 高度场（实线，单位：dagpm）、温度场（虚线，单位：℃）、风场（单位：m·s^{-1}）及水汽通量散度（填色，单位：10^{-5} g·cm^{-2}·hPa^{-1}·s^{-1}，浅灰色阴影为≥3 km 的地形）

【环流背景】24 日 20 时，500 hPa 欧亚范围内高纬北欧—新地岛为高压脊区，中低纬为两槽一脊型，南欧、贝加尔湖为低涡活动区，两低涡气旋性接通，北疆北部为浅脊，伊犁州位于南欧低涡东南部西南锋区中（图 3.41b）；高纬高压东移加强与北疆北部脊反气旋性接通，使低涡底部锋区上短波槽东移造成伊犁州暴雪天气（图略）。300 hPa 上伊犁州位于风速≥30 m·s^{-1}西南急流轴右侧辐散区（图 3.41c），700 hPa 上位于低空西风气流前部辐合区及其与地形作用形成的辐合抬升区和水汽通量散度辐合区域（图 3.41d）。暴雪区位于高空西南急流轴右侧辐散区,南欧低涡东南部西南锋区,低空西风气流前部辐合区及其与地形作用形成的辐合抬升区、水汽通量散度辐合区域,以及地面上冷锋后的重叠区域(图略)。

3.2.23 1985年3月22—23日石河子市、伊犁州暴雪

【暴雪概况】暴雪出现在:22日伊犁州新源16.4 mm,石河子市石河子12.8 mm;23日石河子市石河子14.5 mm、乌兰乌苏16.8 mm。过程暴雪中心位于石河子市石河子站,累计降雪量27.3 mm(图3.42a)。

【环流背景】21日20时,500 hPa欧亚范围内中高纬(巴尔喀什湖以北)为两脊一槽型,欧洲、贝加尔湖为脊区,西西伯利亚为低涡活动区;中高纬系统与巴尔喀什湖以南槽脊系统呈反位相,黑海槽前西南气流与西西伯利亚低涡底部强锋区在咸海—巴尔喀什湖—新疆北部汇合,新疆北部为较强西风锋区控制,其上最大风速为32 m·s^{-1}(图3.42b);欧洲脊受不稳定小槽影响,脊线逆转,脊前正变高东南下,使西西伯利亚低涡减弱东移,其底部锋区上分裂短波造成天山北坡暴雪天气(图略)。300 hPa上天山北坡位于风速>35 m·s^{-1}高空西北急流右侧辐散区,急流核风速>50 m·s^{-1}(图3.42c),700 hPa上位于风速≥16 m·s^{-1}低空西风急流出口前部辐合和水汽通量散度辐合区域(图3.42d)。暴雪区位于高空西北急流轴右侧辐散区,西西伯利亚低涡底部强盛西风锋区,低空西风急流出口前部辐合和水汽通量散度辐合区域,以及地面上冷锋附近的重叠的区域(图略)。

此次暴雪过程石河子市石河子为暴雪中心,下野地、136团等地大到暴雪。暴雪推迟春播,适播期后延,机械无法进地,积雪造成道路结冰,增加了交通和通信安全隐患(温克刚 等,2006)。

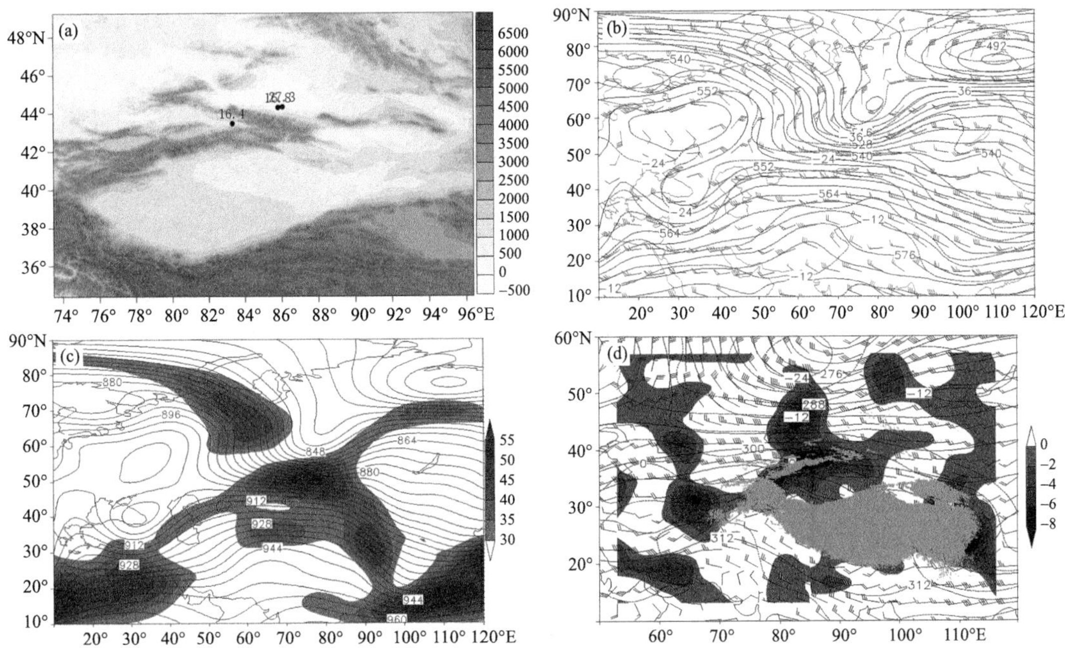

图3.42 (a)1985年3月22—23日累计暴雪量站点分布(单位:mm;填色为地形,单位:m);以及3月21日20时(b)500 hPa高度场(实线,单位:dagpm)、温度场(虚线,单位:℃)、风场(单位:m·s^{-1}),(c)300 hPa高度场(实线,单位:dagpm)和风速≥30 m·s^{-1}的急流(填色,单位:m·s^{-1}),(d)700 hPa高度场(实线,单位:dagpm)、温度场(虚线,单位:℃)、风场(单位:m·s^{-1})及水汽通量散度(填色,单位:10^{-5} g·cm^{-2}·hPa^{-1}·s^{-1},浅灰色阴影为≥3 km的地形)

3.2.24 1985 年 4 月 18 日乌鲁木齐市、昌吉州暴雪

【暴雪概况】18 日中天山山区出现暴雪，乌鲁木齐市小渠子 15.4 mm，昌吉州天池 21.6 mm（图 3.43a）。

【环流背景】17 日 20 时，500 hPa 欧亚范围内高纬为纬向锋区，中低纬呈两脊两槽型，南欧、北疆东部为高压脊区，中亚和东亚为低槽活动区，中亚槽前较强西南锋区控制新疆北部，其上最大风速为 32 m·s^{-1}（图 3.43b）；南欧脊受不稳定小槽影响，向南衰退，使中亚槽减弱北收造成中天山山区暴雪天气（图略）。300 hPa 上中天山位于风速＞40 m·s^{-1}高空西南急流轴右侧辐散区，急流核风速＞55 m·s^{-1}（图 3.43c），700 hPa 上位于风速＞12 m·s^{-1}低空偏西急流前部辐合区和水汽通量散度辐合区域（图 3.43d）。暴雪区位于高空西南急流轴右侧辐散区，中亚槽前西南锋区，低空偏西急流前部辐合区和水汽通量散度辐合区域，以及地面冷锋附近的重叠区域（图略）。

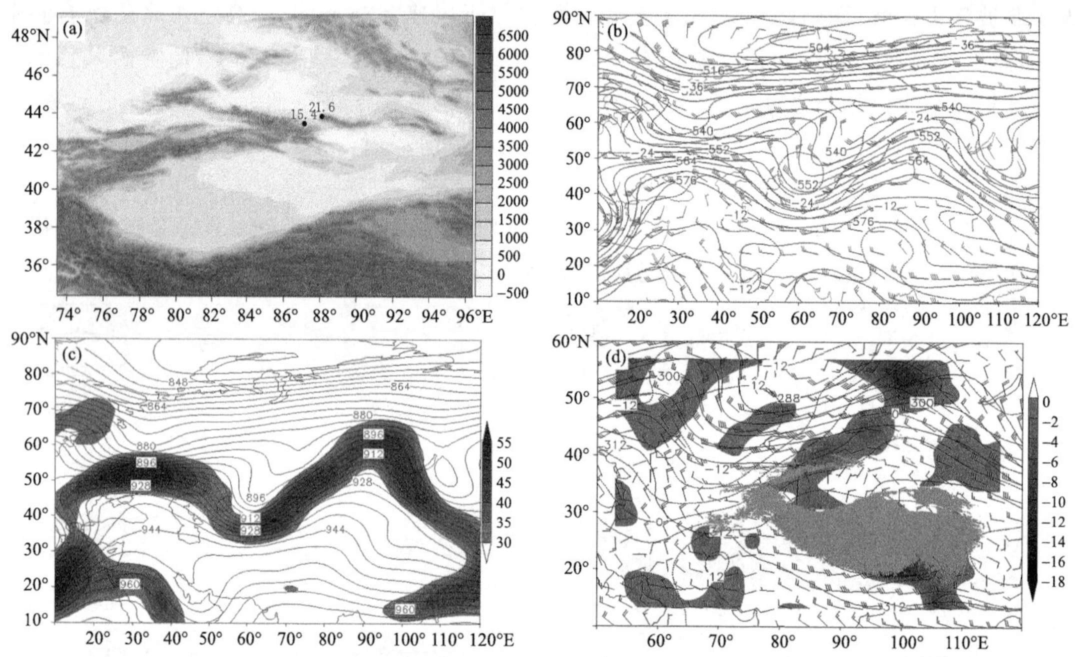

图 3.43 (a)1985 年 4 月 18 日暴雪量站点分布（单位：mm；填色为地形，单位：m）；以及 4 月 17 日 20 时 (b)500 hPa 高度场（实线，单位：dagpm）、温度场（虚线，单位：℃）、风场（单位：m·s^{-1}），(c)300 hPa 高度场（实线，单位：dagpm）和风速≥30 m·s^{-1}的急流（填色，单位：m·s^{-1}），(d)700 hPa 高度场（实线，单位：dagpm）、温度场（虚线，单位：℃）、风场（单位：m·s^{-1}）及水汽通量散度（填色，单位：10^{-5} g·cm^{-2}·hPa^{-1}·s^{-1}，浅灰色阴影为≥3 km 的地形）

3.2.25 1985 年 6 月 2—3 日乌鲁木齐市、昌吉州暴雪

【暴雪概况】暴雪出现在：2 日乌鲁木齐市小渠子 36.9 mm、牧试站 16.2 mm，昌吉州天池 38.2 mm；3 日昌吉州天池 24.4 mm。过程暴雪中心位于昌吉州天池，累计降雪量 62.6 mm（图 3.44a）。

【环流背景】1 日 20 时，500 hPa 欧亚范围内呈两脊一槽，里海至欧洲、贝加尔湖为高压脊区，西西伯利亚至中亚为低涡活动区，槽底南伸至 35°N 附近，新疆北部位于槽前强西南锋区

控制(图3.44b);欧洲脊受不稳定小槽影响向东南衰退,西西伯利亚低涡旋转,其底部不断分裂短波槽东移造成中天山山区暴雪天气(图略)。300 hPa上中天山位于风速>30 m·s^{-1}高空西南急流轴右侧辐散区(图3.44c),700 hPa上位于西北气流与西南气流的切变辐合区和水汽通量散度辐合区域(图3.44d)。暴雪区位于高空西南急流轴右侧辐散区,西西伯利亚低涡东南部西南强锋区,低空西北气流与西南气流的切变辐合区和水汽通量散度辐合区域,以及地面上冷锋附近的重叠区域(图略)。

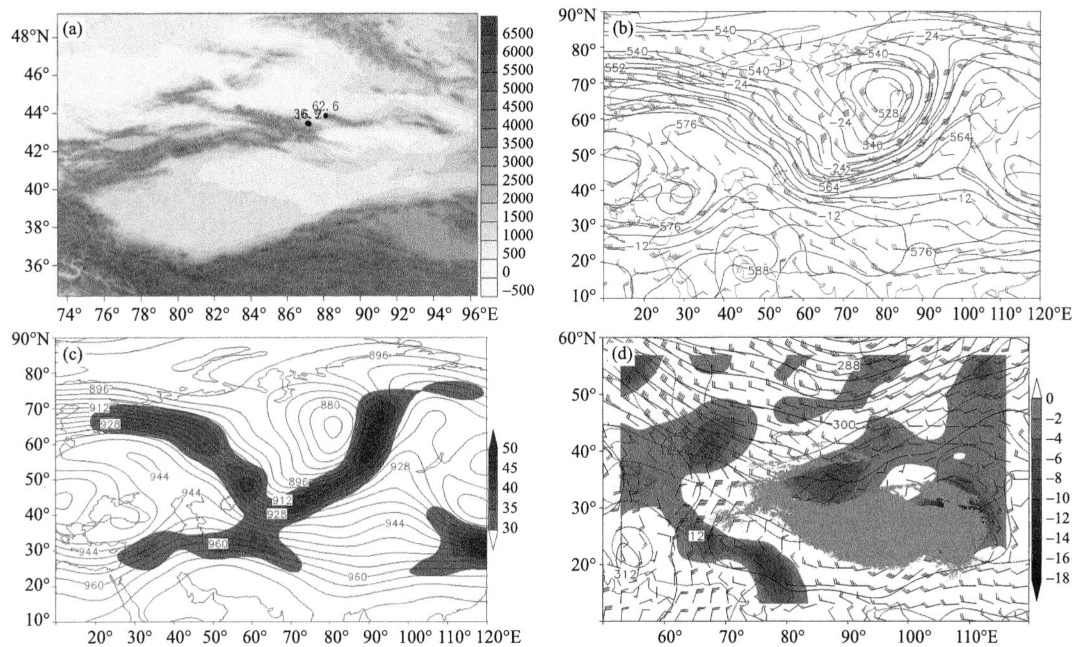

图3.44　(a)1985年6月2—3日累计暴雪量站点分布(单位:mm;填色为地形,单位:m);以及6月1日20时(b)500 hPa高度场(实线,单位:dagpm)、温度场(虚线,单位:℃)、风场(单位:m·s^{-1}),(c)300 hPa高度场(实线,单位:dagpm)和风速≥30 m·s^{-1}的急流(填色,单位:m·s^{-1});(d)2日08时700 hPa高度场(实线,单位:dagpm)、温度场(虚线,单位:℃)、风场(单位:m·s^{-1})及水汽通量散度(填色,单位:10^{-5} g·cm^{-2}·hPa^{-1}·s^{-1},浅灰色阴影为≥3 km的地形)

3.2.26　1985年11月19—20日阿勒泰地区、伊犁州暴雪

【暴雪概况】暴雪出现在:19日阿勒泰地区哈巴河14.9 mm、富蕴12.2 mm、青河15.3 mm,伊犁州伊宁13.5 mm、伊宁县16.0 mm;20日伊犁州伊宁19.9 mm、伊宁县16.5 mm、察布查尔县23.4 mm。过程暴雪中心位于伊犁州伊宁站,累计降雪量33.4 mm(图3.45a)。

【环流背景】18日20时,500 hPa欧亚范围中高纬为一脊一槽型,北欧为强盛的高压,呈东—西向,西伯利亚为极涡活动区,极涡底部强锋区与中纬锋区在巴尔喀什湖—新疆北部汇合,新疆北部为强西风锋区控制,其上最大风速达44 m·s^{-1}(图3.45b);北欧高压脊受不稳定小槽影响,脊前正变高东南下,极涡旋转北收,其底部强锋区上不断分裂短波东移造成新疆北部暴雪天气(图略)。300 hPa上新疆北部位于风速≥40 m·s^{-1}高空西南急流轴右侧辐散区(图3.45c),700 hPa上位于风速≥20 m·s^{-1}低空西风急流轴右侧辐合区和水汽通量散度辐合区域(图 3.45d)。暴雪区位于高空西南急流轴右侧辐散区,极涡底部强西风锋区,低空西风急流轴右侧辐合区和水汽通量散度辐合区域,以及地面图上,19 日阿勒泰地区暖区暴雪位于低压东南部、蒙古高压后部的减压升温区域;20 日暴雪位于冷锋附近(图略)。

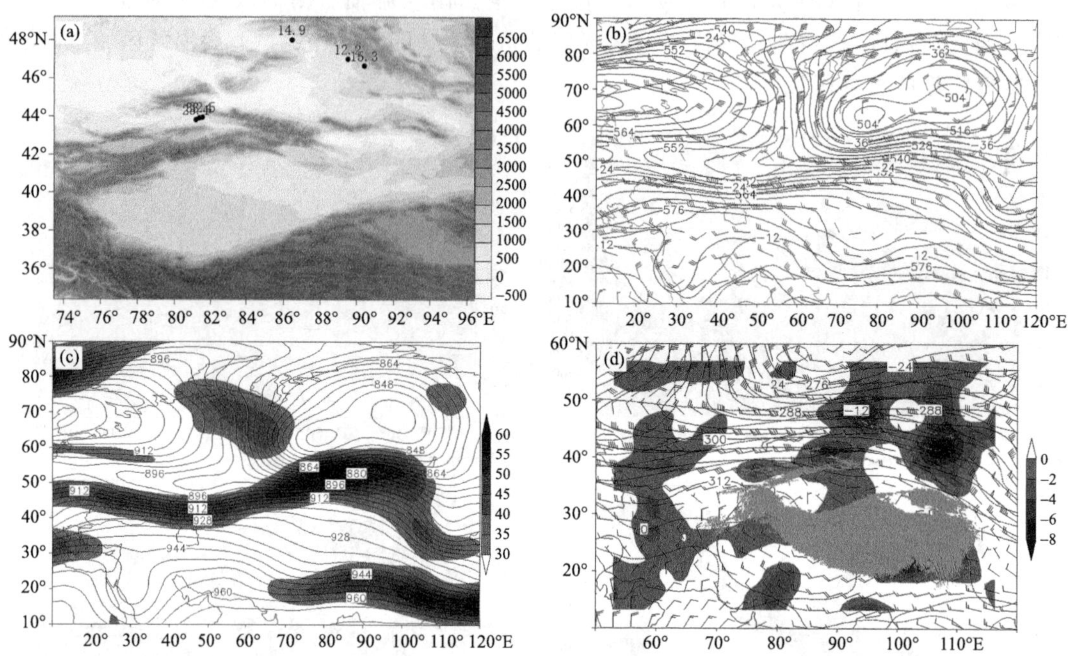

图 3.45　(a)1985 年 11 月 19—20 日累计暴雪量站点分布(单位:mm;填色为地形,单位:m);以及 11 月 18 日 20 时(b)500 hPa 高度场(实线,单位:dagpm)、温度场(虚线,单位:℃)、风场(单位:$m \cdot s^{-1}$),(c) 300 hPa 高度场(实线,单位:dagpm)和风速≥30 $m \cdot s^{-1}$ 的急流(填色,单位:$m \cdot s^{-1}$),(d)700 hPa 高度场(实线,单位:dagpm)、温度场(虚线,单位:℃)、风场(单位:$m \cdot s^{-1}$)及水汽通量散度(填色,单位:10^{-5} $g \cdot cm^{-2} \cdot hPa^{-1} \cdot s^{-1}$,浅灰色阴影为≥3 km 的地形)

3.2.27　1986 年 9 月 2—5 日乌鲁木齐市、昌吉州、哈密市暴雪

【暴雪概况】暴雪出现在:2 日乌鲁木齐市牧试站 24.4 mm,昌吉州天池 39.4 mm;3 日昌吉州天池 12.4 mm,4 日昌吉州北塔山 13.6 mm,5 日哈密市巴里坤 13.4 mm。昌吉州天池为暴雪中心,累计降雪量 51.8 mm (图 3.46a)。

【环流背景】1 日 20 时,500 hPa 欧亚范围内中低纬为两脊一槽型,伊朗高原至东欧、贝加尔湖一带为高压脊区,西西伯利亚至中亚为深厚的低涡活动区,槽底南伸至 35°N 以南,新疆北部受低涡东南部西南锋区控制(图 3.46b);东欧脊受不稳定小槽影响,向东南衰退,使西西伯利亚低涡旋转东南下,并不断分裂短波东移造成新疆北部暴雪天气(图略)。300 hPa 上新疆北部位于风速≥30 $m \cdot s^{-1}$ 偏南急流入口区右后侧和偏西急流轴左侧辐散区(图 3.46c),700 hPa 上位于偏西气流与西南气流的切变辐合区及水汽通量散度辐合区域(图 3.46d)。暴雪区位于高空偏南急流入口区右后侧和偏西急流轴左侧辐散区,西西伯利亚低涡东南部西南锋区,低空偏西气流与西南气流的切变辐合区、水汽通量散度辐合区域,以及地面冷锋附近的重叠区域(图略)。

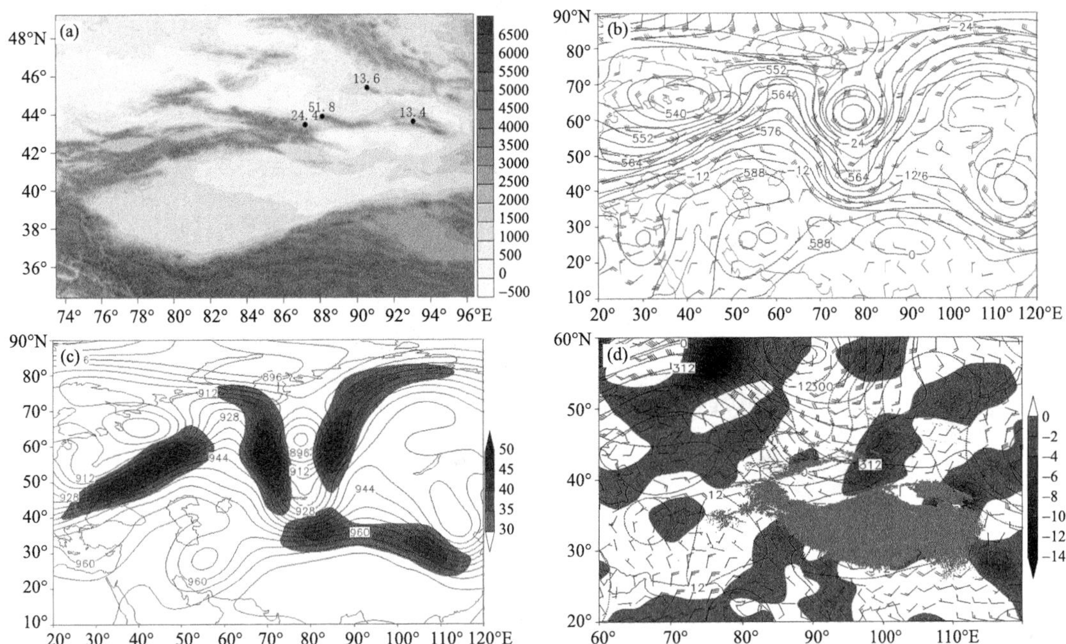

图 3.46　(a)1986 年 9 月 2—5 日累计暴雪量站点分布(单位:mm;填色为地形,单位:m);以及 9 月 1 日 20 时(b)500 hPa 高度场(实线,单位:dagpm)、温度场(虚线,单位:℃)、风场(单位:$m \cdot s^{-1}$),(c)300 hPa 高度场(实线,单位:dagpm)和风速≥30 $m \cdot s^{-1}$的急流(填色,单位:$m \cdot s^{-1}$);(d)2 日 02 时 700 hPa 高度场(实线,单位:dagpm)、温度场(虚线,单位:℃)、风场(单位:$m \cdot s^{-1}$)及水汽通量散度(填色,单位:10^{-5} $g \cdot cm^{-2} \cdot hPa^{-1} \cdot s^{-1}$,浅灰色阴影为≥3 km 的地形)

3.2.28　1986 年 10 月 1—2 日塔城地区、伊犁州、乌鲁木齐市暴雪

【暴雪概况】暴雪出现在:1 日塔城地区北部裕民 13.7 mm,伊犁州霍城 18.2 mm、察布查尔 20.4 mm、伊宁 13.1 mm;2 日暴雪出现在乌鲁木齐市天山大西沟 16.5 mm。其中,伊犁州察布查尔为暴雪中心(图 3.47a)。

【环流背景】9 月 30 日 20 时,暴雪前 500 hPa 欧亚范围内中低纬为两槽三脊,欧洲沿岸、新疆东部至贝加尔湖为高压脊区,乌拉尔山南部为浅脊,西欧、西西伯利亚为低槽区,西西伯利亚槽前西南锋区强,其上最大风速为 40 $m \cdot s^{-1}$,新疆北部受该槽前西南气流控制(图 3.47b);西欧槽向西南加深,槽前暖平流较强,使乌拉尔山南部脊发展东移,导致西西伯利亚低涡东移北收,并分裂短波槽东移造成新疆西部暴雪天气(图略)。300 hPa 上新疆北位于风速>30 $m \cdot s^{-1}$高空西南急流轴右侧,急流核风速>55 $m \cdot s^{-1}$,暴雪区位于西南急流轴右侧辐散区(图 3.47c),700 hPa 上位于风速>20 $m \cdot s^{-1}$低空西南急流轴右侧辐合区和水汽通量散度辐合区(图 3.47d)。暴雪区位于高空西南急流轴右侧辐散区,西西伯利亚槽前西南气流,低空西南急流轴右侧辐合区和水汽通量散度辐合区,以及地面冷锋附近的重叠区域(图略)。

3.2.29　1986 年 10 月 15—16 日伊犁州、乌鲁木齐市、昌吉州暴雪

【暴雪概况】暴雪出现在:15 日伊犁州新源 16.4 mm、伊宁县 13.7 mm;16 日鲁木齐市乌鲁木齐 15.6 mm、小渠子 14.3 mm,昌吉州天池 16.9 mm。其中,昌吉州天池为暴雪中心(图 3.48a)。

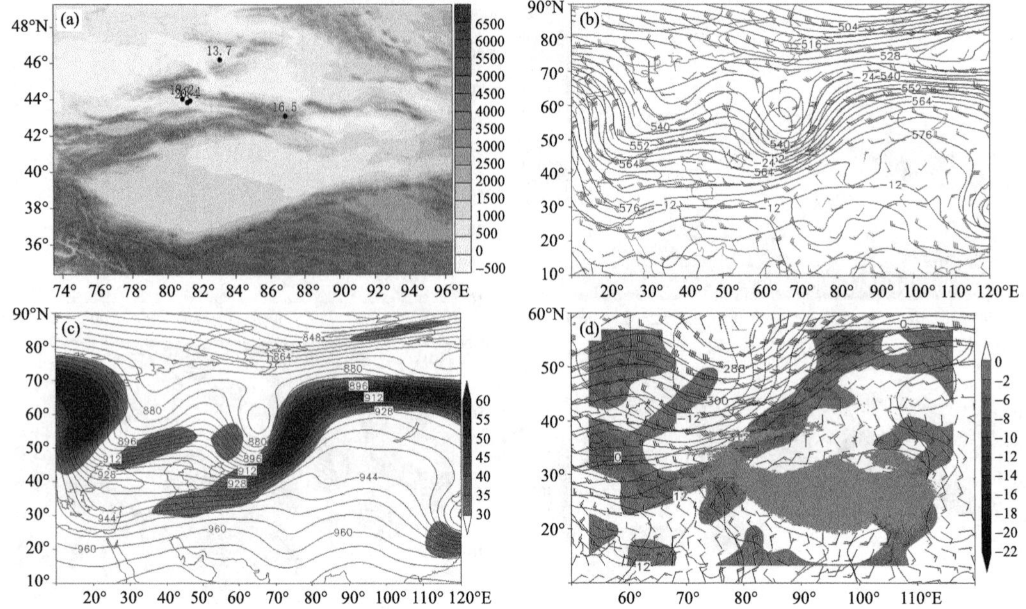

图 3.47　(a)1986 年 10 月 1—2 日累计暴雪量站点分布(单位：mm；填色为地形，单位：m)；以及 9 月 30 日 20 时(b)500 hPa 高度场(实线，单位：dagpm)、温度场(虚线，单位：℃)、风场(单位：m·s^{-1})，(c)300 hPa 高度场(实线，单位：dagpm)和风速≥30 m·s^{-1}的急流(填色，单位：m·s^{-1})，(d)700 hPa 高度场(实线，单位：dagpm)、温度场(虚线，单位：℃)、风场(单位：m·s^{-1})及水汽通量散度(填色，单位：10^{-5} g·cm^{-2}·hPa^{-1}·s^{-1}，浅灰色阴影为≥3 km 的地形)

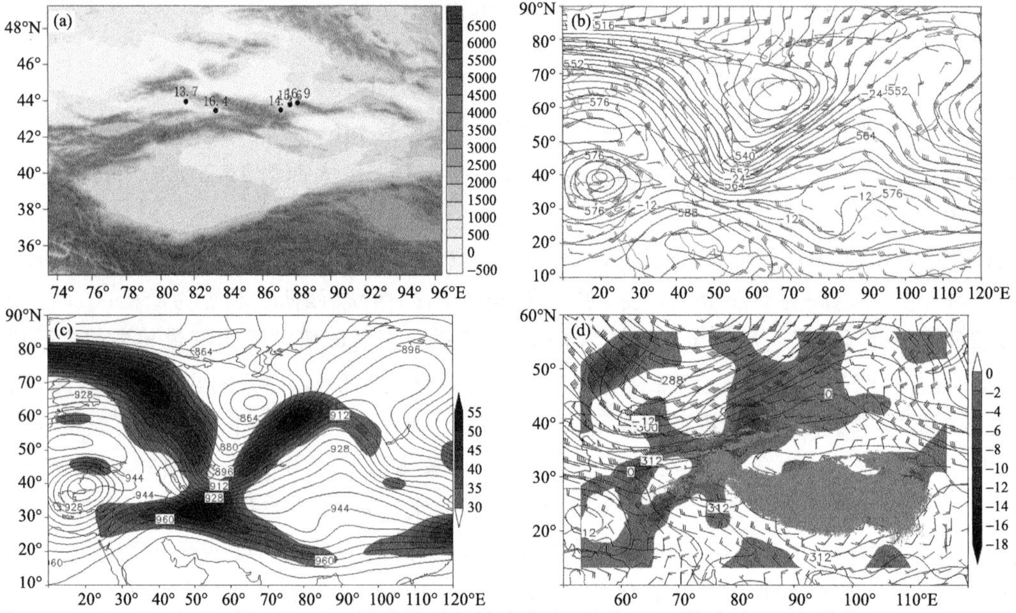

图 3.48　(a)1986 年 10 月 15—16 日累计暴雪量站点分布(单位：mm；填色为地形，单位：m)；以及 14 日 20 时(b)500 hPa 高度场(实线，单位：dagpm)、温度场(虚线，单位：℃)、风场(单位：m·s^{-1})，(c)300 hPa 高度场(实线，单位：dagpm)和风速≥30 m·s^{-1}的急流(填色，单位：m·s^{-1})，(d)700 hPa 高度场(实线，单位：dagpm)、温度场(虚线，单位：℃)、风场(单位：m·s^{-1})及水汽通量散度(填色，单位：10^{-5} g·cm^{-2}·hPa^{-1}·s^{-1}，浅灰色阴影为≥3 km 的地形)

【环流背景】14日20时，500 hPa欧亚范围内中高纬为两脊一槽型，伊朗高原至北欧、新疆东部至贝加尔湖为高压脊区，西西伯利亚至中亚为低涡活动区，槽底南伸至35°N以南；低纬系统与中高纬呈反位相；新疆北部受西西伯利亚低涡东南部西南气流控制(图3.48b)。北欧脊受不稳定小槽影响，脊前正变高东南下，使西西伯利亚低涡东移北收，其底部锋区上不断分裂短波东移造成新疆北部暴雪天气(图略)。300 hPa上新疆北部位于风速＞35 m·s^{-1}高空西南急流轴右侧辐散区(图3.48c)，700 hPa上位于风速≥16 m·s^{-1}低空西南急流轴右侧辐合区和水汽通量散度辐合区域(图3.48d)。暴雪区位于高空西南急流轴右侧辐散区，西西伯利亚低涡东南部西南锋区，低空西南急流轴右侧辐合区和与水汽通量散度辐合区域，以及地面冷锋附近的重叠区域(图略)。

3.2.30 1986年11月23日克州、喀什地区暴雪

【暴雪概况】23日暴雪出现在克州阿克陶13.4 mm、阿图什22.2 mm，喀什地区喀什17.4 mm，其中，克州阿图什为暴雪中心(图3.49a)。

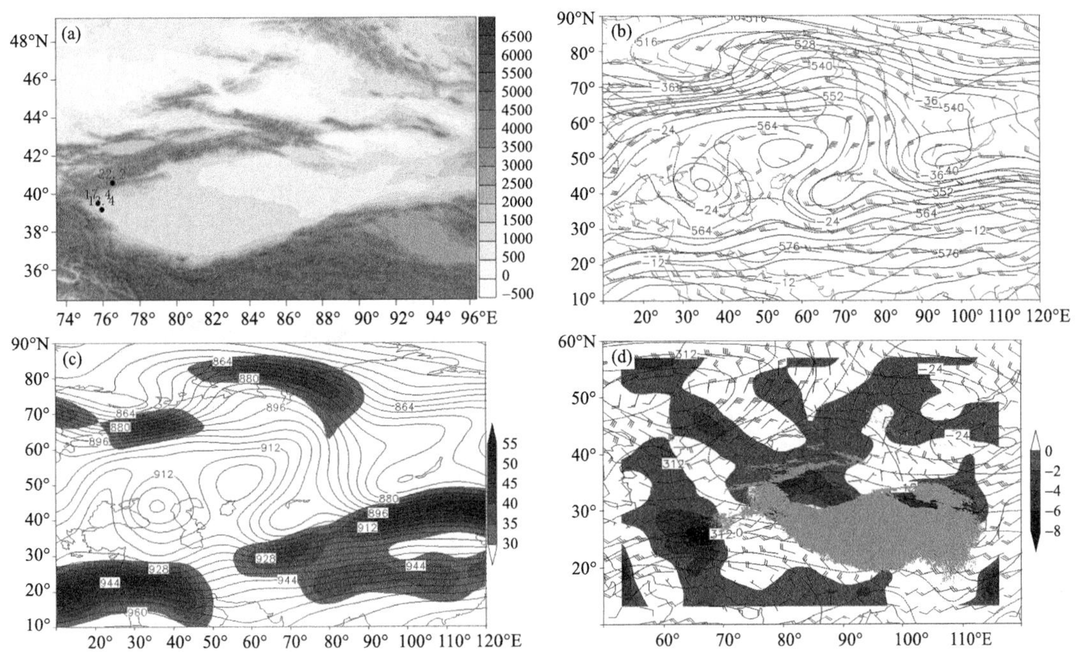

图3.49 (a)1986年11月23日暴雪量站点分布(单位:mm;填色为地形,单位:m);以及11月22日20时(b)500 hPa高度场(实线,单位:dagpm)、温度场(虚线,单位:℃)、风场(单位:m·s^{-1}),(c)300 hPa高度场(实线,单位:dagpm)和风速≥30 m·s^{-1}的急流(填色,单位:m·s^{-1}),(d)700 hPa高度场(实线,单位:dagpm)、温度场(虚线,单位:℃)、风场(单位:m·s^{-1})及水汽通量散度(填色,单位:10^{-5} g·cm^{-2}·hPa^{-1}·s^{-1},浅灰色阴影为≥3 km的地形)

【环流背景】22日20时，500 hPa欧亚范围内中高纬呈两槽一脊型，咸海至乌拉尔山为高压脊，地中海至里海为切断低涡，巴尔喀什湖西南部的中亚低槽与至贝加尔湖低槽气旋性接通，低纬纬向锋区与中亚低槽前西南气流汇合；南疆西部受中亚槽前西南气流控制(图3.49b)，贝加尔湖槽有利于低层冷空气东灌，从而形成南疆西部东西夹攻的大降水形势；乌拉尔山脊受不稳定小槽影响略有南压，使其东南部的中亚槽加深切涡，并分裂短波槽东移造成南

疆西部暴雪天气(图略)。300 hPa 上南疆盆地位于风速>35 m·s^{-1}高空西南急流轴右侧辐散区(图 3.49c)。700 hPa 上南疆盆地的偏东风与南疆西部大地形形成的辐合抬升区和水汽通量散度辐合区域(图 3.49d)。地面图上南疆盆地位于冷锋后,使得贝加尔湖附近的冷空气东灌进入南疆盆地,从而使南疆西部明显加压。暴雪区位于高空西南急流轴右侧辐散区,中亚槽前西南暖湿气流,低层南疆盆地的偏东风与南疆西部大地形形成的辐合抬升区和水汽通量散度辐合区域,以及地面东灌冷空气前沿的重叠区域(图略)。

此次暴雪过程造成喀什市雪灾,积雪 40 cm,掩埋道路。倒塌房屋 203 户、牲畜圈棚 91 个,死亡牲畜 818 头(只),损失饲料 38 万 kg;1.1 万棵果树受冻(温克刚 等,2006)。

3.2.31　1987 年 4 月 7 日塔城地区、伊犁州暴雪

【暴雪概况】7 日暴雪出现在塔城地区南部沙湾 13.7 mm,伊犁州新源 19.8 mm、特克斯 15.0 mm,其中,伊犁州新源为暴雪中心(图 3.50a)。

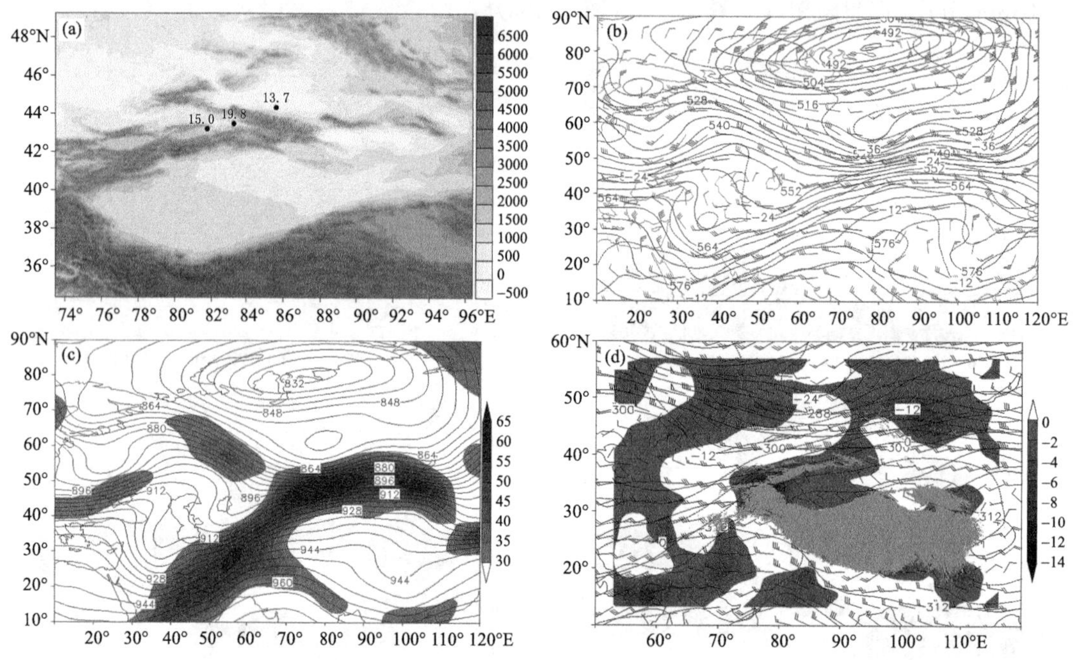

图 3.50　(a)1987 年 4 月 7 日暴雪量站点分布(单位:mm;填色为地形,单位:m);以及 4 月 6 日 20 时(b) 500 hPa 高度场(实线,单位:dagpm)、温度场(虚线,单位:℃)、风场(单位:m·s^{-1}),(c)300 hPa 高度场(实线,单位:dagpm)和风速≥30 m·s^{-1}的急流(填色,单位:m·s^{-1}),(d)700 hPa 高度场(实线,单位:dagpm)、温度场(虚线,单位:℃)、风场(单位:m·s^{-1})及水汽通量散度(填色,单位:10^{-5} g·cm^{-2}·hPa^{-1}·s^{-1},浅灰色阴影为≥3 km 的地形)

【环流背景】6 日 20 时,500 hPa 欧亚范围内极涡位于 60°N 以北,呈东—西带状分布,中低纬以纬向环流为主,西西伯利亚为短波槽区,其底部偏西风锋区与地中海东部槽前西南气流在巴尔喀什湖—新疆北部汇合,新疆北部为较强西风锋区控制,其上风速为 38 m·s^{-1}(图 3.50b),锋区上短波槽东移造成伊犁州和天山北坡暴雪天气(图略)。300 hPa 上新疆北部位于风速≥50 m·s^{-1}强盛西南急流轴右侧辐散区,急流核风速≥65 m·s^{-1},暴雪区位于急流轴右侧(图 3.50c),700 hPa 上位于风速≥16 m·s^{-1}低空西风急流轴右侧辐合区和水汽通量散度辐

合区域(图 3.50d)。暴雪区位于高空强西南急流轴右侧辐散区,南北结合西风锋区上短波槽前,低空西风急流轴右侧辐合区和水汽通量散度辐合区,以及地面冷锋附近的重叠区域(图略)。

3.2.32　1987 年 6 月 21—22 日伊犁州、巴州暴雪

【暴雪概况】暴雪出现在:21 日伊犁州昭苏 22.1 mm、特克斯 29.9 mm;22 日巴州巴音布鲁克 30.3 mm,其中,巴音布鲁克为暴雪中心(图 3.51a)。

【环流背景】20 日 20 时,500 hPa 欧亚范围内呈两脊一槽型,伊朗高原至东欧为强盛高压脊区,新疆东部至贝加尔湖为高压脊区,西西伯利亚至巴尔喀什湖以南的中亚为长波槽区,槽底南伸至 30°N 附近,新疆西部位于其前部西南气流中(图 3.51b);东欧脊稳定维持,脊前冷空气南下到中亚,使西西伯利亚槽南段加深成涡,并分裂短波东移造成新疆西部暴雪天气(图略)。300 hPa 上新疆西部位于风速>30 $m \cdot s^{-1}$ 西南急流出口区右侧辐散区(图 3.51c),700 hPa 上位于低空西北气流与天山地形形成的辐合抬升区及水汽通量散度辐合区(图 3.51d)。暴雪区位于高空西南急流出口区右侧辐散区,中亚低槽前西南气流,低空西北气流与天山地形形成的辐合抬升区、水汽通量散度辐合区,以及地面冷锋附近的重叠区域(图略)。

此次暴雪过程造成伊犁州遭遇雪灾,受灾农田面积为 11666.7 hm^2,成灾面积 11533.3 hm^2。昭苏、特克斯县骤降大雪,平地积雪 20 cm 以上,个别达 50～80 cm,农田和草场全部被大雪埋没,2000 多公顷草场受到严重破坏,冻死牲畜 4596 头(只),树木被雪压断,高压送电受到严重影响。其中,昭苏为历史罕见雪灾,积雪覆盖面 100%,最大雪深 30 cm,有 15%的小麦压折,油菜遭受部分冻害。倒塌房屋 74 间(温克刚 等,2006)。

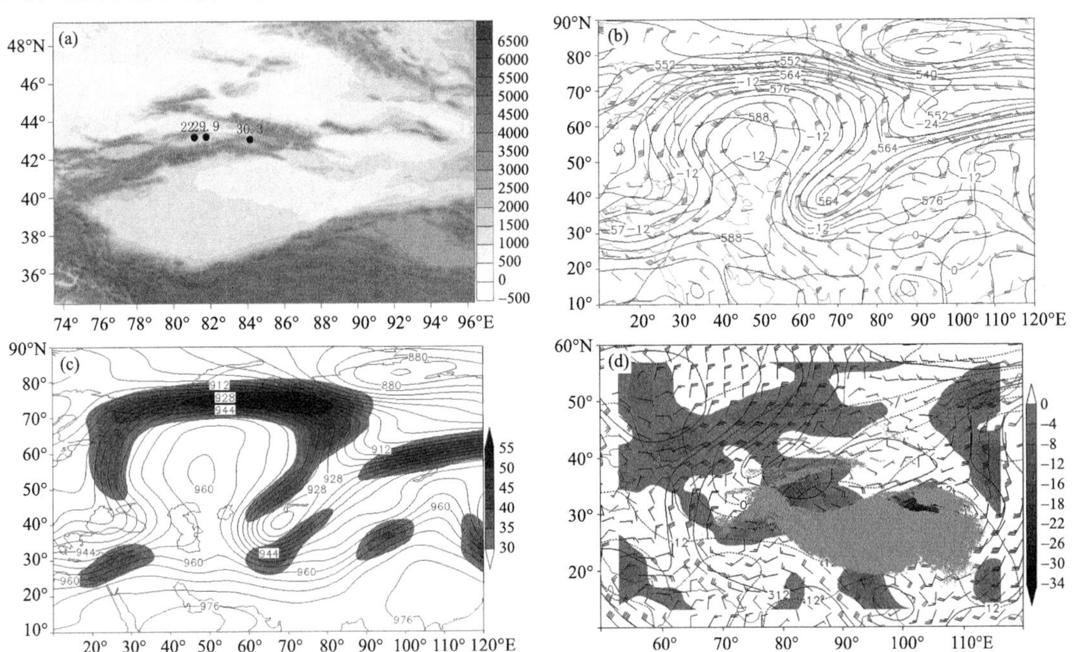

图 3.51　(a)1987 年 6 月 21—22 日累计暴雪量站点分布(单位:mm;填色为地形,单位:m);以及 6 月 20 日 20 时(b)500 hPa 高度场(实线,单位:dagpm)、温度场(虚线,单位:℃)、风场(单位:$m \cdot s^{-1}$),(c) 300 hPa 高度场(实线,单位:dagpm)和风速≥30 $m \cdot s^{-1}$ 的急流(填色,单位:$m \cdot s^{-1}$);(d)21 日 02 时 700 hPa 高度场(实线,单位:dagpm)、温度场(虚线,单位:℃)、风场(单位:$m \cdot s^{-1}$)及水汽通量散度(填色,单位:10^{-5} $g \cdot cm^{-2} \cdot hPa^{-1} \cdot s^{-1}$,浅灰色阴影为≥3 km 的地形)

3.2.33 1987 年 10 月 26—27 日塔城地区、伊犁州暴雪

【暴雪概况】暴雪出现在：26 日塔城地区北部塔城 13.8 mm；27 日伊犁州霍尔果斯 16.3 mm、霍城 20.4 mm、察布查尔 19.7 mm、伊宁 14.3 mm、伊宁县 14.8 mm，其中，伊犁州霍城为暴雪中心（图 3.52a）。

【环流背景】25 日 20 时，500 hPa 欧亚范围内为两脊一槽型，地中海至欧洲为脊区，贝加尔湖为浅脊，西西伯利亚为低涡，呈西南—东北向，其东南部西南锋区与南支锋区在里海—巴尔喀什湖—新疆北部汇合，新疆北部位于强西南锋区上，最大风速达 36 $m \cdot s^{-1}$（图 3.52b）；欧洲脊受不稳定小槽影响，脊顶东伸南压，使西西伯利亚低涡略有南压，并缓慢东移减弱，其底部锋区上不断分裂短波造成新疆北部、西部暴雪天气（图略）。300 hPa 上新疆北部风速≥40 $m \cdot s^{-1}$ 强盛西南急流轴右侧，急流核风速≥50 $m \cdot s^{-1}$，暴雪区位于急流轴右侧辐散区（图 3.52c），700 hPa 上位于风速≥24 $m \cdot s^{-1}$ 低空西南急流轴右侧辐合区和水汽通量散度辐合区域（图 3.52d）。暴雪区位于高空西南急流轴右侧辐散区，西西伯利亚低涡东南部西南锋区，低空西南急流轴右侧辐合区和水汽通量散度辐合区域，以及地面上冷锋附近的重叠区域（图略）。

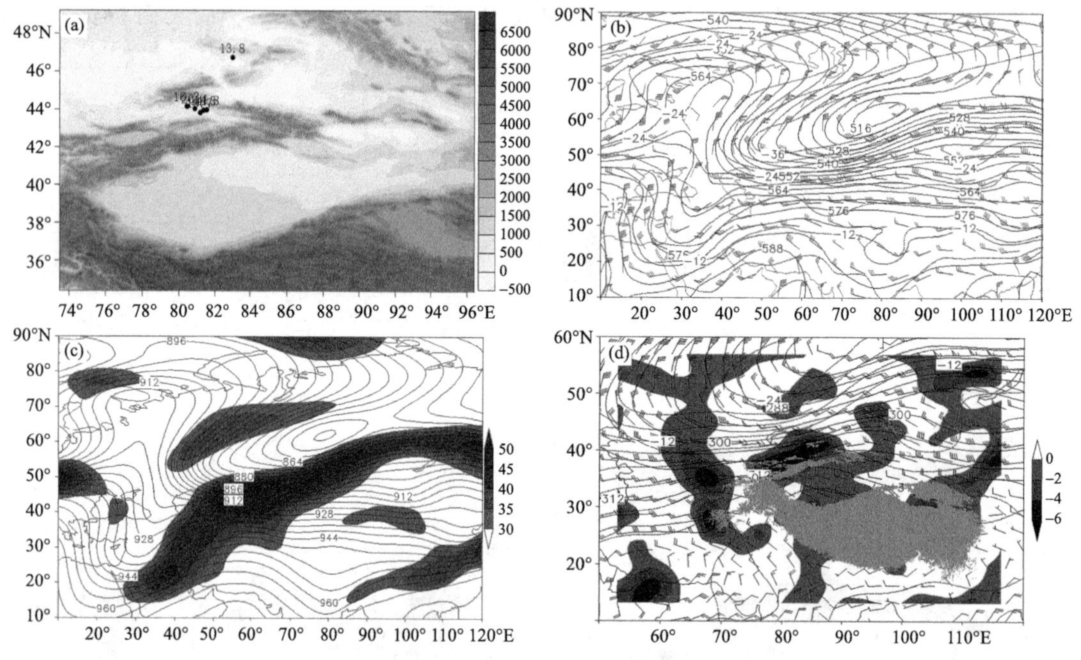

图 3.52 (a)1987 年 10 月 26—27 日累计暴雪量站点分布（单位：mm；填色为地形，单位：m）；以及 10 月 25 日 20 时(b)500 hPa 高度场（实线，单位：dagpm）、温度场（虚线，单位：℃）、风场（单位：$m \cdot s^{-1}$），(c) 300 hPa 高度场（实线，单位：dagpm）和风速≥30 $m \cdot s^{-1}$ 的急流（填色，单位：$m \cdot s^{-1}$），(d)700 hPa 高度场（实线，单位：dagpm）、温度场（虚线，单位：℃）、风场（单位：$m \cdot s^{-1}$）及水汽通量散度（填色，单位：10^{-5} $g \cdot cm^{-2} \cdot hPa^{-1} \cdot s^{-1}$，浅灰色阴影为≥3 km 的地形）

3.2.34 1987 年 10 月 29—30 日克州、和田地区暴雪

【暴雪概况】暴雪出现在：29 日克州阿合奇 16.4 mm；30 日和田地区策勒 12.7 mm、洛浦 16.4 mm、民丰 12.9 mm、于田 12.3 mm，其中，克州阿合奇、和田地区洛浦为暴雪中心（图 3.53a）。

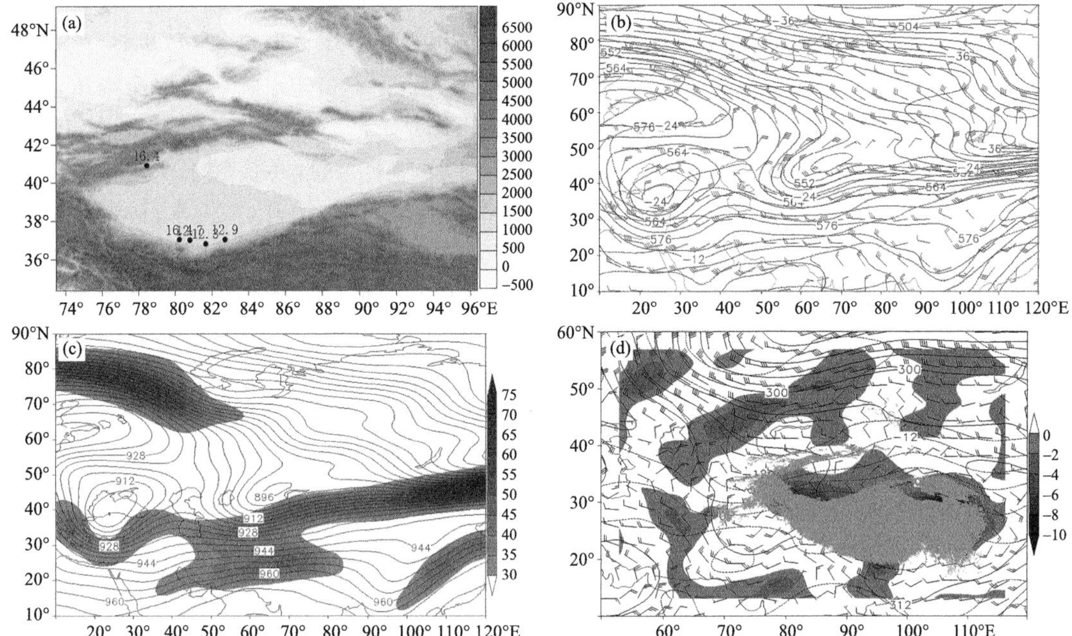

图 3.53　(a)1987 年 10 月 29—30 日累计暴雪量站点分布(单位:mm;填色为地形,单位:m);以及 10 月 28 日 20 时(b)500 hPa 高度场(实线,单位:dagpm)、温度场(虚线,单位:℃)、风场(单位:m·s^{-1}),(c)300 hPa 高度场(实线,单位:dagpm)和风速≥30 m·s^{-1}的急流(填色,单位:m·s^{-1});(d)29 日 20 时 700 hPa 高度场(实线,单位:dagpm)、温度场(虚线,单位:℃)、风场(单位:m·s^{-1})及水汽通量散度(填色,单位:10^{-5} g·cm^{-2}·hPa^{-1}·s^{-1},浅灰色阴影为≥3 km 的地形)

【环流背景】28 日 20 时,500 hPa 欧亚范围内北欧为强盛的阻塞高压,呈东—西分布,黑海南部为切断低涡,中亚为低槽区,贝加尔湖为弱槽,在这 3 个槽的南侧为较强的西风锋区,南支锋区与中亚槽前西南暖湿气流汇合,南疆盆地位于其中(图 3.53b);南支伊朗高原脊向北发展,与北欧高压脊反气旋接通,脊线顺转,脊前正变高东南下,使中亚低槽缓慢东移造成南疆暴雪天气(图略);另外,贝加尔湖低槽使得新疆东部位于其槽后,有利低层冷空气的东灌,同时与中亚槽前西南暖湿气流形成西暖东冷的东西夹攻南疆强降水形势。300 hPa 上南疆盆地位于风速>40 m·s^{-1}强盛的西南急流轴右侧和风速>30 m·s^{-1}西风急流出口区左前侧辐散区中(图 3.53c)。700 hPa 和田地区暴雪前南疆盆中西部为偏北气流,偏北气流与昆仑山大地形形成辐合抬升,并伴有水汽通量散度辐合区(图 3.53d),为和田地区暴雪的产生提供了有利的水汽和动力条件。地面图上,巴尔喀什湖—蒙古为高压带;蒙古附近的冷空气源源不断地以东灌回流的形势向南疆盆地输送,为暴雪的产生提供冷垫,同时使暖空气抬升至高空。和田地区暴雪区位于高空西南急流轴右侧和西风急流出口区左前侧的辐散区中,中亚槽前西南暖湿气流,低空南疆盆地的偏北气流与昆仑山大地形形成辐合抬升和水汽通量散度辐合区域,以及地面冷锋后部的东灌形势重叠区域(图略)。

3.2.35　1988 年 3 月 21 日克州、阿克苏地区暴雪

【暴雪概况】21 日暴雪出现在阿克苏地区乌什 12.5 mm,克州阿合奇 16.3 mm(图 3.54)。

【环流背景】20 日 20 时,500 hPa 欧亚范围内呈两槽一脊型,伊朗高原高压脊与乌拉尔山

阻塞高压(呈东西分布)反气旋性接通,西欧—土耳其为低涡,中亚、贝加尔湖均为低涡;中亚低涡前暖湿气流与贝加尔湖低涡后冷空气形成东西夹攻的南疆大降水形势;南疆盆地位于中亚低涡东南部西南暖湿气流中(图 3.54b);乌拉尔山阻塞高压受不稳定小槽影响略有南压,使中亚低涡南下,并分裂短波东移造成南疆西部暴雪天气(图略)。300 hPa 上南疆盆地位于风速>50 m·s^{-1}强盛的副热带西南急流轴左侧和风速>30 m·s^{-1}西风急流轴右前侧辐散区(图 3.54c),700 hPa 上南疆盆东南气流与南疆西部天山山脉形成辐合抬升,并为水汽通量散度辐合区域(图 3.54d),为暴雪的产生提供了有利的水汽和动力条件。地面图上,乌拉尔山—蒙古为高压带,南疆盆地位于冷锋后部;蒙古附近的冷空气以东灌回流的形势向南疆盆地输送,为暴雪的产生提供冷垫,同时使暖空气抬升至高空。南疆西部暴雪区位于强盛的副热带西南急流轴左侧和西风急流轴右前侧辐散区,中亚低涡东南部西南暖湿气流,低空南疆盆地东南气流与南疆西部天山山脉形成辐合抬升和水汽通量散度辐合区域,以及地面上冷锋后东灌气流前沿的重叠区域(图略)。

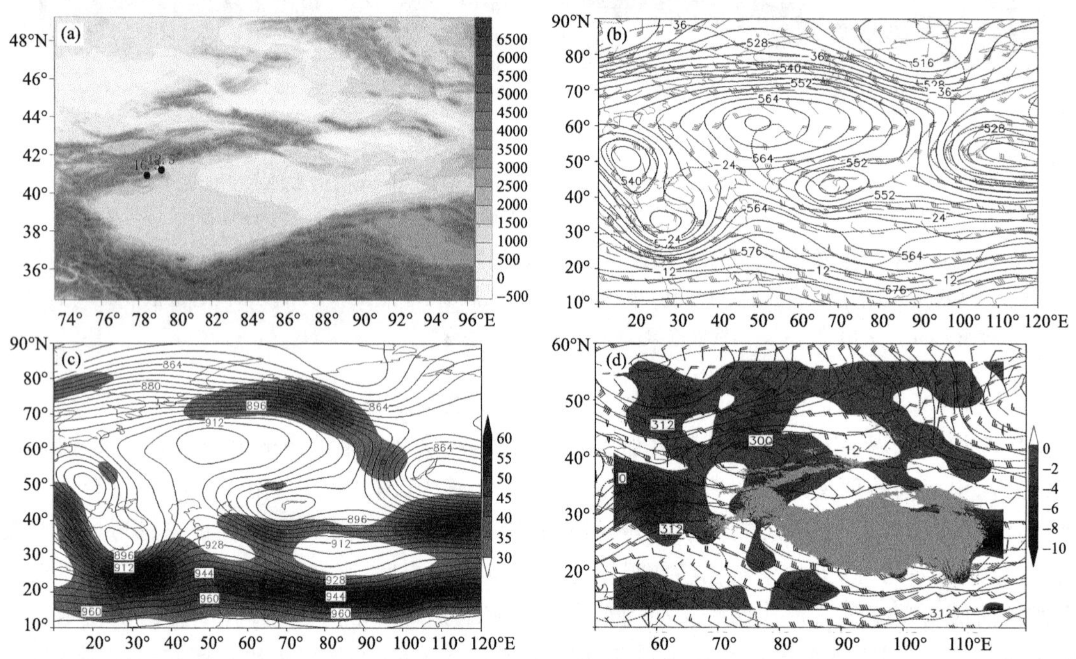

图 3.54　(a)1988 年 3 月 21 日暴雪量站点分布(单位:mm;填色为地形,单位:m);以及 20 日 20 时(b)500 hPa 高度场(实线,单位:dagpm)、温度场(虚线,单位:℃)、风场(单位:m·s^{-1}),(c)300 hPa 高度场(实线,单位:dagpm)和风速≥30 m·s^{-1}的急流(填色,单位:m·s^{-1});(d)21 日 02 时 700 hPa 高度场(实线,单位:dagpm)、温度场(虚线,单位:℃)、风场(单位:m·s^{-1})及水汽通量散度(填色,单位:10^{-5} g·cm^{-2}·hPa^{-1}·s^{-1},浅灰色阴影为≥3 km 的地形)

3.2.36　1988 年 5 月 5—6 日乌鲁木齐市、昌吉州暴雪

【暴雪概况】暴雪出现在:5 日乌鲁木齐市小渠子 13.8 mm、天山大西沟 22.0 mm、牧试站 15.2 mm;6 日乌鲁木齐市小渠子 14.4 mm,昌吉州天池 22.9 mm。过程降雪中心位于乌鲁木齐市小渠子,累计降雪量为 28.2 mm(图 3.55a)。

【环流背景】4 日 20 时,500 hPa 欧亚范围内为两支锋区型,北支呈两脊一槽型,南欧、新疆东部—贝加尔湖为高压脊区，乌拉尔山南部为低槽区，南支与北支呈反位相分布；南支地中海附近的低槽前西南气流与乌拉尔山南部槽前西南气流在巴尔喀什湖—新疆北部汇合，暴雪区位于汇合的西南锋区上(图 3.55b)；南欧脊受不稳定小槽影响，向东南移动，使乌拉尔山南部低槽东移，其东南部锋区上不断有短波东移造成中天山山区暴雪天气(图略)。300 hPa 上新疆北部位于风速>40 m·s^{-1}西南急流轴右侧辐散区(图 3.55c)，700 hPa 上中天山位于低空偏北气流与天山山脉形成的辐合抬升，并位于水汽通量散度辐合区(图 3.55d)。暴雪区位于高空西南急流轴右侧辐散区，乌拉尔山南部低槽前西南气流，低空偏北气流与天山山脉形成的辐合抬升和水汽通量散度辐合区，以及地面图上冷锋附近的重叠区域(图略)。

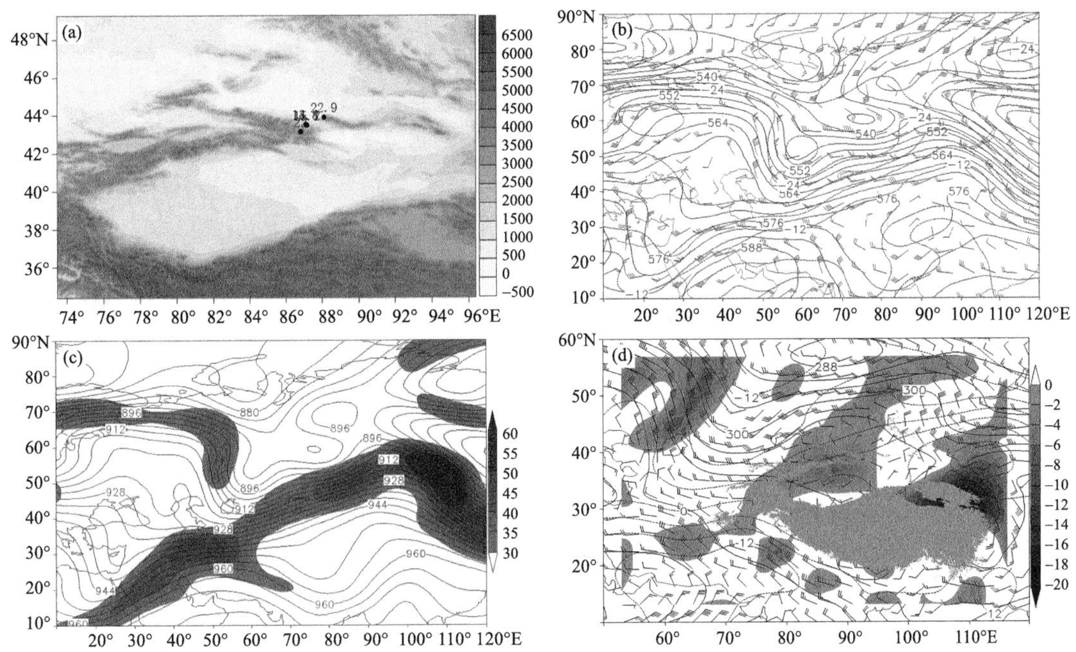

图 3.55　(a)1988 年 5 月 5—6 日累计暴雪量站点分布(单位:mm;填色为地形,单位:m)；以及 5 月 4 日 20 时(b)500 hPa 高度场(实线,单位:dagpm)、温度场(虚线,单位:℃)、风场(单位:m·s^{-1})，(c)300 hPa 高度场(实线,单位:dagpm)和风速≥30 m·s^{-1}的急流(填色,单位:m·s^{-1})；(d)5 日 08 时 700 hPa 高度场(实线,单位:dagpm)、温度场(虚线,单位:℃)、风场(单位:m·s^{-1})及水汽通量散度(填色,单位:10^{-5} g·cm^{-2}·hPa^{-1}·s^{-1},浅灰色阴影为≥3 km 的地形)

3.2.37　1989 年 10 月 28 日乌鲁木齐市、昌吉州暴雪

【暴雪概况】28 日暴雪出现在乌鲁木齐市乌鲁木齐 19.5 mm、小渠子 21.6 mm，昌吉州木垒 15.7 mm、天池 13.9 mm，其中，乌鲁木齐市小渠子为暴雪中心(图 3.56a)。

【环流背景】27 日 20 时，500 hPa 欧亚范围内中纬以纬向环流为主，其上多槽脊系统；低纬为两槽两脊，地中海、阿富汗为低槽区，伊朗高原为脊区，与中纬度槽脊系统同位相；新疆北部受中纬度锋区上中亚槽前西南气流控制(图 3.56b)；上游欧洲沿岸脊发展东移，使下游中亚槽东移造成天山北坡及山区暴雪天气(图略)。300 hPa 上新疆北部位于风速>40 m·s^{-1}西南急流轴右侧，急流核风速为≥55 m·s^{-1}，暴雪区位于高空西南急流轴右侧辐散区(图 3.56c)，700 hPa 上位于风速>12 m·s^{-1}低空偏西急流出口区前部辐合区和水汽通量散度辐合区域(图 3.56d)。暴雪区位于高空西南急流轴右侧辐散区,中亚短波槽前西南气流,低空偏西急流出口区前部辐合区和水汽通量散度辐合区域及地面上冷锋后部的重叠区域(图略)。

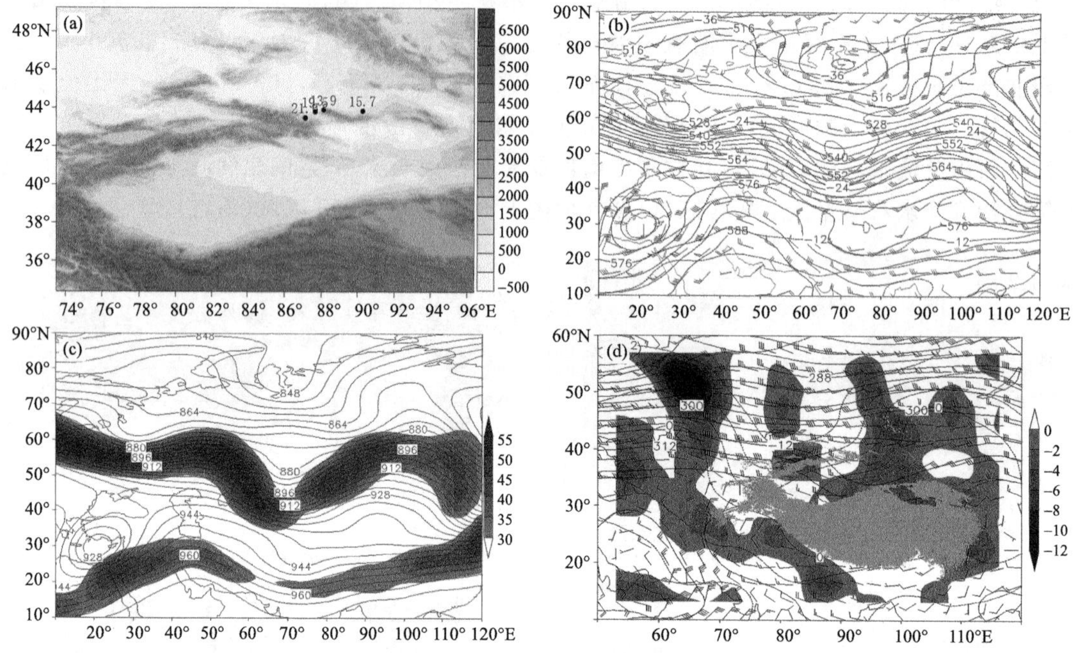

图 3.56 (a)1989 年 10 月 28 日暴雪量站点分布(单位:mm;填色为地形,单位:m);以及 10 月 27 日 20 时(b)500 hPa 高度场(实线,单位:dagpm)、温度场(虚线,单位:℃)、风场(单位:m·s^{-1}),(c)300 hPa 高度场(实线,单位:dagpm)和风速≥30 m·s^{-1}的急流(填色,单位:m·s^{-1});(d)28 日 02 时 700 hPa 高度场(实线,单位:dagpm)、温度场(虚线,单位:℃)、风场(单位:m·s^{-1})及水汽通量散度(填色,单位:10^{-5} g·cm^{-2}·hPa^{-1}·s^{-1},浅灰色阴影为≥3 km 的地形)

3.2.38 1990 年 1 月 27 日乌鲁木齐市、昌吉州暴雪

【暴雪概况】27 日暴雪出现在乌鲁木齐市米泉 14.3 mm、乌鲁木齐 12.1 mm,昌吉州奇台 15.9 mm,其中乌鲁木齐市乌鲁木齐为暴雪中心(图 3.57a)。

【环流背景】26 日 20 时,500 hPa 欧亚范围内中纬(40°—60°N)以纬向环流为主,其上多槽脊系统,中亚为短波槽;低纬伊朗低涡前西南气流与中纬中亚短波槽前西南气流在巴尔喀什湖南部—新疆北部汇合,新疆北部受中亚短波槽前西南气流控制(图 3.57b);中纬南欧浅脊发展东移,使中亚短波槽东移造成天山北坡暴雪天气(图略)。300 hPa 上新疆北部位于风速≥35 m·s^{-1}西南急流轴右侧和风速>30 m·s^{-1}西风急流轴左侧辐散区(3.57c),700 hPa 上天山北坡位于风速>12 m·s^{-1}低空偏西急流出口区前部辐合区和水汽通量散度辐合区域(图 3.57d)。暴雪区位于高空西南急流轴右侧和西风急流轴左侧辐散区,中亚短波槽前西南气流,低空偏西急流出口区前部辐合区和水汽通量散度辐合区域,以及地面冷锋附近的重叠区域(图略)。

3.2.39 1990 年 3 月 22 日克州、喀什地区暴雪

【暴雪概况】22 日暴雪出现在克州乌恰 24.2 mm、阿合奇 15.2 mm,喀什地区英吉沙 24.6 mm,其中,喀什地区英吉沙为暴雪中心(图 3.58a)。

【环流背景】21 日 20 时,500 hPa 欧亚范围内 50°N 以北的中高纬为纬向环流,50°N 以南

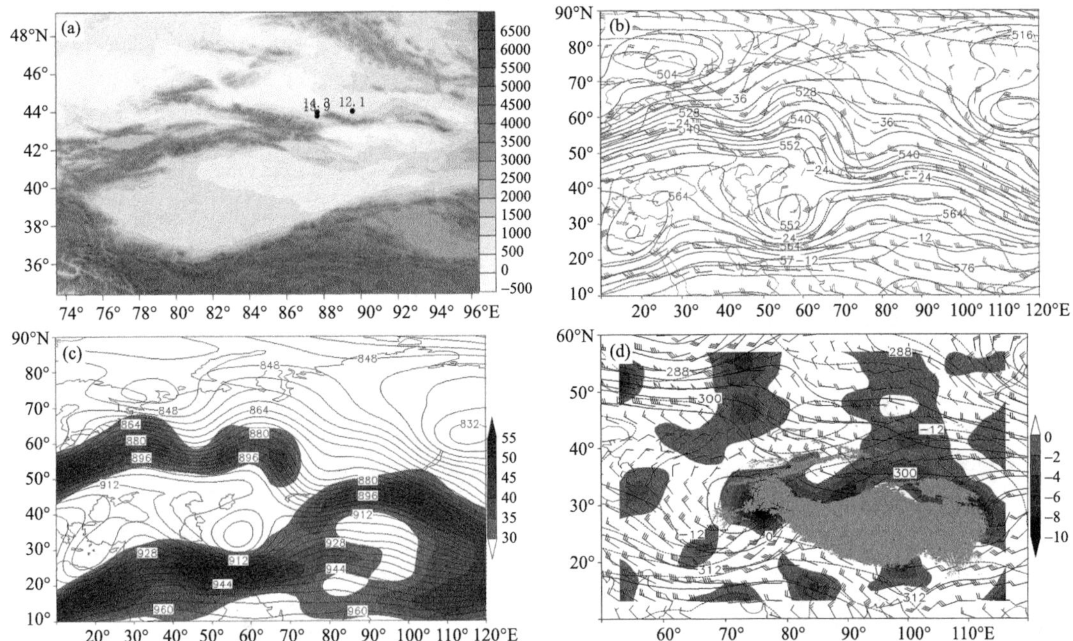

图 3.57　(a)1990 年 1 月 27 日暴雪量站点分布(单位:mm;填色为地形,单位:m);以及 1 月 26 日 20 时(b)500 hPa 高度场(实线,单位:dagpm)、温度场(虚线,单位:℃)、风场(单位:$m \cdot s^{-1}$),(c)300 hPa 高度场(实线,单位:dagpm)和风速≥30 $m \cdot s^{-1}$的急流(填色,单位:$m \cdot s^{-1}$);(d)27 日 02 时 700 hPa 高度场(实线,单位:dagpm)、温度场(虚线,单位:℃)、风场(单位:$m \cdot s^{-1}$)及水汽通量散度(填色,单位:10^{-5} $g \cdot cm^{-2} \cdot hPa^{-1} \cdot s^{-1}$,浅灰色阴影为≥3 km 的地形)

为两脊一槽型,南欧、新疆东部为脊区,塔什干为低槽区,南疆西部位于槽前西南暖湿气流控制(图 3.58b);北支锋区上低槽沿南欧脊前东南下,使塔什干槽略有东移,并分裂短波造成南疆西部暴雪天气(图略)。300 hPa 上南疆西部位于风速≥30 $m \cdot s^{-1}$高空西南急流轴右侧和副热带西风急流出口区左侧辐散区(图 3.58c),700 hPa 上位于风速≥12 $m \cdot s^{-1}$低空偏东急流出口区前部辐合区及其与大地型形成的辐合抬升区,并伴有水汽通量散度辐合区(图 3.58d),有利于暴雪的产生。地面图上,咸海东南部—巴尔喀什湖—贝加尔湖为高压带,呈西南—东北向,南疆盆地位于冷锋后部附近,有利于冷空气东灌进入南疆西部,形成冷垫,为暴雪的产生提供有利的条件。暴雪区位于高空西南急流轴右侧和副热带西风急流出口区左侧辐散区,塔什干槽前西南暖湿气流,低空偏东急流出口区前部辐合区及其与大地型形成的辐合抬升区、水汽通量散度辐合区,以及地面图上冷锋后的东灌形势的重叠区域(图略)。

1990 年 3 月 22 日前后克州雨转雪天气持续超过 70 h,其中 22 日,乌恰、阿合奇达暴雪和大暴雪,全州积雪 70～160 cm,死亡 5 人,死亡大小牲畜 2.52 万头(只)。30 万头(只)牲畜被困山中,靠人工补饲,全州倒塌住房 500 多间、牲畜棚圈 1000 多座,破坏高低压线、广播线约 13.5 km、电杆 210 余根,损坏变压器 5 个,压倒树木 1 万余棵。喀什地区也普降大雨转雪,持续67 h,12 个县(市)10.85 万户 50 万人受灾,倒塌房屋 4354 间、畜圈 5854 座,死亡大小牲畜 3.07 万头(只),倒塌院墙 18.6 km,危房 2.85 万间,损失粮食 70.3 万 kg,损失口粮 700 余 kg,毁坏地膜棉 280 hm^2,冻死菜苗 257.3 hm^2。棉花推迟播种 10～15 d,经济损失 1300 万元。为

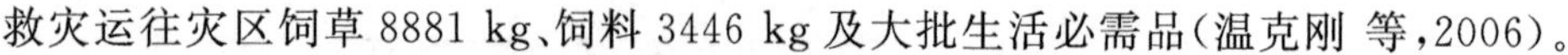
救灾运往灾区饲草 8881 kg、饲料 3446 kg 及大批生活必需品(温克刚 等,2006)。

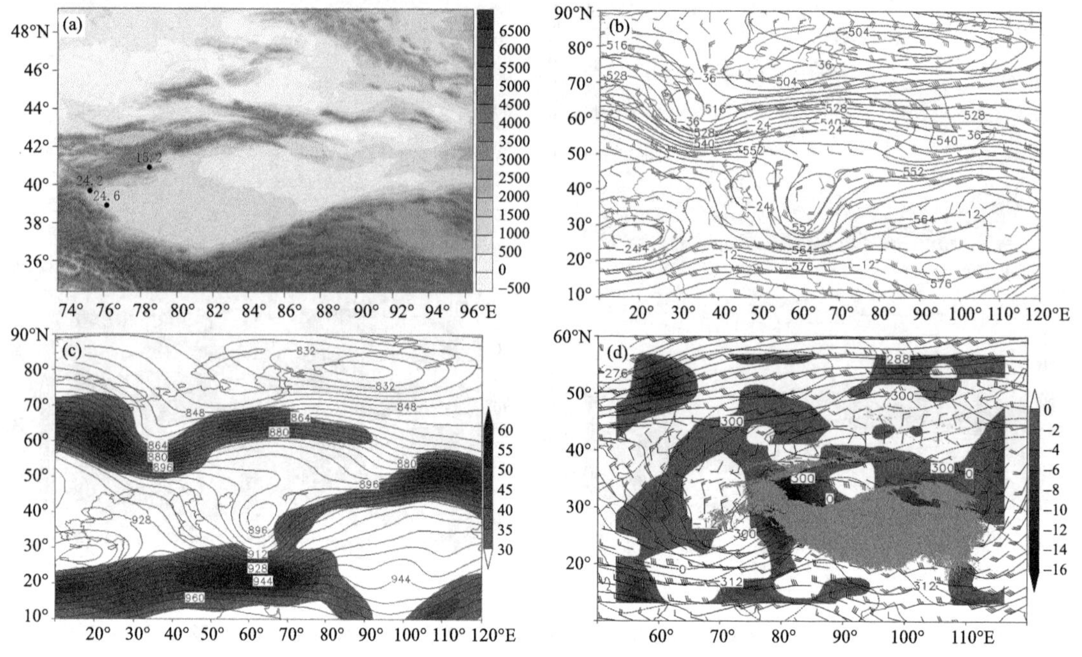

图 3.58　(a)1990 年 3 月 22 日暴雪量站点分布(单位:mm;填色为地形,单位:m);以及 3 月 21 日 20 时(b)500 hPa 高度场(实线,单位:dagpm)、温度场(虚线,单位:℃)、风场(单位:m·s^{-1}),(c)300 hPa 高度场(实线,单位:dagpm)和风速≥30 m·s^{-1}的急流(填色,单位:m·s^{-1});(d)22 日 02 时 700 hPa 高度场(实线,单位:dagpm)、温度场(虚线,单位:℃)、风场(单位:m·s^{-1})及水汽通量散度(填色,单位:10^{-5} g·cm^{-2}·hPa^{-1}·s^{-1},浅灰色阴影为≥3 km 的地形)

3.2.40　1990 年 4 月 19—21 日乌鲁木齐市、昌吉州暴雪

【暴雪概况】暴雪出现在:19 日乌鲁木齐市天山大西沟 12.8 mm、牧试站 14.4 mm,昌吉州天池 28.5 mm;20—21 日乌鲁木齐市小渠子,分别为 14.4 mm 和 12.2 mm。过程降雪中心出现在昌吉州天池(图 3.59a)。

【环流背景】18 日 20 时,500 hPa 欧亚范围内欧洲为北脊南涡,即欧洲为阻塞高压区,其南部的里海—咸海北部为低涡;西伯利亚为低涡活动区,其西部西伸至乌拉尔山附近,呈东西向,槽前西北锋区与低纬南支西北气流在巴尔喀什湖—新疆北部汇合,新疆北部受西北气流控制(图 3.59b);欧洲阻塞高压受不稳定小槽影响,脊前正变高南下,使西伯利亚横槽逐渐南压转为西南—东北向,槽前偏西锋区上不断分裂短波东移造成天山山区暴雪天气(图略)。300 hPa 上中天山位于风速>30 m·s^{-1}西北急流轴左侧辐散区(图 3.59c),700 hPa 上位于低空显著西北气流前沿风速辐合区和水汽通量散度辐合区域(图 3.59d)。暴雪区位于高空西北急流轴左侧辐散区,南北结合锋区西北气流,低空显著西北气流前沿风速辐合区和水汽通量散度辐合区域,以及地面弱冷锋附近的重叠区域(图略)。

3.2.41　1990 年 4 月 28—30 日乌鲁木齐市、昌吉州、哈密市、伊犁州暴雪

【暴雪概况】暴雪出现在:28 日乌鲁木齐市天山大西沟 15.3 mm、牧试站 14.2 mm、小渠子 12.2 mm,昌吉州天池 15.6 mm;29 日哈密市巴里坤 12.8 mm;30 日伊犁州尼勒克 20.1 mm,

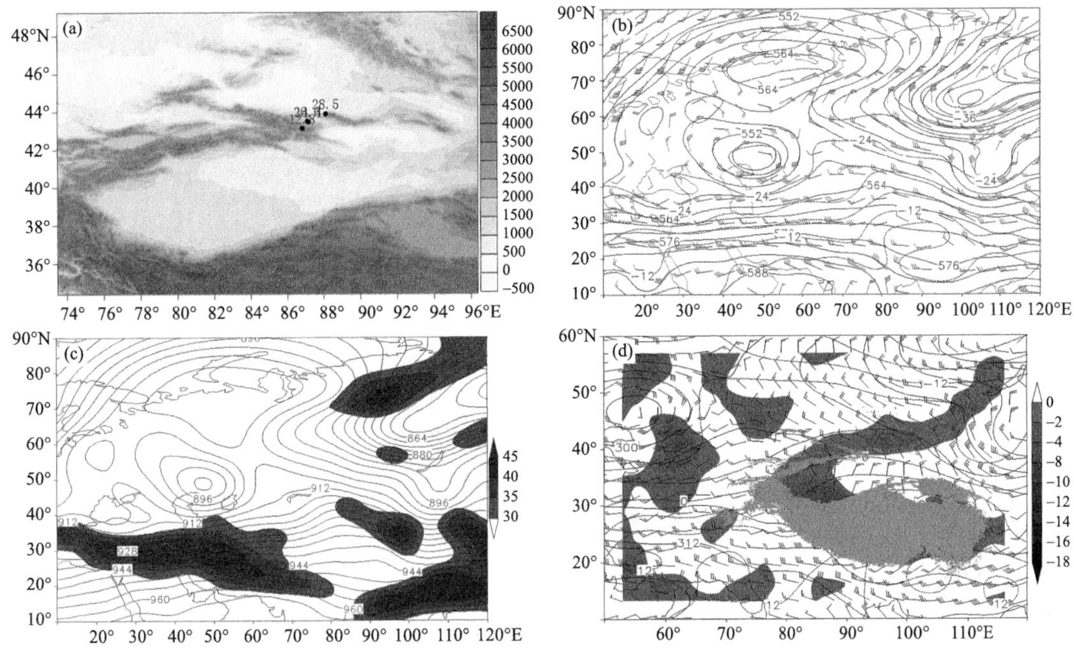

图 3.59　(a)1990 年 4 月 19—21 日暴雪量站点分布(单位:mm;填色为地形,单位:m);以及 4 月 18 日 20 时(b)500 hPa 高度场(实线,单位:dagpm)、温度场(虚线,单位:℃)、风场(单位:m·s^{-1}),(c)300 hPa 高度场(实线,单位:dagpm)和风速≥30 m·s^{-1}的急流(填色,单位:m·s^{-1}),(d)700 hPa 高度场(实线,单位:dagpm)、温度场(虚线,单位:℃)、风场(单位:m·s^{-1})及水汽通量散度(填色,单位:10^{-5} g·cm^{-2}·hPa^{-1}·s^{-1},浅灰色阴影为≥3 km 的地形)

其中,伊犁州尼勒克为暴雪中心(图 3.60a)。

【环流背景】27 日 20 时,500 hPa 欧亚范围内呈两槽一脊型,伊朗高原至乌拉尔山以北为强盛高压脊区,西欧和中亚地区为低压槽;新疆北部受中亚槽前西南气流控制(图 3.60b);乌拉尔山脊西北部受冷空气影响,向东南部分衰退,使中亚槽东移,造成中天山山区暴雪天气(图略)。300 hPa 上中天山位于风速＞30 m·s^{-1}西南急流轴右侧附近的分流辐散区(图 3.60c),700 hPa上位于风速＞12 m·s^{-1}低空西风急流出口区前部辐合区和水汽通量散度辐合区域(图 3.60d)。暴雪区位于高空西南急流轴右侧附近的分流辐散区,中亚槽前西南气流,低空西风急流出口区前部辐合区和水汽通量散度辐合区域,以及地面冷锋附近的重叠区域(图略)。

3.2.42　1992 年 2 月 27 日伊犁州暴雪

【暴雪概况】27 日暴雪出现在伊犁州霍城 13.1 mm、察布查尔 15.9 mm、伊宁 15.3 mm、伊宁县 16.2 mm,其中伊宁县为暴雪中心(图 3.61a)。

【环流背景】26 日 20 时,500 hPa 欧亚范围内为两脊一槽型,西欧、新疆东部至贝加尔湖为脊区,西西伯利亚为极涡活动区,其底部强偏西锋区与低纬地中海东部及里海东南部槽前西南气流在巴尔喀什湖—新疆北部汇合,伊犁州受汇合的西风强锋区控制,其上,最大风速达 38 m·s^{-1}(图 3.61b);极涡旋转,其底部锋区上分裂短波槽东移造成伊犁州暴雪天气(图略)。300 hPa 上新疆西部位于风速＞50 m·s^{-1}强盛西南急流轴右侧辐散区(图 3.61c),700 hPa 上位于风速＞12 m·s^{-1}低空西南急流出口前部辐合区和水汽通量散度辐合区域(图 3.61d)。

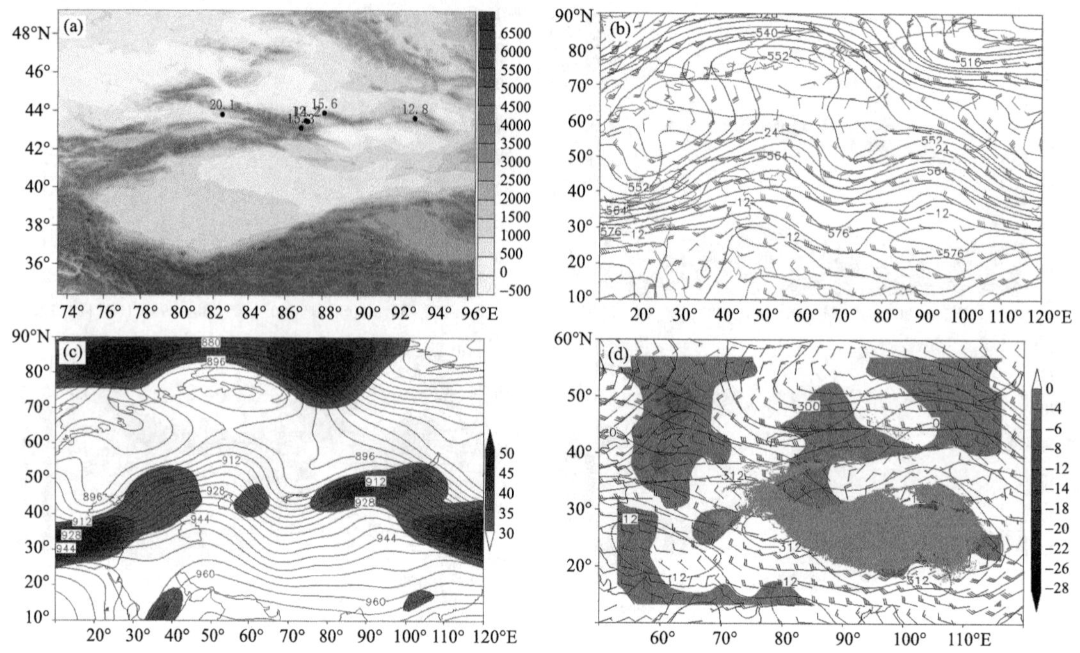

图 3.60　(a)1990 年 4 月 28—30 日累计暴雪量站点分布(单位:mm;填色为地形,单位:m);以及 4 月 27 日 20 时(b)500 hPa 高度场(实线,单位:dagpm)、温度场(虚线,单位:℃)、风场(单位:m · s^{-1}),(c)300 hPa 高度场(实线,单位:dagpm)和风速≥30 m · s^{-1}的急流(填色,单位:m · s^{-1}),(d)700 hPa 高度场(实线,单位:dagpm)、温度场(虚线,单位:℃)、风场(单位:m · s^{-1})及水汽通量散度(填色,单位:10^{-5} g · cm^{-2} · hPa^{-1} · s^{-1},浅灰色阴影为≥3 km 的地形)

暴雪区位于高空西南急流轴右侧辐散区,极涡底部南北结合强西风锋区,低空西南急流出口前部辐合区和水汽通量散度辐合区,以及地面冷锋附近的重叠区域(图略)。

3.2.43　1992 年 3 月 19 日巴州暴雪

【暴雪概况】19 日暴雪出现在巴州焉耆盆地,焉耆 17.6 mm、和硕 19.2 mm (图 3.62a)。

【环流背景】18 日 20 时,500 hPa 欧亚范围内为两槽一脊型,伊朗高原北部至西西伯利亚北部为西南—东北向的高压脊区,黑海和地中海附近为低涡活动区,中亚为横槽,横槽前偏西锋区南部控制焉耆盆地(图 3.62b);西西伯利亚脊西北部受不稳定小槽影响,脊线略有南压,使横槽南压切涡,其南部锋区上分裂短波东移造成焉耆盆地暴雪天气(图略)。300 hPa 上暴雪区位于风速>30 m · s^{-1}西风急流轴左侧辐散区(图 3.62c),700 hPa 上南疆盆地低空为西北气流与西南气流沿地形形成的切变辐合区和水汽通量散度辐合区域(图 3.62d)。地面图上,西西伯利亚—蒙古为高压区,南疆盆地位于冷锋后(图略)。暴雪区位于高空西风急轴左侧辐散区,中亚横槽前西风锋区,低空西北气流与西南气流沿地形形成的切变辐合区和水汽通量散度辐合区,以及北高南低的东灌气流的重叠区域(图略)。

1992 年 3 月 19 日,巴州焉耆盆地遭雪灾,积雪 10 cm 左右,一些地方 20～30 cm。春播被迫停止,1973.3 hm^2小麦播期推迟 10～15 d,已播作物发生烂种、根须坏死,3333.3 hm^2作物需重播。受灾农田面积 26666.7 hm^2,其中须改种面积 2666.7 hm^2。雪灾使 60 万头(只)牲畜采食困难,死亡牲畜 3793 头(只),倒塌房屋 17 间,损坏 130 间,直接经济损失 300 万元(温克刚 等,2006)。

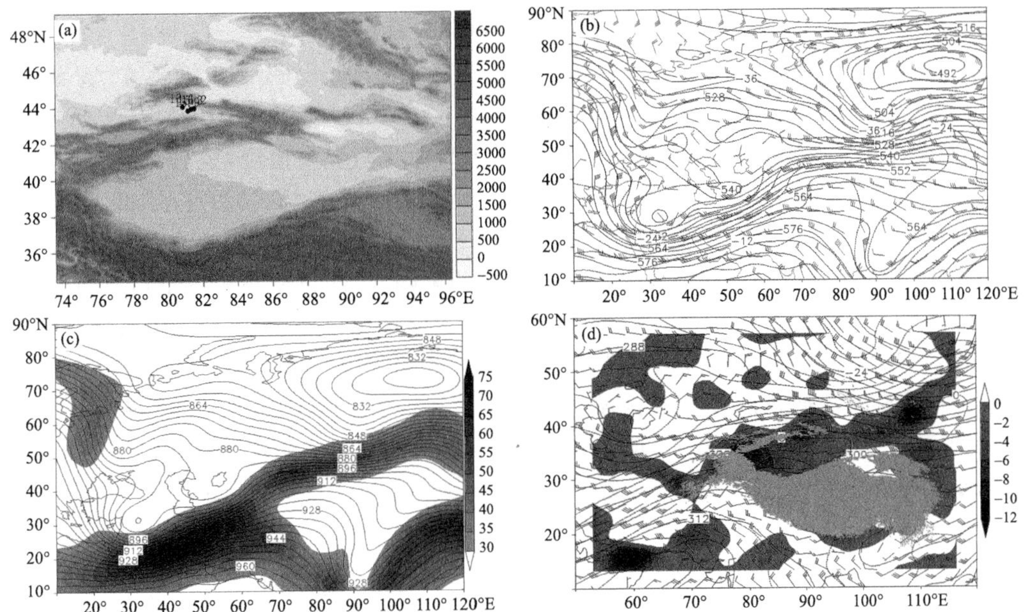

图 3.61 (a)1992 年 2 月 27 日暴雪量站点分布(单位:mm;填色为地形,单位:m);以及 2 月 26 日 20 时(b)500 hPa 高度场(实线,单位:dagpm)、温度场(虚线,单位:℃)、风场(单位:$m \cdot s^{-1}$),(c)300 hPa 高度场(实线,单位:dagpm)和风速≥30 $m \cdot s^{-1}$的急流(填色,单位:$m \cdot s^{-1}$),(d)700 hPa 高度场(实线,单位:dagpm)、温度场(虚线,单位:℃)、风场(单位:$m \cdot s^{-1}$)及水汽通量散度(填色,单位:10^{-5} $g \cdot cm^{-2} \cdot hPa^{-1} \cdot s^{-1}$,浅灰色阴影为≥3 km 的地形)

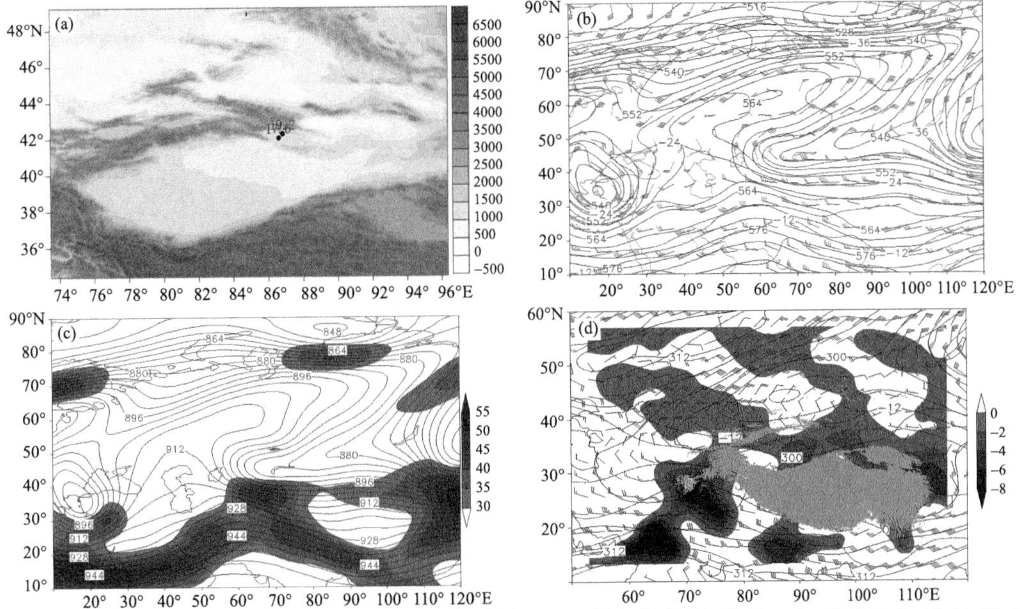

图 3.62 (a)1992 年 3 月 19 日暴雪量站点分布(单位:mm;填色为地形,单位:m);以及 3 月 18 日 20 时(b)500 hPa 高度场(实线,单位:dagpm)、温度场(虚线,单位:℃)、风场(单位:$m \cdot s^{-1}$),(c)300 hPa 高度场(实线,单位:dagpm)和风速≥30 $m \cdot s^{-1}$的急流(填色,单位:$m \cdot s^{-1}$);(d)19 日 08 时 700 hPa 高度场(实线,单位:dagpm)、温度场(虚线,单位:℃)、风场(单位:$m \cdot s^{-1}$)及水汽通量散度(填色,单位:10^{-5} $g \cdot cm^{-2} \cdot hPa^{-1} \cdot s^{-1}$,浅灰色阴影为≥3 km 的地形)

3.2.44 1992年4月5日乌鲁木齐市、昌吉州暴雪

【暴雪概况】5日暴雪出现在乌鲁木齐市牧试站17.7 mm，昌吉州天池15.3 mm（图3.63a）。

【环流背景】4日20时，500 hPa欧亚范围内中高纬为两脊一槽型，里海和咸海至欧洲为向西北伸展的高压脊区，贝加尔湖西部为脊区，西西伯利亚地区为低涡活动区，南支为纬向环流，里海南部槽前西南气流与西西伯利亚低涡东南部西南气流有些汇合，新疆北部受低涡东南部西风锋区控制（图3.63b）；欧洲脊受不稳定小槽的影响，脊前正变高东南下，使西西伯利亚低涡底部锋区上分裂短波槽东移造成中天山暴雪天气（图略）。300 hPa上中天山位于风速>30 m·s^{-1}西风急流轴右侧辐散区（图3.63c），700 hPa上位于低空西北气流和天山地形形成的辐合抬升和水汽通量散度辐合区域（图3.63d）。暴雪区位于高空西风急流轴右侧辐散区，西西伯利亚低涡底部西风锋区，低空西北气流和天山地形形成的辐合抬升和水汽通量散度辐合区域，以及地面冷锋后的叠置区（图略）。

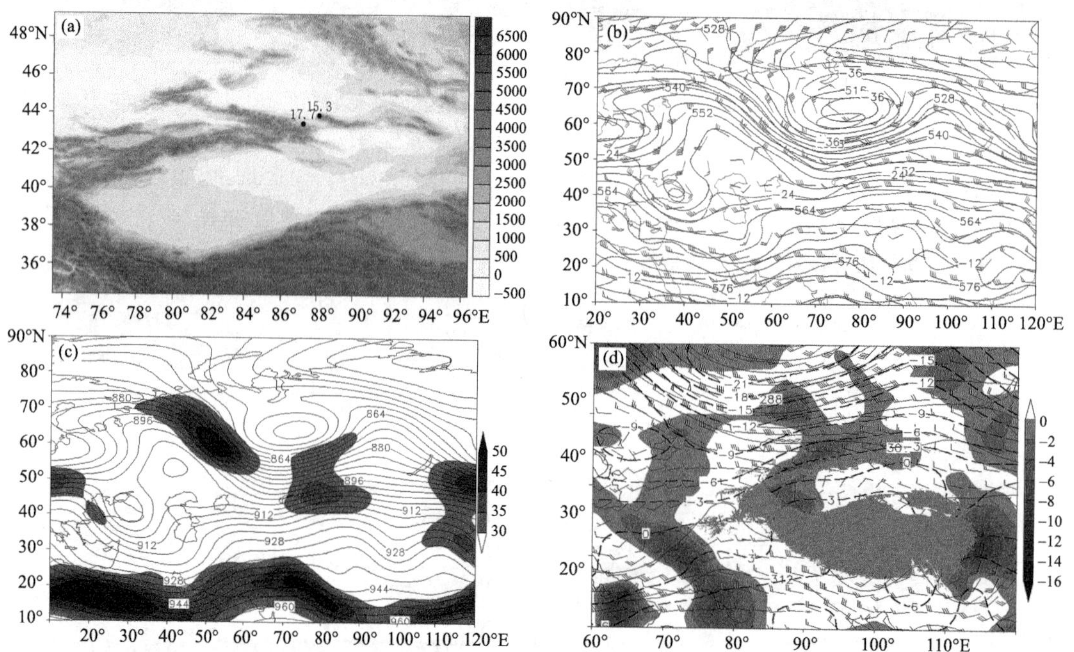

图3.63 (a)1992年4月5日暴雪量站点分布（单位：mm；填色为地形，单位：m）；以及4月4日20时(b)500 hPa高度场（实线，单位：dagpm）、温度场（虚线，单位：℃）、风场（单位：m·s^{-1}），(c)300 hPa高度场（实线，单位：dagpm）和风速≥30 m·s^{-1}的急流（填色，单位：m·s^{-1}），(d)700 hPa高度场（实线，单位：dagpm）、温度场（虚线，单位：℃）、风场（单位：m·s^{-1}）及水汽通量散度（填色，单位：10^{-5} g·cm^{-2}·hPa^{-1}·s^{-1}，浅灰色阴影为≥3 km的地形）

3.2.45 1992年5月3—4日乌鲁木齐市、昌吉州暴雪

【暴雪概况】暴雪出现在：3日昌吉州天池23.2 mm；4日乌鲁木齐市乌鲁木齐15.7 mm、小渠子15.1 mm，昌吉州天池32.4 mm、木垒13.9 mm，其中，昌吉州天池为过程暴雪中心，累计降雪量55.6 mm（图3.64a）。

【环流背景】2日20时，500 hPa欧亚范围内为两脊一槽型，地中海至欧洲、新疆东部为高

压脊区，东西伯利亚至中亚为低涡活动区，低纬系统与之同位相，新疆北部受中亚低涡前西南气流控制(图 3.64b)；欧洲脊西北部受冷空气影响，向东南有些衰退，使中亚低涡东移北上，并分裂短波槽东移造成中天山山区暴雪天气(图略)。300 hPa 上中天山位于风速>35 m·s^{-1}西南急流轴右侧辐散区(图 3.64c)，700 hPa 上位于低空西北气流与东北气流的辐合区和水汽通量散度辐合区域(图 3.64d)。暴雪区位于高空西南急流轴右侧辐散区，中亚低涡前西南气流，低空西北气流与东北气流的辐合区和水汽通量散度辐合区域，以及地面冷锋附近的重叠区域(图略)。

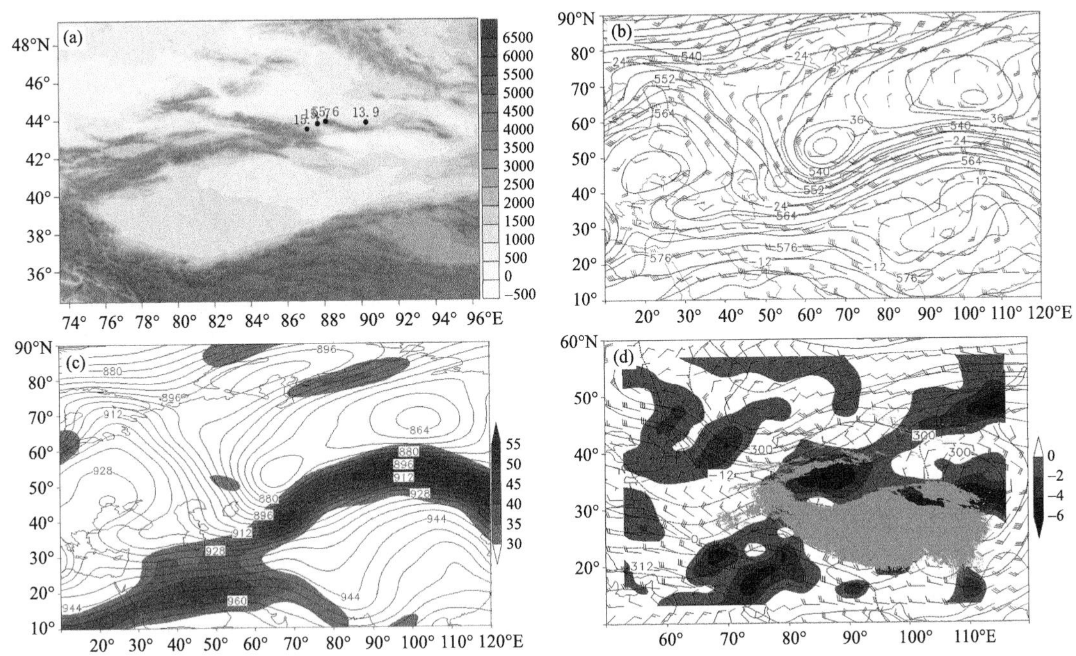

图 3.64 (a)1992 年 5 月 3—4 日累计暴雪量站点分布(单位：mm；填色为地形，单位：m)；以及 5 月 2 日 20 时(b)500 hPa 高度场(实线，单位：dagpm)、温度场(虚线，单位：℃)、风场(单位：m·s^{-1})，(c)300 hPa 高度场(实线，单位：dagpm)和风速≥30 m·s^{-1}的急流(填色，单位：m·s^{-1})；(d)3 日 08 时 700 hPa 高度场(实线，单位：dagpm)、温度场(虚线，单位：℃)、风场(单位：m·s^{-1})及水汽通量散度(填色，单位：10^{-5} g·cm^{-2}·hPa^{-1}·s^{-1}，浅灰色阴影为≥3 km 的地形)

3.2.46 1992 年 5 月 12 日乌鲁木齐市、昌吉州暴雪

【暴雪概况】12 日中天山山区出现暴雪，乌鲁木齐市小渠子 15.2 mm，昌吉州天池 19.3 mm(图 3.65a)。

【环流背景】11 日 20 时，500 hPa 欧亚范围内中纬度为两槽两脊型，西西伯利亚、贝加尔湖为高压脊区，里海、西伯利亚—中亚为低涡活动区，新疆北部受西伯利亚低涡东南部西南气流控制(图 3.65b)；西西伯利亚脊西北部受不稳定小槽影响，略有东移，使西伯利亚低涡东移南下造成中天山山区暴雪天气(图略)。300 hPa 上中天山位于风速>30 m·s^{-1}西风急流出口区左侧辐散区(图 3.65c)，700 hPa 上位于低空西北气流与偏西风气流的切变辐合区和水汽通量散度辐合区域(图 3.65d)。暴雪区位于高空西风急流出口区左侧辐散区，西伯利亚低涡东南部西南气流，低空西北气流与偏西风气流的切变辐合区和水汽通量散度辐合区域，以及地面冷锋附近的重叠区域(图略)。

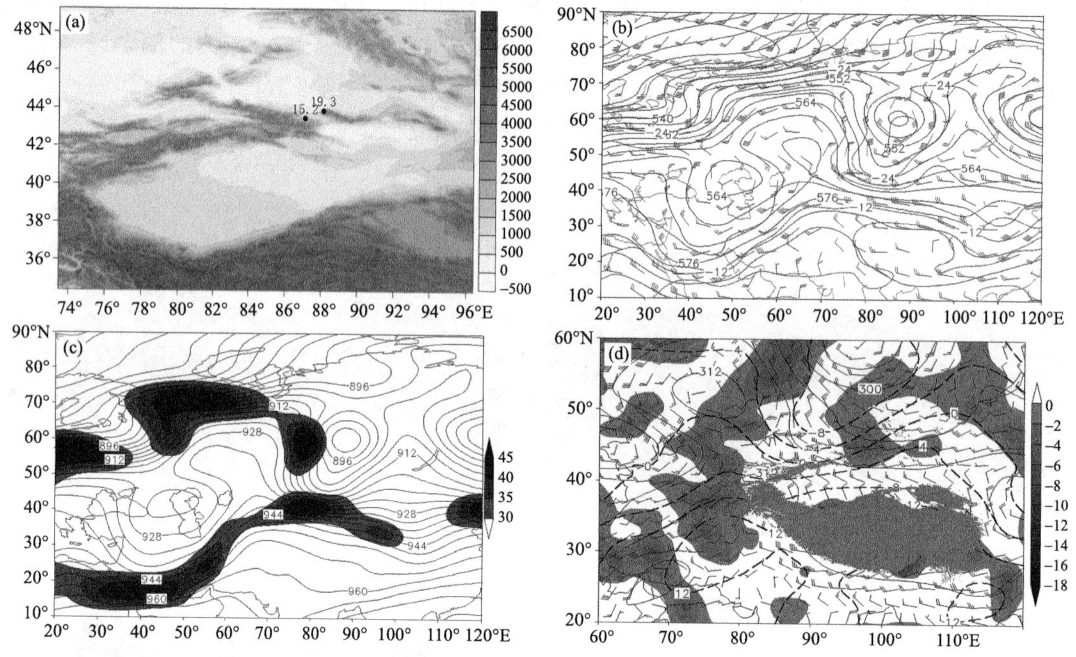

图 3.65　(a)1992 年 5 月 12 日暴雪量站点分布(单位：mm；填色为地形，单位：m)；以及 5 月 11 日 20 时(b)500 hPa 高度场(实线，单位：dagpm)、温度场(虚线，单位：℃)、风场(单位：$m \cdot s^{-1}$)，(c)300 hPa 高度场(实线，单位：dagpm)和风速≥30 $m \cdot s^{-1}$ 的急流(填色，单位：$m \cdot s^{-1}$)，(d)700 hPa 高度场(实线，单位：dagpm)、温度场(虚线，单位：℃)、风场(单位：$m \cdot s^{-1}$)及水汽通量散度(填色，单位：10^{-5} $g \cdot cm^{-2} \cdot hPa^{-1} \cdot s^{-1}$，浅灰色阴影为≥3 km 的地形)

3.2.47　1992 年 11 月 5 日昌吉州暴雪

【暴雪概况】5 日昌吉州出现暴雪，呼图壁 12.2 mm、木垒 12.1 mm (图 3.66a)。

【环流背景】4 日 20 时，500 hPa 欧亚范围内为一槽一脊型，伊朗高原至乌拉尔山为高压脊区，西西伯利亚至巴尔喀什湖以南为低涡活动区，低槽南伸至北纬 35°N 附近，新疆北部受槽前较强西风锋区控制(图 3.66b)；乌拉尔山脊受小槽影响，向东南衰退，使西西伯利亚低涡东移南下，造成昌吉州暴雪天气(图略)。300 hPa 上昌吉州位于风速＞35 $m \cdot s^{-1}$ 西南急流轴右侧辐散区(图 3.66c)，700 hPa 上位于风速＞12 $m \cdot s^{-1}$ 低空西北急流前部辐合区和水汽通量散度辐合区(图 3.66d)。暴雪区位于高空西南急流轴右侧辐散区，西西伯利亚低涡底部较强偏西锋区，低空西北急流前部辐合区和水汽通量散度辐合区，以及地面冷锋附近的重叠区域(图略)。

3.2.48　1992 年 11 月 17 日石河子市暴雪

【暴雪概况】17 日石河子市出现暴雪，石河子市石河子 17.8 mm、乌兰乌苏 16.7 mm(图 3.67a)。

【环流背景】16 日 20 时，500 hPa 欧亚范围内为两槽一脊型，咸海至乌拉尔山地区为高压脊区，欧洲、中亚为低涡活动区，新疆北部受中亚低涡南部偏西气流控制(图 3.67b)；欧洲低涡旋转略有东移，使乌拉尔山脊向东南移动，导致中亚低涡减弱东移造成石河子市暴雪天气(图

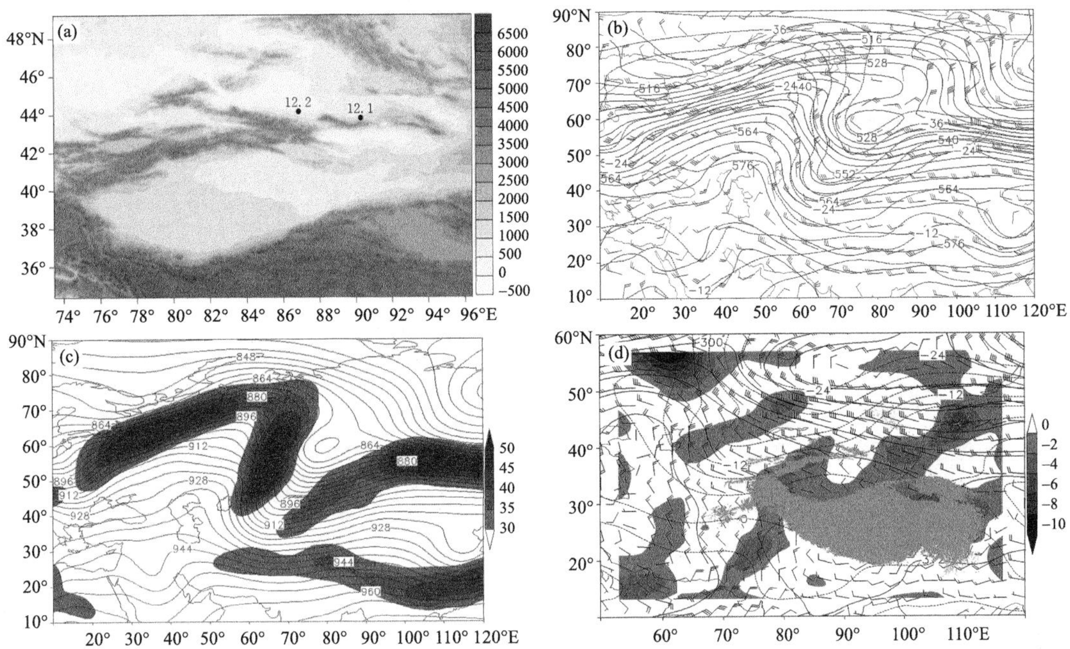

图 3.66　(a)1992 年 11 月 5 日暴雪量站点分布(单位:mm;填色为地形,单位:m);以及 11 月 4 日 20 时(b)500 hPa 高度场(实线,单位:dagpm)、温度场(虚线,单位:℃)、风场(单位:$m \cdot s^{-1}$),(c)300 hPa 高度场(实线,单位:dagpm)和风速≥30 $m \cdot s^{-1}$ 的急流(填色,单位:$m \cdot s^{-1}$),(d)700 hPa 高度场(实线,单位:dagpm)、温度场(虚线,单位:℃)、风场(单位:$m \cdot s^{-1}$)及水汽通量散度(填色,单位:10^{-5} $g \cdot cm^{-2} \cdot hPa^{-1} \cdot s^{-1}$,浅灰色阴影为≥3 km 的地形)

略)。300 hPa 上新疆北部位于风速>30 $m \cdot s^{-1}$ 西南急流轴右侧辐散区(图 3.67c),700 hPa 上石河子市位于风速>12 $m \cdot s^{-1}$ 低空西风急流出口区前部辐合区和水汽通量散度辐合区域(图 3.67d)。暴雪区位于高空西南急流轴右侧辐散区,中亚低涡南部偏西气流,低空西风急流出口区前部辐合区和水汽通量散度辐合区,以及地面冷锋附近的重叠区域(图略)。

3.2.49　1993 年 2 月 18—19 日阿克苏地区、克州、喀什地区暴雪

【暴雪概况】暴雪出现在:18 日阿克苏地区乌什 18.7 mm、柯坪 18.1 mm;19 日克州阿图什 25.9 mm、乌恰 14.1 mm,喀什地区伽师 12.9 mm、岳普湖 13.4 mm,其中,克州阿图什为暴雪中心(图 3.68a)。

【环流背景】17 日 20 时,500 hPa 欧亚范围内 50°N 以北和 30°N 以南以纬向环流为主,中纬为两脊两槽型,中亚、东亚为低槽区,乌拉尔山为北脊南涡,强度较弱,贝加尔湖为脊区;南涡底部西南气流与中亚槽前西南气流在阿富汗—南疆盆地汇合,南疆盆地主要受中亚槽前西南气流控制(图 3.68b);受上游低槽影响,乌拉尔山脊东移缓慢减弱,使中亚槽东移造成南疆西部暴雪天气(图略)。300 hPa 上南疆西南部位于风速>30 $m \cdot s^{-1}$ 西南急流轴右侧辐散区(图 3.68c),700 hPa 上南疆盆地显著偏东气流与南疆西部大地形形成的辐合抬升区和水汽通量散度辐合区域(图 3.68d)。地面图上巴尔喀什湖强冷高压、蒙古冷高压,南疆盆地位于冷锋后,构成北高南低的气压场形势,有利于冷空气东灌,为暴雪的产生提供冷垫。暴雪区位于高空西南急流轴右侧辐散区,中亚槽前西南气流,低空南疆盆地显著偏东气流与南疆西部大地形

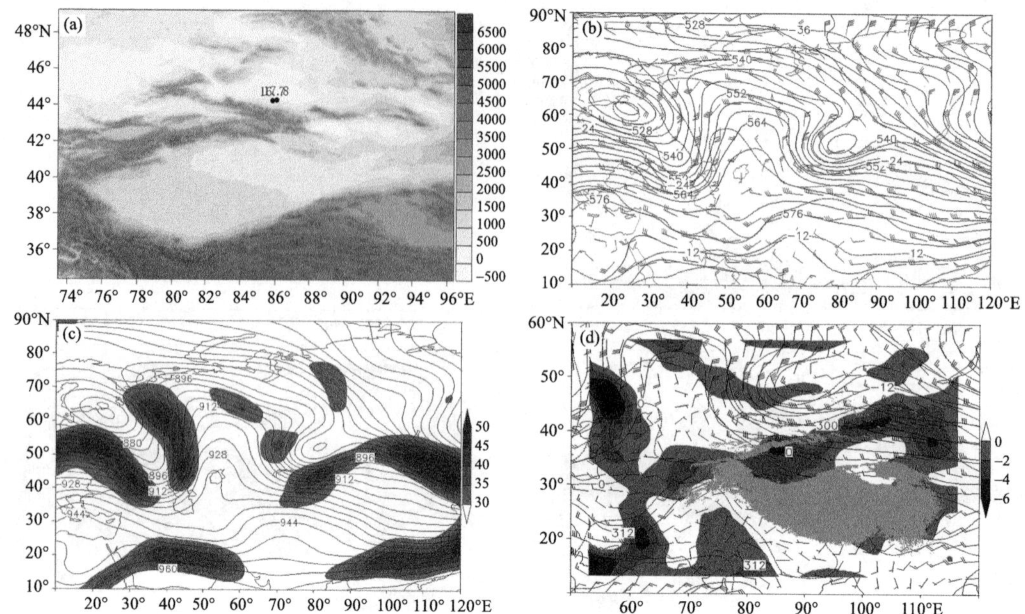

图 3.67　(a)1992 年 11 月 17 日暴雪量站点分布(单位:mm;填色为地形,单位:m);以及 11 月 16 日 20 时(b)500 hPa 高度场(实线,单位:dagpm)、温度场(虚线,单位:℃)、风场(单位:m · s^{-1}),(c)300 hPa 高度场(实线,单位:dagpm)和风速≥30 m · s^{-1}的急流(填色,单位:m · s^{-1}),(d)700 hPa 高度场(实线,单位:dagpm)、温度场(虚线,单位:℃)、风场(单位:m · s^{-1})及水汽通量散度(填色,单位:10^{-5} g · cm^{-2} · hPa^{-1} · s^{-1},浅灰色阴影为≥3 km 的地形)

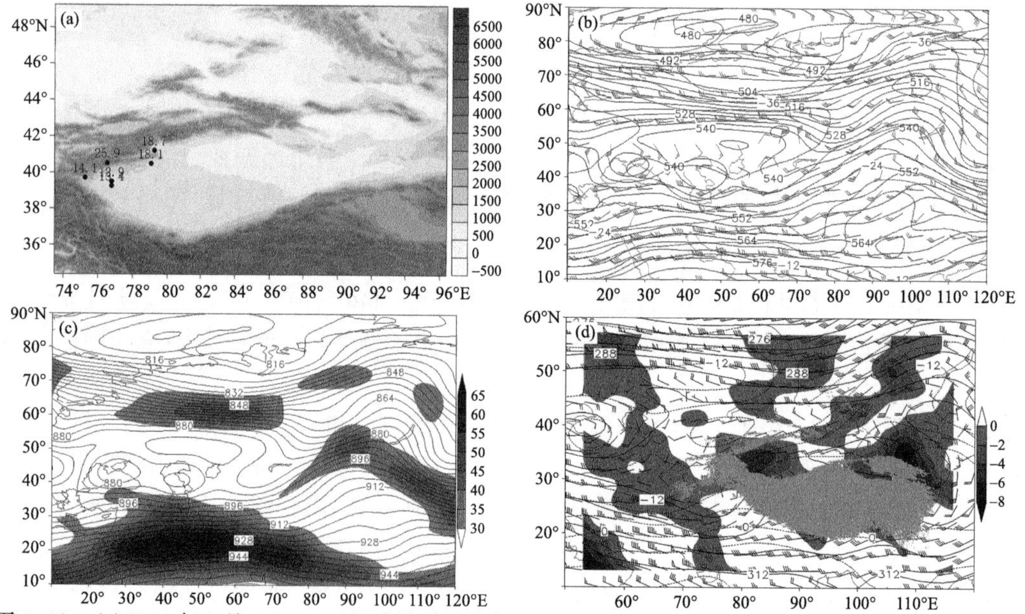

图 3.68　(a)1993 年 2 月 18—19 日累计暴雪量站点分布(单位:mm;填色为地形,单位:m);以及 2 月 17 日 20 时(b)500 hPa 高度场(实线,单位:dagpm)、温度场(虚线,单位:℃)、风场(单位:m · s^{-1}),(c)300 hPa 高度场(实线,单位:dagpm)和风速≥30 m · s^{-1}的急流(填色,单位:m · s^{-1});(d)18 日 02 时 700 hPa 高度场(实线,单位:dagpm)、温度场(虚线,单位:℃)、风场(单位:m · s^{-1})及水汽通量散度(填色,单位:10^{-5} g · cm^{-2} · hPa^{-1} · s^{-1},浅灰色阴影为≥3 km 的地形)

形成的辐合抬升区和水汽通量散度辐合区域，以及地面图上冷锋后部东灌气流前部的重叠区域（图略）。

1993年2月18—19日，阿克苏地区部分县暴雪成灾，过程降水量10～20 mm。乌什县城区积雪厚度达30 cm，山区达70～100 cm。雪灾使乌什县死亡牲畜3200多头（只），倒塌民房196间，造成危房2000多间，小麦绝收面积3866.7 hm^2，直接经济损失1200多万元（温克刚等，2006）。

3.2.50　1993年3月15日乌鲁木齐市、哈密市暴雪

【暴雪概况】15日暴雪出现在乌鲁木齐市米泉15.9 mm、乌鲁木齐20.1 mm，哈密市伊吾16.9 mm，其中，乌鲁木齐为暴雪中心（图3.69a）。

【环流背景】14日20时，500 hPa欧亚范围内为两脊一槽型，西欧、新疆东部—贝加尔湖地区为高压脊，欧洲至西西伯利亚为极涡活动区，中心位于乌拉尔山北部，极涡底部低槽南伸至35°N附近，并与南支槽同位相叠加；新疆北部受极涡东南部西南锋区控制（3.69b）；极涡旋转北收，底部分裂短波槽东移造成天山北坡暴雪天气（图略）。300 hPa上新疆北部位于风速>40 m·s^{-1}强盛西南急流轴右侧辐散区，急流核风速≥55 m·s^{-1}（图3.69c），700 hPa上位于风速>12 m·s^{-1}低空东南急流出口区左侧辐合区和水汽通量散度辐合区域（图3.69d）。暴雪区位于高空西南急流轴右侧辐散区，乌拉尔山极涡东南部西南锋区，低空东南急流出口区左侧辐合区和水汽通量散度辐合区域，以及地面冷锋附近的重叠区域（图略）。

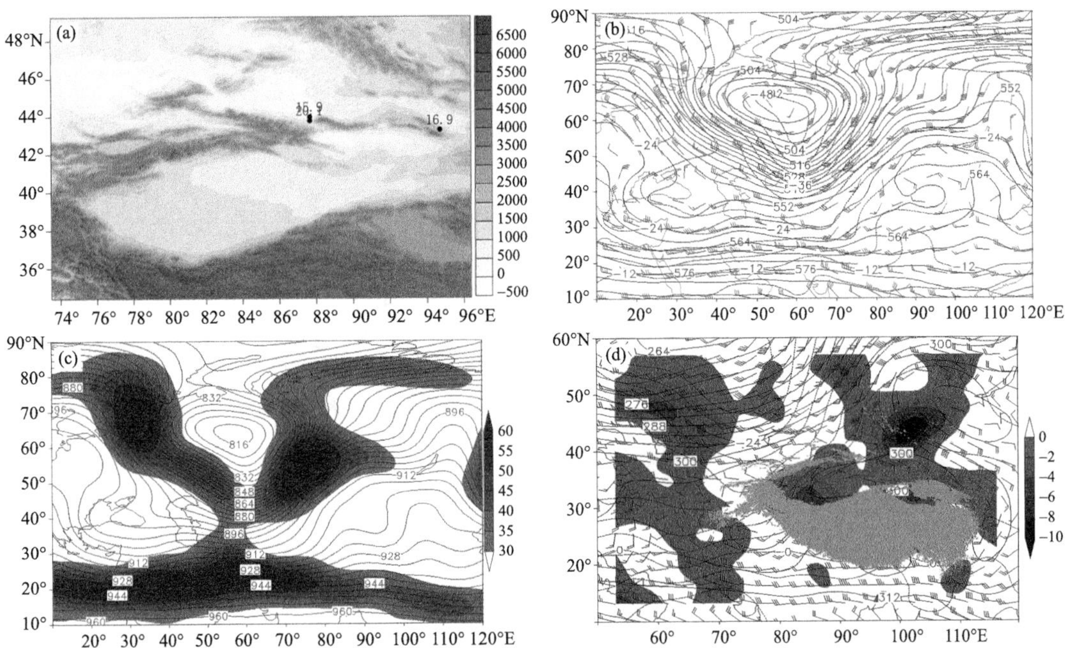

图3.69　(a)1993年3月15日暴雪量站点分布（单位：mm；填色为地形，单位：m）；以及3月14日20时(b)500 hPa高度场（实线，单位：dagpm）、温度场（虚线，单位：℃）、风场（单位：m·s^{-1}），(c)300 hPa高度场（实线，单位：dagpm）和风速≥30 m·s^{-1}的急流（填色，单位：m·s^{-1}）；(d)15日02时700 hPa高度场（实线，单位：dagpm）、温度场（虚线，单位：℃）、风场（单位：m·s^{-1}）及水汽通量散度（填色，单位：10^{-5} g·cm^{-2}·hPa^{-1}·s^{-1}，浅灰色阴影为≥3 km的地形）

3.2.51 1993 年 3 月 29—31 日塔城地区、克拉玛依市、阿勒泰地区、昌吉州、乌鲁木齐市暴雪

【暴雪概况】暴雪出现在：29 日塔城地区北部塔城 13.9 mm、裕民 13.3 mm，克拉玛依 15.2 mm；30 日塔城地区北部塔城 13.5 mm，阿勒泰地区青河 13.7 mm；31 日乌鲁木齐市乌鲁木齐 12.1 mm，昌吉州吉木萨尔 13.1 mm、天池 14.6 mm，其中，塔城地区塔城为暴雪中心，累计降雪量 27.4 mm(图 3.70a)。

【环流背景】28 日 20 时，500 hPa 欧亚范围内 60°N 以北的极地高压，中心位于新地岛南部。中低纬为两脊一槽型，伊朗高原至欧洲为脊区，新疆东部为浅脊，西伯利亚为低涡，其底部为偏西锋区，新疆北部受西风锋区控制(图 3.70b)；欧洲脊与极地高压反气旋打通，脊线顺转，脊前冷空气沿偏北风南下到西伯利亚，使该区域的低涡加深旋转，其东南部西南锋区上不断分裂短波槽东移造成新疆北部暴雪天气(图略)。300 hPa 上新疆北部位于风速＞30 m · s^{-1} 西风急流轴右侧辐散区(图 3.70c)，700 hPa 上位于风速＞16 m · s^{-1} 低空西风急流轴右侧辐合区和水汽通量散度辐合区域(图 3.70d)。暴雪区位于高空西风急流轴右侧辐散区，西伯利亚低涡底部西风锋区，低空西风急流轴右侧辐合区和水汽通量散度辐合区，地面图上 29—30 日暖区暴雪位于蒙古高压西南部，低压东南部的减压升温区域；31 日暴雪区位于冷锋附近(图略)。

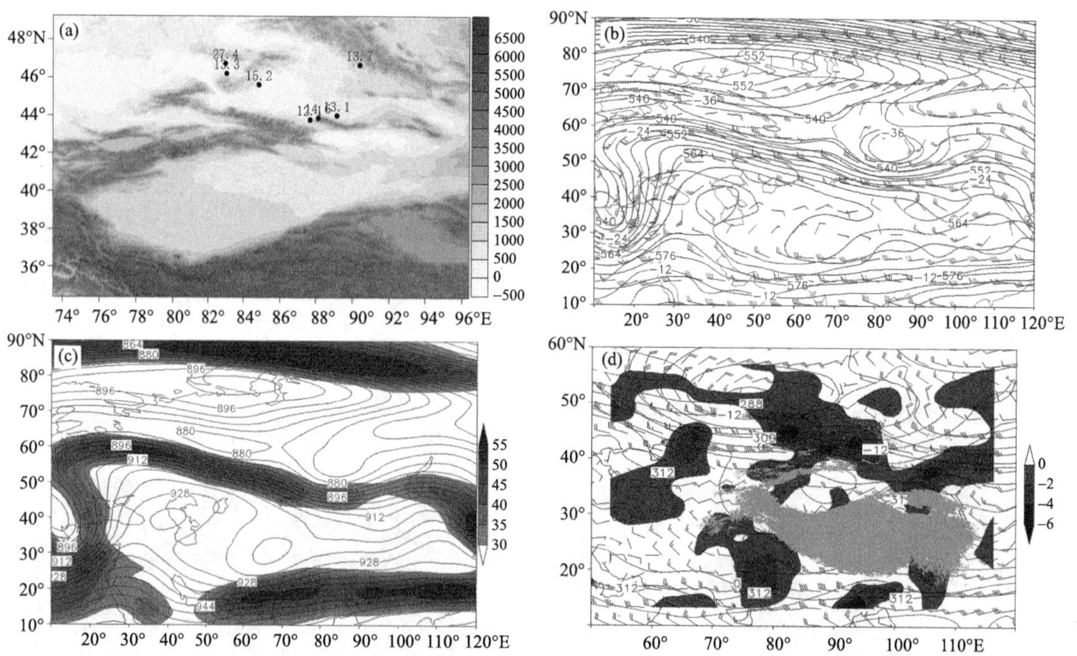

图 3.70 (a)1993 年 3 月 29—30 日累计暴雪量站点分布(单位：mm；填色为地形，单位：m)；以及 3 月 28 日 20 时(b)500 hPa 高度场(实线，单位：dagpm)、温度场(虚线，单位：℃)、风场(单位：m · s^{-1})，(c) 300 hPa 高度场(实线，单位：dagpm)和风速≥30 m · s^{-1} 的急流(填色，单位：m · s^{-1})；(d)29 日 08 时 700 hPa 高度场(实线，单位：dagpm)、温度场(虚线，单位：℃)、风场(单位：m · s^{-1})及水汽通量散度(填色，单位：10^{-5} g · cm^{-2} · hPa^{-1} · s^{-1}，浅灰色阴影为≥3 km 的地形)

3.2.52 1993 年 11 月 3 日伊犁州暴雪

【暴雪概况】3 日伊犁州出现暴雪，霍城 20.4 mm、霍尔果斯 16.7 mm、伊宁 18.0 mm、伊宁县 16.3 mm，其中，霍城为暴雪中心(图 3.71a)。

【环流背景】2日20时，500 hPa欧亚范围内60°N以北为极涡活动区，中心位于新地岛；中低纬为三脊两槽型，欧洲、贝加尔湖为脊区，巴尔喀什湖为浅脊，其东、西两侧的西伯利亚和咸海各为一低槽区；新疆西部受咸海低槽前西南锋区控制(图3.71b)；极涡旋转略有东南下，使位于锋区上的咸海低槽东移造成伊犁州暴雪天气(图略)。300 hPa上新疆西部位于风速>40 $m \cdot s^{-1}$强盛西南急流轴右侧辐散区(图3.71c)，700 hPa上位于风速>16 $m \cdot s^{-1}$低空西南急流出口区前部辐合区和水通量散度辐合区域(图3.71d)。暴雪区位于高空西南急流轴右侧辐散区，咸海槽前西南锋区，低空西南急流出口区前部辐合区和水通量散度辐合区，以及地面冷锋附近的重叠区域(图略)。

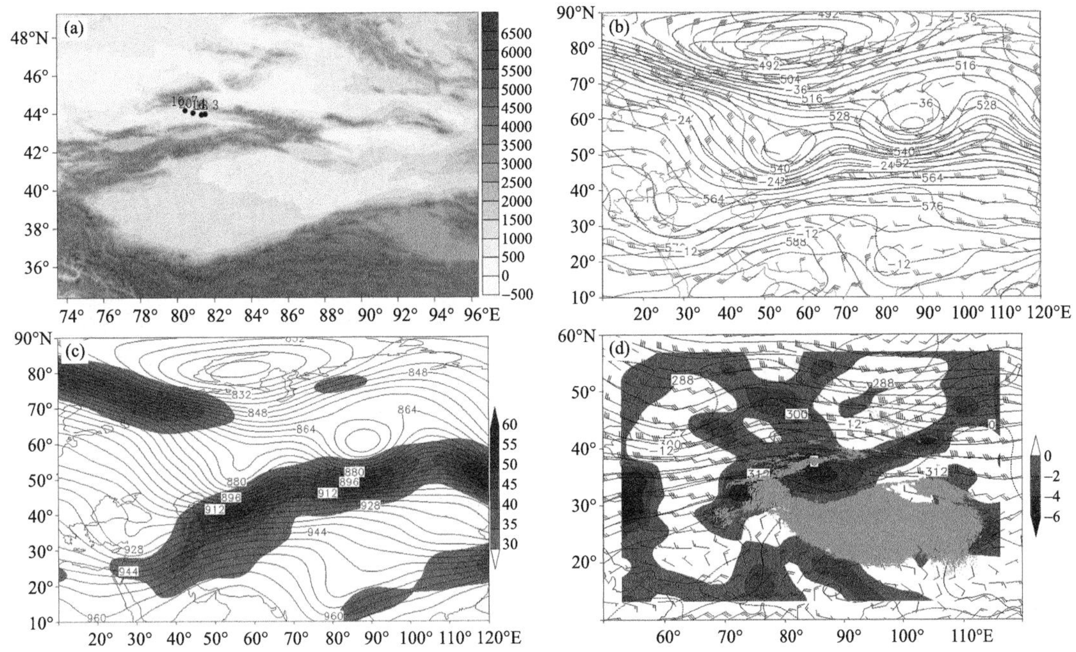

图3.71 (a)1993年11月3日暴雪量站点分布(单位：mm；填色为地形，单位：m)；以及11月2日20时(b)500 hPa高度场(实线，单位：dagpm)、温度场(虚线，单位：℃)、风场(单位：$m \cdot s^{-1}$)，(c)300 hPa高度场(实线，单位：dagpm)和风速≥30 $m \cdot s^{-1}$的急流(填色，单位：$m \cdot s^{-1}$)，(d)700 hPa高度场(实线，单位：dagpm)、温度场(虚线，单位：℃)、风场(单位：$m \cdot s^{-1}$)及水汽通量散度(填色，单位：$10^{-5}\ g \cdot cm^{-2} \cdot hPa^{-1} \cdot s^{-1}$，浅灰色阴影为≥3 km的地形)

3.2.53 1993年11月6日喀什地区暴雪

【暴雪概况】6日喀什地区出现暴雪，莎车14.5 mm、泽普16.5 mm(图3.72a)。

【环流背景】5日20时，500 hPa欧亚范围内50°N以北为极涡活动区，中心位于喀拉海东南部沿岸。中低纬以纬向环流为主，南北支锋区上低槽同位相叠加，南疆受南支伊朗短波槽前西南气流控制(图3.72b)；极涡旋转南压，使南支锋区上短波槽东移造成南疆西部暴雪天气(图略)。300 hPa上南疆西部位于风速>30 $m \cdot s^{-1}$西南急流轴右侧及副热带西南急流出口区前部、入口区后部辐散区域(图3.72c)。700 hPa上南疆盆地偏东气流与南疆西部大地形形成的辐合抬升，伴有水汽通量散度辐合区域(图3.72d)。地面图上，巴尔喀什湖、蒙古为冷高压，南疆盆地位于冷锋后，形成北高南低的气压场形势，有利于冷空气东灌形成冷垫(图略)。

暴雪区位于高空西南急流轴右侧及副热带西南急流出口区前部、入口区后部辐散区域，伊朗短波槽前西南气流，低空南疆盆地偏东气流与南疆西部大地形形成的辐合抬升和水汽通量散度辐合区域，以及地面图上东灌气流前部的重叠区域(图略)。

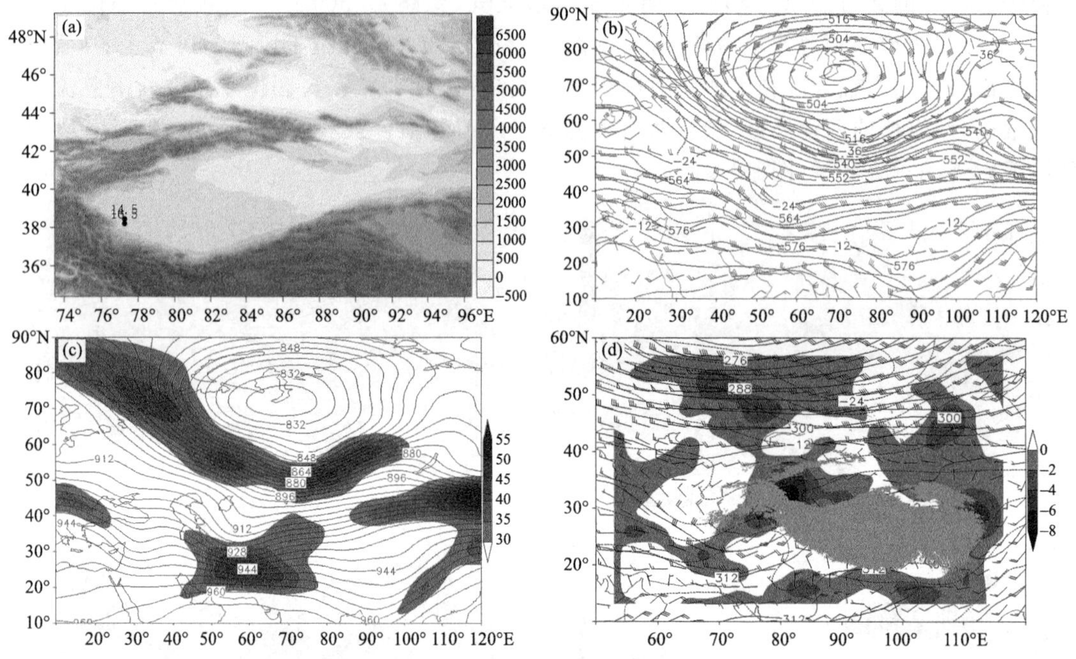

图 3.72 (a)1993 年 11 月 6 日暴雪量站点分布(单位:mm;填色为地形,单位:m);以及 11 月 5 日 20 时(b)500 hPa 高度场(实线,单位:dagpm)、温度场(虚线,单位:℃)、风场(单位:m·s^{-1}),(c)300 hPa 高度场(实线,单位:dagpm)和风速≥30 m·s^{-1}的急流(填色,单位:m·s^{-1}),(d)6 日 08 时 700 hPa 高度场(实线,单位:dagpm)、温度场(虚线,单位:℃)、风场(单位:m·s^{-1})及水汽通量散度(填色,单位:10^{-5} g·cm^{-2}·hPa^{-1}·s^{-1},浅灰色阴影为≥3 km 的地形)

3.2.54 1994 年 4 月 17—18 日乌鲁木齐市、昌吉州、巴州暴雪

【暴雪概况】暴雪出现在:17 日乌鲁木齐市小渠子 19.4 mm,昌吉州天池 12.6 mm;18 日巴州巴仑台 16.4 mm,昌吉州天池 20.4 mm,其中,天池为暴雪中心,累计降雪量 33.0 mm(图 3.73a)。

【环流背景】16 日 20 时,500 hPa 欧亚范围内为南北两支锋区型,北支呈两脊一槽型,欧洲、贝加尔湖为脊区,中亚为低涡,南支以纬向环流为主,其上槽脊系统与北支锋区上同位相叠加;新疆北部受中亚低涡前西南气流控制(图 3.73b);欧洲脊受不稳定小槽影响,向东南衰退,使中亚低涡减弱东移造成中天山暴雪天气(图略)。300 hPa 上新疆北部位于风速>30 m·s^{-1}西南急流轴右侧辐散区(图 3.73c),700 hPa 上位于风速>12 m·s^{-1}低空西南急流出口区前部辐合区和水通量散度辐合区域(图 3.73d)。暴雪区位于高空西南急流轴右侧辐散区,中亚低涡前西南气流,低空西南急流出口区前部辐合区和水通量散度辐合区域,以及地面冷锋后的重叠区域(图略)。

3.2.55 1994 年 4 月 29 日—5 月 1 日伊犁州、乌鲁木齐市、昌吉州、克州暴雪

【暴雪概况】暴雪出现在:29 日伊犁州昭苏 17.4 mm,乌鲁木齐市小渠子 15.8 mm,昌吉州天池 12.7 mm;30 日伊犁州特克斯 26.1 mm,乌鲁木齐市小渠子 28.7 mm,昌吉州天池

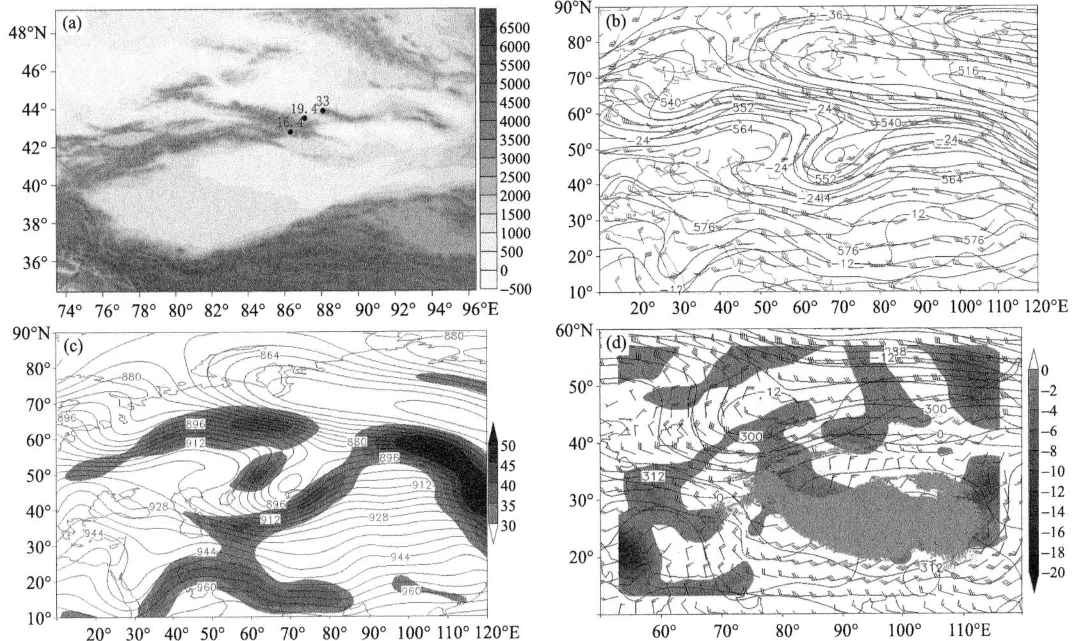

图 3.73　(a)1993 年 4 月 17—18 日累计暴雪量站点分布(单位:mm;填色为地形,单位:m);以及 4 月 16 日 20 时(b)500 hPa 高度场(实线,单位:dagpm)、温度场(虚线,单位:℃)、风场(单位:$m \cdot s^{-1}$),(c)300 hPa 高度场(实线,单位:dagpm)和风速≥30 $m \cdot s^{-1}$的急流(填色,单位:$m \cdot s^{-1}$),(d)700 hPa 高度场(实线,单位:dagpm)、温度场(虚线,单位:℃)、风场(单位:$m \cdot s^{-1}$)及水汽通量散度(填色,单位:10^{-5} $g \cdot cm^{-2} \cdot hPa^{-1} \cdot s^{-1}$,浅灰色阴影为≥3 km 的地形)

26 mm;5 月 1 日克州阿合奇 31.3 mm,其中,乌鲁木齐市小渠子为暴雪中心,累计降雪量 44.5 mm(图 3.74a)。

【环流背景】28 日 20 时,500 hPa 欧亚范围内为南北两支锋区型,北支呈两脊一槽型,欧洲为高压脊区,东亚为脊区,中亚至西西伯利亚为低槽区,呈西南—东北向;南支呈纬向,地中海槽前西南气流与中亚槽前西南锋区在咸海南部—巴尔喀什湖南部—新疆北部汇合,新疆北部受中亚槽前西南锋区控制(图 3.74b);欧洲脊受不稳定小槽影响,向东南衰退,使中亚低槽减弱东移造成中天山山区暴雪天气(图略)。300 hPa 上新疆北部位于风速>50 $m \cdot s^{-1}$强盛西南急流轴右侧,急流核风速≥60 $m \cdot s^{-1}$,暴雪区位于西南急流轴右侧辐散区(图 3.74c),700 hPa 上位于风速>16 $m \cdot s^{-1}$低空西风急流出口区前部辐合区和水汽通量散度辐合区域(图 3.74d)。暴雪区位于高空西南急流轴右侧辐散区,中亚槽前西南锋区,低空西风急流出口区前部辐合区和水汽通量散度辐合区域,以及地面冷锋附近的重叠区域(图略)。

3.2.56　1994 年 9 月 7 日乌鲁木齐市、昌吉州、哈密市暴雪

【暴雪概况】暴雪出现在:7 日乌鲁木齐市小渠子 30.7 mm、牧试站 15.4 mm,昌吉州天池 22.8 mm,哈密市巴里坤 16.5 mm,其中,乌鲁木齐市小渠子为暴雪中心(图 3.75a)。

【环流背景】6 日 20 时,500 hPa 欧亚范围内 60°N 以北为极涡活动区,呈东—西向;中低纬为两脊一槽型,里海至欧洲、贝加尔湖为高压脊区,中亚地区为低槽区,槽底南伸至 35°N 附近,新疆北部受中亚槽前西南气流控制(图 3.75b);极涡旋转成西南—东北向,其底部分裂短波

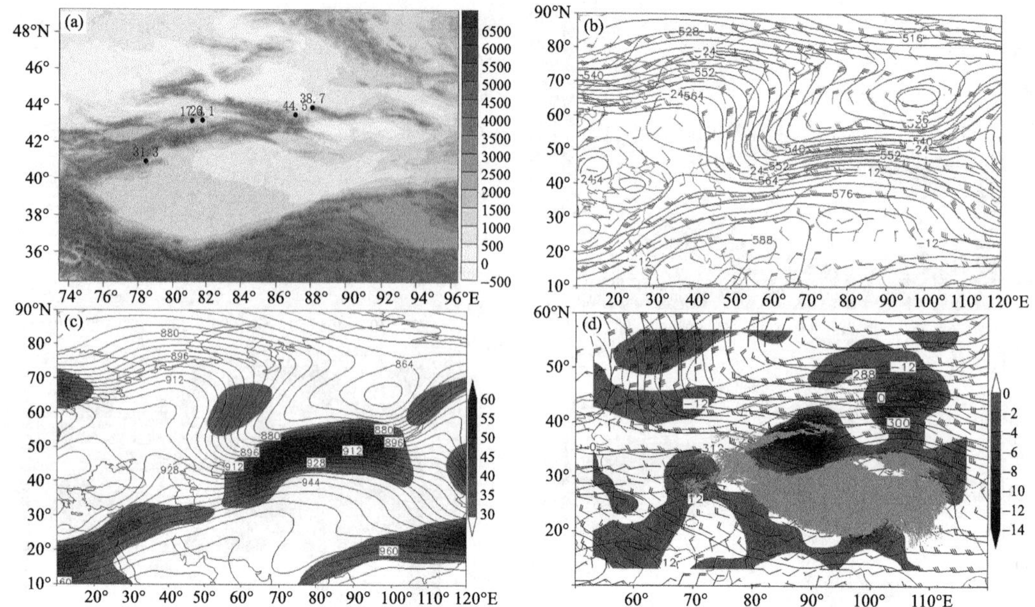

图 3.74 (a)1994 年 4 月 29 日—5 月 1 日累计暴雪量站点分布(单位:mm;填色为地形,单位:m);以及 4 月 28 日 20 时(b)500 hPa 高度场(实线,单位:dagpm)、温度场(虚线,单位:℃)、风场(单位:m·s^{-1}),(c)300 hPa 高度场(实线,单位:dagpm)和风速≥30 m·s^{-1}的急流(填色,单位:m·s^{-1});(d)4 月 29 日 02 时 700 hPa 高度场(实线,单位:dagpm)、温度场(虚线,单位:℃)、风场(单位:m·s^{-1})及水汽通量散度(填色,单位:10^{-5} g·cm^{-2}·hPa^{-1}·s^{-1},浅灰色阴影为≥3 km 的地形)

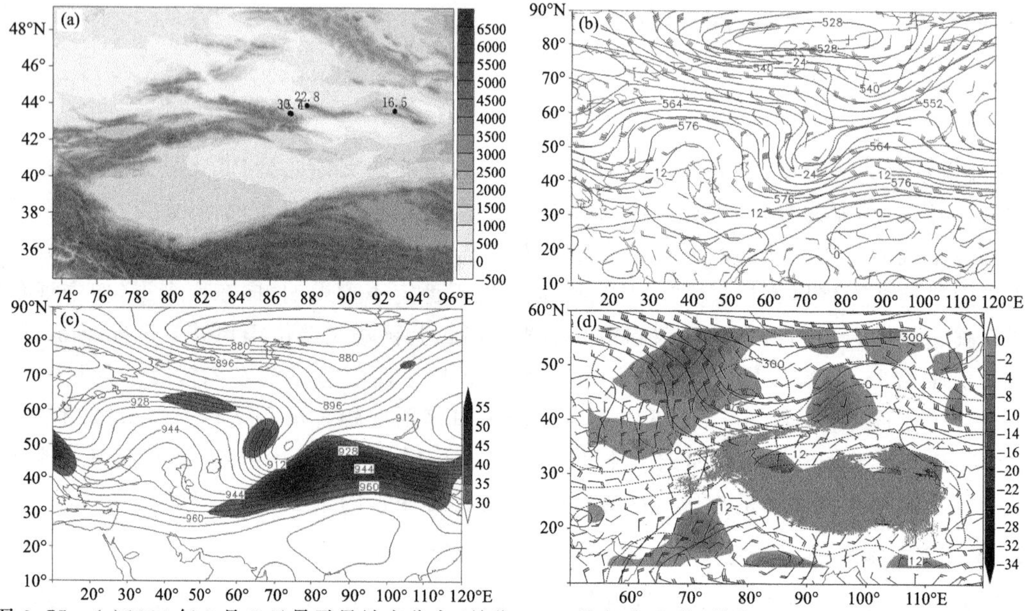

图 3.75 (a)1994 年 9 月 7 日暴雪量站点分布(单位:mm;填色为地形,单位:m);以及 6 日 20 时(b)500 hPa 高度场(实线,单位:dagpm)、温度场(虚线,单位:℃)、风场(单位:m·s^{-1}),(c)300 hPa 高度场(实线,单位:dagpm)和风速≥30 m·s^{-1}的急流(填色,单位:m·s^{-1}),(d)700 hPa 高度场(实线,单位:dagpm)、温度场(虚线,单位:℃)、风场(单位:m·s^{-1})及水汽通量散度(填色,单位:10^{-5} g·cm^{-2}·hPa^{-1}·s^{-1},浅灰色阴影为≥3 km 的地形)

槽影响欧洲脊，使其向东南略有些减弱，导致中亚低槽减弱东移造成中天山山区暴雪天气（图略）。300 hPa 上新疆北部位于风速>40 m·s^{-1}强盛西风急流轴附近，急流核风速≥55 m·s^{-1}，暴雪区位于西风急流轴附近辐散区（图 3.75c），700 hPa 上位于低空西南风与偏南风的辐合区和水汽通量散度辐合区域（图 3.75d）。暴雪区位于高空西风急流轴附近辐散区，中亚槽前西南气流，低空西南风与偏南风的辐合区和水汽通量散度辐合区域，以及地面冷锋附近的重叠区（图略）。

3.2.57　1994 年 9 月 14—15 日乌鲁木齐市、昌吉州、哈密市暴雪

【暴雪概况】暴雪出现在：14 日乌鲁木齐市小渠子 20.5 mm、天山大西沟 22.8 mm、牧试站 28.9 mm，昌吉州天池 25.9 mm；15 日哈密市巴里坤 20.0 mm。其中，乌鲁木齐市牧试站为过程暴雪中心（图 3.76a）。

【环流背景】13 日 20 时，500 hPa 欧亚范围内为两槽一脊型，南欧至西西伯利亚为高压脊区，北欧为槽区、中亚为低涡活动区，新疆北部受中亚低涡前西南锋区控制（图 3.76b）；北欧低槽减弱东移，使西西伯利亚脊部分向东南衰退，导致中亚低涡减弱东移造成中天山山区暴雪天气（图略）。300 hPa 上新疆北部位于风速>35 m·s^{-1}西南急流轴右侧辐散区（图 3.76c），700 hPa上暴雪区位于低空显著西风气流前风速辐合区及其与东南风的辐合切变区和水汽通量散度辐合区域（图 3.76d）。暴雪区位于高空西南急流轴右侧辐散区，中亚低涡前西南锋区，低空显著西风气流前风速辐合及其与东南风的辐合切变区和水汽通量散度辐合区域，以及地面冷锋附近的重叠区域（图略）。

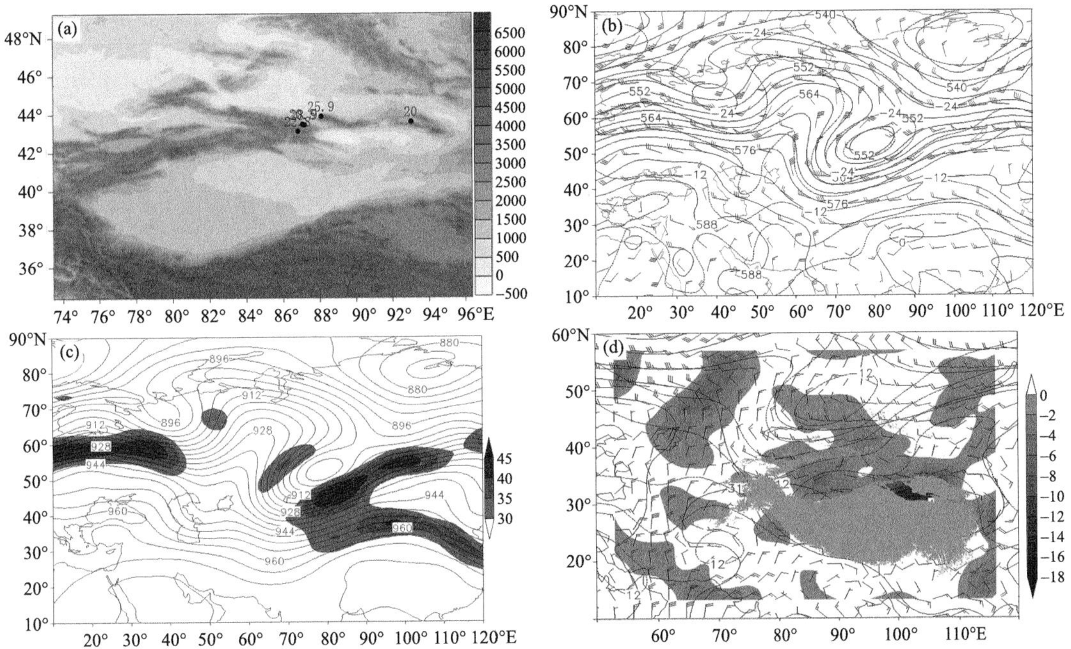

图 3.76　(a)1994 年 9 月 14—15 日累计暴雪量站点分布（单位：mm；填色为地形，单位：m）；以及 9 月 13 日 20 时(b)500 hPa 高度场（实线，单位：dagpm）、温度场（虚线，单位：℃）、风场（单位：m·s^{-1}），(c) 300 hPa 高度场（实线，单位：dagpm）和风速≥30 m·s^{-1}的急流（填色，单位：m·s^{-1}）；(d)14 日 08 时 700 hPa 高度场（实线，单位：dagpm）、温度场（虚线，单位：℃）、风场（单位：m·s^{-1}）及水汽通量散度（填色，单位：10^{-5} g·cm^{-2}·hPa^{-1}·s^{-1}，浅灰色阴影为≥3 km 的地形）

3.2.58　1994 年 10 月 8 日昌吉州暴雪

【暴雪概况】8 日昌吉州出现暴雪，天池 30.5 mm、奇台 13.8 mm（图 3.77a）。

【环流背景】7 日 20 时，500 hPa 欧亚范围内 60°N 以为纬向极锋锋区控制，中低纬为两脊一槽型，红海波斯湾至欧洲为高压脊区，新疆东部为浅脊，新疆西部的中亚为低涡活动区，新疆北部受其前西南气流控制（图 3.77b）；受极锋锋区上分裂短波槽影响欧洲脊略向东南衰退，使中亚低涡东移造成昌吉州暴雪天气（图略）。300 hPa 上新疆北部位于风速＞30 m · s^{-1} 西南急流入口区右侧辐散区（图 3.77c），700 hPa 上天山北坡为低空东南风与偏东风的辐合区和水汽通量散度辐合区域（图 3.77d）。暴雪区位于高空西南急流入口区右侧辐散区，中亚低涡前西南气流，低空东南风与偏东风的辐合区和水汽通量散度辐合区域，以及地面冷锋附近的重叠区域（图略）。

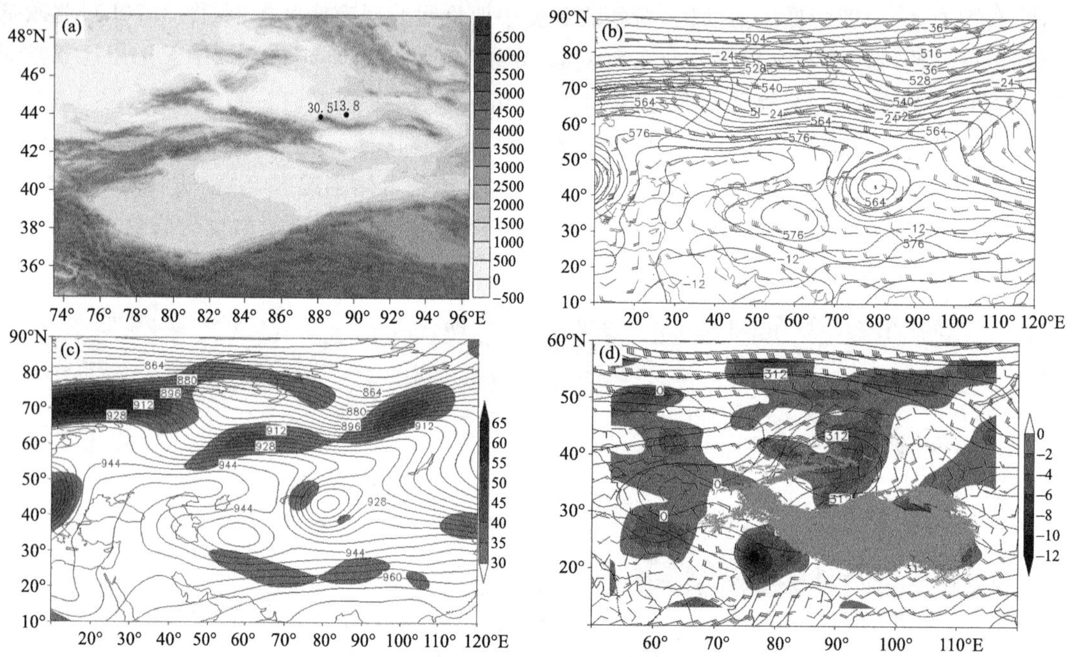

图 3.77　(a)1994 年 10 月 8 日暴雪量站点分布（单位：mm；填色为地形，单位：m）；以及 10 月 7 日 20 时 (b)500 hPa 高度场（实线，单位：dagpm）、温度场（虚线，单位：℃）、风场（单位：m · s^{-1}），(c)300 hPa 高度场（实线，单位：dagpm）和风速≥30 m · s^{-1} 的急流（填色，单位：m · s^{-1}）；(d)8 日 02 时 700 hPa 高度场（实线，单位：dagpm）、温度场（虚线，单位：℃）、风场（单位：m · s^{-1}）及水汽通量散度（填色，单位：10^{-5} g · cm^{-2} · hPa^{-1} · s^{-1}，浅灰色阴影为≥3 km 的地形）

3.2.59　1994 年 10 月 25 日塔城地区、乌鲁木齐市暴雪

【暴雪概况】25 日暴雪出现在塔城地区南部沙湾 12.8 mm，乌鲁木齐市米泉 12.5 mm、乌鲁木齐 13.4 mm，其中乌鲁木齐为暴雪中心（图 3.78a）。

【环流背景】24 日 20 时，500 hPa 欧亚范围内为两脊一槽型，红海波斯湾至欧洲为高压脊区，新疆东部—贝加尔湖为脊区，中亚为低压槽区，槽底南伸至 40°N 以南，新疆北部受中亚槽前西南气流控制（图 3.78b）；欧洲脊受不稳定小槽影响，脊前正变高东南下，使中亚低槽减弱东移造成天山北坡暴雪天气（图略）。300 hPa 上新疆北部位于风速＞40 m · s^{-1} 强盛西南急流轴右侧辐散区，急流核风速≥50 m·s^{-1}(图 3.78c)，700 hPa 上天山北坡位于风速>12 m·s^{-1}低空西风急流出口区前部辐合区和水汽通量散度辐合区域边缘(图 3.78d)。暴雪区位于高空西南急流轴右侧辐散区，中亚槽前西南气流，低空西风急流出口区前部辐合区和水汽通量散度辐合区域边缘，以及地面冷锋附近的重叠区域(图略)。

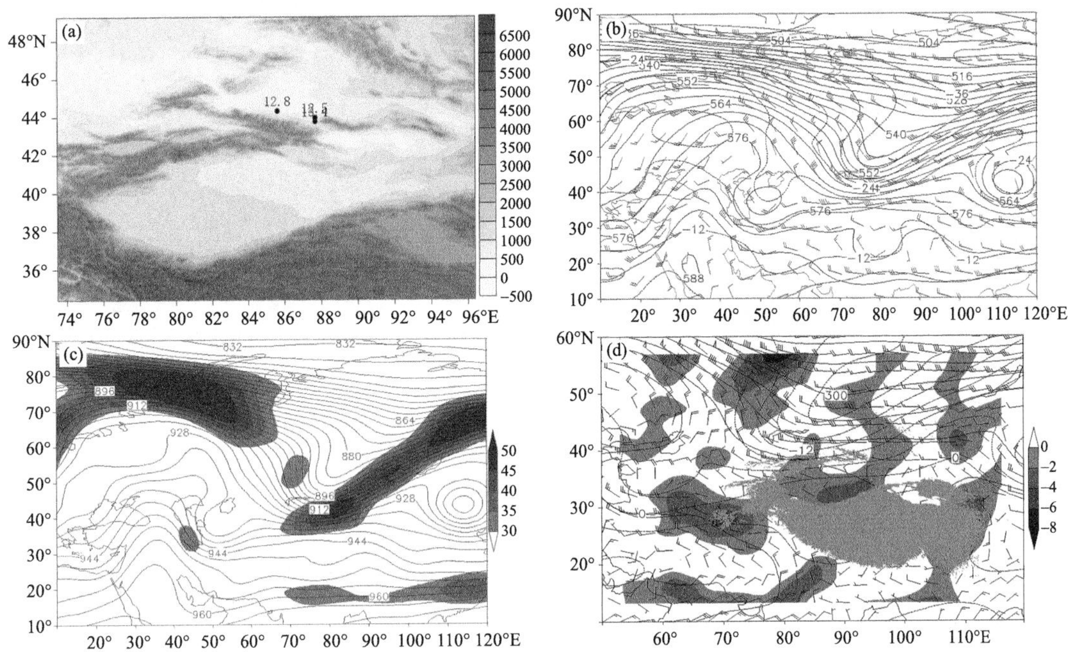

图 3.78　(a)1994 年 10 月 25 日暴雪量站点分布(单位:mm;填色为地形，单位:m)；以及 10 月 24 日 20 时(b)500 hPa 高度场(实线，单位:dagpm)、温度场(虚线，单位:℃)、风场(单位:m·s^{-1})，(c)300 hPa 高度场(实线，单位:dagpm)和风速≥30 m·s^{-1}的急流(填色，单位:m·s^{-1})，(d)700 hPa 高度场(实线，单位:dagpm)、温度场(虚线，单位:℃)、风场(单位:m·s^{-1})及水汽通量散度(填色，单位:10^{-5} g·cm^{-2}·hPa^{-1}·s^{-1}，浅灰色阴影为≥3 km 的地形)

3.2.60　1994 年 12 月 8 日乌鲁木齐市暴雪

【暴雪概况】8 日乌鲁木齐市出现暴雪，米泉 15.7 mm、乌鲁木齐 17.6 mm (图 3.79a)。

【环流背景】7 日 20 时，500 hPa 欧亚范围内 50°N 以北的中高纬为两槽两脊型，北欧、泰米尔半岛西北为脊区，新地岛和西西伯利亚为低槽区；50°N 以南为两脊一槽型，南欧、贝加尔湖为高压脊区，里海东南部为塔什干低槽区，并与西西伯利亚槽同位相叠加，新疆北部位于塔什干槽前西南锋区上(图 3.79b)；南欧脊受不稳定小槽影响，向东南衰退，使塔什干低槽略有东移，其前部西南锋区上分裂短波东移造成天山北坡暴雪天气(图略)。300 hPa 上新疆北部位于风速>40 m·s^{-1}西南急流轴右侧辐散区(图 3.79c)。700 hPa 上天山北坡位于风速>16 m·s^{-1}低空西南急流轴右侧辐合区和水汽通量散度辐合区域(图 3.79d)。暴雪区位于高空西南急流轴右侧辐散区，塔什干槽前西南锋区，低空西南急流轴右侧辐合区和水汽通量散度辐合区域，以及地面冷锋附近的重叠区域(图略)。

3.2.61　1995 年 4 月 6 日克州暴雪

【暴雪概况】6 日克州出现暴雪，阿图什 27.6 mm、乌恰 25.3 mm (图 3.80a)。

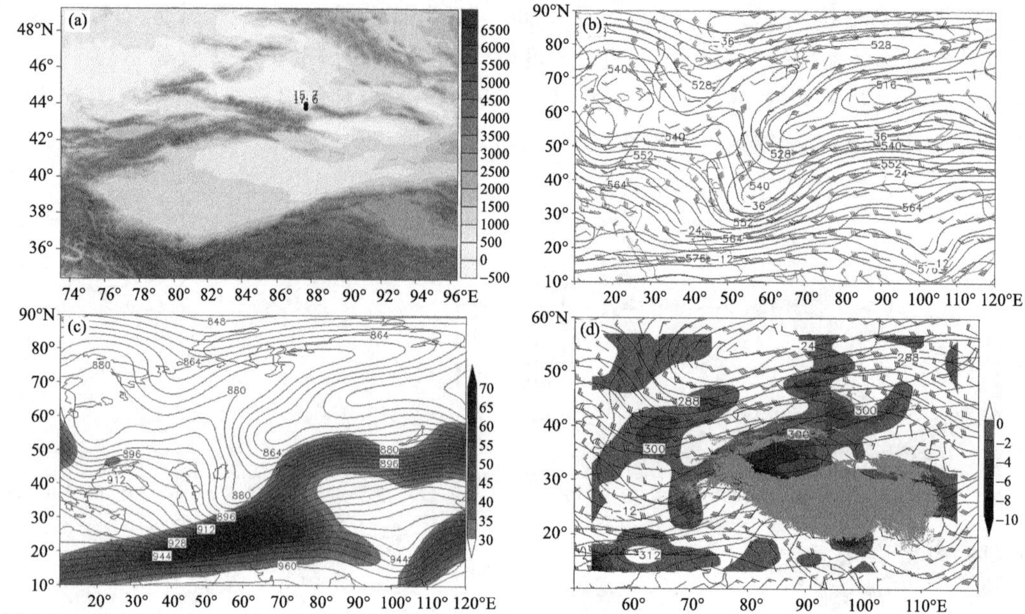

图 3.79　(a)1994 年 12 月 8 日暴雪量站点分布(单位:mm;填色为地形,单位:m);以及 12 月 7 日 20 时(b)500 hPa 高度场(实线,单位:dagpm)、温度场(虚线,单位:℃)、风场(单位:$m \cdot s^{-1}$),(c)300 hPa 高度场(实线,单位:dagpm)和风速≥30 $m \cdot s^{-1}$的急流(填色,单位:$m \cdot s^{-1}$),(d)700 hPa 高度场(实线,单位:dagpm)、温度场(虚线,单位:℃)、风场(单位:$m \cdot s^{-1}$)及水汽通量散度(填色,单位:10^{-5} $g \cdot cm^{-2} \cdot hPa^{-1} \cdot s^{-1}$,浅灰色阴影为≥3 km 的地形)

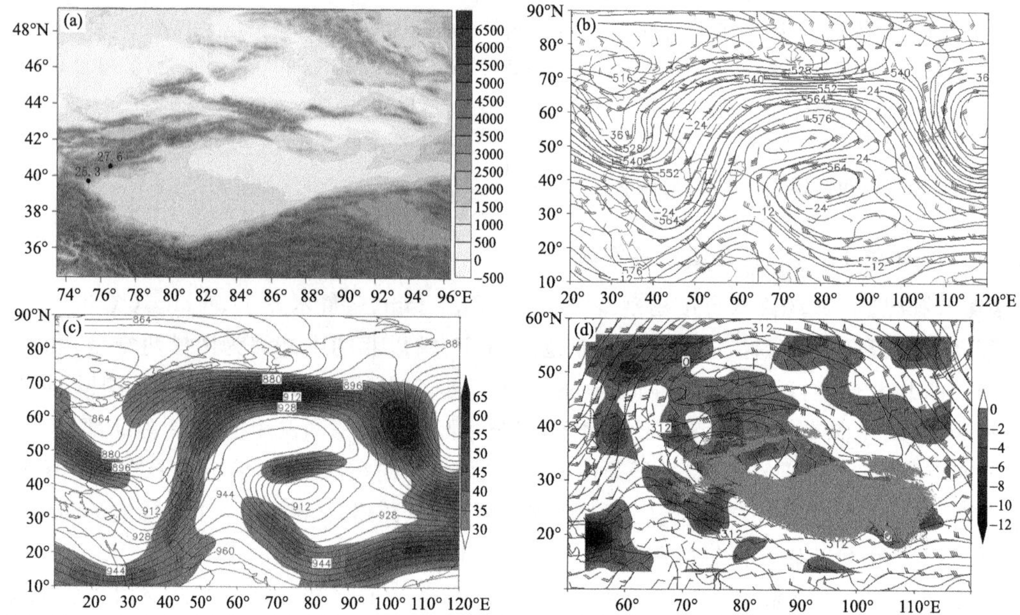

图 3.80　(a)1995 年 4 月 6 日暴雪量站点分布(单位:mm;填色为地形,单位:m);以及 5 日 20 时(b)300 hPa 高度场(实线,单位:dagpm)和风速≥30 $m \cdot s^{-1}$的急流(填色,单位:$m \cdot s^{-1}$),(c)500 hPa 高度场(实线,单位:dagpm)、温度场(虚线,单位:℃)、风场(单位:$m \cdot s^{-1}$);(d)6 日 02 时 700 hPa 高度场(实线,单位:dagpm)、温度场(虚线,单位:℃)、风场(单位:$m \cdot s^{-1}$)及水汽通量散度(填色,单位:10^{-5} $g \cdot cm^{-2} \cdot hPa^{-1} \cdot s^{-1}$,浅灰色阴影为≥3 km 的地形)

【环流背景】5 日 20 时，500 hPa 欧亚范围内为两槽一脊型，北欧—南欧—地中海东部为低槽区，巴尔喀什湖南部的中亚为低涡，该涡与伊朗高原—西西伯利亚的高压脊基本形成北脊南涡的形势，东亚为低涡活动区；南疆西部位于中亚低涡东南部的西南气流中（图 3.80b）；西西伯利亚阻塞高压受上游不稳定低槽的影响，脊顶东扩使中亚低涡主体西退，其东移部分在南疆西部形成偏西风与偏东风的切变，该切变线西退造成南疆西部暴雪天气（图略）。300 hPa 上南疆西部位于风速＞30 m·s^{-1}偏东急流轴左侧和西北急流轴左侧辐散区（图 3.80c）。700 hPa 上南疆西部位于低空显著东南风与天山山脉形成的辐合抬升区和水汽通量散度辐合区域（图 3.80d）。地面图上，冷高压位于贝加尔湖西侧的新疆北部边界附近，南疆盆地为冷高压西南部偏东气流。暴雪区位于高空偏东急流和西北急流轴左侧辐散区，500 hPa 偏西风与偏东风的切变区，低空显著东南风与天山山脉形成的辐合抬升区和水汽通量散度辐合区域，以及地面图上冷高压西南部偏东气流前部的重叠区域（图略）。

1995 年 4 月 5—7 日，克州连续降中雪以上 30 h，其中，6 日阿图什和乌恰达暴雪，牧区积雪较厚，海拔 1400 m 以下地带积雪 30～35 cm，海拔 1500～2400 m 地带积雪 50～60 cm，海拔 2500 m 以上地带积雪 60～80 cm。积雪厚影响牲畜采食，全州受灾牲畜 55.5 万头（只），死亡牲畜 9255 头（只），损坏房屋 2200 间，损坏棚圈 1278 间。直接经济损失 642 万元（温克刚 等，2006）。

3.2.62　1995 年 4 月 12 日乌鲁木齐市、昌吉州暴雪

【暴雪概况】12 日暴雪出现在乌鲁木齐市小渠子 16.2 mm，昌吉州天池 15.3 mm（图 3.81a）。

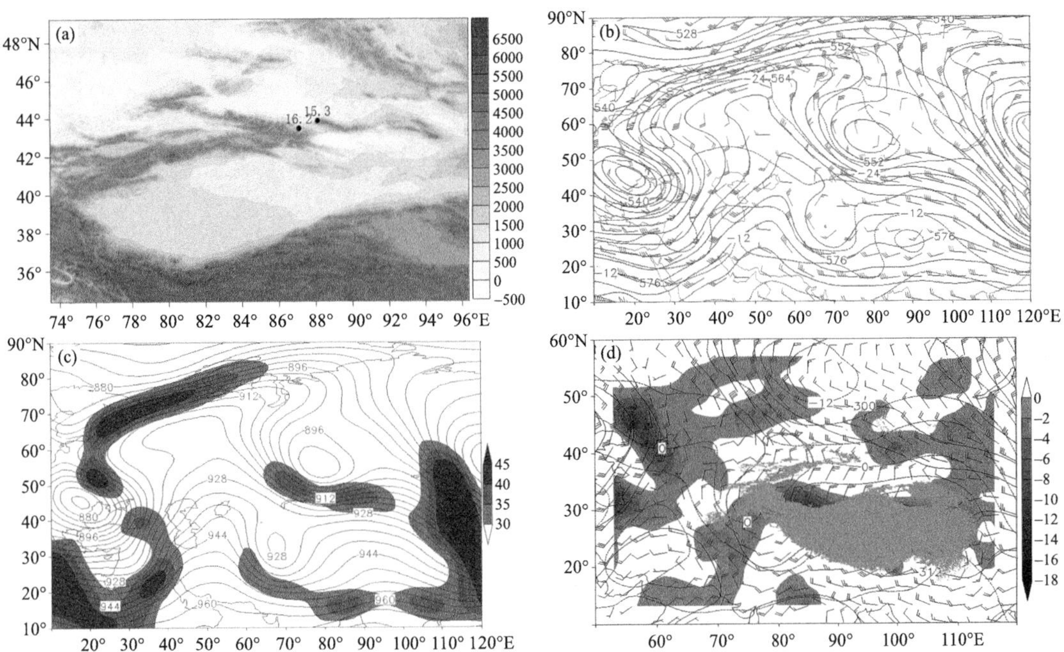

图 3.81　(a)1995 年 4 月 12 日暴雪量站点分布（单位：mm；填色为地形，单位：m）；以及 4 月 11 日 20 时 (b)500 hPa 高度场（实线，单位：dagpm）、温度场（虚线，单位：℃）、风场（单位：m·s^{-1}），(c)300 hPa 高度场（实线，单位：dagpm）和风速≥30 m·s^{-1}的急流（填色，单位：m·s^{-1}），(d)700 hPa 高度场（实线，单位：dagpm）、温度场（虚线，单位：℃）、风场（单位：m·s^{-1}）及水汽通量散度（填色，单位：10^{-5} g·cm^{-2}·hPa^{-1}·s^{-1}，浅灰色阴影为≥3 km 的地形）

【环流背景】11 日 20 时,500 hPa 欧亚范围内为两槽一脊型,波斯湾至乌拉尔山以北为经向度较大的高压脊区,西欧、西西伯利亚为低涡活动区,新疆北部位于其底部偏西气流上(图 3.81b);乌拉尔山脊顶受不稳定小槽影响,脊前正变高东南下,使西西伯利亚低涡减弱东移造成中天山山区暴雪天气(图略)。300 hPa 上巴尔喀什湖至新疆北部为风速>30 m · s^{-1}西风急流,新疆北部位于西风急流轴右侧辐散区(图 3.81c)。700 hPa 上中天山山区位于风速>12 m · s^{-1}低空西北急流出口区前部辐合区及其与天山地形形成的辐合抬升区和水汽通量散度辐合区边缘(图 3.81d)。暴雪区位于高空西风急流轴右侧辐散区,西西伯利亚低涡底部偏西气流,低空西北急流出口区前部辐合区及其与天山地形形成的辐合抬升区和水汽通量散度辐合区边缘,以及地面冷锋附近的重叠区域(图略)。

3.2.63　1995 年 5 月 16 日哈密市暴雪

【暴雪概况】16 日哈密市出现暴雪,巴里坤 23.3 mm、伊吾 15.3 mm(图 3.82a)。

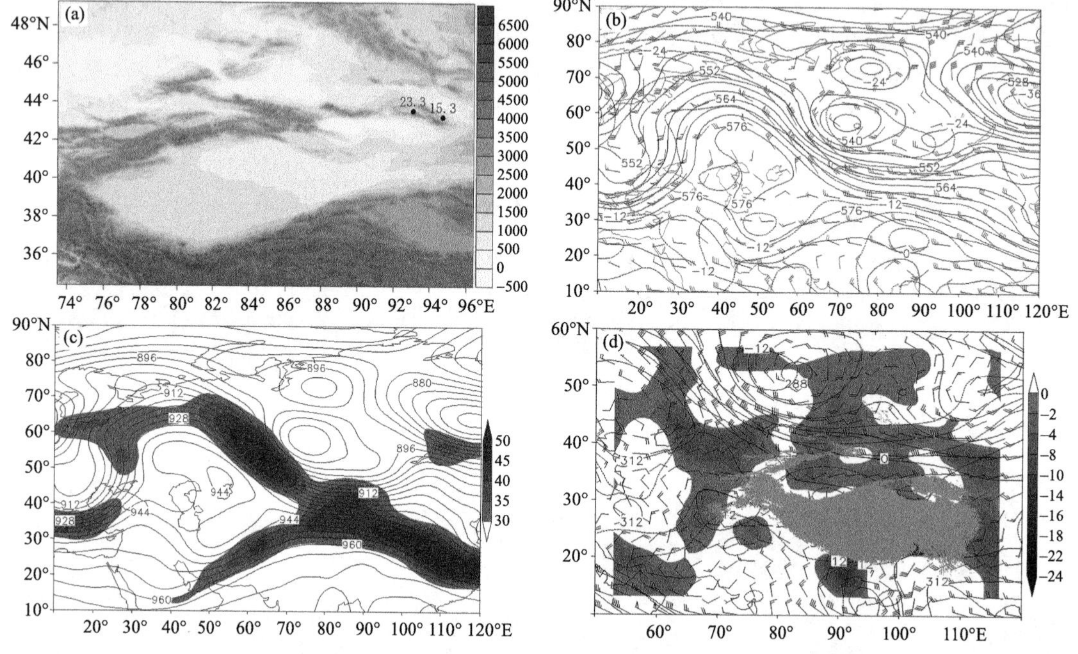

图 3.82　(a)1995 年 5 月 16 日暴雪量站点分布(单位:mm;填色为地形,单位:m);以及 5 月 15 日 20 时 (b)500 hPa 高度场(实线,单位:dagpm)、温度场(虚线,单位:℃)、风场(单位:m · s^{-1}),(c)300 hPa 高度场(实线,单位:dagpm)和风速≥30 m · s^{-1}的急流(填色,单位:m · s^{-1});(d)16 日 02 时 700 hPa 高度场(实线,单位:dagpm)、温度场(虚线,单位:℃)、风场(单位:m · s^{-1})及水汽通量散度(填色,单位:10^{-5} g · cm^{-2} · hPa^{-1} · s^{-1},浅灰色阴影为≥3 km 的地形)

【环流背景】15 日 20 时,500 hPa 欧亚范围内为两槽一脊型,里海—咸海至欧洲为高压脊区,西欧为槽区,西西伯利亚为低涡,其底部为偏西锋区,东疆位于西西伯利亚低涡底部偏西气流上(图 3.82b);欧洲脊西北部受不稳定槽影响,脊线顺转脊前正变高东南下,使西西伯利亚低涡旋转东移,略有减弱,底部锋区上分裂短波东移造成东疆山区暴雪天气(图略)。300 hPa 上东疆位于风速>30 m · s^{-1}西北急流轴左侧辐散区(图 3.82c)。700 hPa 上东疆山区位于风速>12 m · s^{-1}低空西北急流出口区前部辐合区和水汽通量散度辐合区域(图 3.82d)。暴雪区位于高空西北急流轴左侧辐散区，西西伯利亚低涡底部偏西气流，低空西北急流出口区前部辐合区和水汽通量散度辐合区域，以及地面冷锋附近的重叠区域(图略)。

3.2.64　1996 年 2 月 12 日阿勒泰地区、塔城地区、伊犁州暴雪

【暴雪概况】12 日阿勒泰地区富蕴 18.4 mm 和塔城地区北部塔城 13.4 mm、裕民 15.1 mm为暖区暴雪，伊犁州霍尔果斯 20.3 mm、霍城 20.6 mm、察布查尔 13.1 mm、伊宁 20.3 mm、伊宁县 21.3 mm 为冷锋暴雪，暴雪中心出现在伊犁州伊宁县 21.3 mm(3.83a)。

【环流背景】11 日 20 时，500 hPa 欧亚范围内 50°N 以北为两脊一槽型，欧洲为高压脊区、西伯利亚为浅脊，西西伯利亚为低涡，其底部强锋区与南支锋区在咸海—巴尔喀什湖—新疆北部汇合，新疆北部受较强偏西锋区控制(图 3.83b)；欧洲脊受不稳定小槽影响，向东南有些衰退，使西西伯利亚低涡减弱东南下，其底部锋区上不断分裂短波东移造成新疆北部暴雪天气(图略)。300 hPa 上新疆北部位于风速>35 $m \cdot s^{-1}$西南急流轴右侧，急流核风速≥50 $m \cdot s^{-1}$，该区位于西南急流轴右侧辐散区(图 3.83c)，700 hPa 上伊犁州位于风速>20 $m \cdot s^{-1}$低空西风急流出口区前部辐合区和水汽通量散度辐合区域(图 3.83d)。暴雪区位于高空西南急流轴右侧辐散区，西西伯利亚低涡底部偏西锋区，低空西风急流出口区前部辐合区和水汽通量散度辐合区域，地面图上暖区暴雪位于低压南部的减压升温区域，伊犁州暴雪位于冷锋附近(图略)。

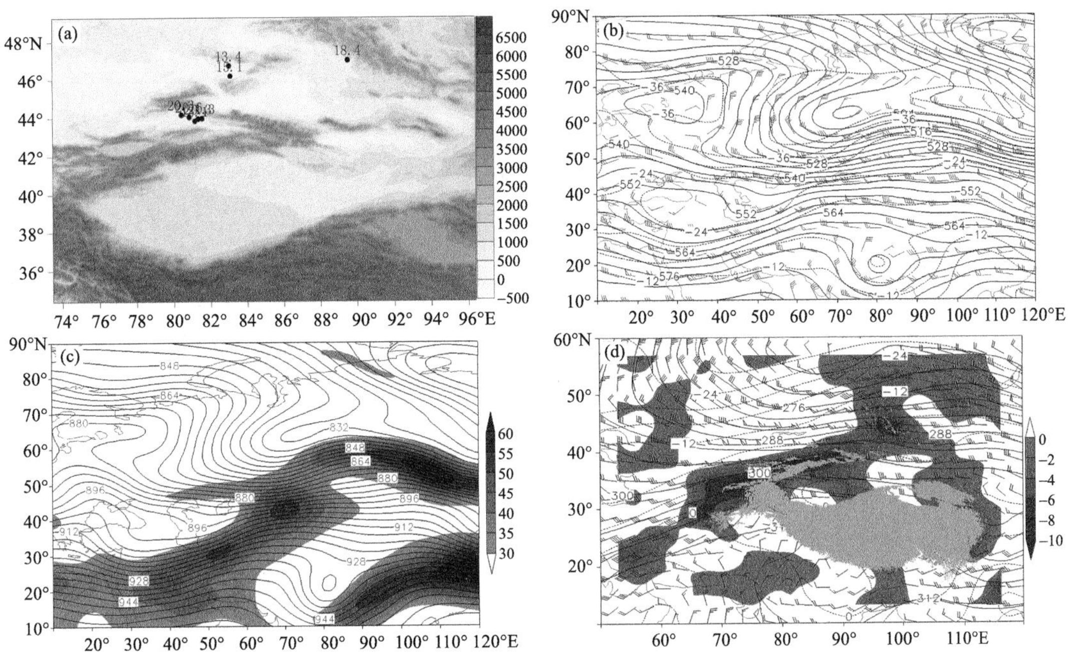

图 3.83　(a)1996 年 2 月 12 日暴雪量站点分布(单位：mm；填色为地形，单位：m)；以及 11 日 20 时(b) 500 hPa 高度场(实线，单位：dagpm)、温度场(虚线，单位：℃)、风场(单位：$m \cdot s^{-1}$)，(c)300 hPa 高度场(实线，单位：dagpm)和风速≥30 $m \cdot s^{-1}$的急流(填色，单位：$m \cdot s^{-1}$)，(d)700 hPa 高度场(实线，单位：dagpm)、温度场(虚线，单位：℃)、风场(单位：$m \cdot s^{-1}$)及水汽通量散度(填色，单位：10^{-5} $g \cdot cm^{-2} \cdot hPa^{-1} \cdot s^{-1}$，浅灰色阴影为≥3 km 的地形)

3.2.65　1996 年 2 月 15 日喀什地区、克州暴雪

【暴雪概况】15 日暴雪出现在喀什地区英吉沙 14.2 mm，克州阿克陶 14.2 mm、乌恰

13.5 mm，其中，克州阿克陶和喀什地区英吉沙为暴雪中心(图 3.84a)。

【环流背景】14 日 20 时，500 hPa 欧亚范围内为一脊一槽型，里海至南欧高压脊区，塔什干为从北支脱离的低涡，南疆西部受低涡前西南气流控制(图 3.84b)；南欧脊受不稳定小槽影响，向东南减弱，使塔什干低涡东南移，并分裂短波槽东移造成南疆西部暴雪天气(图略)。300 hPa上南疆西部位于风速≥40 m·s^{-1}副热带西风急流轴左侧和北支西风急流轴右侧辐散区(图 3.84c)，700 hPa 上该区位于低空东风气流与天山大地形形成的辐合抬升区和水汽通量散度辐合区域(图 3.84d)。地面图上乌拉尔山南部—贝加尔湖西部为高压带，南疆位于冷锋后，东灌冷空进入南疆西部。暴雪区位于高空副热带西风急流轴左侧和北支西风急流轴右侧辐散区，塔什干低涡前西南气流，低空偏东气流与天山大地形形成的辐合抬升区和水汽通量散度辐合区域，以及地面冷锋后东灌气流前部的重叠区域(图略)。

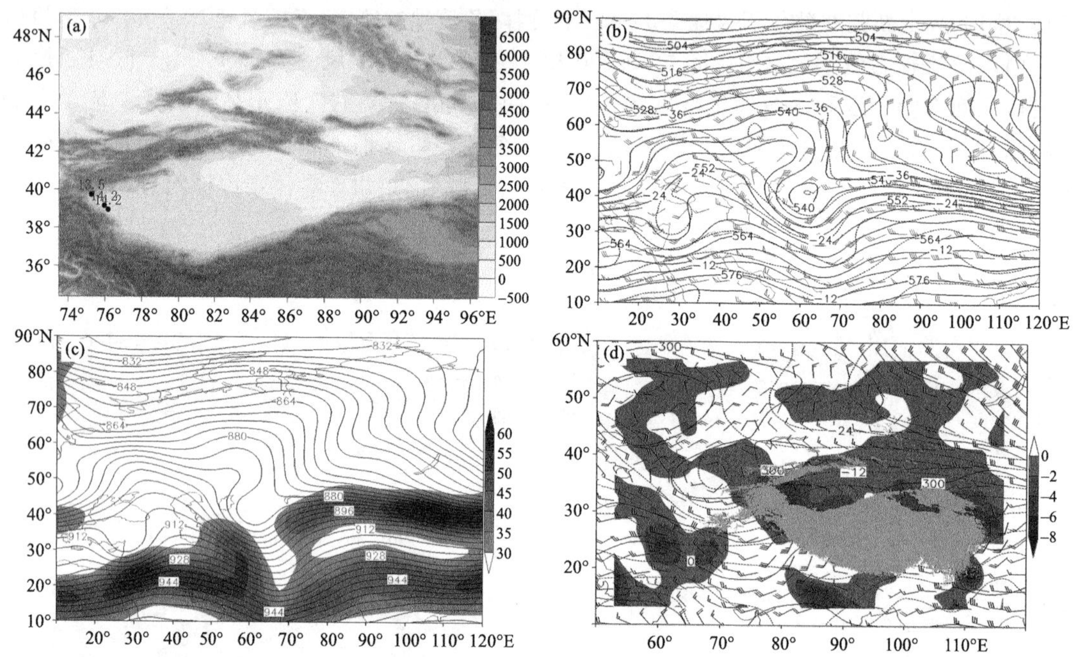

图 3.84　(a)1996 年 2 月 15 日暴雪量站点分布(单位：mm；填色为地形，单位：m)；以及 2 月 14 日 20 时(b)500 hPa 高度场(实线，单位：dagpm)、温度场(虚线，单位：℃)、风场(单位：m·s^{-1})，(c)300 hPa 高度场(实线，单位：dagpm)和风速≥30 m·s^{-1}的急流(填色，单位：m·s^{-1})；(d)15 日 02 时 700 hPa 高度场(实线，单位：dagpm)、温度场(虚线，单位：℃)、风场(单位：m·s^{-1})及水汽通量散度(填色，单位：10^{-5} g·cm^{-2}·hPa^{-1}·s^{-1}，浅灰色阴影为≥3 km 的地形)

3.2.66　1996 年 3 月 30 日和田地区、克州暴雪

【暴雪概况】30 日暴雪出现在克州阿合奇 12.2 mm，和田地区策勒 14.1 mm、墨玉 14.8 mm，其中，和田地区墨玉为暴雪中心(图 3.85a)。

【环流背景】29 日 20 时，500 hPa 欧亚范围内为北脊南涡型，西西伯利亚为阻塞高压，咸海—塔什干为低涡活动区，槽底南伸至 20°N 附近，西伯利亚为低涡；南疆位于塔什干低涡前西南暖湿气流中(图 3.85b)；极地冷空气侵袭西西伯利亚阻塞高压北部，高压顺转略有南压，使塔什干低涡减弱东移造成和田地区暴雪天气(图略)。300 hPa 上南疆盆地位于风速≥35 m·s^{-1}南支西北急流轴左侧和北支偏西急流轴右侧辐散区(图3.85c),700 hPa上和田地区位于风速>12 m·s^{-1}低空东北急流左前部辐合区及其与昆仑山大地形形成的辐合抬升区,伴有水汽通量散度辐合区域(图3.85d)。地面图上,西西伯利亚为强冷高压,中心气压风速>1043 hPa,南疆盆地位于其南部冷锋后部的偏东气流中,东灌冷空气在暴雪区与大地形形成辐合抬升,将暖湿空气抬升至高空,有利于暴雪的形成(图略)。暴雪区位于高空南支西北急流轴左侧和北支偏西急流轴右侧辐散区,塔什干低涡前西南气流,低空东北急流左前部辐合区及其与昆仑山大地形形成的辐合抬升区和水汽通量散度辐合区域,以及地面东灌气流前部的重叠区域(图略)。

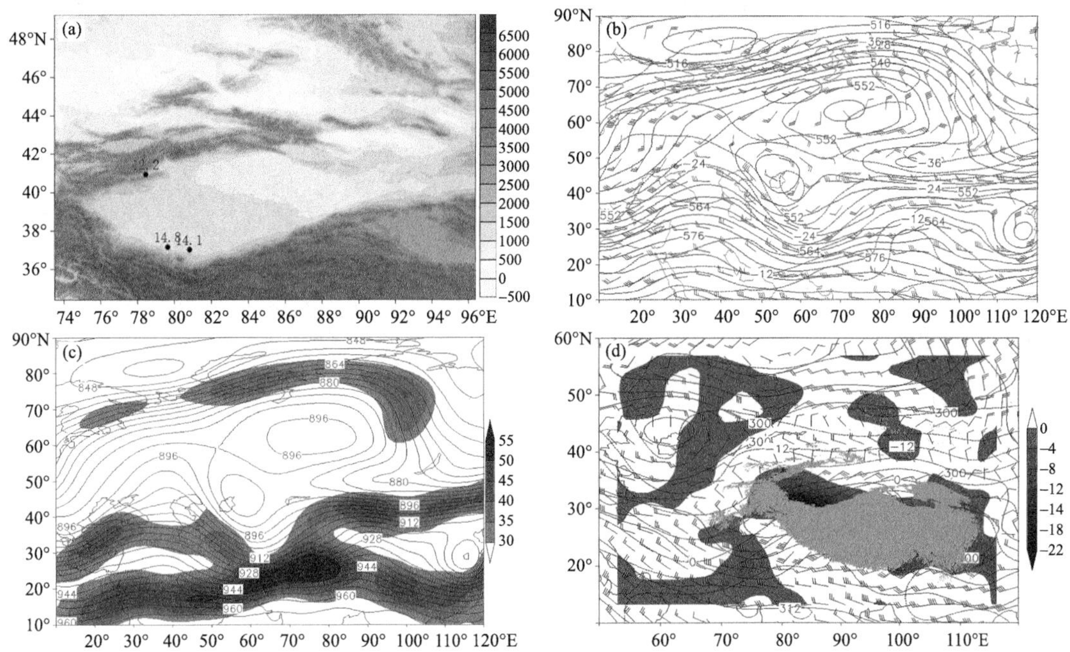

图3.85　(a)1996年3月30日暴雪量站点分布(单位:mm;填色为地形,单位:m);以及3月29日20时(b)500 hPa高度场(实线,单位:dagpm)、温度场(虚线,单位:℃)、风场(单位:m·s^{-1}),(c)300 hPa高度场(实线,单位:dagpm)和风速≥30 m·s^{-1}的急流(填色,单位:m·s^{-1}),(d)700 hPa高度场(实线,单位:dagpm)、温度场(虚线,单位:℃)、风场(单位:m·s^{-1})及水汽通量散度(填色,单位:10^{-5} g·cm^{-2}·hPa^{-1}·s^{-1},浅灰色阴影为≥3 km的地形)

3.2.67　1996年4月22日乌鲁木齐市、昌吉州暴雪

【暴雪概况】22日暴雪出现在昌吉州昌吉13.4 mm、木垒15.9 mm,乌鲁木齐市乌鲁木齐14.0 mm、小渠子20.3 mm,其中,乌鲁木齐市小渠子为暴雪中心(图3.86a)。

【环流背景】21日20时,500 hPa欧亚范围内为南北两支锋区型,北支极涡位于新地岛东南部的极区,呈东—西向,其底部为强锋区,呈两脊一槽型,西欧、新疆东部至贝加尔湖为脊区,西西伯利亚为短波槽;南支土耳其为低涡活动区,其前部西南气流与西西伯利亚槽前西南气流在咸海—巴尔喀什湖—新疆北部汇合,新疆北部位于西西伯利亚槽前西南锋区中(图3.86b);极涡旋转使该槽减弱东移造成天山北坡及山区暴雪天气(图略)。300 hPa上新疆北部位于风速≥40 m·s^{-1}西南急流轴右侧,急流核风速≥55 m/s,天山北坡及山区位于急流轴右侧辐散区(图3.86c),700 hPa上该区位于风速≥12 m·s^{-1}低空西风急流前辐合和水汽通量散度辐合区域(图 3.86d)。暴雪区位于高空西南急流轴右侧辐散区,西西伯利亚短波槽前西南锋区,低空西风急流前辐合和水汽通量散度辐合区,以及地面冷锋附近的重叠区域(图略)。

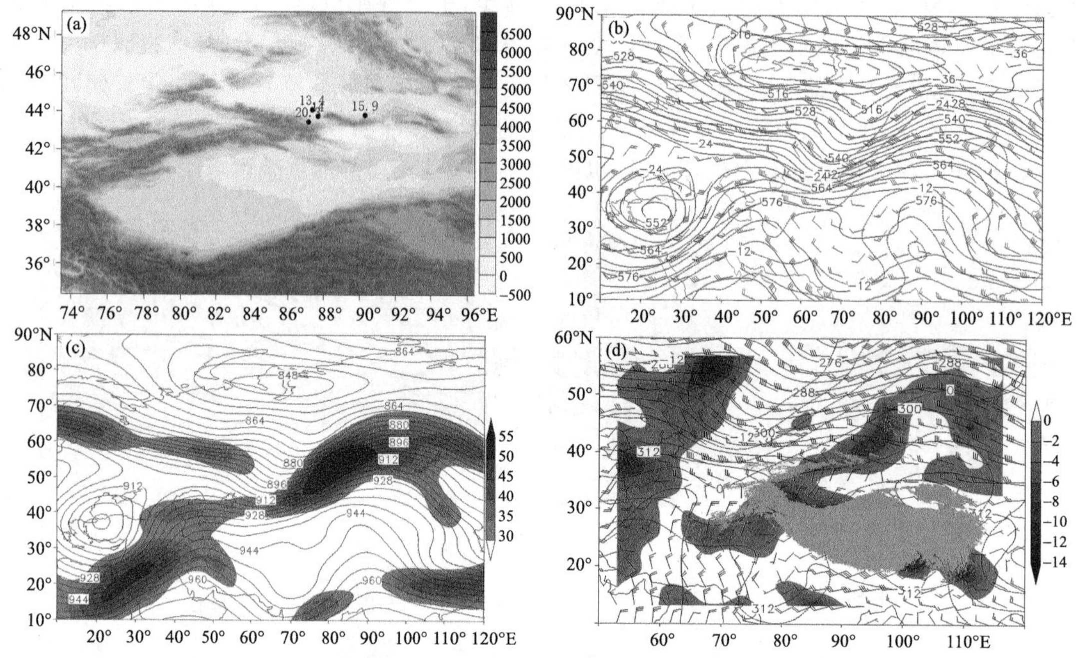

图 3.86 (a)1996 年 4 月 22 日暴雪量站点分布(单位:mm;填色为地形,单位:m);以及 4 月 21 日 20 时 (b)500 hPa 高度场(实线,单位:dagpm)、温度场(虚线,单位:℃)、风场(单位:m·s^{-1}),(c)300 hPa 高度场(实线,单位:dagpm)和风速≥30 m·s^{-1}的急流(填色,单位:m·s^{-1}),(d)700 hPa 高度场(实线,单位:dagpm)、温度场(虚线,单位:℃)、风场(单位:m·s^{-1})及水汽通量散度(填色,单位:10^{-5} g·cm^{-2}·hPa^{-1}·s^{-1},浅灰色阴影为≥3 km 的地形)

3.2.68 1996 年 5 月 14 日昌吉州暴雪

【暴雪概况】14 日暴雪出现在昌吉州天池 18.6 mm、木垒 13.1 mm (图 3.87)。

【环流背景】13 日 20 时,500 hPa 欧亚范围内为两脊一槽型,里海—咸海至欧洲、贝加尔湖以东为高压脊区,西西伯利亚为极涡活动区,槽底南伸至 40°N 附近,新疆北部受其前西南气流控制(图 3.87b);极涡旋转使其底部低槽东移造成中天山山区及北坡暴雪天气(图略)。300 hPa 上新疆北部位于风速≥30 m·s^{-1}西南急流入口区右后侧辐散区(图 3.87c),700 hPa 上天山北坡及山区位于低空西风气流与西南气流的切变辐合区和水汽通量散度辐合区域(图 3.87d)。暴雪区位于高空西南急流入口区右后侧辐散区,西西伯利亚极涡底部西南气流,低空西风气流与西南气流的切变辐合区和水汽通量散度辐合区域,以及地面冷锋后的重叠区域(图略)。

3.2.69 1996 年 5 月 29—30 日伊犁州、乌鲁木齐市、昌吉州暴雪

【暴雪概况】暴雪出现在:29 日伊犁州昭苏 16.4 mm;30 日乌鲁木齐市小渠子 17.3 mm、牧试站 13.7 mm,昌吉州天池 24.2 mm,其中,昌吉州天池为暴雪中心 24.2 mm(图 3.88a)。

【环流背景】28 日 20 时,500 hPa 欧亚范围内 50°N 以北为两槽一脊型,乌拉尔山为高压脊区,北欧、中西伯利亚为低压槽区;50°N 以南为两脊两槽型,伊朗高原至里海—咸海、蒙古为高压脊区,西欧、巴尔喀什湖南部的中亚为低槽区,新疆北部受中亚低槽前西南气流控制(图

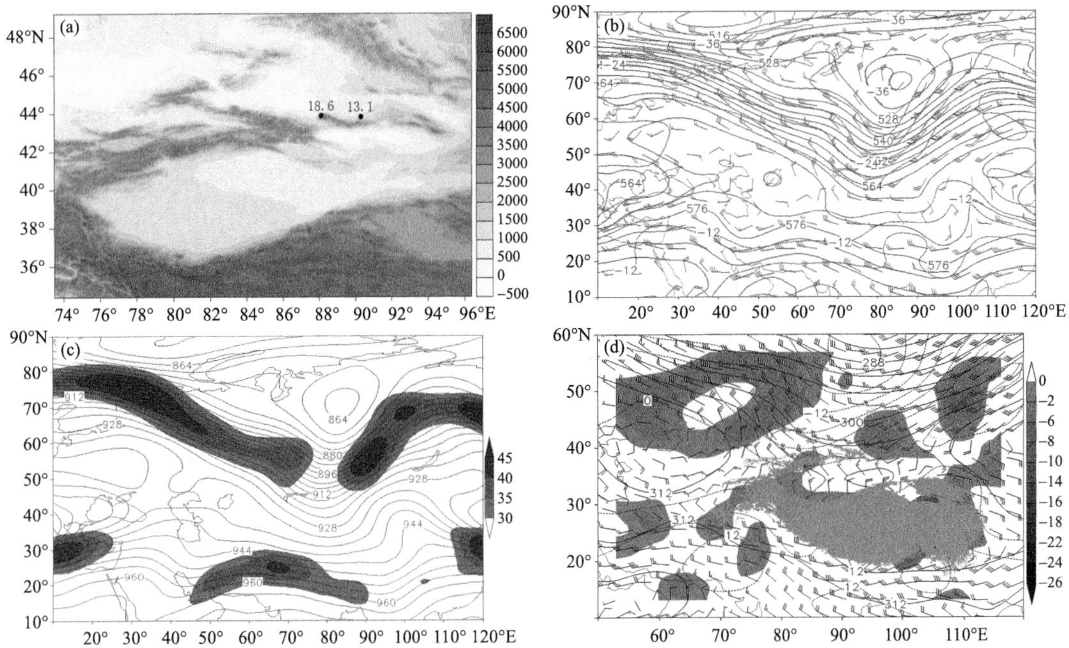

图 3.87　(a)1996 年 5 月 14 日暴雪量站点分布(单位:mm;填色为地形,单位:m);以及 5 月 13 日 20 时(b)500 hPa 高度场(实线,单位:dagpm)、温度场(虚线,单位:℃)、风场(单位:m·s^{-1}),(c)300 hPa 高度场(实线,单位:dagpm)和风速≥30 m·s^{-1}的急流(填色,单位:m·s^{-1}),(d)700 hPa 高度场(实线,单位:dagpm)、温度场(虚线,单位:℃)、风场(单位:m·s^{-1})及水汽通量散度(填色,单位:10^{-5} g·cm^{-2}·hPa^{-1}·s^{-1},浅灰色阴影为≥3 km 的地形)

3.88b);里海—咸海高压脊受不稳定小槽影响向东南衰退,使中亚低槽东移北收造成中天山山区暴雪天气(图略)。300 hPa 上新疆北部位于风速≥30 m·s^{-1}西南急流入口区右侧辐散区(图 3.88c),700 hPa上中天山位于风速≥12 m·s^{-1}低空西风急流出口区前部辐合区和水汽通量散度辐合区域(图 3.88d)。暴雪区位于高空西南急流入口区右侧辐散区,中亚低槽前西南气流,低空西风急流出口区前部辐合区和水汽通量散度辐合区域,以及地面冷锋后的重叠区域(图略)。

3.2.70　1996 年 8 月 30 日伊犁州、乌鲁木齐市、昌吉州暴雪

【暴雪概况】30 日暴雪出现在伊犁州昭苏 13.3 mm,昌吉州天池 31.0 mm、木垒 44.2 mm,乌鲁木齐市小渠子 39.6 mm,其中,昌吉州木垒为暴雪中心(图 3.89a)。

【环流背景】29 日 20 时,500 hPa 欧亚范围内为两脊一槽型,欧洲、贝加尔湖为高压脊区,西伯利亚至巴尔喀什湖一带为低压槽区,槽底南伸至 40°N 以南,新疆北部受槽前西南锋区影响(图 3.89b);欧洲脊受不稳定小槽影响,脊前正变高东南下,使中亚低槽东移北上,造成天山北坡及山区暴雪天气(图略)。300 hPa 上新疆北部位于风速≥50 m·s^{-1}西南急流轴右侧,急流核风速≥60 m·s^{-1},该区位于高空西南急流轴右侧辐散区(图 3.89c),700 hPa 上天山北坡及山区位于风速≥12 m·s^{-1}低空西南急流轴右侧辐合区和水汽通量散度辐合区(图 3.89d)。暴雪区位于高空西南急流轴右侧辐散区,中亚槽前西南锋区,低空西南急流轴右侧辐合区和水汽通量散度辐合区,以及地面冷锋附近的重叠区域(图略)。

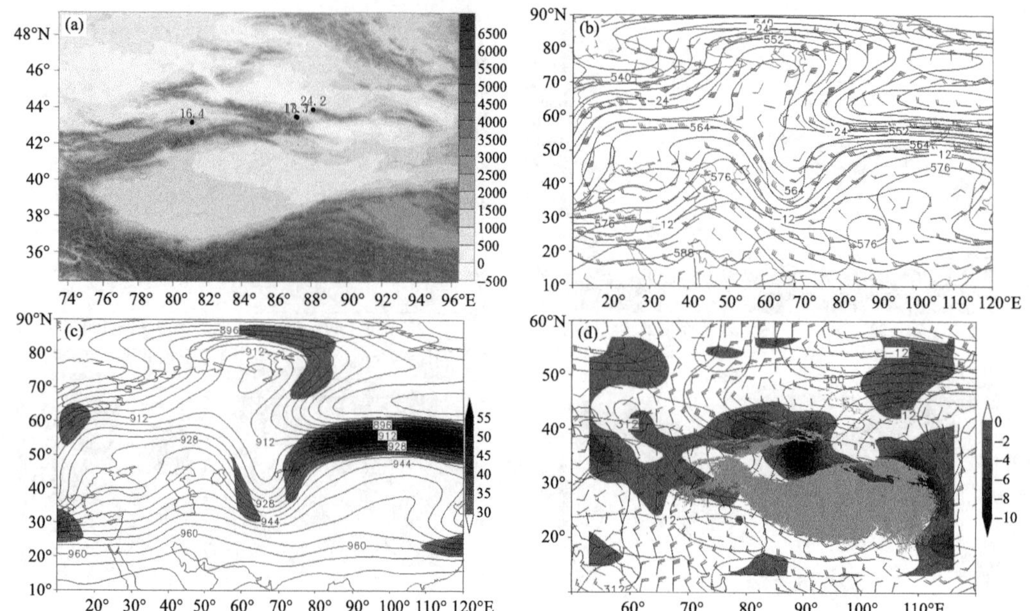

图 3.88 (a)1996 年 5 月 29—30 日累计暴雪量站点分布(单位:mm;填色为地形,单位:m);以及 5 月 28 日 20 时(b)500 hPa 高度场(实线,单位:dagpm)、温度场(虚线,单位:℃)、风场(单位:m・s^{-1}),(c)300 hPa 高度场(实线,单位:dagpm)和风速≥30 m・s^{-1}的急流(填色,单位:m・s^{-1});(d)29 日 08 时 700 hPa 高度场(实线,单位:dagpm)、温度场(虚线,单位:℃)、风场(单位:m・s^{-1})及水汽通量散度(填色,单位:10^{-5} g・cm^{-2}・hPa^{-1}・s^{-1},浅灰色阴影为≥3 km 的地形)

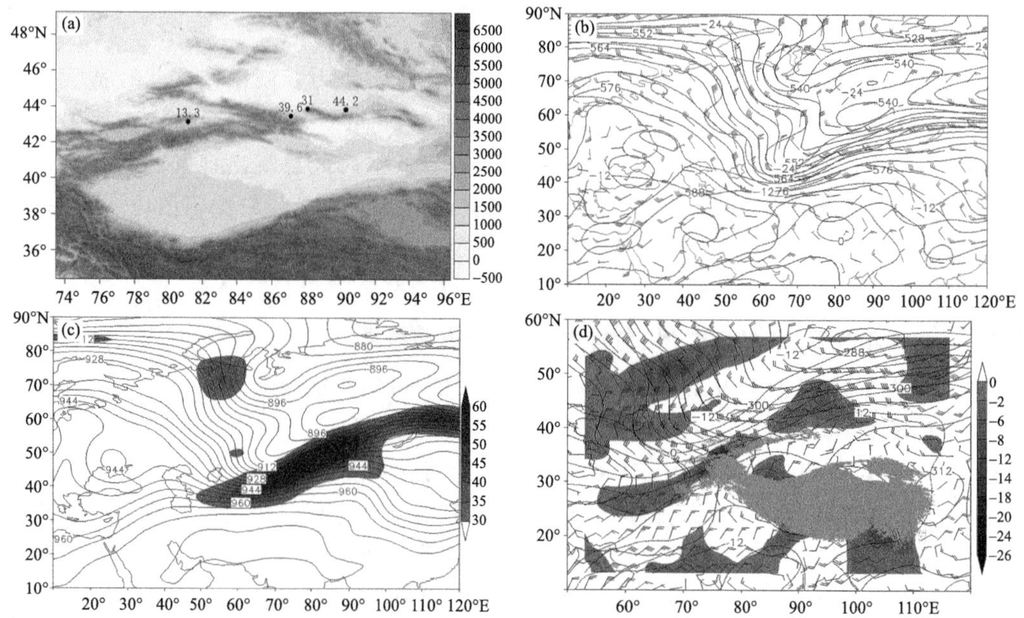

图 3.89 (a)1996 年 8 月 30 日暴雪量站点分布(单位:mm;填色为地形,单位:m);以及 29 日 20 时(b)500 hPa 高度场(实线,单位:dagpm)、温度场(虚线,单位:℃)、风场(单位:m・s^{-1}),(c)300 hPa 高度场(实线,单位:dagpm)和风速≥30 m・s^{-1}的急流(填色,单位:m・s^{-1});(d)2 日 02 时 700 hPa 高度场(实线,单位:dagpm)、温度场(虚线,单位:℃)、风场(单位:m・s^{-1})及水汽通量散度(填色,单位:10^{-5} g・cm^{-2}・hPa^{-1}・s^{-1},浅灰色阴影为≥3 km 的地形)

1996 年 8 月 30 日，昌吉州木垒普降大雪，因灾害天气给木垒农牧业造成直接经济损失约 434.4 万元。其临近的奇台县突刮大风，风力达 8 级左右，之后山区又降大雪，使全县 14 个农牧区乡镇农作物普遍受到风、雪袭击，个别乡镇积雪厚度达 30～40 cm，损失严重；全县农作物受灾面积 7729.4 hm^2，直接经济损失 1474.8063 万元（温克刚 等，2006）。

3.2.71　1997 年 1 月 11 日伊犁州暴雪

【暴雪概况】11 日暴雪出现在伊犁州霍尔果斯 15.3 mm、霍城 15.0 mm、察布查尔 18.2 mm、伊宁 20.1 mm、伊宁县 24.5 mm，其中，伊犁伊宁县为暴雪中心（图 3.90a）。

【环流背景】10 日 20 时，500 hPa 欧亚范围内为两支锋区型，北支西西伯利亚低槽底部强锋区与南支锋区在巴尔喀什湖—新疆北部汇合，新疆北部受西西伯利亚低槽前西风锋区影响（图 3.90b），该槽东移造成伊犁州暴雪天气。300 hPa 上新疆西部位于风速≥35 m·s^{-1} 西风急流轴右侧，急流核风速＞50 m·s^{-1}，该区位于高空西风急流轴右侧（图 3.90c），700 hPa 上伊犁州位于风速≥16 m·s^{-1} 低空西风急流轴右侧辐合区和水汽通量散度辐合区域（图 3.90d）。暴雪区位于高空西风急流轴右侧辐散区，西西伯利亚低槽前西风锋区，低空西风急流轴右侧辐合区和水通量散度辐合区域，以及地面上冷锋附近的重叠区域（图略）。

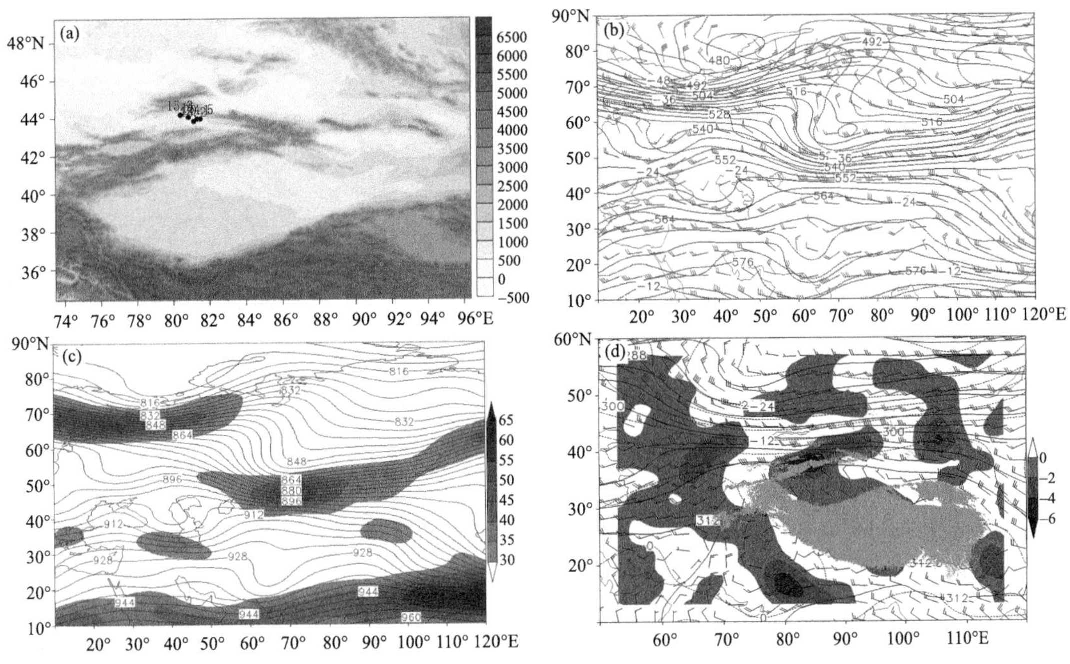

图 3.90　(a)1997 年 1 月 11 日暴雪量站点分布（单位：mm；填色为地形，单位：m）；以及 1 月 10 日 20 时 (b)500 hPa 高度场（实线，单位：dagpm）、温度场（虚线，单位：℃）、风场（单位：m·s^{-1}），(c)300 hPa 高度场（实线，单位：dagpm）和风速≥30 m·s^{-1} 的急流（填色，单位：m·s^{-1}），(d)700 hPa 高度场（实线，单位：dagpm）、温度场（虚线，单位：℃）、风场（单位：m·s^{-1}）及水汽通量散度（填色，单位：10^{-5} g·cm^{-2}·hPa^{-1}·s^{-1}，浅灰色阴影为≥3 km 的地形）

3.2.72　1997 年 5 月 13 日乌鲁木齐市、昌吉州暴雪

【暴雪概况】13 日暴雪出现在昌吉州天池 16.8 mm，乌鲁木齐市小渠子 17.8 mm（图 3.91a）。

【环流背景】12 日 20 时，500 hPa 欧亚范围内为两脊一槽型，伊朗高原至欧洲、蒙古为高压脊区，西西伯利亚为极涡活动区，其底部低槽南伸至 35°N 以南，新疆北部受槽前西南气流影响（图 3.91b）；欧洲脊受不稳定小槽影响，脊前正变高东南下，使极涡底部低槽东移减弱造成中天山山区暴雪天气（图略）。300 hPa 上新疆北部位于风速≥40 m·s^{-1}高空西南急流轴右侧辐散区（图 3.91c），700 hPa 上中天山位于低空西北气流与天山地形形成的辐合抬升区和水汽通量散度辐合区域（图 3.91d）。暴雪区位于高空西南急流轴右侧辐散区，极涡底部短波槽前西南气流，低空西北气流与天山地形形成的辐合抬升区和水汽通量散度辐合区，以及地面冷锋附近的重叠区域（图略）。

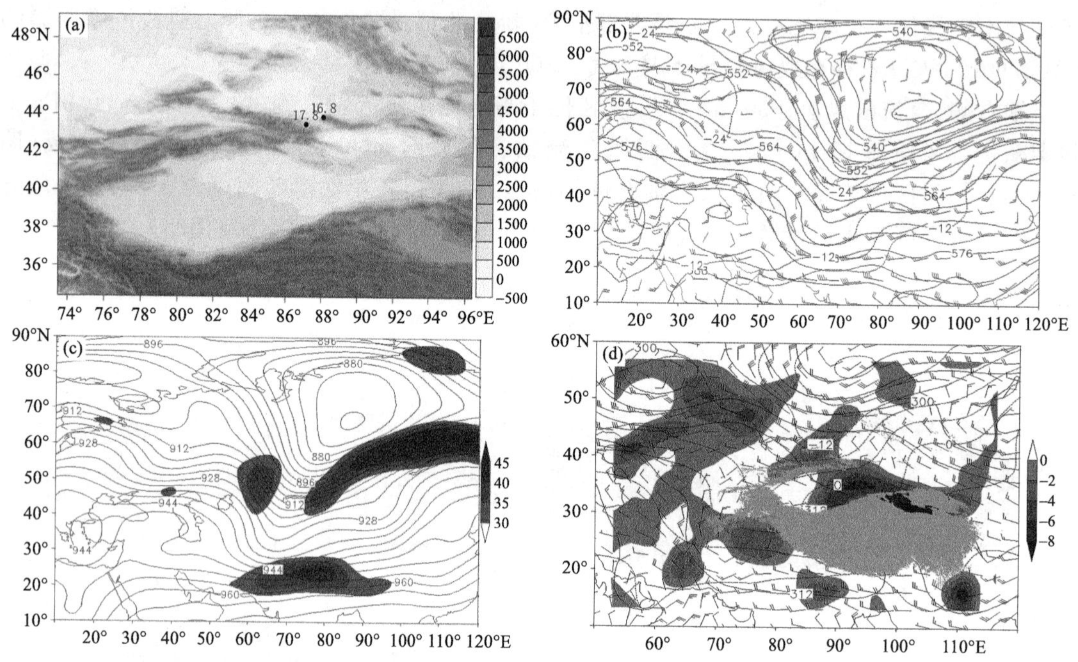

图 3.91　(a)1997 年 5 月 13 日暴雪量站点分布（单位：mm；填色为地形，单位：m）；以及 5 月 12 日 20 时 (b)500 hPa 高度场（实线，单位：dagpm）、温度场（虚线，单位：℃）、风场（单位：m·s^{-1}），(c)300 hPa 高度场（实线，单位：dagpm）和风速≥30 m·s^{-1}的急流（填色，单位：m·s^{-1}）；(d)13 日 08 时 700 hPa 高度场（实线，单位：dagpm）、温度场（虚线，单位：℃）、风场（单位：m·s^{-1}）及水汽通量散度（填色，单位：10^{-5} g·cm^{-2}·hPa^{-1}·s^{-1}，浅灰色阴影为≥3 km 的地形）

3.2.73　1998 年 4 月 8 日乌鲁木齐市、昌吉州暴雪

【暴雪概况】8 日暴雪出现在昌吉州天池 14.2 mm，乌鲁木齐市小渠子 15.5 mm（图 3.92a）。

【环流背景】7 日 20 时，500 hPa 欧亚范围内以纬向环流为主，中纬度锋区上巴尔喀什湖为短波槽区，新疆北部位于槽前偏西气流控制（图 3.92b），该槽东移造成中天山山区暴雪天气。300 hPa 上新疆北部位于风速≥40 m·s^{-1}西风急流轴右侧辐散区（图 3.92c），700 hPa 上中天山位于风速≥12 m·s^{-1}低空西风急流出口前部辐合区和水汽通量散度辐合区域（图 3.92d）。暴雪区位于高空西风急流轴右侧辐散区，巴尔喀什湖短波槽前西风气流，低空西风急流出口前部辐合区和水汽通量散度辐合区，以及地面冷锋附近的重叠区域（图略）。

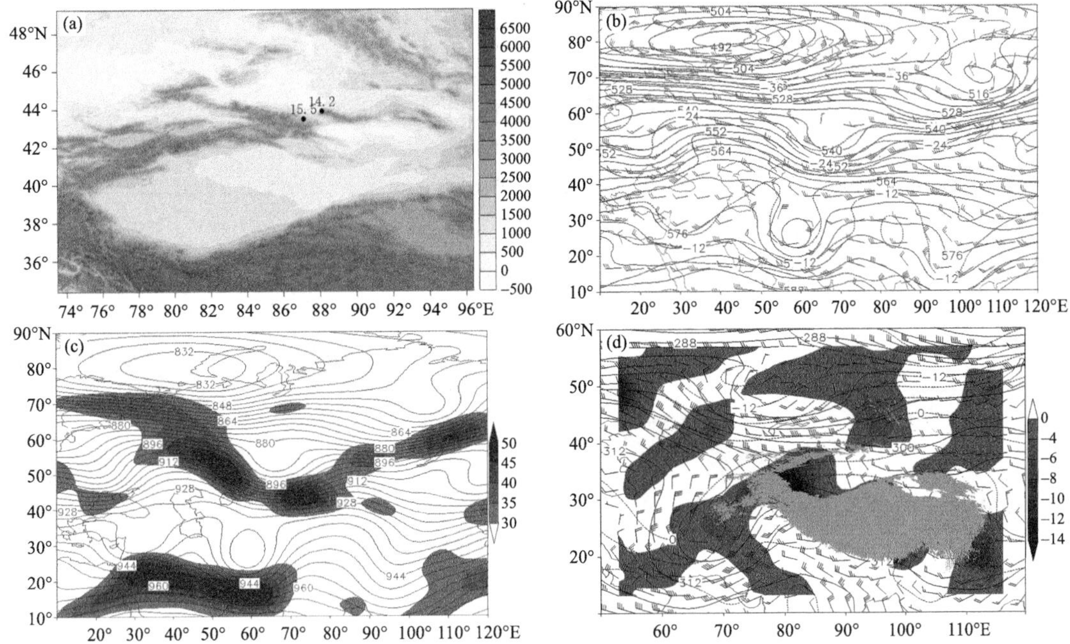

图 3.92　(a)1998 年 4 月 8 日暴雪量站点分布(单位:mm;填色为地形,单位:m);以及 4 月 7 日 20 时(b) 500 hPa 高度场(实线,单位:dagpm)、温度场(虚线,单位:℃)、风场(单位:m · s^{-1}),(c)300 hPa 高度场(实线,单位:dagpm)和风速≥30 m · s^{-1}的急流(填色,单位:m · s^{-1}),(d)700 hPa 高度场(实线,单位:dagpm)、温度场(虚线,单位:℃)、风场(单位:m · s^{-1})及水汽通量散度(填色,单位:10^{-5} g · cm^{-2} · hPa^{-1} · s^{-1},浅灰色阴影为≥3 km 的地形)

3.2.74　1998 年 5 月 3—4 日伊犁州、乌鲁木齐市、昌吉州暴雪

【暴雪概况】暴雪出现在:3 日伊犁州新源 16.9 mm;4 日昌吉州天池 12.1 mm、木垒 20.8 mm,乌鲁木齐市小渠子 17.5 mm,其中,昌吉州木垒为过程暴雪中心(图 3.93a)。

【环流背景】2 日 20 时,500 hPa 欧亚范围内中高纬为两脊一槽型,欧洲、贝加尔湖为高压脊区,中亚为低涡,其前部西南气流与南支伊朗槽前西南气流在咸海南部—巴尔喀什湖南部—新疆北部汇合,新疆北部受中亚低涡前西南气流控制(图 3.93b);欧洲脊受不稳定小槽影响,脊前正变高东南下,使中亚低涡减弱东移造成中天山及北坡暴雪天气(图略)。300 hPa 上新疆北部位于风速≥40 m · s^{-1}西南急流轴右侧辐散区(图 3.93c),700 hPa 上中天山位于风速≥12 m · s^{-1}低空西南急流出口区前部辐合和水通量散度辐合区域(图 3.93d)。暴雪区位于高空西南急流轴右侧辐散区,中亚低涡前西南气流,低空西南急流出口区前部辐合和水通量散度辐合区域,以及地面冷锋附近的重叠区域(图略)。

3.2.75　1998 年 5 月 13—14 日乌鲁木齐市、昌吉州、哈密市暴雪

【暴雪概况】暴雪出现在:13 日昌吉州天池 24.9 mm,乌鲁木齐市小渠子 29.3 mm;4 日昌吉州天池 22.7 mm、木垒 42.0 mm,哈密市巴里坤 15.1 mm,其中昌吉州天池为过程暴雪中心,累计降雪量为 47.6 mm(图 3.94a)。

【环流背景】12 日 20 时,500 hPa 欧亚范围内中纬度为两脊一槽型,欧洲、贝加尔湖为高压脊区,中亚为低涡活动区,南支土耳其低涡前西南气流与中亚低涡底部偏西气流汇合,新疆

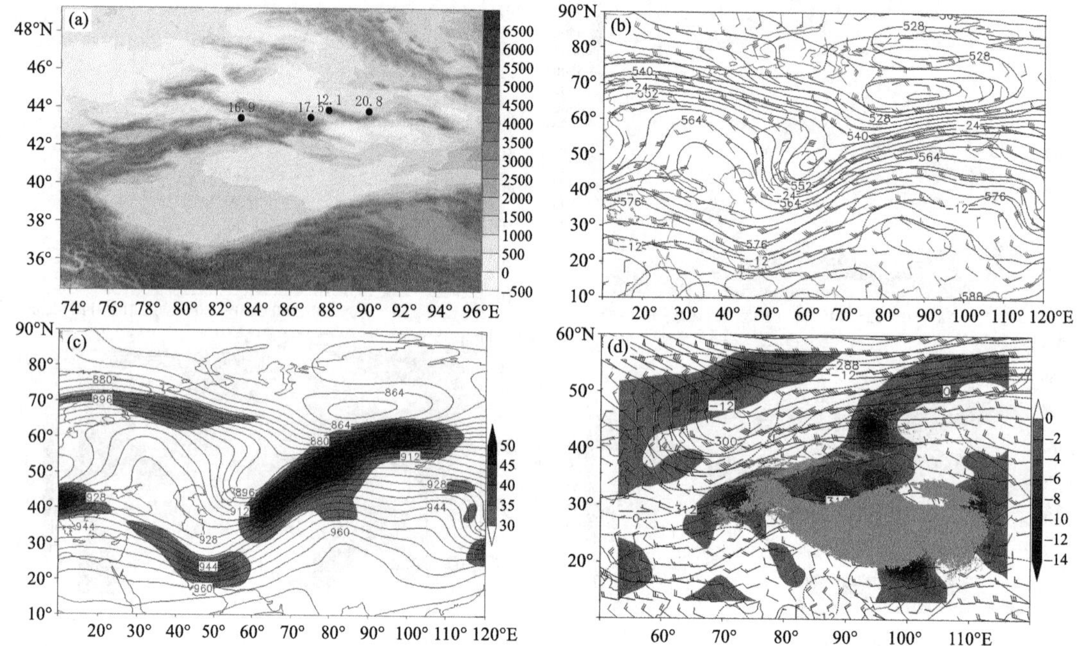

图 3.93　(a)1998 年 5 月 3—4 日累计暴雪量站点分布(单位:mm;填色为地形,单位:m);以及 5 月 2 日 20 时(b)500 hPa 高度场(实线,单位:dagpm)、温度场(虚线,单位:℃)、风场(单位:m·s^{-1}),(c)300 hPa 高度场(实线,单位:dagpm)和风速≥30 m·s^{-1}的急流(填色,单位:m·s^{-1});(d)3 日 02 时 700 hPa 高度场(实线,单位:dagpm)、温度场(虚线,单位:℃)、风场(单位:m·s^{-1})及水汽通量散度(填色,单位:10^{-5} g·cm^{-2}·hPa^{-1}·s^{-1},浅灰色阴影为≥3 km 的地形)

北部受中亚低涡东南部西南气流控制(图 3.94b);欧洲脊受不稳定小槽影响向东南衰退,中亚低涡减弱东移造成中天山及北坡暴雪天气(图略)。300 hPa 上新疆北部位于风速≥40 m·s^{-1}高空西风急流出口前部辐散区,急流核风速≥50 m·s^{-1}(图 3.94c),700 hPa 上中天山及北坡位于风速≥12 m·s^{-1}低空西南急流轴右侧辐合区和水汽通量辐合区域(图 3.94d)。暴雪区位于高空西风急流出口前部辐散区,中亚低涡东南部西南气流,低空西南急流轴右侧辐合区和水汽通量散度辐合区,以及地面冷锋附近的重叠区域(图略)。

3.2.76　1998 年 5 月 19—20 日伊犁州、乌鲁木齐市、昌吉州、哈密市暴雪

【暴雪概况】暴雪出现在:19 日伊犁州昭苏 13.5 mm,乌鲁木齐市小渠子 27.6 mm,昌吉州天池 30.3 mm、木垒 36.1 mm;20 日哈密市巴里坤 15.0 mm,昌吉州木垒 12.8 mm,过程降雪中心位于昌吉州木垒,累计降雪量为 48.9 mm(图 3.95a)。

【环流背景】18 日 20 时,500 hPa 欧亚范围内为两脊一槽型,里海至欧洲为强盛的高压脊区,中西伯利亚为浅脊,中亚为低涡区,中亚低涡底部强锋区与南支西风气流在咸海南部—新疆北部汇合,新疆北部受中亚低涡东南部西南气流影响(图 3.95b);欧洲脊西北部受不稳定小槽影响东移,脊线顺转,使中亚低涡东移减弱造成天山北坡及山区暴雪。300 hPa 上新疆北部位于风速≥40 m·s^{-1}西南急流轴右侧,急流核风速≥55 m/s,天山北坡及山区位于高空西南急流轴右侧辐散区(图 3.95c),700 hPa 上该区位于风速≥16 m·s^{-1}低空西南急流轴右侧辐合区和水汽通量散度辐合区域(图 3.95d)。暴雪区位于高空西南急流轴右侧辐散区,中亚低涡东南部西南气流,低空西南急流轴右侧辐合区和水汽通量散度辐合区域,以及地面冷锋附近的重叠区域(图略)。

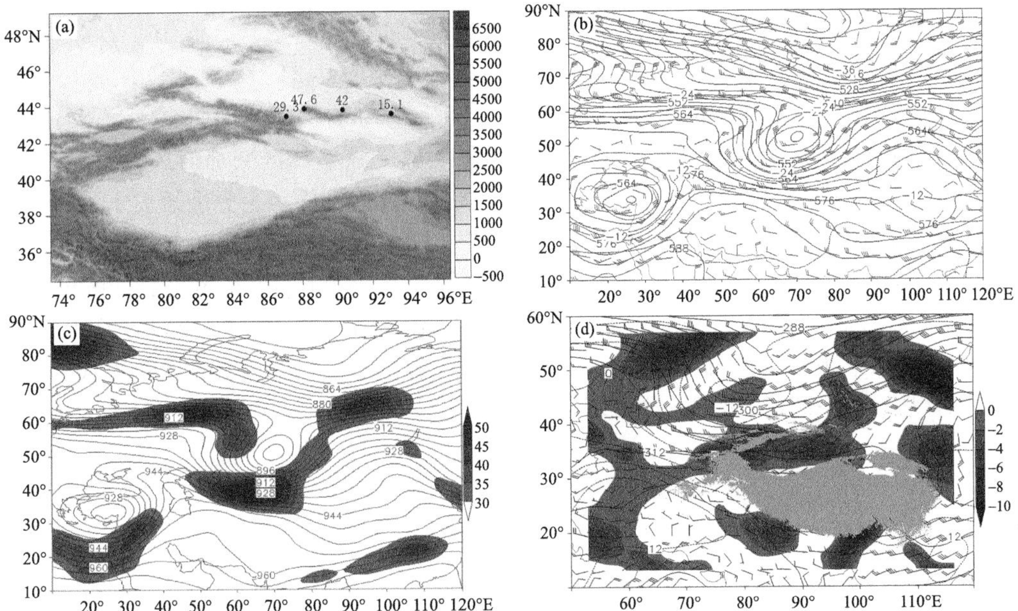

图 3.94　(a)1998 年 5 月 13—14 日累计暴雪量站点分布(单位:mm;填色为地形,单位:m);以及 5 月 12 日 20 时(b)500 hPa 高度场(实线,单位:dagpm)、温度场(虚线,单位:℃)、风场(单位:$m \cdot s^{-1}$),(c)300 hPa 高度场(实线,单位:dagpm)和风速≥30 $m \cdot s^{-1}$的急流(填色,单位:$m \cdot s^{-1}$);(d)13 日 02 时 700 hPa 高度场(实线,单位:dagpm)、温度场(虚线,单位:℃)、风场(单位:$m \cdot s^{-1}$)及水汽通量散度(填色,单位:$10^{-5}\ g \cdot cm^{-2} \cdot hPa^{-1} \cdot s^{-1}$,浅灰色阴影为≥3 km 的地形)

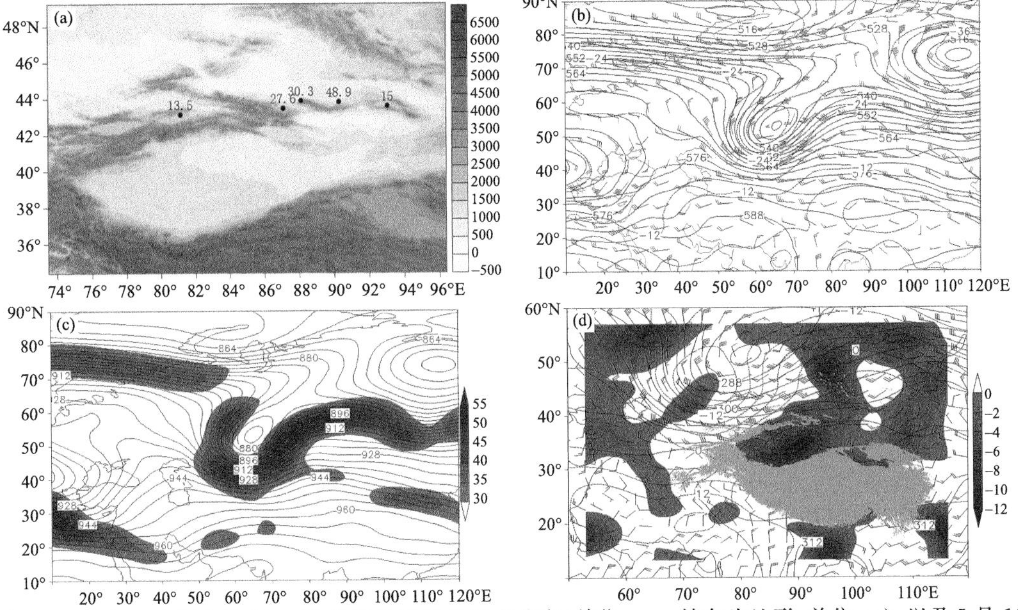

图 3.95　(a)1998 年 5 月 19—20 日累计暴雪量站点分布(单位:mm;填色为地形,单位:m);以及 5 月 18 日 20 时(b)500 hPa 高度场(实线,单位:dagpm)、温度场(虚线,单位:℃)、风场(单位:$m \cdot s^{-1}$),(c)300 hPa 高度场(实线,单位:dagpm)和风速≥30 $m \cdot s^{-1}$的急流(填色,单位:$m \cdot s^{-1}$);(d)19 日 02 时 700 hPa 高度场(实线,单位:dagpm)、温度场(虚线,单位:℃)、风场(单位:$m \cdot s^{-1}$)及水汽通量散度(填色,单位:$10^{-5}\ g \cdot cm^{-2} \cdot hPa^{-1} \cdot s^{-1}$,浅灰色阴影为≥3 km 的地形)

3.2.77　1998 年 11 月 13 日伊犁州暴雪

【暴雪概况】13 日暴雪出现在伊犁州伊宁 17.3 mm、伊宁县 21.8 mm(图 3.96a)。

【环流背景】12 日 20 时,500 hPa 欧亚范围内 50°N 以北为极涡活动区,呈东—西向,其底部中纬为强盛西风锋区,低纬为纬向西风气流,新疆北部受强盛锋区底部西风气流影响,最大风速 32 $m \cdot s^{-1}$(图 3.96b);欧洲脊发展,极涡略有东移,其底部锋区上分裂短波东移造成伊犁州暴雪天气(图略)。300 hPa 上新疆北部受风速≥40 $m \cdot s^{-1}$ 西风急流控制,急流核风速≥55 $m \cdot s^{-1}$,伊犁州位于高空西风急流轴右侧辐散区(图 3.96c),700 hPa 上该区位于风速≥20 $m \cdot s^{-1}$ 低空西风急流轴右侧辐合区和水汽通量散度辐合区域(图 3.96d)。暴雪区位于高空西风急流轴右侧辐散区,极涡底部西风锋区,低空偏西急流轴右侧辐合区和水汽通量散度辐合区域,以及地面冷锋附近的重叠区域(图略)。

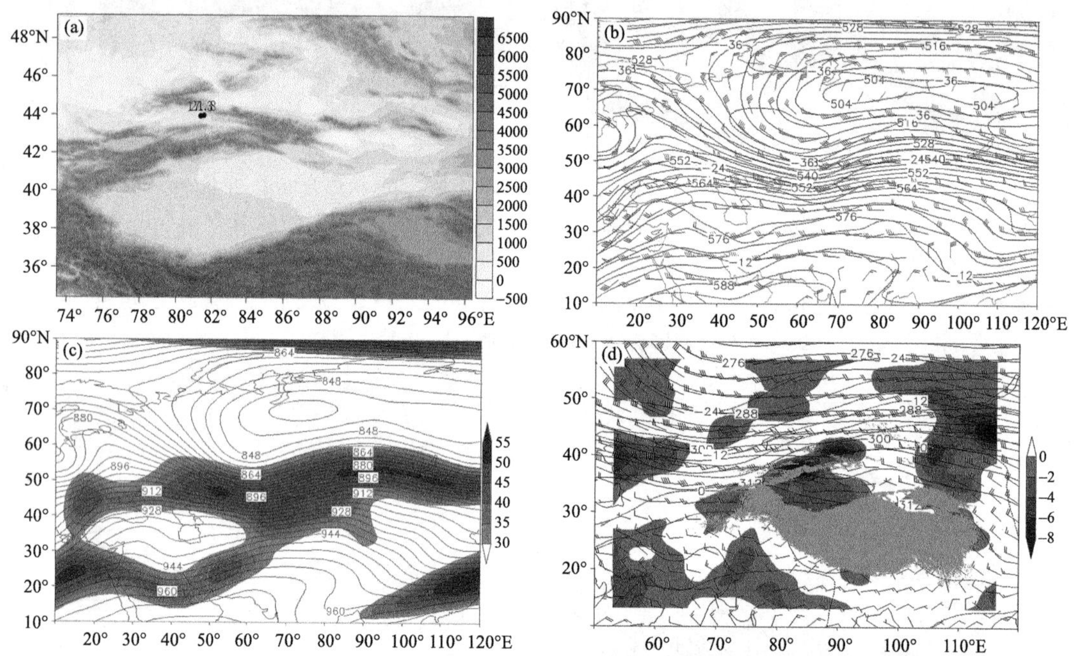

图 3.96　(a)1998 年 11 月 13 日暴雪量站点分布(单位:mm;填色为地形,单位:m);以及 11 月 12 日 20 时(b)500 hPa 高度场(实线,单位:dagpm)、温度场(虚线,单位:℃)、风场(单位:$m \cdot s^{-1}$),(c)300 hPa 高度场(实线,单位:dagpm)和风速≥30 $m \cdot s^{-1}$ 的急流(填色,单位:$m \cdot s^{-1}$),(d)700 hPa 高度场(实线,单位:dagpm)、温度场(虚线,单位:℃)、风场(单位:$m \cdot s^{-1}$)及水汽通量散度(填色,单位:10^{-5} $g \cdot cm^{-2} \cdot hPa^{-1} \cdot s^{-1}$,浅灰色阴影为≥3 km 的地形)

3.2.78　1998 年 12 月 20 日伊犁州暴雪

【暴雪概况】20 日暴雪出现在伊犁州伊宁 13.8 mm、伊宁县 19.5 mm(图 3.97a)。

【环流背景】19 日 20 时,500 hPa 欧亚范围内以纬向环流为主,中纬为锋区控制,咸海与巴尔喀什湖之间的中亚为短波槽,新疆北部位于该短波槽前西南锋区控制,最大风速 32 $m \cdot s^{-1}$(图 3.97b),南欧浅脊东移,导致中亚短波槽东移造成伊犁州暴雪天气(图略)。300 hPa 上新疆西部位于风速≥40 $m \cdot s^{-1}$ 西南急流轴右侧,急流核风速≥55 m/s,伊犁州位于西南急流轴右侧辐散区(图 3.97c),700 hPa 上该区位于风速≥12 $m \cdot s^{-1}$ 低空西南急流轴右侧辐合区和水汽通量散度辐合区域(图 3.97d)。暴雪区位于高空西南急流轴右侧辐散区,中亚短波槽前西南锋区,低空西南急流轴右侧辐合区和水汽通量散度辐合区域,以及地面冷锋附近的重叠区(图略)。

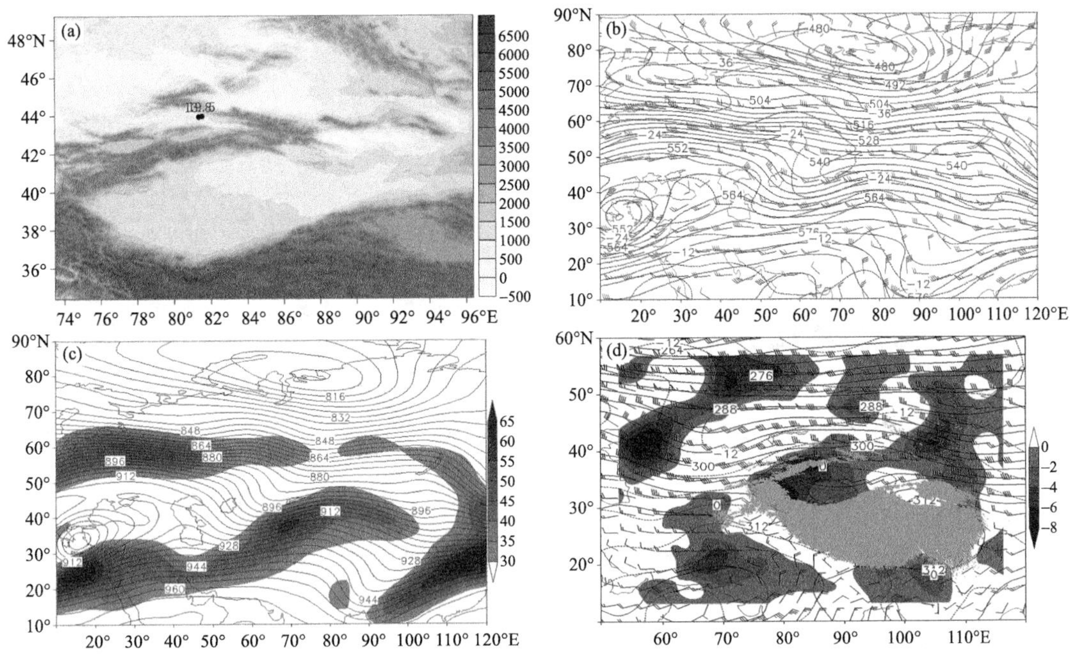

图 3.97 (a)1998 年 12 月 20 日暴雪量站点分布(单位:mm;填色为地形,单位:m);以及 12 月 19 日 20 时(b)500 hPa 高度场(实线,单位:dagpm)、温度场(虚线,单位:℃)、风场(单位:$m \cdot s^{-1}$),(c)300 hPa 高度场(实线,单位:dagpm)和风速≥30 $m \cdot s^{-1}$的急流(填色,单位:$m \cdot s^{-1}$),(d)700 hPa 高度场(实线,单位:dagpm)、温度场(虚线,单位:℃)、风场(单位:$m \cdot s^{-1}$)及水汽通量散度(填色,单位:10^{-5} $g \cdot cm^{-2} \cdot hPa^{-1} \cdot s^{-1}$,浅灰色阴影为≥3 km 的地形)

3.2.79 1999 年 5 月 1 日乌鲁木齐市、昌吉州暴雪

【暴雪概况】1 日暴雪出现在乌鲁木齐市牧试站 13.3 mm、小渠子 19.4 mm,昌吉州天池 19.9 mm,其中,昌吉州天池为暴雪中心(图 3.98a)。

【环流背景】4 月 30 日 20 时,500 hPa 欧亚范围内极涡位于泰米尔半岛,底部为强锋区;中低纬为两槽一脊型,欧洲、巴尔喀什湖西南部的中亚为低压槽区,伊朗副高与咸海高压脊反气旋打通,新疆北部受中亚短波槽前偏西气流影响(图 3.98b);咸海高压脊东扩,使中亚槽减弱东移造成中天山暴雪天气(图略)。300 hPa 上新疆北部位于风速≥35 $m \cdot s^{-1}$西风急流轴左侧,急流核风速≥45 m/s,中天山位于西风急流轴左侧辐散区(图 3.98c),700 hPa 上该区位于西北气流前部辐合区及其与天山地形形成的辐合抬升和水汽通量散度辐合区域(图 3.98d)。暴雪区位于高空西风急流轴左侧辐散区,中亚短波槽前西风气流,低空显著西北气流前部辐合区及其与天山地形形成的辐合抬升和水汽通量散度辐合区域,以及地面冷锋附近的重叠区域(图略)。

3.2.80 2000 年 10 月 8—9 日伊犁州、昌吉州暴雪

【暴雪概况】暴雪出现在:8 日伊犁州新源 17.0 mm、昭苏 12.2 mm;9 日昌吉州木垒 15.1 mm;暴雪中心位于伊犁州新源站(图 3.99a)。

【环流背景】7 日 20 时,500 hPa 上欧亚范围内呈两脊一槽型,欧洲为强盛的阻塞高压(简

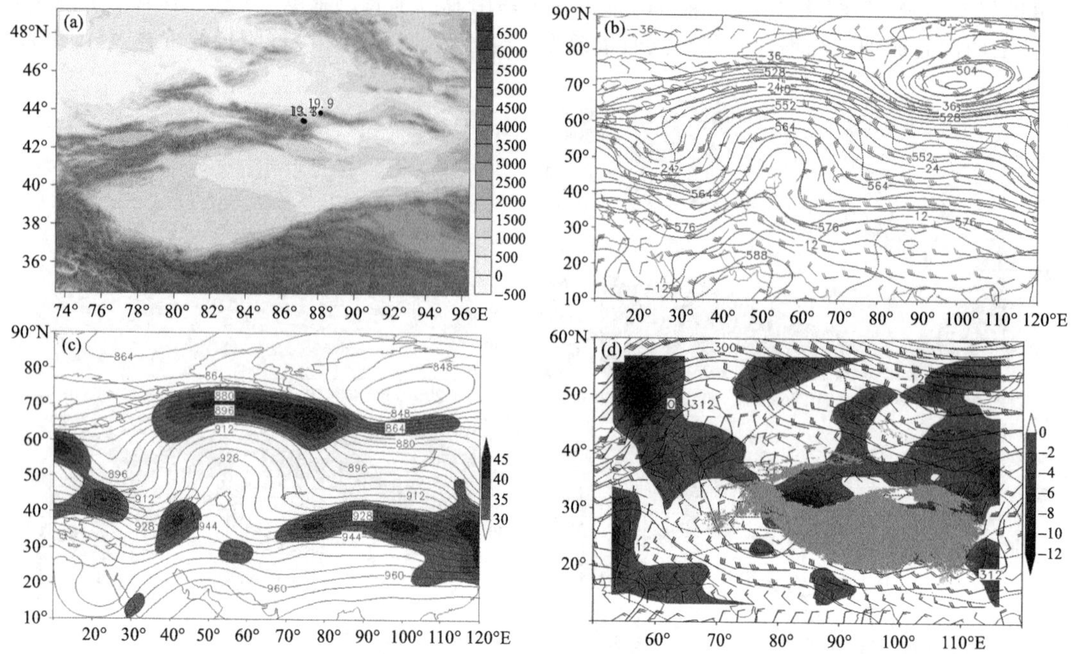

图 3.98　(a)1999 年 5 月 1 日暴雪量站点分布(单位：mm；填色为地形，单位：m)；以及 4 月 30 日 20 时(b)500 hPa 高度场(实线，单位：dagpm)、温度场(虚线，单位：℃)、风场(单位：m·s^{-1})，(c)300 hPa 高度场(实线，单位：dagpm)和风速≥30 m·s^{-1}的急流(填色，单位：m·s^{-1})；(d)5 月 1 日 02 时 700 hPa 高度场(实线，单位：dagpm)、温度场(虚线，单位：℃)、风场(单位：m·s^{-1})及水汽通量散度(填色，单位：10^{-5} g·cm^{-2}·hPa^{-1}·s^{-1}，浅灰色阴影为≥3 km 的地形)

称"阻高")，并与南支地中海东部脊接通，贝加尔湖为弱脊，中亚为低涡活动区，南北 2 支锋在咸海东南部—巴尔喀什湖南部—新疆北部汇合，新疆北部受中亚低涡东南部西南强锋区控制(图 3.99b)；欧洲阻高受不稳定小槽影响，脊线顺转，脊前正变高东南下，使中亚低涡减弱东移造成新疆西部暴雪天气(图略)。300 hPa 新疆北部位于风速>40 m·s^{-1}的高空西南急流轴附近的辐散区域，急流核风速>45 m·s^{-1}(图 3.99c)，700 hPa 上伊犁州位于风速>12 m·s^{-1}低空西风急流出口区前部辐合区和水汽通量散度辐合区前部(图 3.99c)。暴雪区位于高空西南急流轴附近的辐散区，中亚低涡东南部西南锋区，低空西风急流出口区前部辐合区和水汽通量散度辐合区前部以及地面冷锋附近的重叠区域(图略)。

3.2.81　2001 年 9 月 13—14 日乌鲁木齐市暴雪

【暴雪概况】暴雪出现在：13 日乌鲁木齐市天山大西沟 14.5 mm，14 日小渠子 16.9 mm、牧试站 13.0 mm。暴雪中心位于小渠子站(图 3.100a)。

【环流背景】此次暴雪过程前，500 hPa 欧亚范围内中高纬为两脊一槽型，即伊朗高原—东欧—新地岛为强盛的高压脊，东北地区为浅脊，西西伯利亚至中亚为低压槽区，槽底南伸至 35°N 以南；新疆北部受中亚槽前西南气流控制(图 3.100b)；东欧脊受不稳定小槽影响，脊前正变高东南下，使中亚低槽东移加强，并分裂短波东移造成中天山山区暴雪天气(图略)。300 hPa上中天山位于风速≥30 m·s^{-1}高空西南急流轴右侧和偏西急流轴左侧辐散区中(图 3.100c)，700 hPa 上该区位于低空偏西气流和水汽通量散度辐合区(图 3.100d)。暴雪区位于

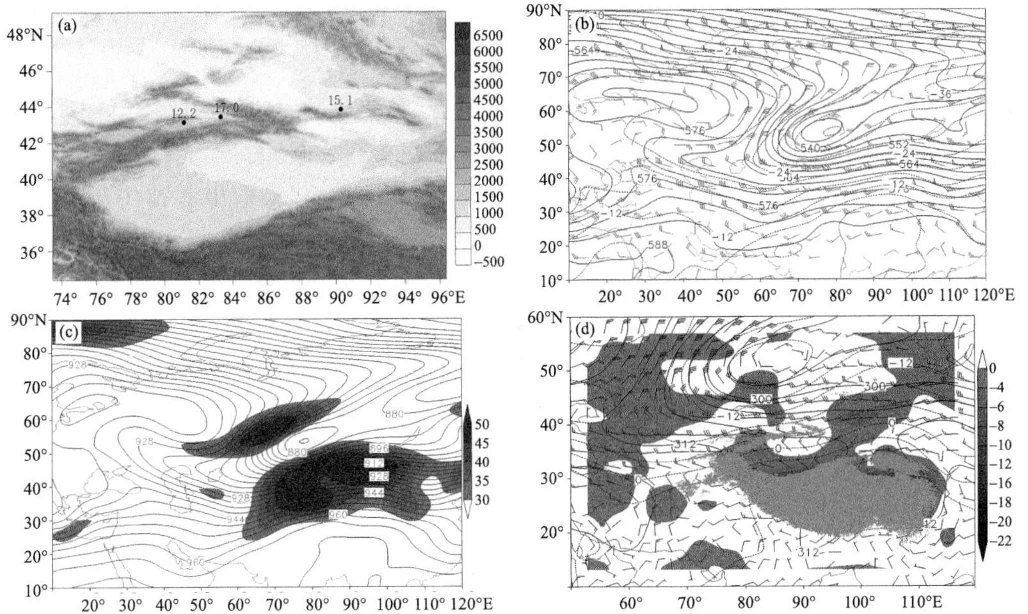

图3.99　(a)2000年10月8—9日暴雪量站点分布(单位:mm;填色为地形,单位:m),以及7日20时(b)500 hPa高度场(实线,单位:dagpm)、温度场(虚线,单位:℃)、风场(单位:m·s^{-1}),(c)300 hPa高度场(实线,单位:dagpm)和风速≥30 m·s^{-1}的急流(填色,单位:m·s^{-1}),(d)700 hPa高度场(实线,单位:dagpm)、温度场(虚线,单位:℃)、风场(单位:m·s^{-1})及水汽通量散度(填色,单位:10^{-5} g·cm^{-2}·hPa^{-1}·s^{-1},浅灰色阴影为≥3 km的地形)

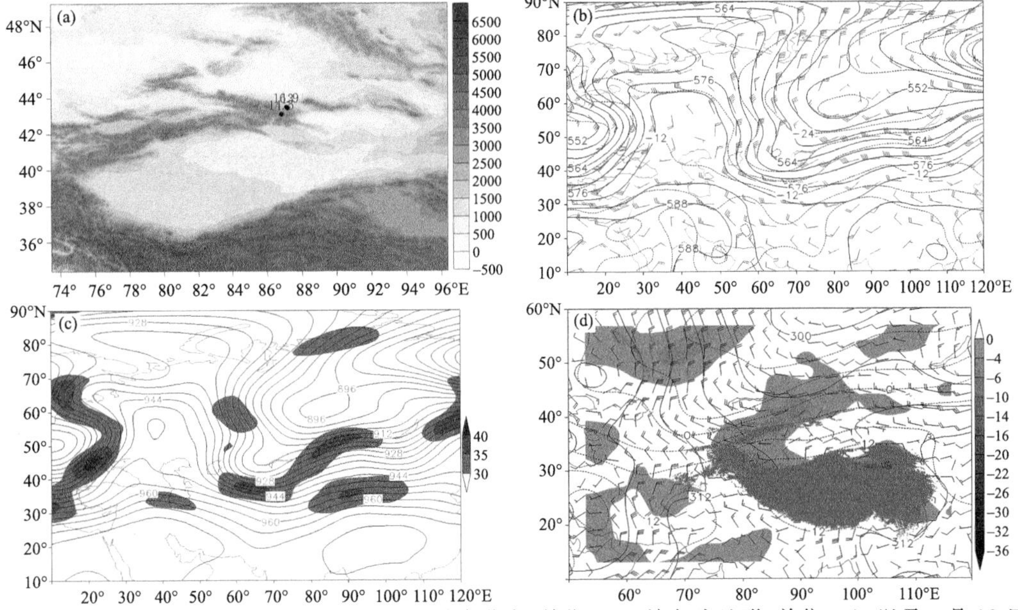

图3.100　(a)2001年9月13—14日暴雪量站点分布(单位:mm;填色为地形,单位:m);以及9月12日20时(b)500 hPa高度场(实线,单位:dagpm)、温度场(虚线,单位:℃)、风场(单位:m·s^{-1}),(c)300 hPa高度场(实线,单位:dagpm)和风速≥30 m·s^{-1}的急流(填色,单位:m·s^{-1}),(d)700 hPa高度场(实线,单位:dagpm)、温度场(虚线,单位:℃)、风场(单位:m·s^{-1})及水汽通量散度(填色,单位:10^{-5} g·cm^{-2}·hPa^{-1}·s^{-1},浅灰色阴影为≥3 km的地形)

高空西南急流轴右侧和偏西急流轴左侧辐散区，中亚槽前西南气流，低空偏西气流和水汽通量散度辐合区以及地面冷锋附近的重叠区域(图略)。

3.2.82 2001 年 10 月 11 日博州、伊犁州、乌鲁木齐市、昌吉州、克州暴雪

【暴雪概况】11 日暴雪出现在博州温泉 16.9 mm，伊犁州新源 21.3 mm，乌鲁木齐市小渠子 13.1 mm，昌吉州天池站 12.7 mm，克州阿合奇站 18.3 mm，暴雪中心位于伊犁州新源 21.3 mm(图 3.101a)。

【环流背景】此次暴雪过程前，500 hPa 欧亚范围内中低纬为两脊一槽型，即欧洲和贝加尔湖为高压脊，西西伯利亚至中亚为低槽区，呈西南—东北向，槽底南伸至 30°N 附近，新疆北部受中亚槽前西南锋区控制(图 3.101b)。欧洲脊受不稳定小槽的侵袭向东南衰退，使中亚低槽东移造成暴雪天气(图略)。300 hPa 上新疆北部位于风速≥40 m·s^{-1}高空西南急流轴右侧辐散区中(图 3.101c)，700 hPa 上中天山位于风速≥12 m·s^{-1}偏西急流前部辐合区和水汽通量散度辐合区(图 3.101d)。暴雪区位于高空西南急流轴右侧辐散区，中亚槽前西南锋区，低空偏西急流前部辐合区和水汽通量散度辐合区，以及地面冷锋附近的重叠区域(图略)。

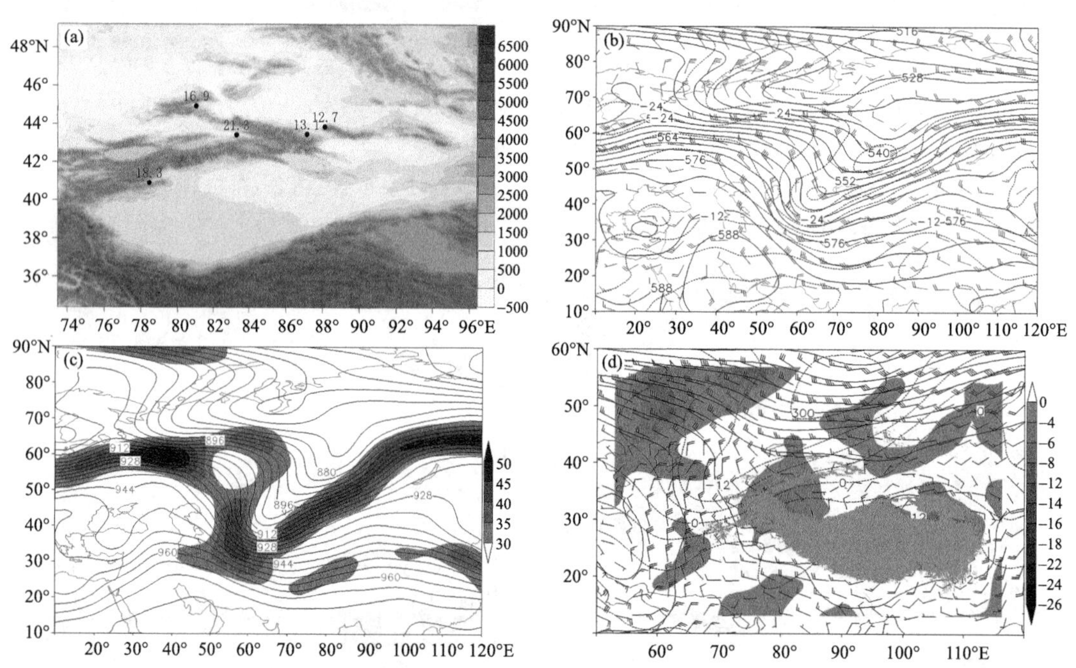

图 3.101 (a)2001 年 10 月 11 日暴雪量站点分布(单位：mm；填色为地形，单位：m)；以及 10 日 20 时(b) 500 hPa 高度场(实线，单位：dagpm)、温度场(虚线，单位：℃)、风场(单位：m·s^{-1})，(c)300 hPa 高度场(实线，单位：dagpm)和风速≥30 m·s^{-1}的急流(填色，单位：m·s^{-1})，(d)700 hPa 高度场(实线，单位：dagpm)、温度场(虚线，单位：℃)、风场(单位：m·s^{-1})及水汽通量散度(填色，单位：10^{-5} g·cm^{-2}·hPa^{-1}·s^{-1}，浅灰色阴影为≥3 km 的地形)

3.2.83 2002 年 3 月 28 日乌鲁木齐市、昌吉州暴雪

【暴雪概况】28 日暴雪出现在乌鲁木齐市小渠子 12.3 mm，昌吉州天池 12.5 mm(图 3.102a)。

【环流背景】此次暴雪过程前，500 hPa 欧亚范围内高纬极涡呈东—西带状分布，中低纬为

两槽一脊型，伊朗高原—南欧为高压脊，黑海为低涡，巴尔喀什湖为西北锋区上弱槽。南欧脊前西北气流与极涡底部强锋区在乌拉尔山南部—新疆北部汇合(图 3.102b)，极涡旋转，其西部与黑海低涡接通，使南欧脊东移，西北锋区上短波槽东移南下造成中天山山区暴雪天气(图略)。300 hPa 上中天山位于风速≥30 m·s^{-1}高空西北急流出口区前侧辐散区(图 3.102c)，700 hPa上该区位于风速≥12 m·s^{-1}低空西北急流出口区前部辐合区和水汽通量散度辐合区(图 3.102d)。暴雪区位于高空西北急流出口区前侧辐散区，西北锋区，低空西北急流出口区前部辐合区和水汽通量散度辐合区，以及地面图上冷锋附近的重叠区域(图略)。

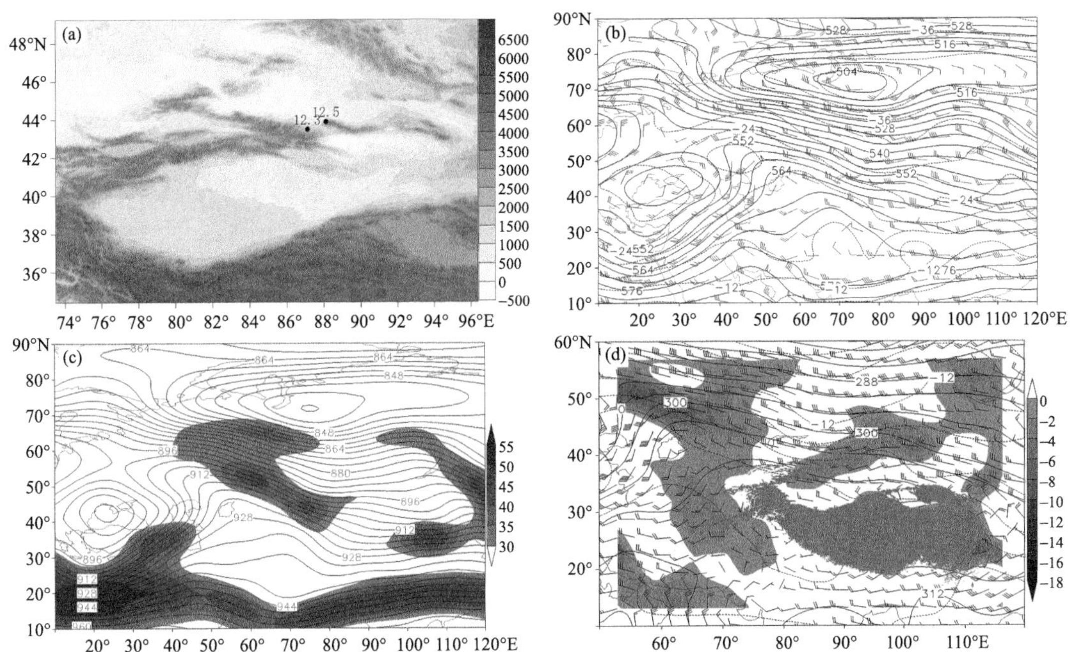

图 3.102　(a)2002 年 3 月 28 日暴雪量站点分布(单位:mm;填色为地形，单位:m)；以及 3 月 27 日 20 时(b)500 hPa 高度场(实线，单位:dagpm)、温度场(虚线，单位:℃)、风场(单位:m·s^{-1})，(c)300 hPa 高度场(实线，单位:dagpm)和风速≥30 m·s^{-1}的急流(填色，单位:m·s^{-1})，(d)700 hPa 高度场(实线，单位:dagpm)、温度场(虚线，单位:℃)、风场(单位:m·s^{-1})及水汽通量散度(填色，单位:10^{-5} g·cm^{-2}·hPa^{-1}·s^{-1}，浅灰色阴影为≥3 km 的地形)

3.2.84　2002 年 4 月 29—30 日乌鲁木齐市、巴州、昌吉州暴雪

【暴雪概况】29 日乌鲁木齐市小渠子 18.1 mm、天山大西沟 17.8 mm；30 日巴州巴仑台 17.4 mm，昌吉州天池 37.4 mm；暴雪中心位于天池站(图 3.103a)。

【环流背景】此次暴雪过程前，500 hPa 欧亚范围内为南北两支锋区型，北支为一脊一槽的环流形势，即欧洲为强盛高压脊，贝加尔湖北部为极涡，南支为纬向多短波活动，中亚为低涡，新疆东部为浅脊，新疆北部受中亚低涡东南部西南气流控制(图 3.103b)；欧洲脊受不稳定小槽影响，脊线顺转，脊前正变高东南下，导致中亚低涡减弱东移造成中天山山区暴雪天气(图略)。300 hPa 上中天山位于风速≥30 m·s^{-1}高空西北急流入口区右侧辐散区(图 3.103c)，700 hPa上该区位于西北气流与西南气流形成的切变区和水汽通量散度辐合区(图 3.103d)。暴雪区位于高空西北急流入口区右侧辐散区，中亚低涡前西南气流，低空西北气流与西南气流形成的切变区和水汽通量散度辐合区，以及地面图上冷锋附近的重叠区域(图略)。

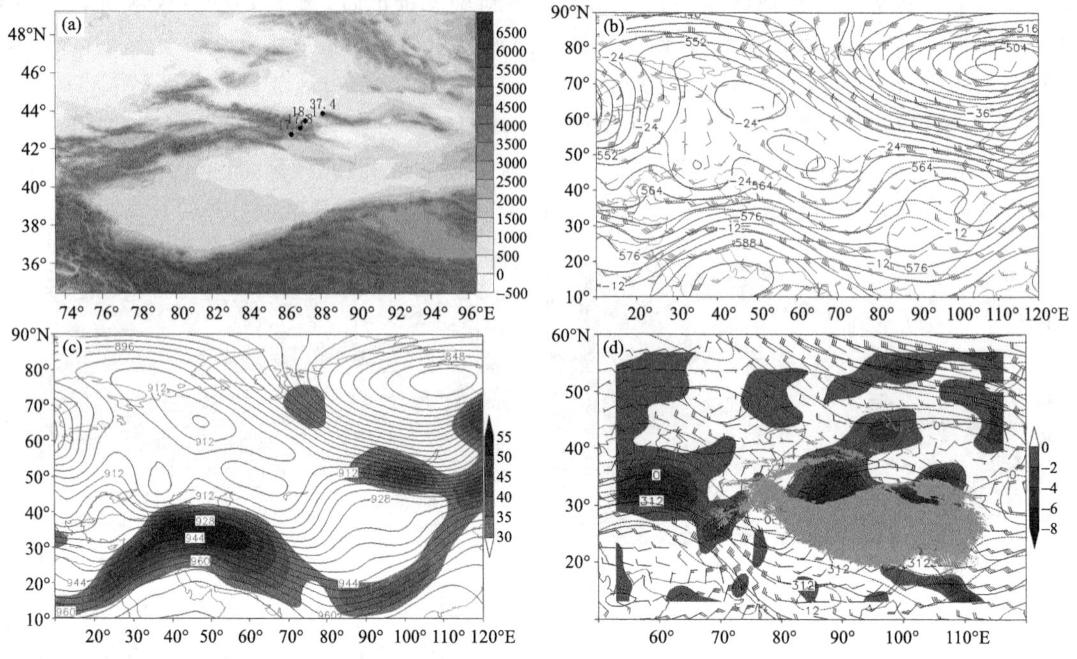

图 3.103　(a)2002 年 4 月 29—30 日累计暴雪量站点分布(单位：mm；填色为地形，单位：m)；以及 28 日 20 时(b)500 hPa 高度场(实线，单位：dagpm)、温度场(虚线，单位：℃)、风场(单位：$m \cdot s^{-1}$)，(c)300 hPa 高度场(实线，单位：dagpm)和风速≥30 $m \cdot s^{-1}$的急流(填色，单位：$m \cdot s^{-1}$)，(d)29 日 02 时 700 hPa 高度场(实线，单位：dagpm)、温度场(虚线，单位：℃)、风场(单位：$m \cdot s^{-1}$)及水汽通量散度(填色，单位：$10^{-5}\ g \cdot cm^{-2} \cdot hPa^{-1} \cdot s^{-1}$，浅灰色阴影为≥3 km 的地形)

3.2.85　2002 年 5 月 18 日乌鲁木齐市、昌吉州暴雪

【暴雪概况】18 日暴雪出现在乌鲁木齐市小渠子 14.7 mm，昌吉州天池 22.2 mm(图 3.104a)。

【环流背景】此次暴雪过程前，500 hPa 欧亚范围内北支为两槽两脊型，即东欧和贝加尔湖地区为高压脊，北欧、西西伯利亚—中亚为槽区；南支上槽脊系统基本与北支同位相叠加，新疆北部位于中亚槽前西南气流中(图 3.104b)；东欧脊受冷空气侵袭，脊前正变高东南下，导致中亚低槽东移造成中天山山区暴雪天气(图略)。300 hPa 上中天山位于风速>30 $m \cdot s^{-1}$高空西南急流入口区右侧辐散区(图 3.104c)，700 hPa 上西北气流前风速辐合及其与天山地形相互作用形成的辐合抬升区，伴有水汽通量散度辐合区(图 3.104d)。暴雪区位于高空西南急流入口区右侧辐散区，中亚槽前西南气流，低空西北气流前风速辐合及其与天山地形相互作用形成的辐合抬升和水汽通量散度辐合区，以及地面图上冷锋附近的重叠区域(图略)。

3.2.86　2003 年 4 月 8 日昌吉州、乌鲁木齐市暴雪

【暴雪概况】8 日暴雪出现在昌吉州阜康 13.1 mm，乌鲁木齐市米泉 14.6 mm、乌鲁木齐 13.1 mm，暴雪中心位于米泉站(图 3.105a)。

【环流背景】7 日 20 时，500 hPa 欧亚范围内中低纬为两槽两脊型，伊朗至乌拉尔山为高压脊区，新疆东部为浅脊，西欧、中亚为低涡活动区，新疆北部受中亚低涡底部偏西气流控制

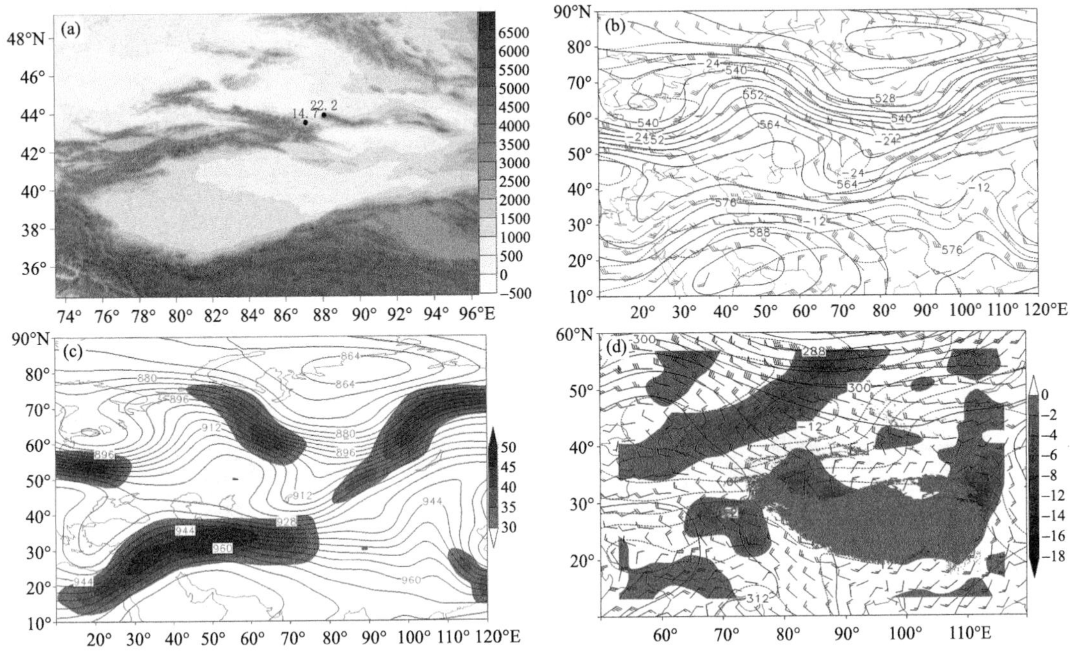

图 3.104 (a)2002 年 5 月 18 日暴雪量站点分布(单位:mm;填色为地形,单位:m);以及 17 日 20 时(b) 500 hPa 高度场(实线,单位:dagpm)、温度场(虚线,单位:℃)、风场(单位:m·s^{-1}),(c)300 hPa 高度场(实线,单位:dagpm)和风速≥30 m·s^{-1}的急流(填色,单位:m·s^{-1}),(d)700 hPa 高度场(实线,单位:dagpm)、温度场(虚线,单位:℃)、风场(单位:m·s^{-1})及水汽通量散度(填色,单位:10^{-5} g·cm^{-2}·hPa^{-1}·s^{-1},浅灰色阴影为≥3 km 的地形)

(图 3.105b);乌拉尔山脊受上游低槽的影响东扩,导致中亚低涡减弱东移造成天山北坡暴雪天气(图略)。300 hPa 天山北坡位于风速>30 m·s^{-1}的高空偏西急流出口区前部的分流辐散区,急流核风速>50 m·s^{-1}(图 3.105c),700 hPa 上西北急流与偏西急流在巴尔喀什湖汇合,天山北坡位于汇合的低空偏西急流出口区前部辐合区和水汽通量散度辐合区域(图 3.105d)。暴雪区位于高空西风急流出口区前部,中亚低涡底部偏西气流,汇合的低空偏西急流出口区前部辐合区和水汽通量散度辐合区域,以及地面冷锋附近的重叠区域(图略)。

3.2.87 2003 年 5 月 3—4 日乌鲁木齐市、昌吉州暴雪

【暴雪概况】暴雪出现在:3 日乌鲁木齐市小渠子 14.9 mm,昌吉州天池 38.5 mm;4 日乌鲁木齐市小渠子 19.0 mm,昌吉州天池 50.5 mm。暴雪中心位于昌吉州天池,过程累计降雪量 89.0 mm(图 3.106a)。

【环流背景】此次暴雪过程前,500 hPa 欧亚范围内中低纬为两脊一槽型,即南欧和新疆东部为高压脊区,咸海与巴尔喀什湖之间的中亚—阿富汗为低槽区,新疆位于该槽前西南气流控制(图 3.106b);南欧脊受不稳定小槽影响,脊前正变高东南下,使中亚低槽减弱东移,造成中天山山区暴雪天气(图略)。300 hPa 中天山位于风速>30 m·s^{-1}高空西南急流轴右侧辐散区中(图 3.106c),700 hPa 上位于东北气流与天山地形相互作用产生的辐合区及水汽通量散度辐合区(图 3.106d)。暴雪区位于高空西南急流轴右侧辐散区,槽前西南气流,低空东北气流与天山地形相互作用产生的辐合区和水汽通量散度辐合区,以及地面图上冷锋附近的重叠区域(图略)。

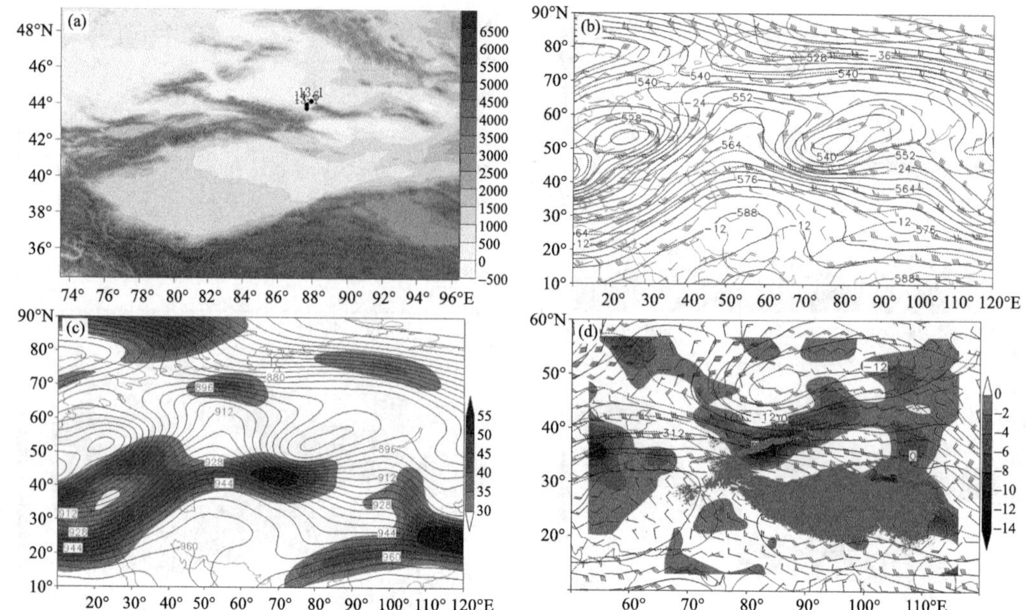

图 3.105　(a)2003 年 4 月 8 日暴雪量站点分布(单位:mm;填色为地形,单位:m);以及 7 日 20 时(b)500 hPa 高度场(实线,单位:dagpm)、温度场(虚线,单位:℃)、风场(单位:m·s^{-1}),(c)300 hPa 高度场(实线,单位:dagpm)和风速≥30 m·s^{-1}的急流(填色,单位:m·s^{-1}),(d)700 hPa 高度场(实线,单位:dagpm)、温度场(虚线,单位:℃)、风场(单位:m·s^{-1})及水汽通量散度(填色,单位:10^{-5} g·cm^{-2}·hPa^{-1}·s^{-1},浅灰色阴影为≥3 km 的地形)

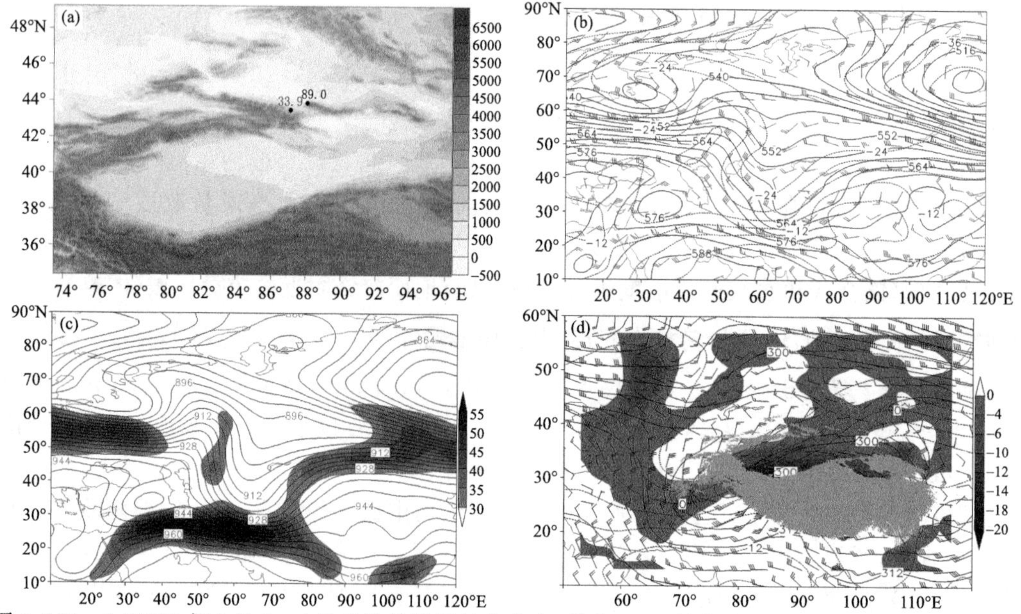

图 3.106　(a)2003 年 5 月 3—4 日累计暴雪量站点分布(单位:mm;填色为地形,单位:m);以及 2 日 20 时(b)500 hPa 高度场(实线,单位:dagpm)、温度场(虚线,单位:℃)、风场(单位:m·s^{-1}),(c)300 hPa 高度场(实线,单位:dagpm)和风速≥30 m·s^{-1}的急流(填色,单位:m·s^{-1});(d)3 日 02 时 700 hPa 高度场(实线,单位:dagpm)、温度场(虚线,单位:℃)、风场(单位:m·s^{-1})及水汽通量散度(填色,单位:10^{-5} g·cm^{-2}·hPa^{-1}·s^{-1},浅灰色阴影为≥3 km 的地形)

3.2.88　2004年3月26日昌吉州、乌鲁木齐市、哈密市暴雪

【暴雪概况】26日暴雪出现在昌吉州昌吉12.7 mm，乌鲁木齐市乌鲁木齐13.6 mm、小渠子12.1 mm，哈密市巴里坤13.5 mm。暴雪中心位于乌鲁木齐(图3.107a)。

【环流背景】暴雪前500 hPa欧亚范围内为两槽一脊型，伊朗至欧洲为脊区，黑海、西西伯利亚为低涡活动区，新疆北部受西西伯利亚低涡底部强偏西锋区影响(图3.107b)；欧洲脊受黑海低涡分裂短波的影响，脊线顺转，脊前正变高东南下，使西西伯利亚低涡旋转南压，底部锋区上分裂短波槽东移造成天山北坡及山区暴雪天气(图略)。300 hPa天山北坡及山区位于风速>30 m·s^{-1}的高空西风急流轴左侧的分流辐散区，急流核风速>40 m·s^{-1}(图3.107c)，700 hPa上该区位于风速>12 m·s^{-1}偏西急流轴右侧辐合区和水汽通量散度辐合区边缘(图3.107d)。暴雪区位于高空西风急轴左侧辐散区，西西伯利亚低涡底部偏西强锋区，低空偏西急流轴右侧辐合区和水汽通量散度辐合区边缘以及地面冷锋附近的重叠区域(图略)。

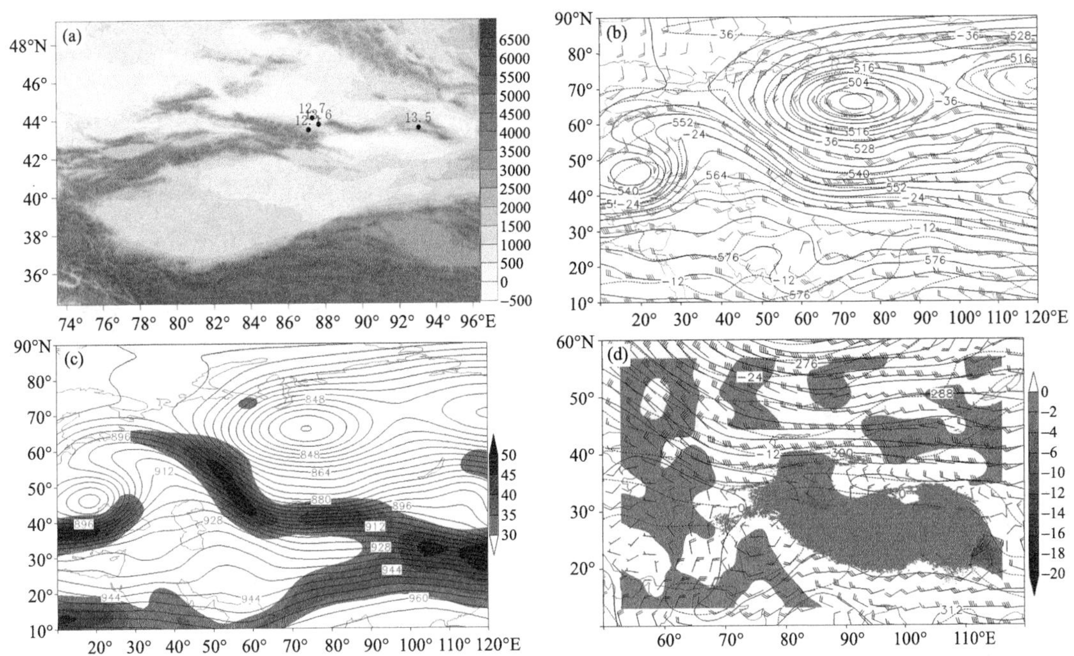

图3.107　(a)2004年3月26日暴雪量站点分布(单位:mm;填色为地形,单位:m)；以及25日20时(b)500 hPa高度场(实线,单位:dagpm)、温度场(虚线,单位:℃)、风场(单位:m·s^{-1}),(c)300 hPa高度场(实线,单位:dagpm)和风速≥30 m·s^{-1}的急流(填色,单位:m·s^{-1}),(d)700 hPa高度场(实线,单位:dagpm)、温度场(虚线,单位:℃)、风场(单位:m·s^{-1})及水汽通量散度(填色,单位:10^{-5} g·cm^{-2}·hPa^{-1}·s^{-1},浅灰色阴影为≥3 km的地形)

3.2.89　2005年2月17日喀什地区、克州暴雪

【暴雪概况】17日暴雪出现在克州阿克陶21.8 mm，喀什地区喀什13.0 mm、英吉沙18.2 mm。暴雪中心位于克州阿克陶(图3.108a)。

【环流背景】此次暴雪过程前，500 hPa欧亚范围内中低纬为两脊一槽型，伊朗高原至南欧为强盛高压脊，内蒙古为浅脊，塔什干为低涡，南疆西部位于该低涡前西南暖湿气流中，贝加尔湖西部为低涡(图3.108b)，该涡有利于低层冷空气东灌进入南疆，从而与塔什干低涡前西南

暖湿气流形成东西夹攻的南疆大降水形势；南欧脊受不稳定小槽的影响，脊线顺转，脊前正变高东南落，使塔什干低涡旋转分裂短波东移造成南疆西部暴雪天气(图略)。300 hPa 上南疆西部位于风速>40 m·s^{-1}高空副热带西风急流轴左侧辐散区，急流核风速>60 m·s^{-1}(图 3.108c)，700 hPa 上显著偏东气流与南疆西部大地形形成辐合，有利于水汽的抬升，并伴有水汽通量散度辐合区(图 3.108d)。暴雪区位于高空副热带西风急流轴左侧辐散区，塔什干低涡前西南暖湿气流，低空显著偏东气流与南疆西部大地形形成辐合区和水汽通量散度辐合区，以及地面冷锋后东灌气流的重叠区域(图略)。

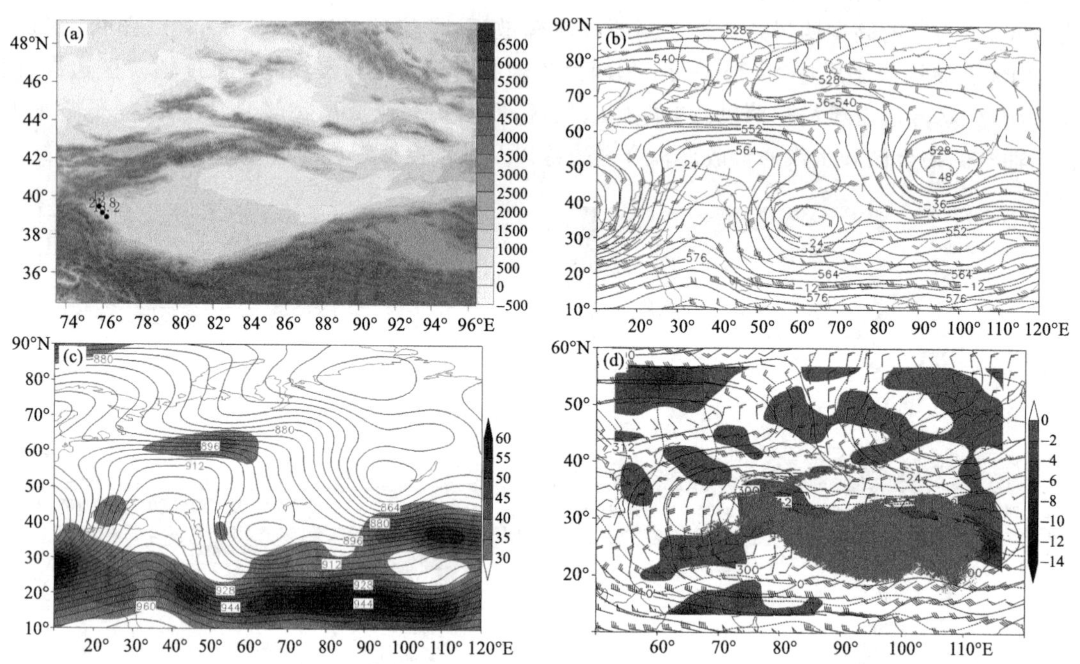

图 3.108　(a)2005 年 2 月 17 日暴雪量站点分布(单位：mm；填色为地形，单位：m)；以及 16 日 20 时(b) 500 hPa 高度场(实线，单位：dagpm)、温度场(虚线，单位：℃)、风场(单位：m·s^{-1})，(c)300 hPa 高度场(实线，单位：dagpm)和风速≥30 m·s^{-1}的急流(填色，单位：m·s^{-1})，(d)700 hPa 高度场(实线，单位：dagpm)、温度场(虚线，单位：℃)、风场(单位：m·s^{-1})及水汽通量散度(填色，单位：10^{-5} g·cm^{-2}·hPa^{-1}·s^{-1}，浅灰色阴影为≥3 km 的地形)

3.2.90　2005 年 3 月 14 日塔城地区、石河子市暴雪

【暴雪概况】14 日暴雪出现在塔城地区南部乌苏 23.8 mm、沙湾 15.6 mm，石河子市乌兰乌苏站 13.0 mm。暴雪中心位于塔城地区南部乌苏(图 3.109a)。

【环流背景】13 日 20 时，500 hPa 欧亚范围内高纬泰米尔半岛北部、北欧为低涡活动区，中低纬为南北两支锋区型，两支锋在咸海—巴尔喀什湖—新疆北部汇合(图 3.109b)，锋区上短波槽东移造成天山北坡暴雪天气。300 hPa 上南北 2 支急流在咸海—巴尔喀什湖—北疆北部汇合，强度较强，天山北坡位于风速>40 m·s^{-1}的高空西南急流轴右侧的分流辐散区，急流核风速>60 m·s^{-1}(图 3.109c)，700 hPa 上该区位于风速>12 m·s^{-1}西风急流出口区右侧辐合区及水汽通量散度辐合区(图 3.109d)。暴雪区位于高空西南急轴右侧辐散区，偏西强锋区，低空西风急流出口区右侧辐合区和水汽通量散度辐合区，以及地面冷锋附近的重叠区域(图略)。

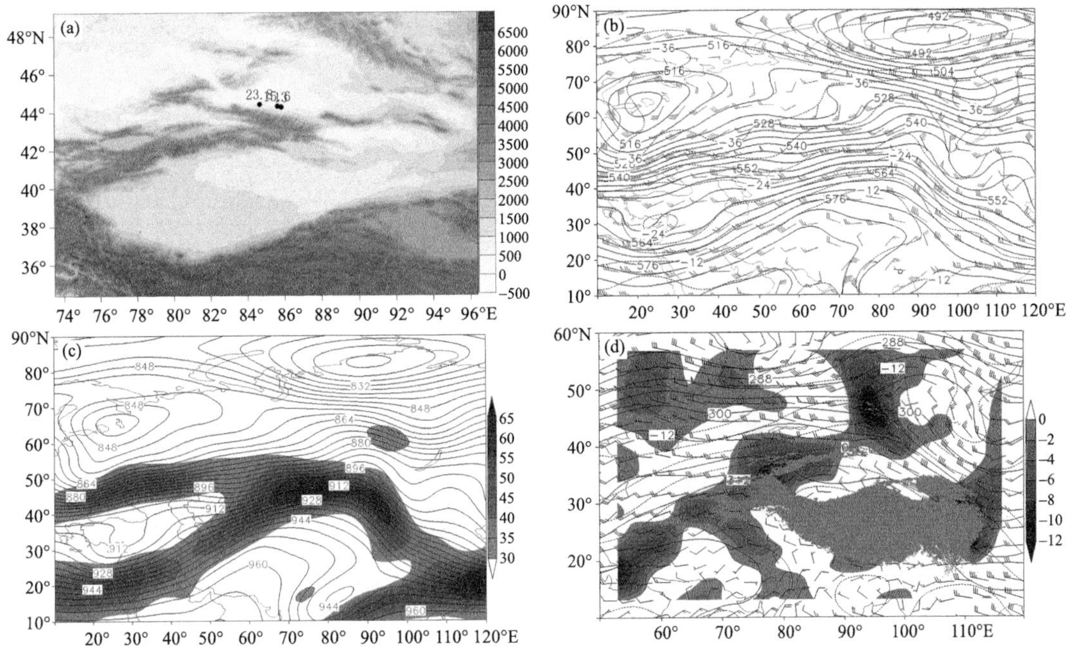

图 3.109　(a)2005年3月14日暴雪量站点分布(单位:mm;填色为地形,单位:m);以及13日20时(b)500 hPa高度场(实线,单位:dagpm)、温度场(虚线,单位:℃)、风场(单位:$m \cdot s^{-1}$),(c)300 hPa高度场(实线,单位:dagpm)和风速≥30 $m \cdot s^{-1}$的急流(填色,单位:$m \cdot s^{-1}$),(d)700 hPa高度场(实线,单位:dagpm)、温度场(虚线,单位:℃)、风场(单位:$m \cdot s^{-1}$)及水汽通量散度(填色,单位:10^{-5} $g \cdot cm^{-2} \cdot hPa^{-1} \cdot s^{-1}$,浅灰色阴影为≥3 km的地形)

3.2.91　2005年4月6日伊犁州暴雪

【暴雪概况】6日暴雪出现在伊犁州伊宁15.3 mm、伊宁县16.7 mm,昌吉州天池14.7 mm。暴雪中心位于伊宁县(图3.110a)。

【环流背景】5日20时,500 hPa欧亚范围内为两脊一槽型,欧洲和新疆东部至贝加尔湖为高压脊区,西西伯利亚至里海东南部为低压槽活动区,槽底南伸至30°N附近,南支锋区与该槽前西南强锋区汇合,最大西南风速达40 $m \cdot s^{-1}$,伊犁州受槽前强西南锋区控制(图3.110b);欧洲脊受不稳定小槽影响,向东南有些减弱,脊前正变高东南下,使西西伯利亚低槽东移北收,造成伊犁州暴雪天气(图略)。300 hPa新疆北部位于风速>50 $m \cdot s^{-1}$的高空西南急流轴右侧辐散区,急流核风速>65 $m \cdot s^{-1}$(图3.110c),700 hPa伊犁州位于风速>16 $m \cdot s^{-1}$低空西南急流轴右侧辐合区及水汽通量散度辐合区边缘(图3.110d)。暴雪区位于高空强西南急流轴右侧辐散区,西西伯利亚槽前西南锋区,低空西南急流轴右侧辐合区和水汽通量散度辐合区边缘,以及地面冷锋附近的重叠区域(图略)。

3.2.92　2005年4月15日乌鲁木齐市、昌吉州暴雪

【暴雪概况】15日暴雪出现在乌鲁木齐市小渠子12.2 mm、昌吉州天池21.1 mm(图3.111a)。

【环流背景】14日20时,500 hPa欧亚范围内高纬为极涡活动区,呈东—西走向;中低纬为两脊一槽型,伊朗高原—南欧和贝加尔湖西部为脊区,西西伯利亚为低槽区,该槽与极涡同位相叠加,槽底南伸至35°N以南,新疆北部处于槽前西南气流控制(图3.111b);极涡旋转分

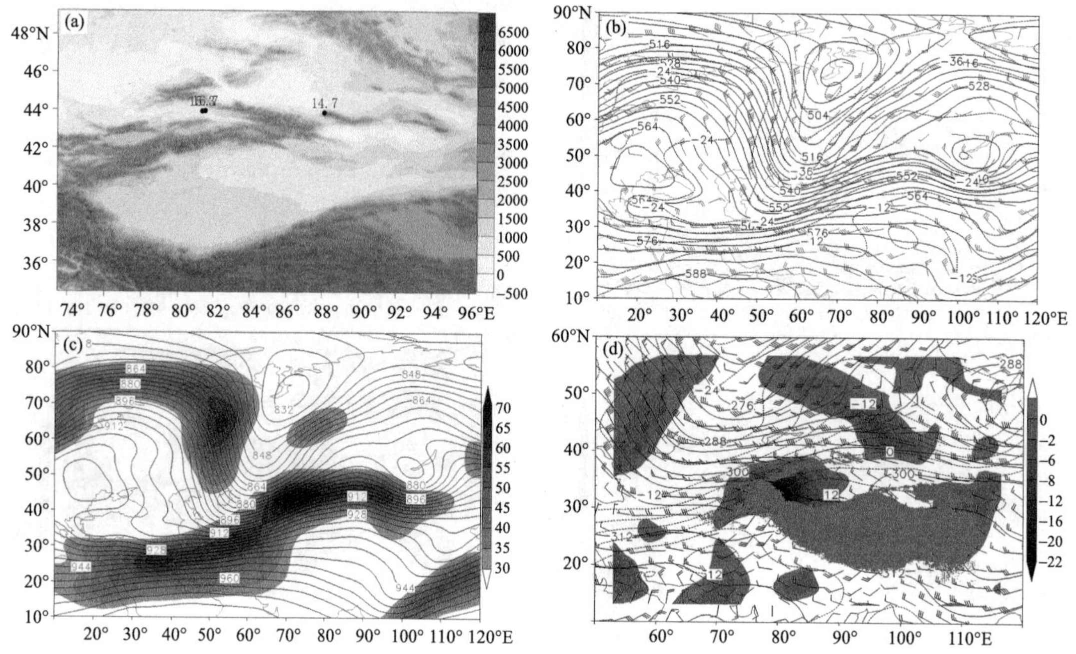

图 3.110 (a)2005 年 4 月 6 日暴雪量站点分布(单位:mm;填色为地形,单位:m);以及 5 日 20 时(b) 500 hPa 高度场(实线,单位:dagpm)、温度场(虚线,单位:℃)、风场(单位:$m \cdot s^{-1}$),(c)300 hPa 高度场(实线,单位:dagpm)和风速≥30 $m \cdot s^{-1}$的急流(填色,单位:$m \cdot s^{-1}$),(d)700 hPa 高度场(实线,单位:dagpm)、温度场(虚线,单位:℃)、风场(单位:$m \cdot s^{-1}$)及水汽通量散度(填色,单位:10^{-5} $g \cdot cm^{-2} \cdot hPa^{-1} \cdot s^{-1}$,浅灰色阴影为≥3 km 的地形)

裂短波影响南欧脊,脊前正变高东南下,使西西伯利亚低槽东移北上造成中天山山区暴雪天气(图略)。300 hPa 上中天山位于风速>30 $m \cdot s^{-1}$西南急流出口区前部辐散区中(图 3.111c),700 hPa上该区位于风速>12 $m \cdot s^{-1}$低空偏西急流前部辐合区及水汽通量散度辐合区(图 3.111d)。暴雪区位于高空西南急流出口区前部辐散区,西西伯利亚槽前西南气流,低空偏西急流前部辐合区和水汽通量散度辐合区,以及地面图上冷锋附近的重叠区域(图略)。

3.2.93 2006 年 2 月 7 日乌鲁木齐市、昌吉州暴雪

【暴雪概况】7 日暴雪出现在乌鲁木齐市乌鲁木齐 13.5 mm、小渠子 13.9 mm,昌吉州天池 19.6 mm。暴雪中心位于天池(图 3.112a)。

【环流背景】此次暴雪过程前,500 hPa 欧亚范围内中低纬为两槽一脊型,即里海—咸海—新疆为宽广的锋区脊,欧洲和贝加尔湖东部为低涡活动区,欧洲低涡底部为 2 支锋区汇合区,呈西南—东北向,锋区上最大风速达 44 $m \cdot s^{-1}$,新疆北部位于锋区上中亚短波槽前偏西气流上(图 3.112b);欧洲低涡部分东移,使锋区南压,其上分裂的中亚短波槽东移造成天山北坡及山区暴雪天气。300 hPa 天山北坡及山区位于风速>40 $m \cdot s^{-1}$高空西北急流入口区右侧辐散区,急流核风速>60 $m \cdot s^{-1}$(图 3.112c),700 hPa 该区位于风速≥12 $m \cdot s^{-1}$低空西北急流轴右侧辐合区及水汽通量散度辐合区(图 3.112d)。暴雪区位于高空强西北急流入口区右侧辐散区,锋区上中亚短波槽前偏西气流,低空西北急流轴右侧辐合区和水汽通量散度辐合区,以及地面图上冷锋附近的重叠区域(图略)。

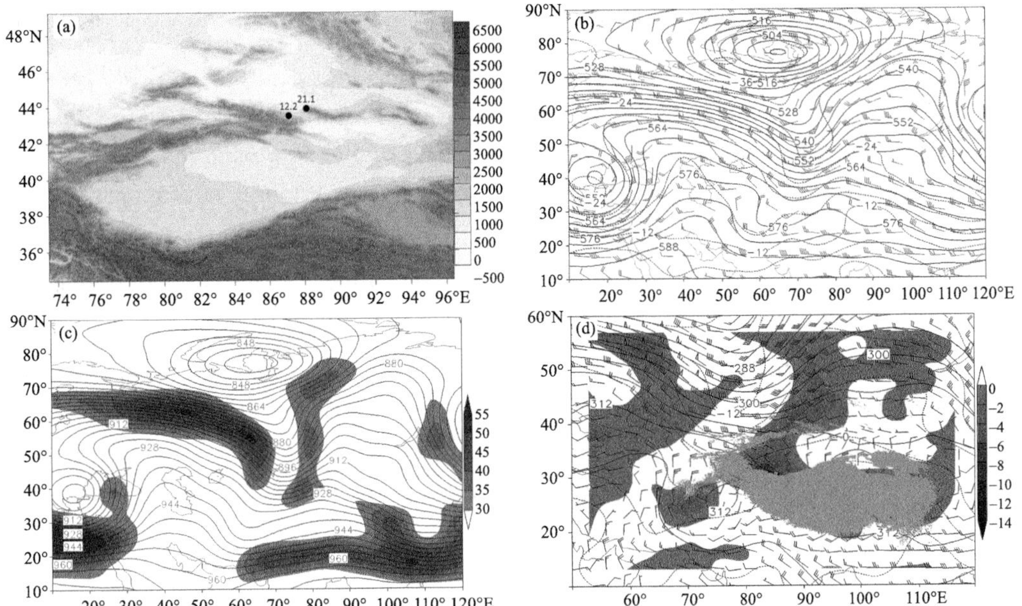

图 3.111　(a)2005 年 4 月 15 日暴雪量站点分布(单位:mm;填色为地形,单位:m);以及 14 日 20 时(b)500 hPa 高度场(实线,单位:dagpm)、温度场(虚线,单位:℃)、风场(单位:$m \cdot s^{-1}$),(c)300 hPa 高度场(实线,单位:dagpm)和风速≥30 $m \cdot s^{-1}$的急流(填色,单位:$m \cdot s^{-1}$),(d)700 hPa 高度场(实线,单位:dagpm)、温度场(虚线,单位:℃)、风场(单位:$m \cdot s^{-1}$)及水汽通量散度(填色,单位:10^{-5} $g \cdot cm^{-2} \cdot hPa^{-1} \cdot s^{-1}$,浅灰色阴影为≥3 km 的地形)

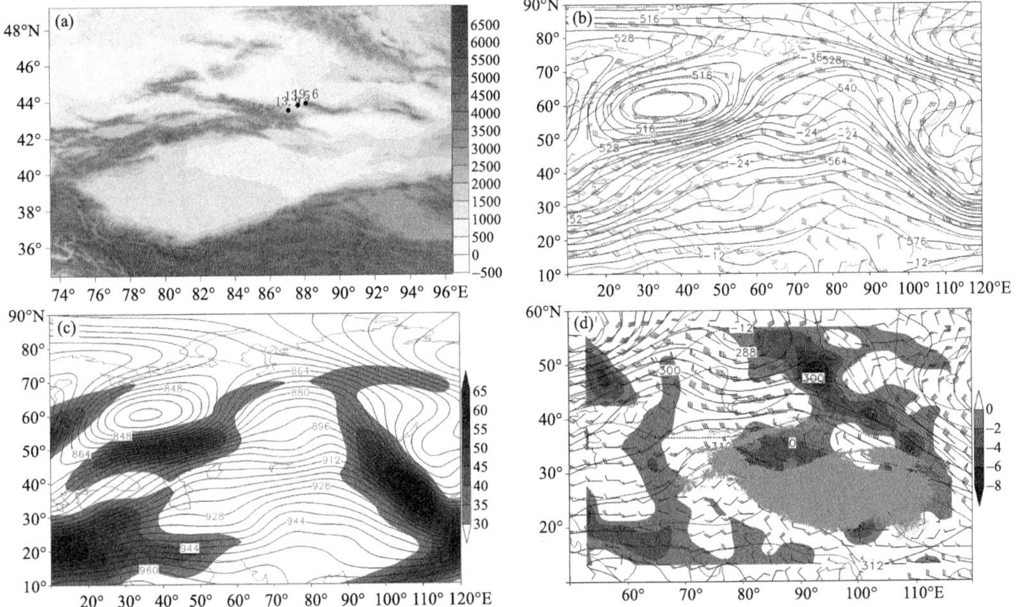

图 3.112　(a)2006 年 2 月 7 日暴雪量站点分布(单位:mm;填色为地形,单位:m);以及 6 日 20 时(b)500 hPa 高度场(实线,单位:dagpm)、温度场(虚线,单位:℃)、风场(单位:$m \cdot s^{-1}$),(c)300 hPa 高度场(实线,单位:dagpm)和风速≥30 $m \cdot s^{-1}$的急流(填色,单位:$m \cdot s^{-1}$),(d)700 hPa 高度场(实线,单位:dagpm)、温度场(虚线,单位:℃)、风场(单位:$m \cdot s^{-1}$)及水汽通量散度(填色,单位:10^{-5} $g \cdot cm^{-2} \cdot hPa^{-1} \cdot s^{-1}$,浅灰色阴影为≥3 km 的地形)

3.2.94 2006 年 2 月 11 日伊犁州、博州、乌鲁木齐市暴雪

【暴雪概况】11 日暴雪出现在伊犁州伊宁 13.3 mm、伊宁县 14.1 mm，博州阿拉山口 15.3 mm，乌鲁木齐市乌鲁木齐 12.7 mm。暴雪中心位于阿拉山口(图 3.113a)。

【环流背景】10 日 20 时，500 hPa 欧亚范围内为南北两支锋区型，北支位于 50°N 以北呈两脊一槽型，北欧、西伯利亚为脊区，泰米尔半岛为极涡活动区；南支与北支槽脊系统基本同位相，新疆北部受南支咸海低槽前西南气流控制(图 3.113b)；南欧脊发展东扩，使咸海低槽东移减弱造成新疆西部暴雪天气(图略)。300 hPa 新疆西部处于风速＞40 m·s^{-1}的高空西南急流轴右侧辐散区，急流核风速＞50 m·s^{-1}(图 3.113c)，700 hPa 该区位于风速＞16 m·s^{-1}低空西南急流前部辐合区及水汽通量散度辐合区(图 3.113d)。暴雪区位于高空西南急流轴右侧辐散区，咸海槽前西南气流，低空西南急流前部辐合和水汽通量辐合区，以及地面冷锋附近的重叠区域(图略)。

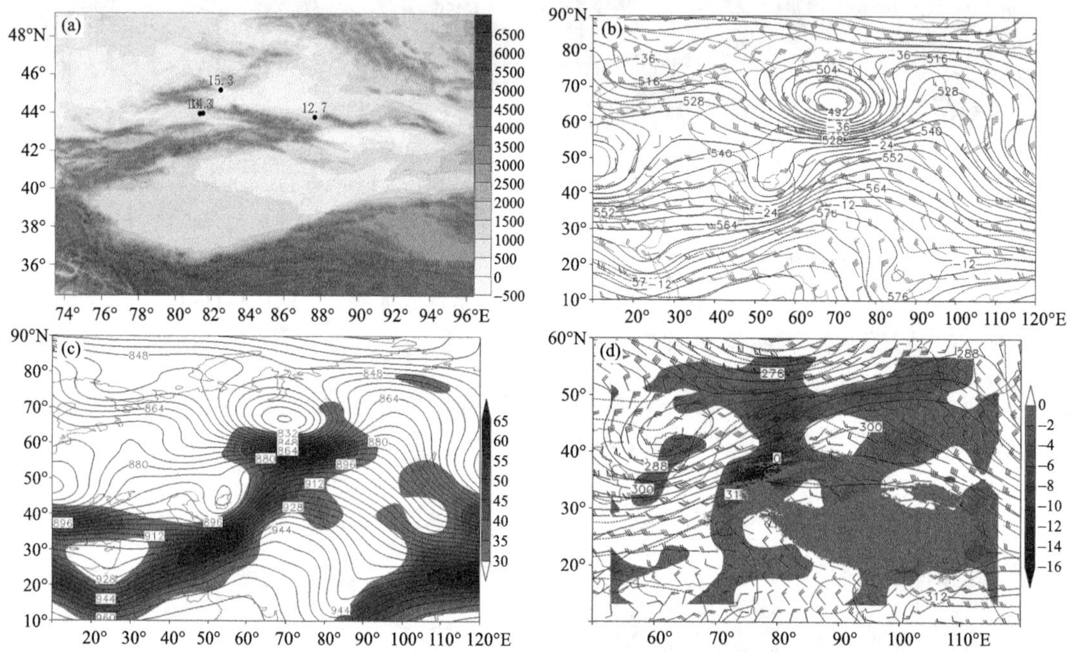

图 3.113 (a)2006 年 2 月 11 日暴雪量站点分布(单位：mm；填色为地形，单位：m)；以及 10 日 20 时(b) 500 hPa 高度场(实线，单位：dagpm)、温度场(虚线，单位：℃)、风场(单位：m·s^{-1})，(c)300 hPa 高度场(实线，单位：dagpm)和风速≥30 m·s^{-1}的急流(填色，单位：m·s^{-1})，(d)700 hPa 高度场(实线，单位：dagpm)、温度场(虚线，单位：℃)、风场(单位：m·s^{-1})及水汽通量散度(填色，单位：10^{-5} g·cm^{-2}·hPa^{-1}·s^{-1}，浅灰色阴影为≥3 km 的地形)

3.2.95 2006 年 3 月 30 日昌吉州、乌鲁木齐市暴雪

【暴雪概况】30 日暴雪出现在乌鲁木齐市小渠子 14.2 mm，昌吉州天池 13.3 mm、木垒 16.7 mm。暴雪中心位于木垒(图 3.114a)。

【环流背景】此次暴雪过程前，500 hPa 欧亚范围内高纬受东—西向的极涡控制，40°—60°N 为纬向锋区，南支地中海东部低槽前西南气流与纬向锋区在咸海—巴尔喀什湖—新疆北部汇合，新疆北部受偏西锋区控制(图 3.114b)；伊朗脊向北发展，脊前正变高东南下，使锋区上中亚短波槽东移造成天山北坡及山区暴雪天气(图略)。300 hPa 上新疆北部位于风速≥30 m·s^{-1}高空西

南急流轴右侧辐散区(图 3.114c),700 hPa 上天山北坡及山区位于风速≥12 m·s^{-1}低空偏西急流轴右侧辐合区及水汽通量散度辐合区(图 3.114d)。暴雪区位于高空西南急流轴右侧辐散区,偏西锋区,低空偏西急流轴右侧辐合区和水汽通量散度辐合区,以及地面图上冷锋附近的重叠区域(图略)。

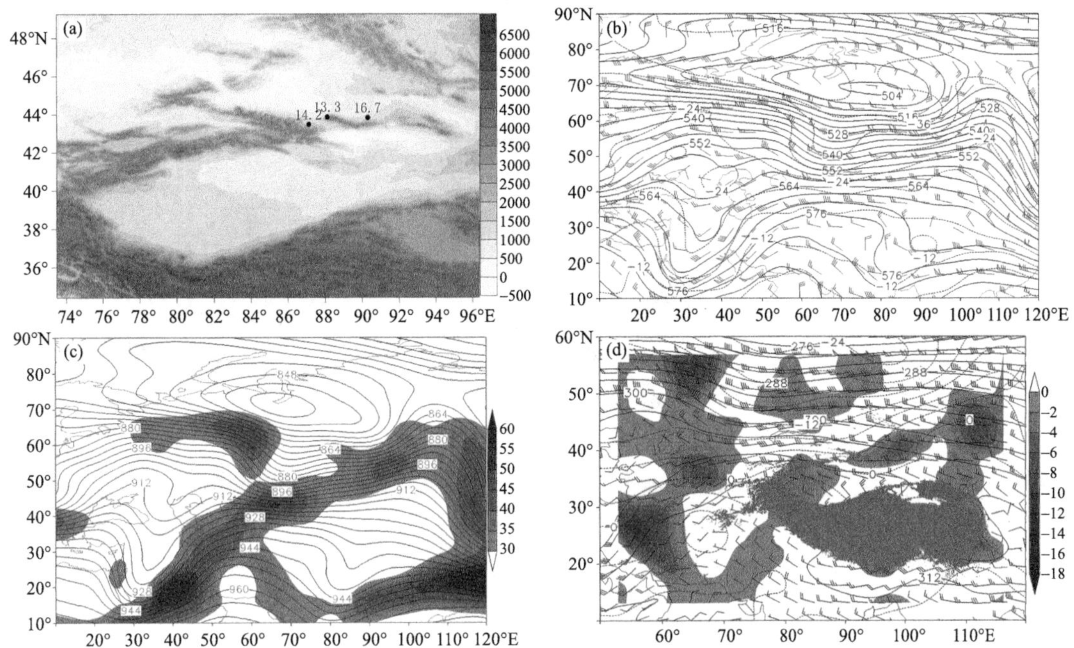

图 3.114 (a)2006 年 3 月 30 日暴雪量站点分布(单位:mm;填色为地形,单位:m);以及 29 日 20 时(b) 500 hPa 高度场(实线,单位:dagpm)、温度场(虚线,单位:℃)、风场(单位:m·s^{-1}),(c)300 hPa 高度场(实线,单位:dagpm)和风速≥30 m·s^{-1}的急流(填色,单位:m·s^{-1}),(d)700 hPa 高度场(实线,单位:dagpm)、温度场(虚线,单位:℃)、风场(单位:m·s^{-1})及水汽通量散度(填色,单位:10^{-5} g·cm^{-2}·hPa^{-1}·s^{-1},浅灰色阴影为≥3 km 的地形)

3.2.96 2006 年 4 月 2 日乌鲁木齐市、昌吉州暴雪

【暴雪概况】2 日暴雪出现在乌鲁木齐市小渠子 16.7 mm,昌吉州天池 14.1 mm(图 3.115a)。

【环流背景】此次暴雪过程前,500 hPa 欧亚范围内为南北两支锋区型,北支位于 50°N 以北,呈两槽一脊型,北欧和东西伯利亚为低涡活动区,乌拉尔山为脊区;南支为两脊两槽型,地中海东部、中亚为低涡活动区,伊朗—里海—咸海、新疆东部为浅脊,新疆北部受中亚低涡前西南气流控制(图 3.115b);里海—咸海脊后受不稳定小槽影响东扩,使中亚低涡东移减弱造成中天山山区暴雪天气(图略)。300 hPa 上中天山位于风速≥35 m·s^{-1}高空西北急流轴右侧辐散区(图 3.115c),700 hPa 上该区位于风速≥12 m·s^{-1}低空西北急流前部辐合区及水汽通量散度辐合区(图 3.115d)。暴雪区位于高空西北急流轴右侧辐散区,中亚低涡前西南气流,低空西北急流前部辐合区和水汽通量散度辐合区,以及地面图上冷锋附近的重叠区域(图略)。

3.2.97 2006 年 5 月 7 日乌鲁木齐市、昌吉州暴雪

【暴雪概况】7 日暴雪出现在乌鲁木齐市小渠子 18.3 mm、牧试站 14.7 mm,昌吉州天池 19.7 mm。暴雪中心位于昌吉州天池(图 3.116a)。

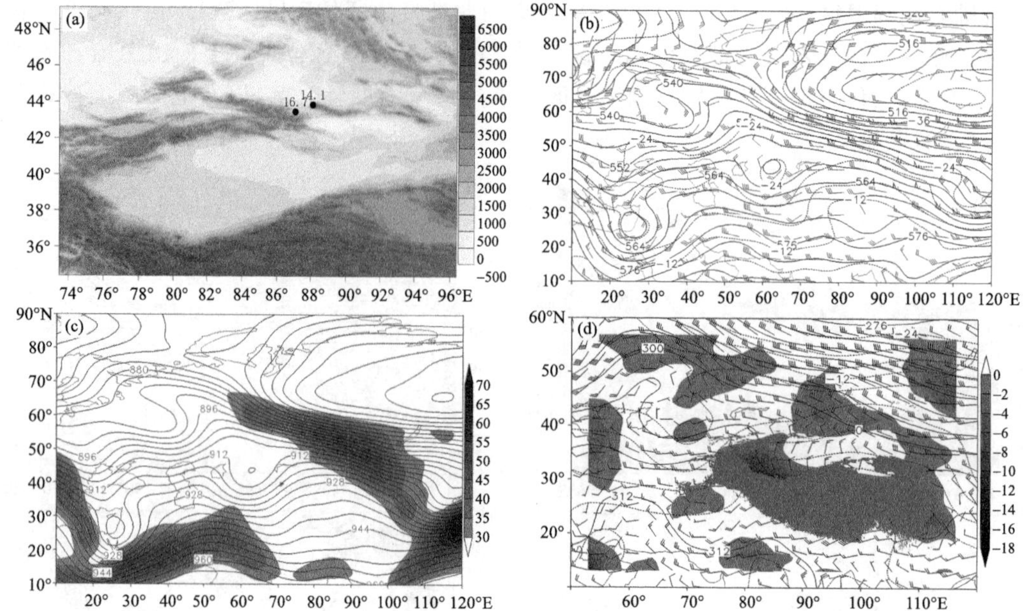

图 3.115　(a)2006 年 4 月 2 日暴雪量站点分布(单位:mm;填色为地形,单位:m);以及 1 日 20 时(b) 500 hPa 高度场(实线,单位:dagpm)、温度场(虚线,单位:℃)、风场(单位:m・s^{-1}),(c)300 hPa 高度场(实线,单位:dagpm)和风速≥30 m・s^{-1}的急流(填色,单位:m・s^{-1}),(d)700 hPa 高度场(实线,单位:dagpm)、温度场(虚线,单位:℃)、风场(单位:m・s^{-1})及水汽通量散度(填色,单位:10^{-5} g・cm^{-2}・hPa^{-1}・s^{-1},浅灰色阴影为≥3 km 的地形)

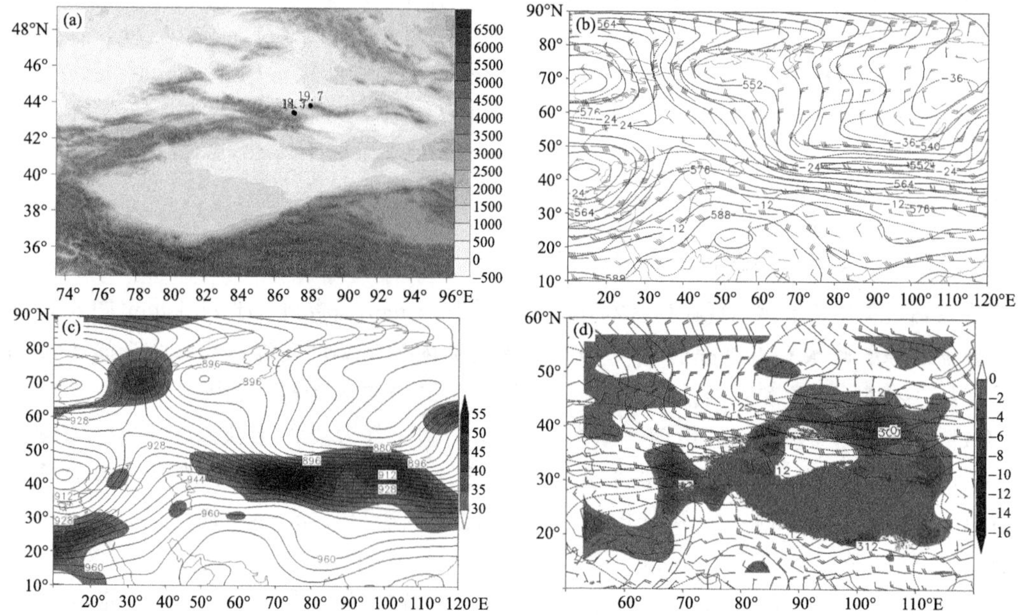

图 3.116　(a)2006 年 5 月 7 日暴雪量站点分布(单位:mm;填色为地形,单位:m);以及 6 日 20 时(b) 500 hPa 高度场(实线,单位:dagpm)、温度场(虚线,单位:℃)、风场(单位:m・s^{-1}),(c)300 hPa 高度场(实线,单位:dagpm)和风速≥30 m・s^{-1}的急流(填色,单位:m・s^{-1}),(d)700 hPa 高度场(实线,单位:dagpm)、温度场(虚线,单位:℃)、风场(单位:m・s^{-1})及水汽通量散度(填色,单位:10^{-5} g・cm^{-2}・hPa^{-1}・s^{-1},灰色阴影为≥3 km 的地形)

【环流背景】此次暴雪过程前，500 hPa 欧亚范围内中高纬为两槽一脊的环流形势，即伊朗—北欧为阻塞高压，黑海和西西伯利亚分别为低涡和低槽活动区，西西伯利亚低槽底部锋区与南支锋区在咸海—巴尔喀什湖—新疆北部汇合，新疆北部位于西西伯利亚低槽底部偏西锋区上(图 3.116b)；北欧阻高受不稳定低槽影响，北部东伸，脊前正变高东南下，使西西伯利亚低槽东移，并分裂短波沿锋区东移造成中天山山区暴雪天气(图略)。300 hPa 上中天山位于风速≥40 m·s^{-1}高空偏西急流轴右侧辐散区(图 3.116c)，700 hPa 上该区位于风速>12 m·s^{-1}低空西风急流轴右侧辐合及水汽通量散度辐合区(图 3.116d)。暴雪区位于高空偏西急流轴右侧辐散区，西西伯利亚低槽底部偏西锋区，低空西风急流轴右侧辐合区和水汽通量散度辐合区，以及地面图上冷锋附近的重叠区域(图略)。

3.2.98　2006 年 11 月 22 日博州、乌鲁木齐市暴雪

【暴雪概况】22 日暴雪出现在博州博乐 14.6 mm、温泉 13.0 mm，乌鲁木齐市乌鲁木齐 13.4 mm。暴雪中心位于博州博乐(图 3.117a)。

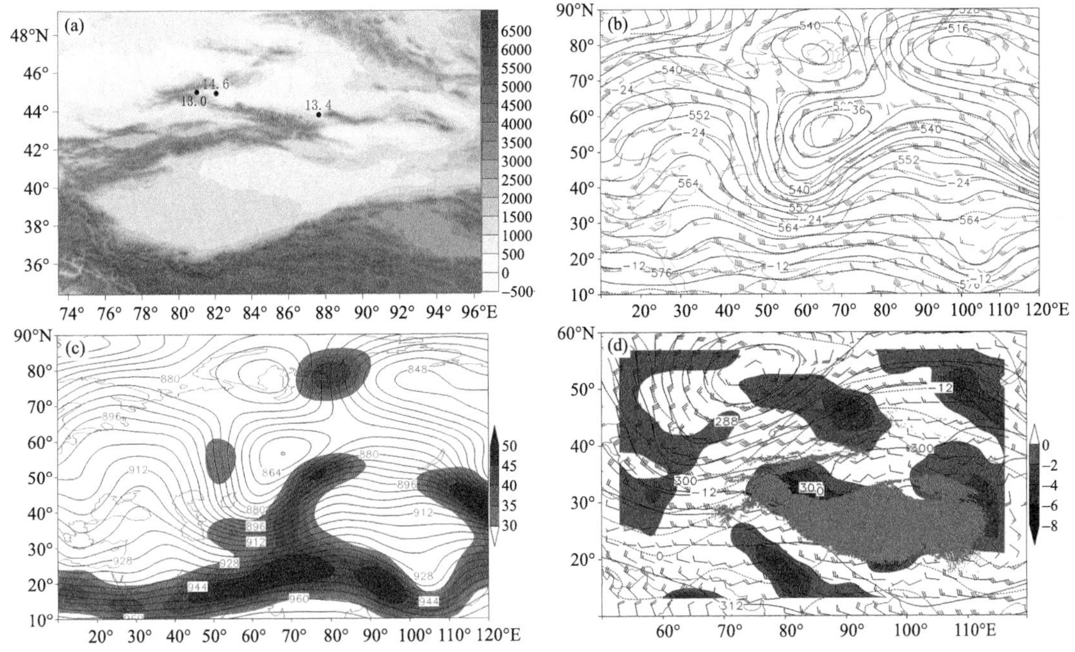

图 3.117　(a)2006 年 11 月 22 日暴雪量站点分布(单位:mm;填色为地形，单位:m)；以及 21 日 20 时(b) 500 hPa 高度场(实线，单位:dagpm)、温度场(虚线，单位:℃)、风场(单位:m·s^{-1})，(c)300 hPa 高度场(实线，单位:dagpm)和风速≥30 m·s^{-1}的急流(填色，单位:m·s^{-1})，(d)700 hPa 高度场(实线，单位:dagpm)、温度场(虚线，单位:℃)、风场(单位:m·s^{-1})及水汽通量散度(填色，单位:10^{-5} g·cm^{-2}·hPa^{-1}·s^{-1}，浅灰色阴影为≥3 km 的地形)

【环流背景】此次暴雪过程前，500 hPa 欧亚范围内为两脊一槽型，即欧洲脊与喀拉海沿岸极高反气旋接通，新疆东部为高压脊，西西伯利亚为低涡活动区，槽底南伸至 30°N 附近，新疆北部受西西伯利亚低涡东南部西南气流控制(图 3.117b)；欧洲脊受不稳定小槽影响，脊前正变高东南下，使西西伯利亚低涡旋转南压，并分裂短波槽东移造成新疆西部暴雪天气(图略)。300 hPa 上新疆西部位于风速≥40 m·s^{-1}高空西南急流轴右侧辐散区(图 3.117c)，700 hPa

上该区位于风速≥12 m·s^{-1}低空西南急流出口区右侧辐合区和水汽通量散度辐合区(图 3.117d)。暴雪区位于高空西南急流轴右侧辐散区，西西伯利亚低涡东南部西南气流，低空西南急流出口区右侧辐合区和水汽通量散度辐合区，以及地面图上冷锋附近的重叠区域(图略)。

3.2.99 2006 年 11 月 24—25 日巴州、阿克苏地区暴雪

【暴雪概况】暴雪出现在：24 日巴州轮台 12.4 mm；25 日阿克苏地区新和 14.2 mm、沙雅 12.6 mm、库车 14.9 mm，巴州轮台 15.0 mm。暴雪中心位于巴州轮台，过程累计降雪量为 27.4 mm(图 3.118a)。

【环流背景】此次暴雪过程前，500 hPa 欧亚范围内为两脊一槽型，即欧洲为强盛的高压脊，贝加尔湖东部为浅脊区，西西伯利亚和中亚各有一个低涡，呈西南—东北向，南疆受中亚低涡东南部西南气流控制(图 3.118b)；欧洲脊受不稳定槽影响，脊前正变高东南下，使中亚低涡旋转南下，然后减弱东移北上造成天山南坡暴雪天气(图略)。300 hPa 天山南坡位于风速≥30 m·s^{-1}高空西南急流轴右侧辐散区(图 3.118c)，700 hPa 南疆盆地西南风与天山地形形成辐合，有利于水汽的辐合抬升，天山南坡位于水汽通量散度辐合区边缘(图 3.118d)。暴雪区位于高空西南急流轴右侧辐散区，中亚低涡东南部西南气流，南疆盆地西南风与天山地形形成的辐合抬升区和水汽通量散度辐合区边缘，以及地面图上冷锋附近的重叠区域(图略)。

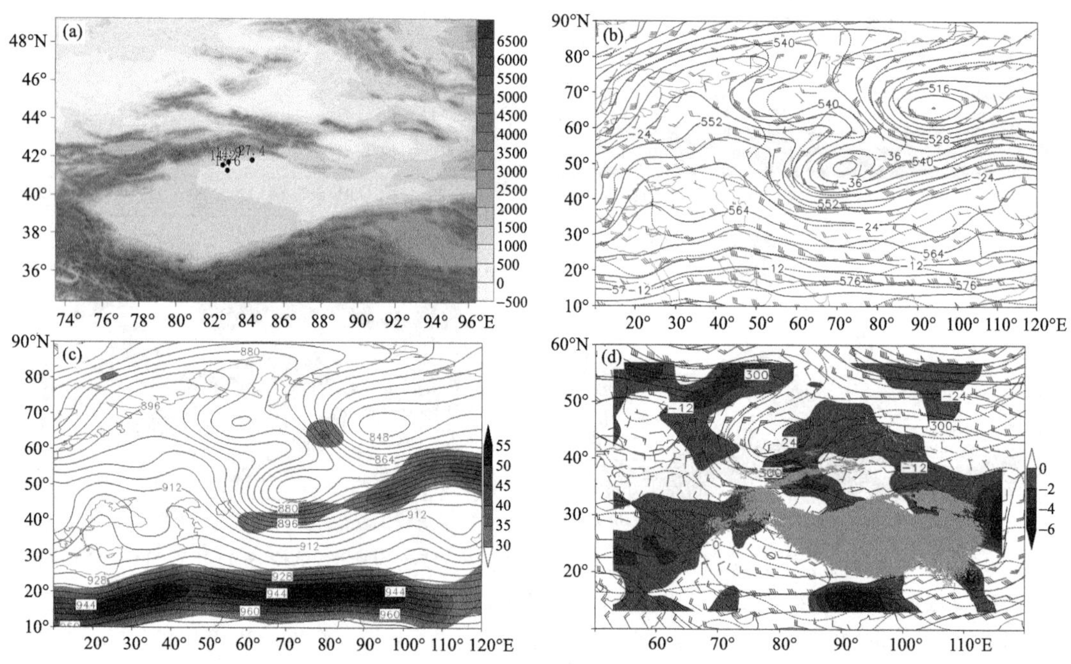

图 3.118 (a)2006 年 11 月 24—25 日累计暴雪量站点分布(单位：mm；填色为地形，单位：m)；以及 23 日 20 时(b)500 hPa 高度场(实线，单位：dagpm)、温度场(虚线，单位：℃)、风场(单位：m·s^{-1})，(c) 300 hPa 高度场(实线，单位：dagpm)和风速≥30 m·s^{-1}的急流(填色，单位：m·s^{-1})；(d)24 日 08 时 700 hPa 高度场(实线，单位：dagpm)、温度场(虚线，单位：℃)、风场(单位：m·s^{-1})及水汽通量散度(填色，单位：10^{-5} g·cm^{-2}·hPa^{-1}·s^{-1}，浅灰色阴影为≥3 km 的地形)

3.2.100 2007 年 5 月 9 日乌鲁木齐市、昌吉州、哈密市暴雪

【暴雪概况】9 日暴雪出现在乌鲁木齐市小渠子 29.4 mm、牧试站 20.3 mm，昌吉州天池

33.9 mm，哈密市巴里坤 22.2 mm。暴雪中心位于昌吉州天池(图 3.119a)。

【环流背景】此次暴雪过程前，500 hPa 欧亚范围内高纬为极涡活动区，呈东西带状分布；中低纬为两脊一槽型，即伊朗高原—欧洲和新疆东部—贝加尔湖为高压脊，西西伯利亚—中亚为低槽区，槽底南伸至 35°N，新疆处于西西伯利亚槽前较强西南气流控制(图 3.119b)；欧洲脊受不稳定小槽影响，脊前正变高东南下，使西西伯利亚低槽东移造成中天山山区暴雪天气(图略)。300 hPa 新疆北部位于风速≥40 m·s^{-1}高空西南急流轴右侧辐散区，急流核风速＞50 m·s^{-1}(图 3.119c)，700 hPa 上中天山位于风速≥12 m·s^{-1}低空偏西急流前部辐合区及水汽通量散度辐合区(图 3.119d)。暴雪区位于高空西南急流轴右侧辐散区，西西伯利亚槽前西南气流，低空偏西急流前部辐合区及水汽通量散度辐合区，以及地面图上冷锋附近的重叠区域(图略)。

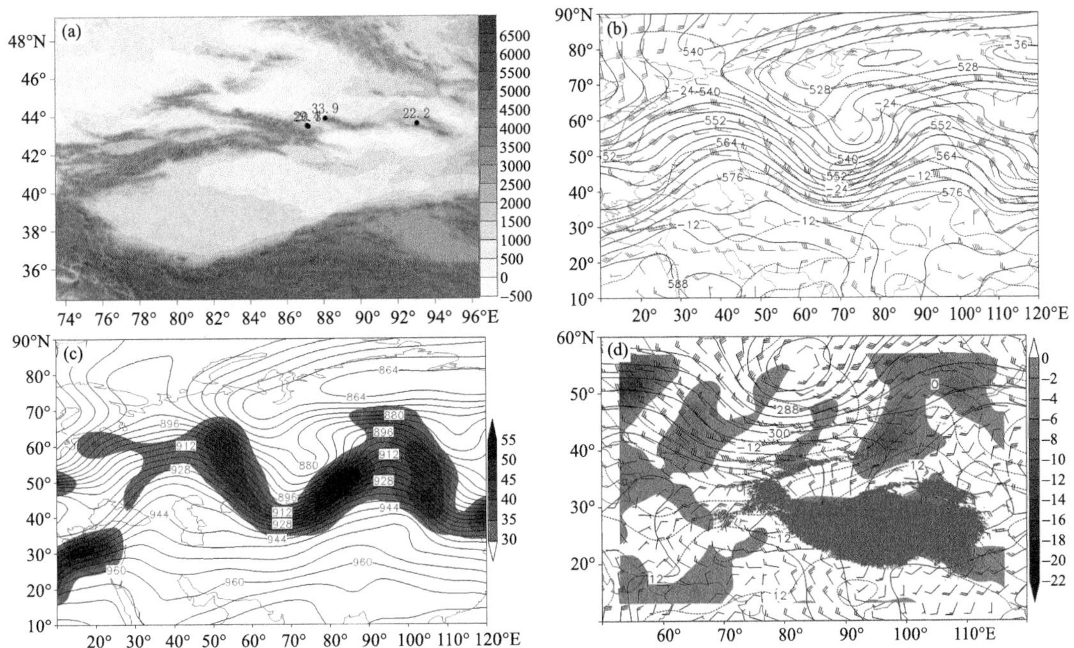

图 3.119 (a)2007 年 5 月 9 日暴雪量站点分布(单位：mm；填色为地形，单位：m)；以及 8 日 20 时(b) 500 hPa 高度场(实线，单位：dagpm)、温度场(虚线，单位：℃)、风场(单位：m·s^{-1})，(c)300 hPa 高度场(实线，单位：dagpm)和风速≥30 m·s^{-1}的急流(填色，单位：m·s^{-1})，(d)700 hPa 高度场(实线，单位：dagpm)、温度场(虚线，单位：℃)、风场(单位：m·s^{-1})及水汽通量散度(填色，单位：10^{-5} g·cm^{-2}·hPa^{-1}·s^{-1}，浅灰色阴影为≥3 km 的地形)

3.2.101 2007 年 5 月 22 日乌鲁木齐市、昌吉州暴雪

【暴雪概况】22 日暴雪出现在乌鲁木齐市小渠子 40.3 mm、牧试站 33.8 mm，昌吉州天池 36.6 mm。暴雪中心位于乌鲁木齐市小渠子(图 3.120a)。

【环流背景】此次暴雪过程前，500 hPa 欧亚范围内极涡位于极区，呈东—西带状分布；中低纬为两槽两脊型，即伊朗高原—欧洲和贝加尔湖为高压脊，黑海为低涡，西西伯利亚地区为槽区，槽底南伸至中亚，新疆北部受西西伯利亚槽前西南气流控制(图 3.120b)；欧洲脊受不稳定小槽影响，脊线顺转，脊前正变高东南下，使西西伯利亚槽东移造成中天山山区暴雪天气(图略)。300 hPa 中天山位于风速≥30 m·s^{-1}高空西南急流入口区右侧辐散区(图 3.120c)，

700 hPa 上该区位于风速≥12 m·s^{-1}低空西北急流前部辐合区(图 3.120d)。暴雪区位于高空西南急流入口区右侧辐散区,西西伯利亚槽前西南气流,低空西北急流前部辐合区,以及地面图上冷锋附近的重叠区域(图略)。

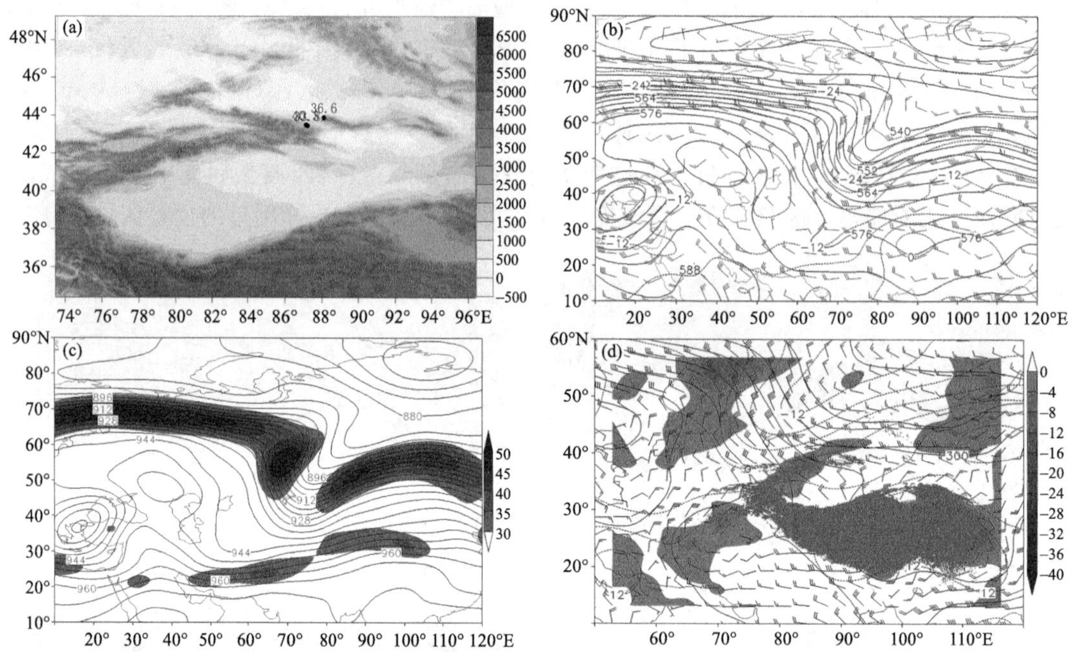

图 3.120　(a)2007 年 5 月 22 日暴雪量站点分布(单位:mm;填色为地形,单位:m);以及 21 日 20 时(b) 500 hPa 高度场(实线,单位:dagpm)、温度场(虚线,单位:℃)、风场(单位:m·s^{-1}),(c)300 hPa 高度场(实线,单位:dagpm)和风速≥30 m·s^{-1}的急流(填色,单位:m·s^{-1}),(d)700 hPa 高度场(实线,单位:dagpm)、温度场(虚线,单位:℃)、风场(单位:m·s^{-1})及水汽通量散度(填色,单位:10^{-5} g·cm^{-2}·hPa^{-1}·s^{-1},浅灰色阴影为≥3 km 的地形)

3.2.102　2007 年 12 月 8 日博州、石河子市、塔城地区暴雪

【暴雪概况】8 日暴雪出现在博州温泉 13.4 mm,石河子市石河子 13.0 mm、乌兰乌苏 17.8 mm,塔城地区南部沙湾站 15.7 mm。暴雪中心位于石河子市乌兰乌苏(图 3.121a)。

【环流背景】7 日 20 时,500 hPa 欧亚范围内高纬 60°N 以北为纬向,中低纬为两槽一脊型,伊朗高原—东欧为脊区,地中海—黑海及中亚为低槽区,新疆北部受中亚槽前西南气流影响(图 3.121b);东欧脊受不稳定低槽影响,脊前正变高东南下,使中亚低槽减弱东移造成天山北坡暴雪天气(图略)。300 hPa 天山北坡位于风速>30 m·s^{-1}的高空西南急流出口区前侧的分流辐散区(图 3.121c),700 hPa 上该区位于西北气流与西风气流切变线的南部及水汽通量散度辐合区(图 3.121d)。暴雪区位于高空西南急流出口区前侧辐散区,中亚槽前西南气流,低空西北气流与西风气流切变线南侧,水汽通量散度辐合区,以及地面冷锋附近的重叠区域(图略)。

3.2.103　2008 年 2 月 22 日伊犁州暴雪

【暴雪概况】22 日暴雪出现在伊犁州伊宁 13.4 mm、霍尔果斯站 12.1 mm(图 3.122a)。

【环流背景】21 日 20 时,500 hPa 欧亚范围内为两脊一槽的经向环流,欧洲和新疆东部至贝加尔湖西部为高压脊区,西西伯利亚为极涡活动区,槽底南伸至 30°N 附近,伊犁州处于槽

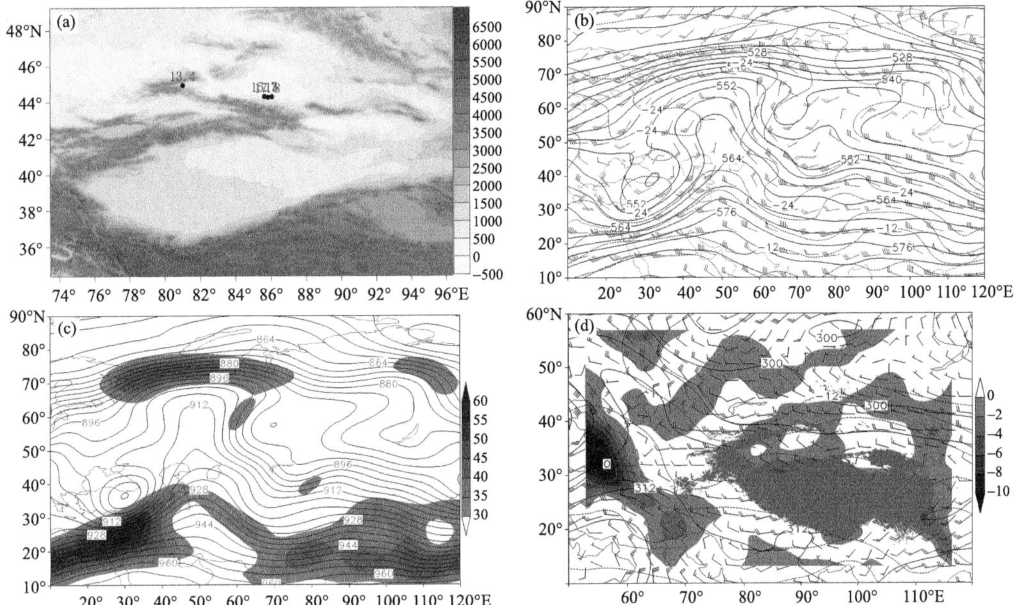

图3.121 (a)2007年12月8日暴雪量站点分布(单位:mm;填色为地形,单位:m);以及7日20时(b)500 hPa高度场(实线,单位:dagpm)、温度场(虚线,单位:℃)、风场(单位:m·s^{-1}),(c)300 hPa高度场(实线,单位:dagpm)和风速≥30 m·s^{-1}的急流(填色,单位:m·s^{-1}),(d)700 hPa高度场(实线,单位:dagpm)、温度场(虚线,单位:℃)、风场(单位:m·s^{-1})及水汽通量散度(填色,单位:10^{-5} g·cm^{-2}·hPa^{-1}·s^{-1},浅灰色阴影为≥3 km的地形)

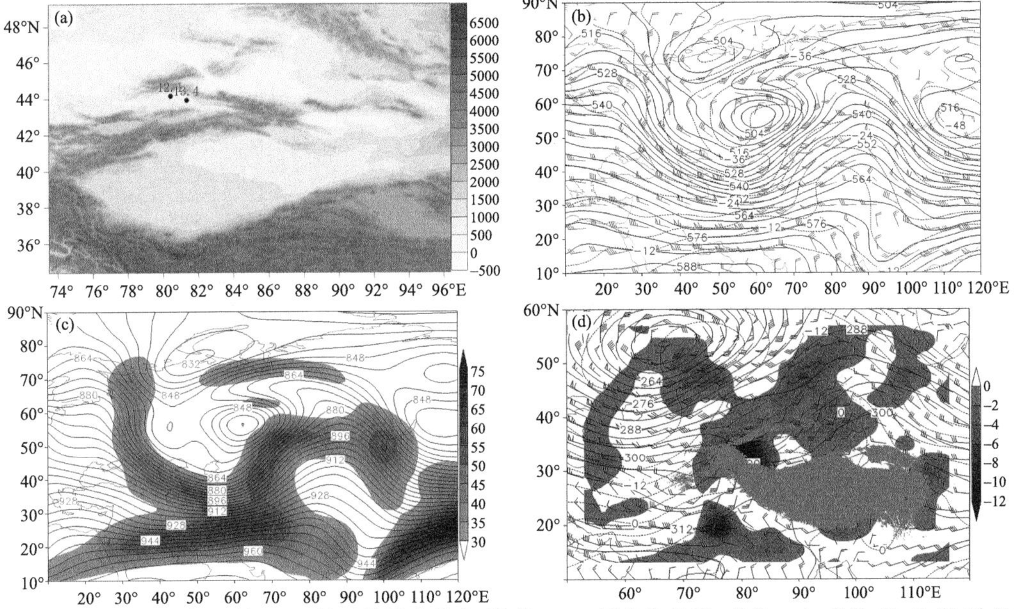

图3.122 (a)2008年2月22日暴雪量站点分布(单位:mm;填色为地形,单位:m);以及21日20时(b)500 hPa高度场(实线,单位:dagpm)、温度场(虚线,单位:℃)、风场(单位:m·s^{-1}),(c)300 hPa高度场(实线,单位:dagpm)和风速≥30 m·s^{-1}的急流(填色,单位:m·s^{-1}),(d)700 hPa高度场(实线,单位:dagpm)、温度场(虚线,单位:℃)、风场(单位:m·s^{-1})及水汽通量散度(填色,单位:10^{-5} g·cm^{-2}·hPa^{-1}·s^{-1},浅灰色阴影为≥3 km的地形)

前西南强锋前控制(图 3.122b);极涡旋转北上,其底部强锋区上分裂短波东移造成伊犁州暴雪天气(图略)。300 hPa 新疆西部处于风速>40 m·s^{-1}的高空西南急流轴右侧辐散区,急流核风速>60 m·s^{-1}(图 3.122c),700 hPa 上伊犁州位于低空西南急流前部辐合及水汽通量散度辐合区(图 3.122d)。暴雪区位于高空西南急流右侧辐散区,西西伯利亚极涡底部强西南锋区,低空西南急流前部辐合和水汽通量散度辐合区,以及地面冷锋附近的重叠区域(图略)。

3.2.104　2008 年 10 月 20 日昌吉州、乌鲁木齐市暴雪

【暴雪概况】20 日暴雪出现在昌吉州奇台 13.0 mm、天池 14.9 mm、木垒 12.1 mm,乌鲁木齐市小渠子站 12.9 mm。暴雪中心位于昌吉州天池(图 3.123a)。

【环流背景】19 日 20 时,500 hPa 欧亚范围内中高纬为两槽一脊型,即乌拉尔山为高压脊,欧洲和西西伯利亚为低涡活动区,低纬为纬向,其上多弱波动。西西伯利亚低涡与中亚槽同位相叠加,槽前西南气流控制新疆北部(图 3.123b);受上游低涡东移的影响,乌拉尔山脊向东南衰退,导致中亚低槽东移减弱造成天山北坡及山区暴雪天气(图略)。300 hPa 新疆北部位于风速≥35 m·s^{-1}高空西南急流轴右侧辐散区(图 3.123c),700 hPa 上天山北坡及山区位于风速≥12 m·s^{-1}低空偏西急流前部辐合区及水汽通量散度辐合区(图 3.123d)。暴雪区位于高空西南急流轴右侧辐散区,中亚槽前西南气流,低空偏西急流前部辐合区和水汽通量散度辐合区,以及地面图上冷锋附近的重叠区域(图略)。

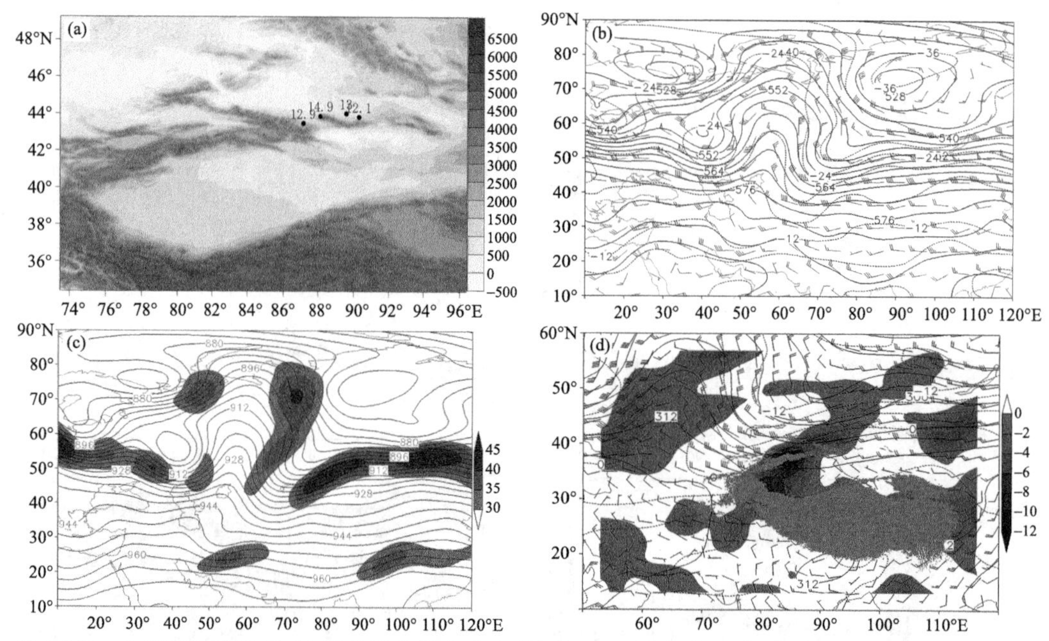

图 3.123　(a)2008 年 10 月 20 日暴雪量站点分布(单位:mm;填色为地形,单位:m);以及 19 日 20 时(b)500 hPa 高度场(实线,单位:dagpm)、温度场(虚线,单位:℃)、风场(单位:m·s^{-1}),(c)300 hPa 高度场(实线,单位:dagpm)和风速≥30 m·s^{-1}的急流(填色,单位:m·s^{-1}),(d)700 hPa 高度场(实线,单位:dagpm)、温度场(虚线,单位:℃)、风场(单位:m·s^{-1})及水汽通量散度(填色,单位:10^{-5} g·cm^{-2}·hPa^{-1}·s^{-1},浅灰色阴影为≥3 km 的地形)

3.2.105　2008 年 11 月 9 日伊犁州暴雪

【暴雪概况】9 日暴雪出现在伊犁州伊宁 12.8 mm、伊宁县 15.6 mm、新源 12.1 mm、巩留

12.2 mm。暴雪中心位于伊宁县(图 3.124a)。

【环流背景】此次暴雪过程前,500 hPa 欧亚范围内中高纬为两脊一槽的经向环流,西欧和新疆东部至贝加尔湖为高压脊区,西西伯利亚极涡与咸海—里海附近的中亚为低槽,构成西南—东北向的低压槽区,并与低纬南支锋区上的槽同位相叠加,槽底南伸至 35°N 以南,伊犁州受深厚中亚槽前西南强锋区控制,其上最大风速达 40 m·s^{-1}(图 3.124b);西欧脊顶受冷空气侵袭,脊前正变高东南下,使中亚低槽前锋区上分裂短波东移造成伊犁州暴雪天气(图略)。300 hPa 新疆西部位于风速>40 m·s^{-1}的高空西南急流轴右侧辐散区,急流核风速>55 m·s^{-1}(图 3.124c),700 hPa 上伊犁州位于风速>20 m·s^{-1}低空西南急流轴右侧辐合区及水汽通量散度辐合区(图 3.124d)。暴雪区位于高空西南急流轴右侧辐散区,深厚中亚槽前西南强锋区,低空西南急流轴右侧辐合区和水汽通量散度辐合区,以及地面冷锋附近的重叠区域(图略)。

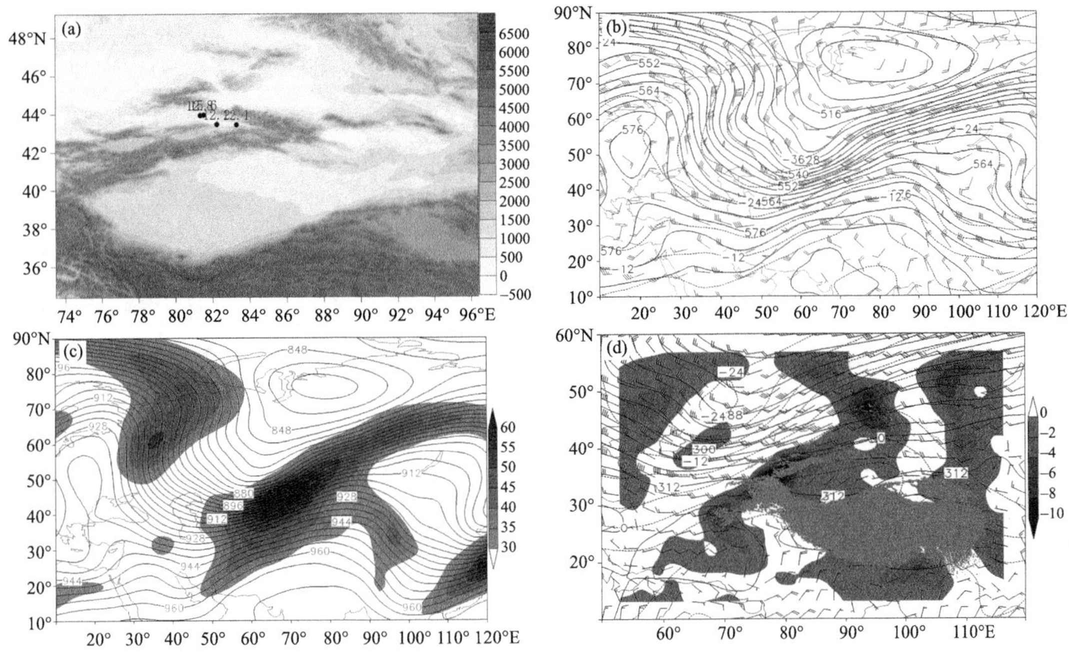

图 3.124 (a)2008 年 11 月 9 日暴雪量站点分布(单位:mm;填色为地形,单位:m);以及 8 日 20 时(b)500 hPa 高度场(实线,单位:dagpm)、温度场(虚线,单位:℃)、风场(单位:m·s^{-1}),(c)300 hPa 高度场(实线,单位:dagpm)和风速≥30 m·s^{-1}的急流(填色,单位:m·s^{-1}),(d)700 hPa 高度场(实线,单位:dagpm)、温度场(虚线,单位:℃)、风场(单位:m·s^{-1})及水汽通量散度(填色,单位:10^{-5} g·cm^{-2}·hPa^{-1}·s^{-1},浅灰色阴影为≥3 km 的地形)

3.2.106 2009 年 4 月 8 日乌鲁木齐市、昌吉州暴雪

【暴雪概况】8 日暴雪出现在乌鲁木齐市小渠子 13.4 mm,昌吉州天池 18.4 mm(图 3.125a)。

【环流背景】此次暴雪过程前,500 hPa 欧亚范围内为南北两支锋区型,北支中高纬为宽广的极涡活动区,呈东—西走向,极涡底部 50°—60°N 为强西风锋区;南支上黑海与地中海附近的低涡前西南气流与极涡底部锋区有些汇合;新疆北部受汇合的锋区上中亚短波槽前西南气流控制(图 3.125b);极涡顺时针旋转,其底部中亚短波槽东移造成中天山山区暴雪天气(图略)。300 hPa 中天山位于风速≥35 m·s^{-1}高空西南急流入口区右侧辐散区,急流核风速

>55 m·s^{-1}(图 3.125c),700 hPa 上该区位于风速≥12 m·s^{-1}低空西北急流前部辐合区及水汽通量散度辐合区(图 3.125d)。暴雪区位于高空西南急流入口区右侧辐散区,中亚短波槽前西南气流,低空西北急流前部辐合区和水汽通量散度辐合区,以及地面图上冷锋附近的重叠区域(图略)。

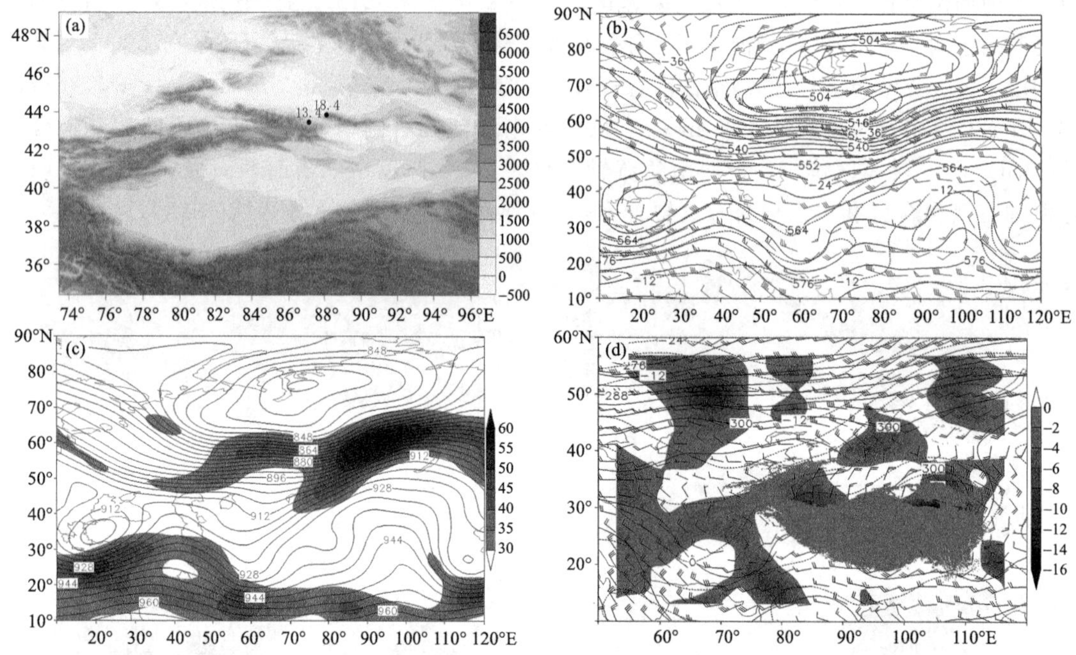

图 3.125　(a)2009 年 4 月 8 日暴雪量站点分布(单位:mm;填色为地形,单位:m);以及 7 日 20 时(b)500 hPa 高度场(实线,单位:dagpm)、温度场(虚线,单位:℃)、风场(单位:m·s^{-1}),(c)300 hPa 高度场(实线,单位:dagpm)和风速≥30 m·s^{-1}的急流(填色,单位:m·s^{-1}),(d)700 hPa 高度场(实线,单位:dagpm)、温度场(虚线,单位:℃)、风场(单位:m·s^{-1})及水汽通量散度(填色,单位:10^{-5} g·cm^{-2}·hPa^{-1}·s^{-1},浅灰色阴影为≥3 km 的地形)

3.2.107　2009 年 4 月 29 日乌鲁木齐市、昌吉州暴雪

【暴雪概况】29 日暴雪出现在乌鲁木齐市小渠子 29.6 mm、天山大西沟 13.5 mm、牧试站 29.5 mm,昌吉州天池 46.0 mm。暴雪中心位于昌吉州天池(图 3.126a)。

【环流背景】此次暴雪过程前,500 hPa 欧亚范围内极涡位于极区呈东—西带状分布,中低纬为两槽两脊型,即欧洲—里海—咸海、东亚为高压脊区,黑海为低涡,西西伯利亚—中亚为低槽区,新疆北部受中亚槽前西南气流影响(图 3.126b);欧洲脊受不稳定小槽影响,向南衰退,使中亚槽东移减弱造成中天山山区暴雪天气(图略)。300 hPa 中天山位于风速≥30 m·s^{-1}高空西南急流轴右侧和偏西急流轴附近的辐散区(图 3.126c),700 hPa 上该区位于风速≥12 m·s^{-1}低空偏西急流前部辐合区及水汽通量散度辐合区(图 3.126d)。暴雪区位于高空西南急流轴右侧和偏西急流轴附近的辐散区,中亚槽前西南气流,低空偏西急流前部辐合区和水汽通量散度辐合区,以及地面图上冷锋附近的重叠区域(图略)。

3.2.108　2009 年 11 月 15—16 日阿克苏地区、克州、喀什地区暴雪

【暴雪概况】暴雪出现在:15 日阿克苏地区拜城 16.4 mm;16 日克州阿图什 14.2 mm、乌

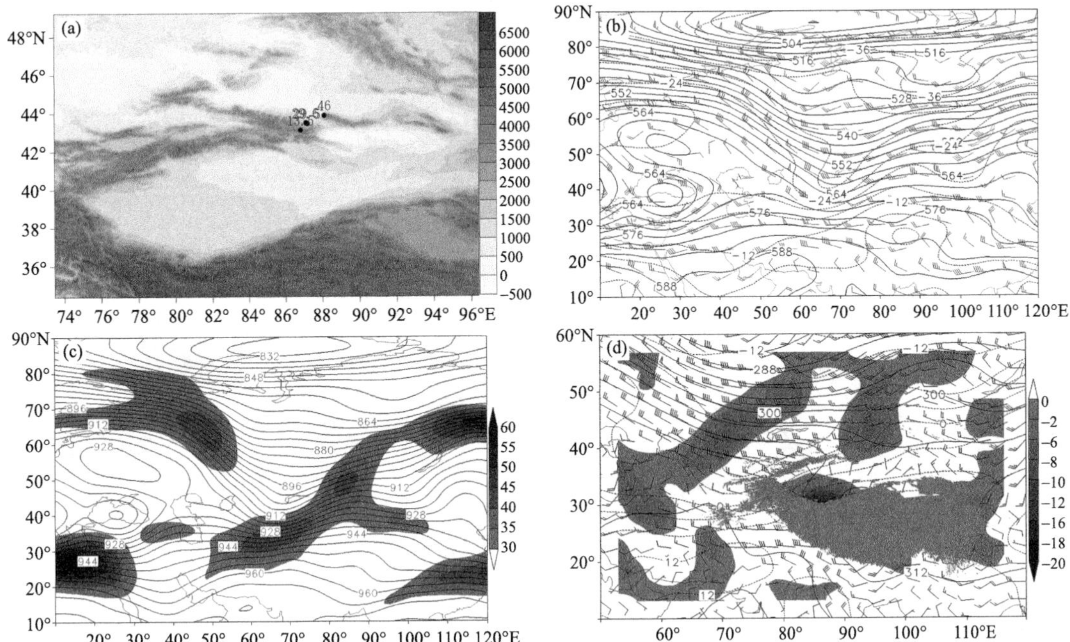

图 3.126　(a)2009 年 4 月 29 日暴雪量站点分布(单位:mm;填色为地形,单位:m);以及 28 日 20 时(b) 500 hPa 高度场(实线,单位:dagpm)、温度场(虚线,单位:℃)、风场(单位:$m \cdot s^{-1}$),(c)300 hPa 高度场(实线,单位:dagpm)和风速≥30 $m \cdot s^{-1}$的急流(填色,单位:$m \cdot s^{-1}$),(d)700 hPa 高度场(实线,单位:dagpm)、温度场(虚线,单位:℃)、风场(单位:$m \cdot s^{-1}$)及水汽通量散度(填色,单位:10^{-5} $g \cdot cm^{-2} \cdot hPa^{-1} \cdot s^{-1}$,浅灰色阴影为≥3 km 的地形)

恰 12.3 mm、阿克陶 12.8 mm,喀什地区喀什 12.6 mm。暴雪中心位于阿克苏地区拜城(图 3.127a)。

【环流背景】此次暴雪过程前,500 hPa 欧亚范围内中低纬为两槽一脊型,即波斯湾至乌拉尔山为阻塞高压脊,黑海为低涡活动区,塔什干—中亚—贝加尔湖为低槽区,南疆盆地受该槽前偏西气流控制(图 3.127b);15 日乌拉尔山阻高顶部受不稳定小槽影响,向南有些减弱,使塔什干低槽区南下,并分裂短波东移造成阿克苏地区拜城暴雪天气;16 日乌拉尔山脊向西北发展,脊前冷空气沿偏北气流南下,增强了塔什干低槽的斜压性,使其加深切涡,略有南压,并不断分裂短波东移造成南疆西部暴雪天气(图略)。300 hPa 南疆西部位于风速≥45 $m \cdot s^{-1}$高空西南急流轴左侧辐散区(图 3.127c);700 hPa 上 15 日阿克苏地区拜城位于水汽通量散度辐合区;15 日 14 时开始,南疆盆地转为偏东风,至 16 日 02 时达最强,偏东风与南疆西部地形产生辐合抬升,并伴有水汽通量散度辐合区(图 3.127d),对该日南疆西部暴雪天气十分有利。地面图上为北高南低的东灌形势(图略)。南疆西部暴雪区位于高空西南急流轴左侧辐散区,塔什干低涡前西南气流,低空南疆盆地偏东风与南疆西部地形产生辐合抬升、伴有水汽通量散度辐合区,以及地面冷锋后东灌气流的重叠区域(图略)。

3.2.109　2010 年 3 月 12 日伊犁州、昌吉州暴雪

【暴雪概况】12 日暴雪出现在伊犁州新源 16.0 mm、特克斯 15.1 mm,昌吉州天池 16.7 mm。暴雪中心位于天池(图 3.128a)。

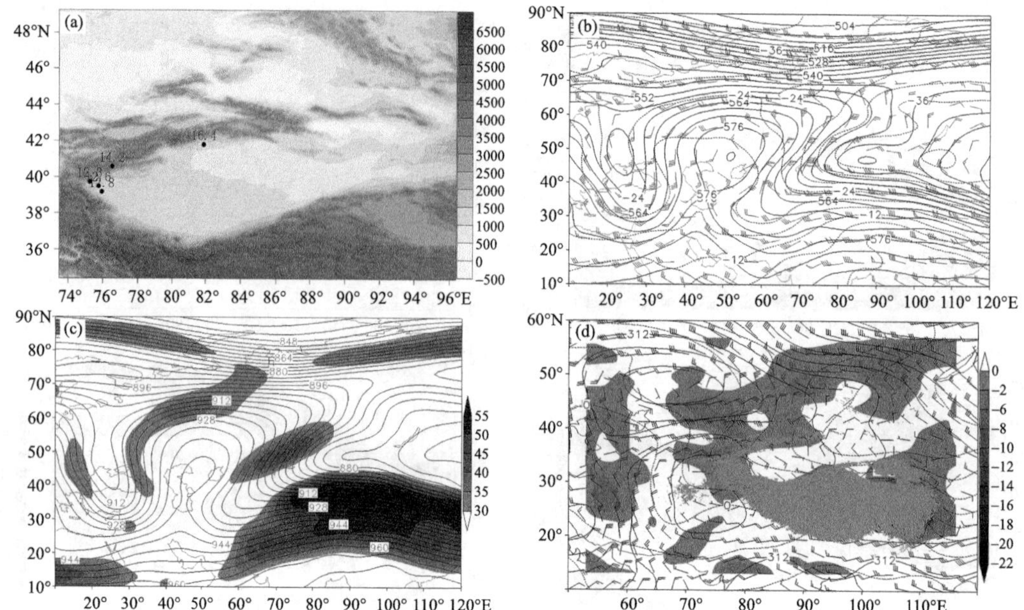

图 3.127　(a)2009 年 11 月 15—16 日累计暴雪量站点分布(单位:mm;填色为地形,单位:m);以及 14 日 20 时(b)500 hPa 高度场(实线,单位:dagpm)、温度场(虚线,单位:℃)、风场(单位:m·s^{-1}),(c)300 hPa 高度场(实线,单位:dagpm)和风速≥30 m·s^{-1}的急流(填色,单位:m·s^{-1});(d)16 日 02 时 700 hPa 高度场(实线,单位:dagpm)、温度场(虚线,单位:℃)、风场(单位:m·s^{-1})及水汽通量散度(填色,单位:10^{-5} g·cm^{-2}·hPa^{-1}·s^{-1},浅灰色阴影为≥3 km 的地形)

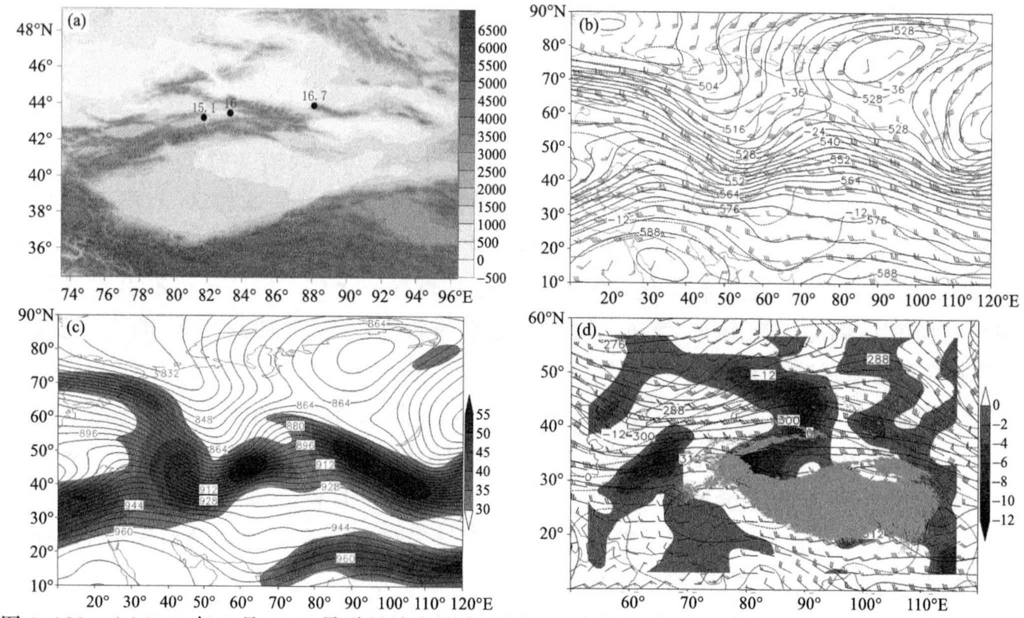

图 3.128　(a)2010 年 3 月 12 日暴雪量站点分布(单位:mm;填色为地形,单位:m);以及 11 日 20 时(b)500 hPa 高度场(实线,单位:dagpm)、温度场(虚线,单位:℃)、风场(单位:m·s^{-1}),(c)300 hPa 高度场(实线,单位:dagpm)和风速≥30 m·s^{-1}的急流(填色,单位:m·s^{-1}),(d)700 hPa 高度场(实线,单位:dagpm)、温度场(虚线,单位:℃)、风场(单位:m·s^{-1})及水汽通量散度(填色,单位:10^{-5} g·cm^{-2}·hPa^{-1}·s^{-1},浅灰色阴影为≥3 km 的地形)

【环流背景】此次暴雪过程前，500 hPa 欧亚范围中高纬为两槽两脊型，巴伦支海极涡与咸海低槽打通，东西伯利亚为低涡活动区，欧洲为脊区、西伯利亚至泰米尔半岛为经向度较大的高压脊区；中纬度为两支锋区汇合区，锋区上最大西风风速达 38 m·s^{-1}；新疆西部受咸海槽前偏西强锋区控制（图 3.128b）；巴伦支海极涡旋转，欧洲脊受其底部分裂短波影响略有东移，脊线顺转，脊前正变高东南下，使咸海低槽东移造成伊犁州、昌吉州山区暴雪天气（图略）。300 hPa新疆西部位于风速＞40 m·s^{-1}的高空西北急流入口区右侧辐散区（图 3.128c），700 hPa 上伊犁州位于风速＞16 m·s^{-1}的西南急流前部辐合区及水汽通量散度辐合区（图 3.128d）。暴雪区位于高空强西北急流入口区右侧辐散区，咸海槽前偏西强锋区，低空西南急流前部辐合区和水汽通量散度辐合区，以及地面冷锋附近的重叠区域（图略）。

3.2.110　2010 年 4 月 19 日乌鲁木齐市暴雪

【暴雪概况】19 日暴雪出现在乌鲁木齐市小渠子 17.9 mm、牧试站 16.0 mm（图 3.129a）。

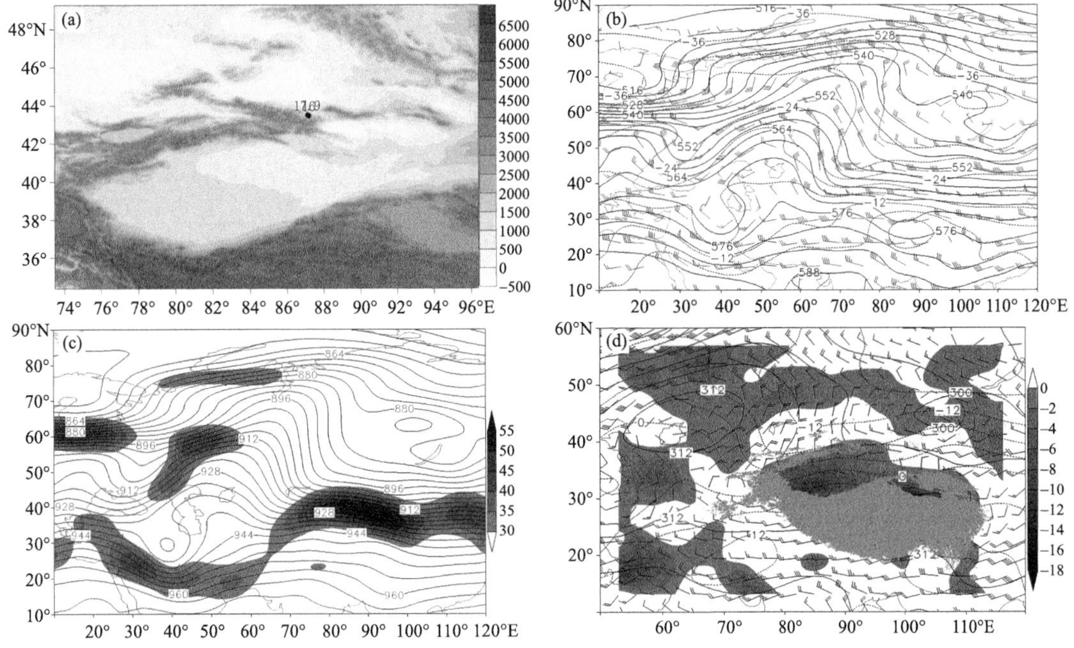

图 3.129　(a)2010 年 4 月 19 日暴雪量站点分布（单位：mm；填色为地形，单位：m）；以及 18 日 20 时(b) 500 hPa 高度场（实线，单位：dagpm）、温度场（虚线，单位：℃）、风场（单位：m·s^{-1}），(c)300 hPa 高度场（实线，单位：dagpm）和风速≥30 m·s^{-1}的急流（填色，单位：m·s^{-1}）；(d)19 日 02 时 700 hPa 高度场（实线，单位：dagpm）、温度场（虚线，单位：℃）、风场（单位：m·s^{-1}）及水汽通量散度（填色，单位：10^{-5} g·cm^{-2}·hPa^{-1}·s^{-1}，浅灰色阴影为≥3 km 的地形）

【环流背景】此次暴雪过程前，500 hPa 欧亚范围内中高纬为两槽一脊型，即伊朗高原—乌拉尔山为强盛高压脊，西欧—黑海—波斯湾为西北—东南向低槽区，西伯利亚—中亚为槽区，低纬槽脊系统基本是同位相叠加；新疆北部受中亚槽前偏西锋区控制（图 3.129b）；乌拉尔山脊受北欧低槽东移南下的影响东移，使中亚低槽东移，并分裂短波造成中天山山区暴雪天气（图略）。300 hPa 上中天山位于风速≥40 m·s^{-1}高空西风急流轴左侧辐散区（图 3.129c），700 hPa上该区位于偏北风与西北风形成的辐合区南部及水汽通量散度辐合区（图 3.129d）。

暴雪区位于高空西风急流轴左侧辐散区，中亚槽前偏西锋区，低空偏北风与西北风形成的辐合区南部和水汽通量散度辐合区，以及地面图上冷锋附近的重叠区域(图略)。

3.2.111 2010年5月14日乌鲁木齐市、昌吉州暴雪

【暴雪概况】14日暴雪出现在乌鲁木齐市小渠子13.0 mm，昌吉州天池12.3 mm(图3.130a)。

【环流背景】此次暴雪过程前，500 hPa欧亚范围内为两槽一脊型，即乌拉尔山为强盛高压脊，西欧为槽区、中亚—贝加尔湖为低涡活动区，低纬南支系统与北支同位相叠加；新疆北部受中亚低涡底部较强偏西锋区影响(图3.130b)；极地冷空气侵袭乌拉尔山脊顶，脊前正变高东南下，使中亚低涡东移南下减弱，并分裂短波造成中天山山区暴雪天气(图略)。300 hPa上中天山位于风速≥30 m·s^{-1}高空西风急流轴右侧辐散区(图3.130c)，700 hPa上该区位于风速≥12 m·s^{-1}偏西急流轴右侧部辐合及水汽通量散度辐合区(图3.130d)。暴雪区位于高空西风急流轴右侧辐散区，中亚低涡底部较强偏西锋区，低空偏西急流轴右侧辐合和水汽通量散度辐合区，以及地面图上冷锋附近的重叠区域(图略)。

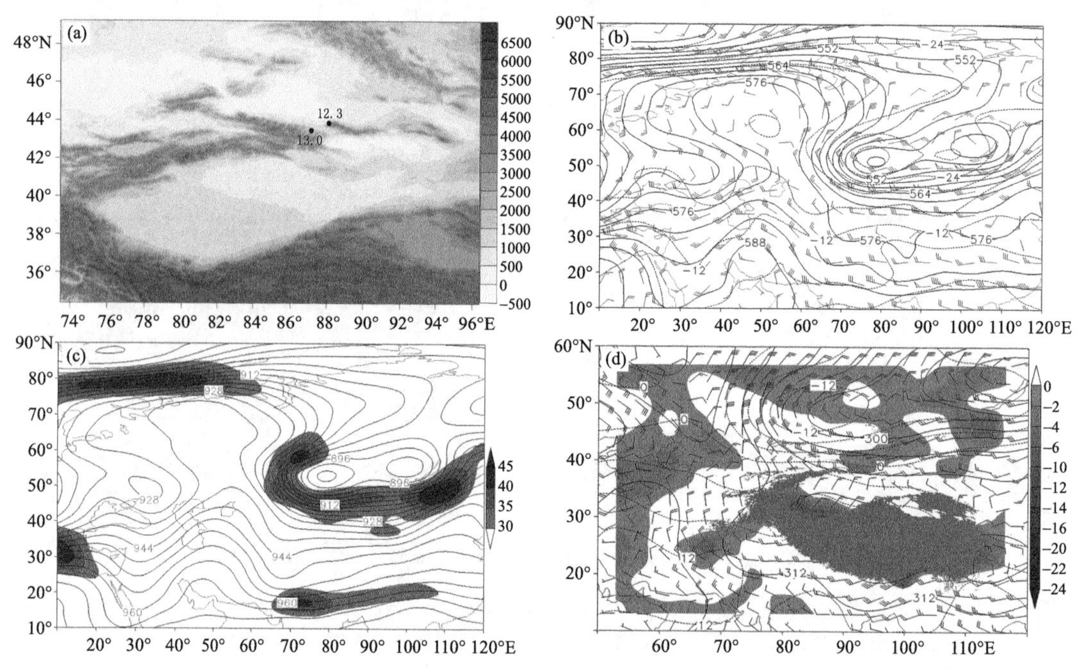

图3.130 (a)2010年5月14日暴雪量站点分布(单位：mm；填色为地形，单位：m)；以及13日20时(b)500 hPa高度场(实线，单位：dagpm)、温度场(虚线，单位：℃)、风场(单位：m·s^{-1})，(c)300 hPa高度场(实线，单位：dagpm)和风速≥30 m·s^{-1}的急流(填色，单位：m·s^{-1})，(d)700 hPa高度场(实线，单位：dagpm)、温度场(虚线，单位：℃)、风场(单位：m·s^{-1})及水汽通量散度(填色，单位：10^{-5} g·cm^{-2}·hPa^{-1}·s^{-1}，浅灰色阴影为≥3 km的地形)

3.2.112 2010年10月22日伊犁州、博州、乌鲁木齐市暴雪

【暴雪概况】22日暴雪出现在伊犁州霍尔果斯19.4 mm，博州温泉19.9 mm，乌鲁木齐市小渠子13.2 mm，博州温泉为暴雪中心(图3.131a)

【环流背景】21日20时，500 hPa欧亚范围内为两槽一脊型，即伊朗高原至乌拉尔山为强

盛高压脊，北欧为极涡活动区，西伯利亚为极涡活动区，巴尔喀什湖南部的中亚为脱离北支的低槽，新疆北部受中亚槽前西南气流影响(图 3.131b)；北欧极涡东伸使乌拉尔山脊略有东移，脊线顺转，冷空气沿脊前偏北气流南下到中亚低槽内，增强了其斜压性，使其加深切涡，同时分裂短波东移造成新疆西暴雪天气(图略)。300 hPa 新疆西部位于风速≥30 m·s^{-1}高空西南急流轴附近辐散区(图 3.131c)，700 hPa 上该区位于东北与西北气流形成的冷式切变辐合线附近(图 3.131d)。暴雪区位于高空西南急流轴附近辐散区，中亚槽前西南气流，低空东北与西北气流形成的冷式切变辐合线附近，以及地面图上冷锋附近的重叠区域(图略)。

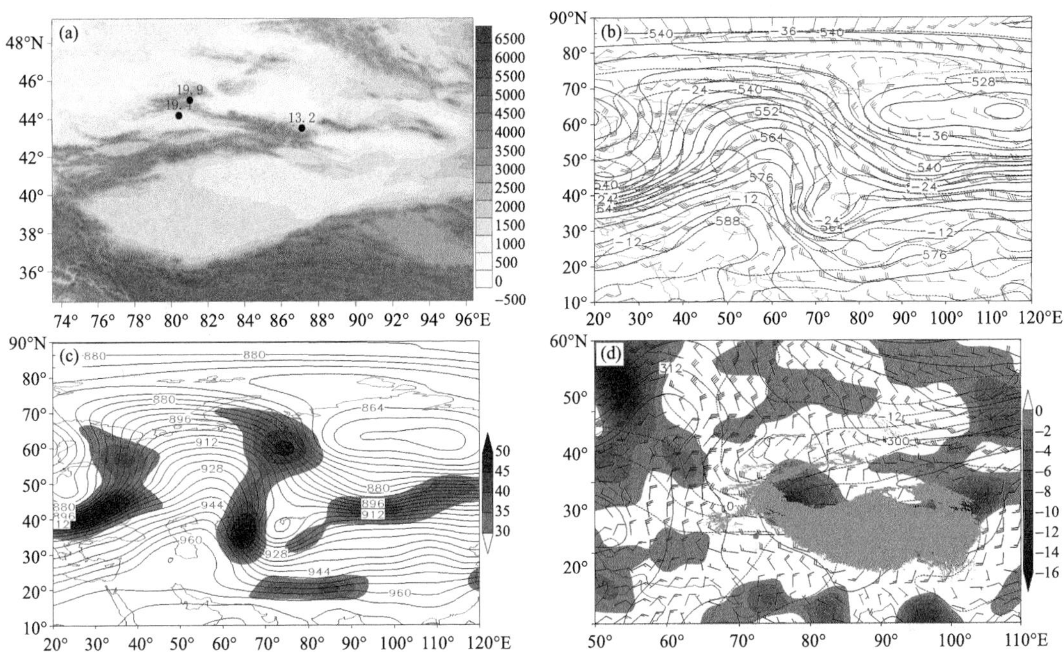

图 3.131 (a)2010 年 10 月 22 日暴雪量站点分布(单位：mm；填色为地形，单位：m)；以及 21 日 20 时(b) 500 hPa 高度场(实线，单位：dagpm)、温度场(虚线，单位：℃)、风场(单位：m·s^{-1})，(c)300 hPa 高度场(实线，单位：dagpm)和风速≥30 m·s^{-1}的急流(填色，单位：m·s^{-1})，(d)700 hPa 高度场(实线，单位：dagpm)、温度场(虚线，单位：℃)、风场(单位：m·s^{-1})及水汽通量散度(填色，单位：10^{-5} g·cm^{-2}·hPa^{-1}·s^{-1}，浅灰色阴影为≥3 km 的地形)

3.2.113 2010 年 11 月 5 日乌鲁木齐市、昌吉州暴雪

【暴雪概况】5 日暴雪发生在乌鲁木齐市乌鲁木齐 13.6 mm、小渠子 13.2 mm，昌吉州木垒站 12.2 mm，暴雪中心位于乌鲁木齐(图 3.132a)。

【环流背景】4 日 20 时，暴雪前 500 hPa 欧亚范围为纬向环流，其上多槽脊系统，新疆北部受中亚低槽前西南气流控制(图 3.132b)；中亚低槽东移造成天山北坡及山区暴雪天气(图略)。300 hPa 天山北坡及山区位于风速>30 m·s^{-1}的高空西南急流出口区前部和西风急流轴右侧的分流辐散区(图 3.132c)，700 hPa 上该区位于显著西北气流前风速辐合区和水汽通量散度辐合区(图 3.132d)。暴雪区位于高空西南急流出口区前部和西风急流轴右侧的分流辐散区，中亚槽前西南气流，低空西北气流前风速辐合区和水汽通量散度辐合区，以及地面冷锋附近的重叠区域(图略)。

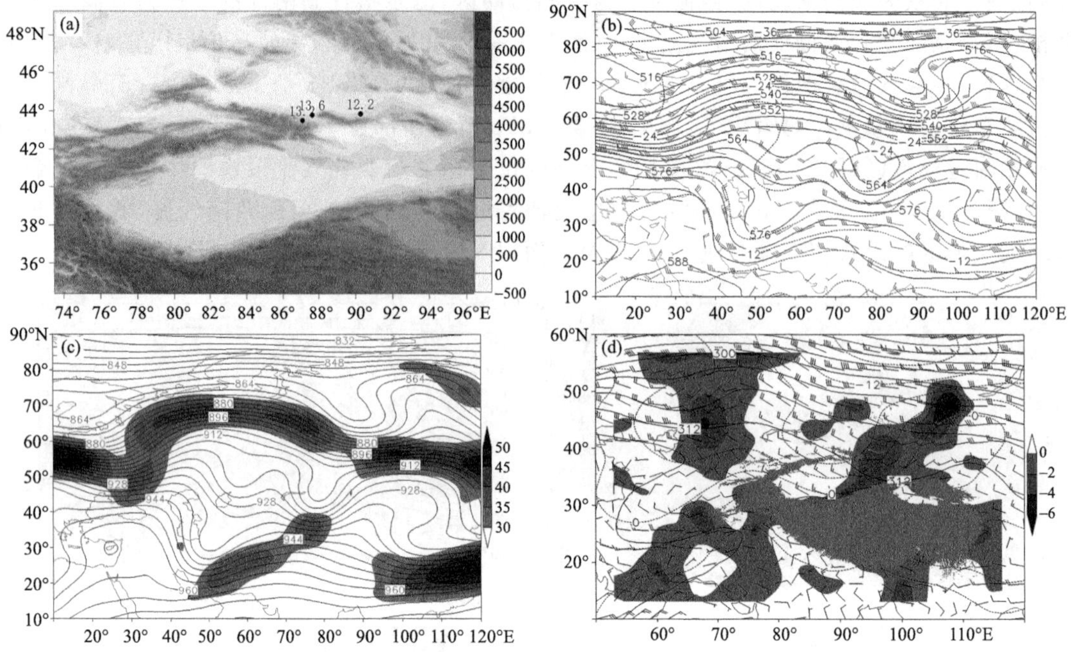

图 3.132 (a)2010 年 11 月 5 日暴雪量站点分布(单位:mm;填色为地形,单位:m);以及 4 日 20 时(b) 500 hPa 高度场(实线,单位:dagpm)、温度场(虚线,单位:℃)、风场(单位:$m \cdot s^{-1}$),(c)300 hPa 高度场(实线,单位:dagpm)和风速≥30 $m \cdot s^{-1}$的急流(填色,单位:$m \cdot s^{-1}$),(d)700 hPa 高度场(实线,单位:dagpm)、温度场(虚线,单位:℃)、风场(单位:$m \cdot s^{-1}$)及水汽通量散度(填色,单位:10^{-5} $g \cdot cm^{-2} \cdot hPa^{-1} \cdot s^{-1}$,浅灰色阴影为≥3 km 的地形)

3.2.114 2011 年 2 月 26 日克州暴雪

【暴雪概况】26 日暴雪出现在克州阿图什 27.4 mm、乌恰 24.5 mm(图 3.133a)。

【环流背景】此次暴雪过程前,500 hPa 欧亚范围为两槽一脊型,红海波斯湾—欧洲为强盛高压脊,地中海为低涡,西伯利亚—中亚为低涡活动区,呈西南—东北向,槽底南伸至 30°N 附近,南疆西部受中亚低涡前西南气流影响(图 3.133b);中亚低涡旋转不断分裂短波东移造成南疆西部暴雪天气。300 hPa 南疆西部位于风速≥30 $m \cdot s^{-1}$高空西南急流轴右侧辐散区(图 3.133c),700 hPa 上南疆盆地东南风与地形相互作用产生辐合抬升和水汽通量散度辐合区(图 3.133d),为暴雪的产生提供水汽和动力条件。暴雪区位于高空西南急流轴右侧辐散区,中亚低涡前西南气流,低空东南风与地形相互作用产生辐合抬升及水汽通量散度辐合区,以及地面冷锋后偏东气流前部的重叠区域(图略)。

2011 年 2 月 25—28 日,南疆西部的喀什地区、克州出现历史罕见大暴雪天气过程。两地 15 个国家气象站中有 8 个站的降雪量在 12 mm 以上,其中,克州所有 4 个站的降雪量均在 20 mm 以上,除阿克陶站外,其余 3 站降雪量均达到大暴雪量级。此次大暴雪过程的最大降雪中心出现在阿图什站,累计降雪量为 42 mm,接近其年平均降水量的 1/2。整个降雪过程中,降雪强度以 25 日 20 时至 26 日 14 时最强,其中 26 日 02—08 时及 08—14 时两个时段中阿图什站的降雪量分别达 13 mm 和 10 mm,乌恰站在该两个时段的降雪量均为 9 mm,阿图什站、乌恰站的积雪深度均超过 20 cm。此次大暴雪过程中,乌恰站、阿合奇站日最大降雪量均处于历史同期第一位，阿图什站日最大降雪量处于历史同期第二位，为近25年最大(杨霞 等，2015)。

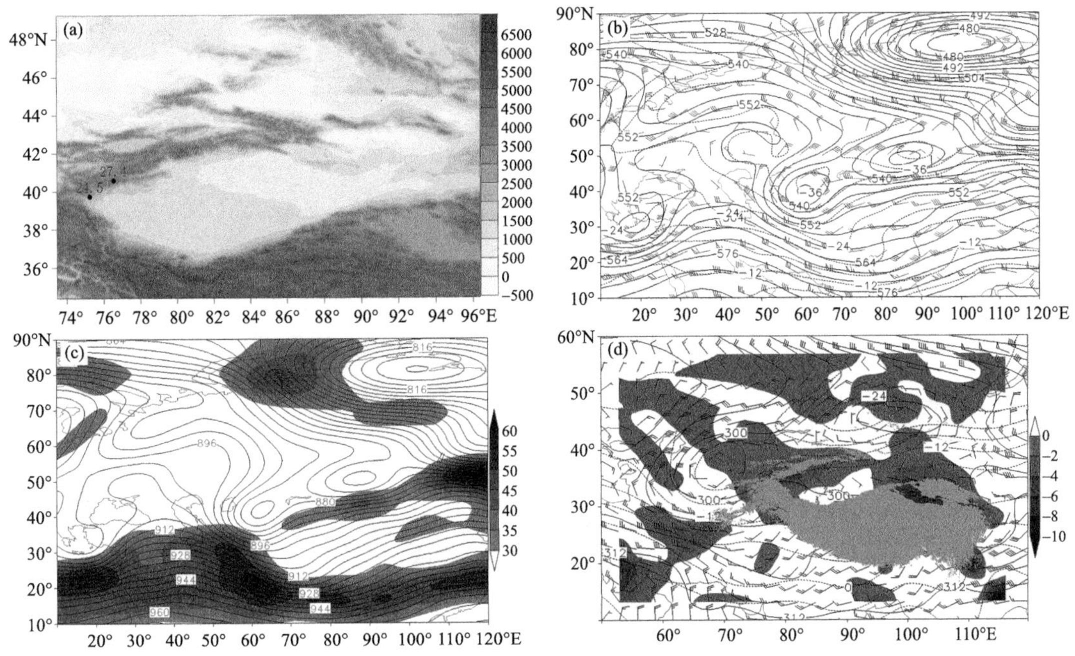

图3.133　(a)2011年2月26日暴雪量站点分布(单位：mm；填色为地形，单位：m)；以及25日20时(b)500 hPa高度场(实线，单位：dagpm)、温度场(虚线，单位：℃)、风场(单位：m·s^{-1})，(c)300 hPa高度场(实线，单位：dagpm)和风速≥30 m·s^{-1}的急流(填色，单位：m·s^{-1})；(d)26日02时700 hPa高度场(实线，单位：dagpm)、温度场(虚线，单位：℃)、风场(单位：m·s^{-1})及水汽通量散度(填色，单位：10^{-5} g·cm^{-2}·hPa^{-1}·s^{-1}，浅灰色阴影为≥3 km的地形)

此次降雪天气过程，喀什地区持续三天半，时间之长是近30年来历史同期罕见的。过程降雪量最大的喀什为18.9 mm，其次英吉沙为17.2 mm，积雪深度分别为12 cm、16 cm。这次降水有利于农田保墒，对冬小麦返青有利，但大范围雨雪降温等现象，对喀什地区的设施农业和道路交通造成较大损失；低温造成拱棚中幼苗冻害。积雪、道路结冰和能见度下降造成喀什机场关闭，部分客运停运(杨霞 等，2015)。

3.2.115　2011年4月28日昌吉州、乌鲁木齐市暴雪

【暴雪概况】28日暴雪出现在昌吉州北塔山18.0 mm、天池19.9 mm，乌鲁木齐市小渠子25.9 mm；暴雪中心出现在乌鲁木齐市小渠子站(图3.134a)。

【环流背景】此次暴雪过程前，500 hPa欧亚范围内北支为两脊一槽型，即欧洲、东亚为高压脊，西西伯利亚为低涡；南支为两槽一脊型，槽脊系统与北支呈反位相分布，里海南部槽前西南气流与西西伯利亚低涡底部强锋区在巴尔喀什湖—新疆北部汇合，新疆北部位于其上(图3.134b)；欧洲脊受不稳定小槽影响，脊前正变高东南下，使西西伯利亚低涡减弱东移造成天山山区暴雪天气(图略)。300 hPa上新疆北部位于风速≥45 m·s^{-1}高空西风急流轴右侧辐散区(图3.134c)，700 hPa上天山山区位于风速≥12 m·s^{-1}低空西北急流前部辐合区及水汽通量散度辐合区(图3.134d)。暴雪区位于高空西风急流轴右侧辐散区，西西伯利亚低涡东南

部强西南锋区，低空西北急流前部辐合区和水汽通量散度辐合区，以及地面图上冷锋附近的重叠区域(图略)。

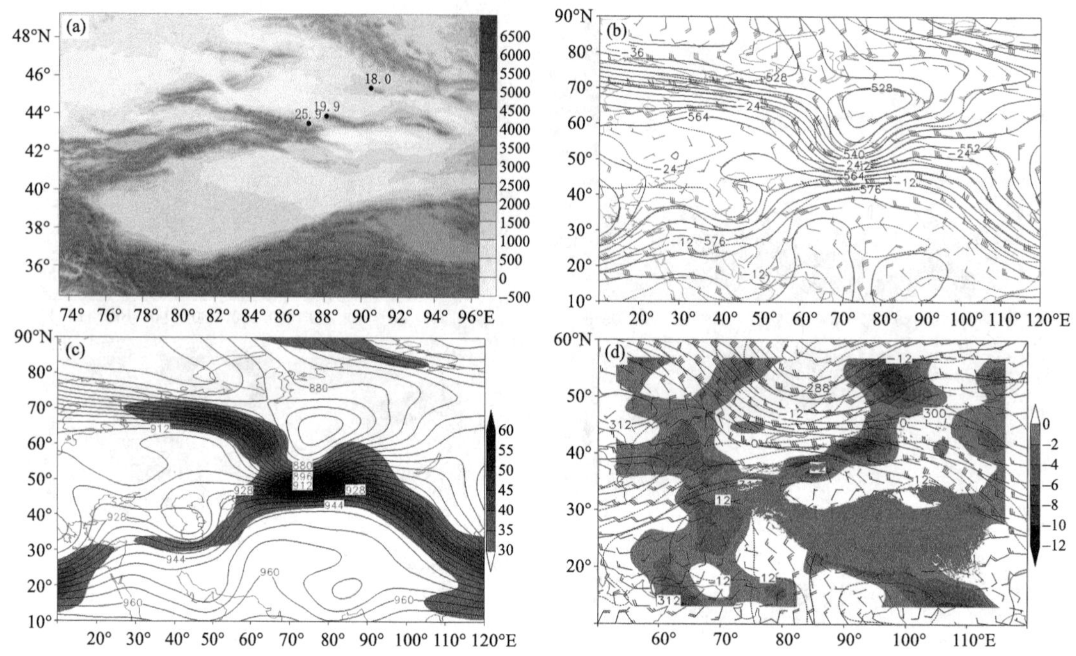

图 3.134 (a)2011 年 4 月 28 日暴雪量站点分布(单位：mm；填色为地形，单位：m)；以及 27 日 20 时(b)500 hPa 高度场(实线，单位：dagpm)、温度场(虚线，单位：℃)、风场(单位：$m \cdot s^{-1}$)，(c)300 hPa 高度场(实线，单位：dagpm)和风速≥30 $m \cdot s^{-1}$的急流(填色，单位：$m \cdot s^{-1}$)，(d)700 hPa 高度场(实线，单位：dagpm)、温度场(虚线，单位：℃)、风场(单位：$m \cdot s^{-1}$)及水汽通量散度(填色，单位：10^{-5} $g \cdot cm^{-2} \cdot hPa^{-1} \cdot s^{-1}$，浅灰色阴影为≥3 km 的地形)

3.2.116 2011 年 11 月 14—15 日阿勒泰地区、伊犁州暴雪

【暴雪概况】暴雪出现在：14 日阿勒泰地区阿勒泰 14.8 mm；15 日伊犁州伊宁 23.0 mm、伊宁县 22.7 mm、新源 12.2 mm。暴雪中心出现在伊宁(图 3.135a)。

【环流背景】13 日 20 时，500 hPa 欧亚范围内为两脊一槽型，欧洲和新疆东部至贝加尔湖为高压脊区，西西伯利亚、里海、地中海东部均为低涡活动区，里海低涡前较强西南锋区与西西伯利亚低涡底部锋区在巴尔喀什湖—新疆北部汇合，新疆北部处于槽前强偏西锋区控制(图 3.135b)；欧洲脊顶受极地冷空气侵袭，脊前正变高东南下，使西西伯利亚低涡东移减弱，其底部锋区上不断分裂短波东移造成新疆北部暴雪天气(图略)。300 hPa 新疆北部处于风速＞35 $m \cdot s^{-1}$的高空西风急流轴右侧辐散区，急流核风速＞50 $m \cdot s^{-1}$(图 3.135c)，700 hPa 伊犁州位于风速＞16 $m \cdot s^{-1}$低空西南急流前部辐合及水汽通量散度辐合区(图 3.135d)。暴雪区位于高空西风急流轴右侧辐散区，槽前强偏西锋区，低空西南急流前部辐合区和水汽通量散度辐合区，以及地面冷锋附近的重叠区域(图略)。

3.2.117 2012 年 10 月 7 日乌鲁木齐市、昌吉州暴雪

【暴雪概况】7 日暴雪出现在乌鲁木齐市牧试站 14.3 mm、小渠子 19.4 mm，昌吉州天池 18.2 mm。暴雪中心位于乌鲁木齐市小渠子(图 3.136a)。

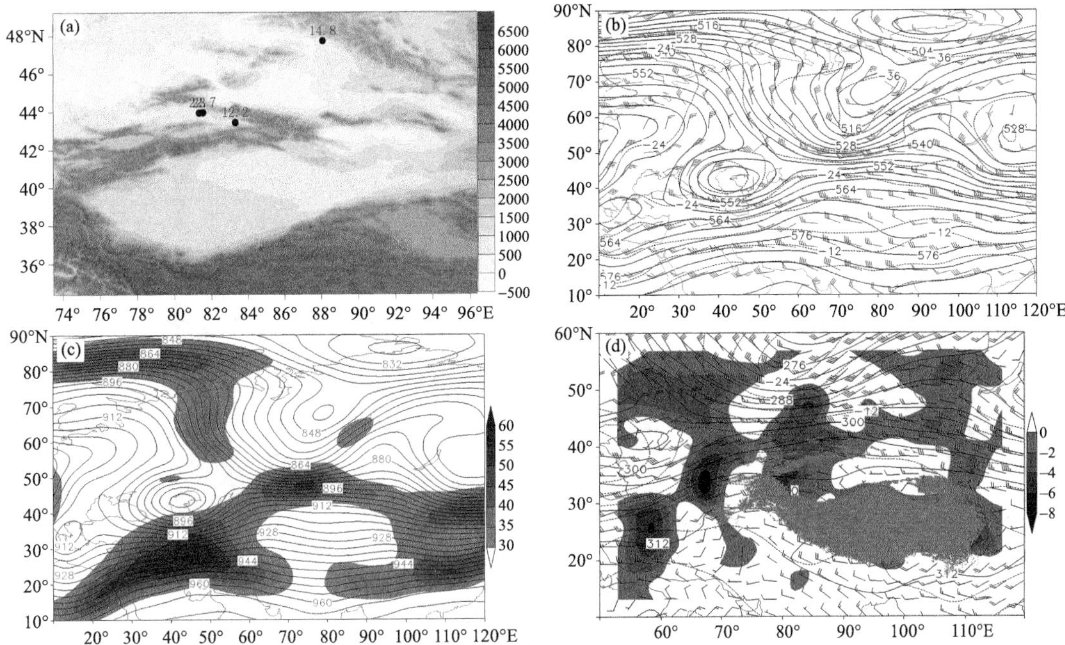

图 3.135　(a)2011年11月14—15日累计暴雪量站点分布(单位:mm;填色为地形,单位:m);以及11月13日20时(b)500 hPa 高度场(实线,单位:dagpm)、温度场(虚线,单位:℃)、风场(单位:m·s^{-1}),(c)300 hPa 高度场(实线,单位:dagpm)和风速≥30 m·s^{-1}的急流(填色,单位:m·s^{-1}),(d)700 hPa 高度场(实线,单位:dagpm)、温度场(虚线,单位:℃)、风场(单位:m·s^{-1})及水汽通量散度(填色,单位:10^{-5} g·cm^{-2}·hPa^{-1}·s^{-1},浅灰色阴影为≥3 km 的地形)

【环流背景】此次暴雪过程前,500 hPa 欧亚范围内为两槽两脊型,即东欧和贝加尔湖地区为高压脊,北欧为极涡活动区,西西伯利亚—中亚为低槽区,槽底南伸至35°N附近,新疆北部受中亚槽前西南气流(图 3.136b);受北欧极涡东伸的影响,东欧脊衰退,导致中亚低槽减弱东移造成中天山山区暴雪天气(图略)。300 hPa 新疆北部位于风速≥30 m·s^{-1}高空西南急流轴右侧辐散区(图 3.136c),700 hPa 上中天山位于风速>12 m·s^{-1}的西北急流前部辐合区和水汽通量散度辐合区(图 3.136d)。暴雪区位于高空西南急流轴右侧辐散区,中亚槽前西南气流,低空西北急流前部辐合区和水汽通量散度辐合区,以及地面图上冷锋附近的重叠区域(图略)。

3.2.118　2012年11月8日石河子市、塔城地区暴雪

【暴雪概况】8日暴雪出现在石河子市乌兰乌苏 20.7 mm、石河子 20.7 mm,塔城地区南部沙湾 24.3 mm。暴雪中心位于塔城地区南部沙湾(图 3.137a)。

【环流背景】7日20时,暴雪前500 hPa 欧亚范围内为两槽一脊型,乌拉尔山为高压脊区,脊顶东伸至泰米尔半岛,北欧为极涡活动区,西西伯利亚为切断低涡,西西伯利亚低涡底部为强偏西锋区,最大风速达32 m·s^{-1},新疆北部受该锋区控制(图 3.137b);北欧极涡部分东移,使乌拉尔山脊北段东伸,南段略有东移,导致西西伯利亚切断低涡旋转东南下,并分裂短波东移造成天山北坡暴雪天气(图略)。300 hPa 天山北坡位于风速>40 m·s^{-1}的高空西北偏西急流轴附近分流辐散区,急流核风速>50 m·s^{-1}(图 3.137c),700 hPa 上该区位于风速>16 m·s^{-1}西北急流轴附近辐合区及水汽通量散度辐合区前部(图 3.137d)。暴雪区位于高空西北偏西急

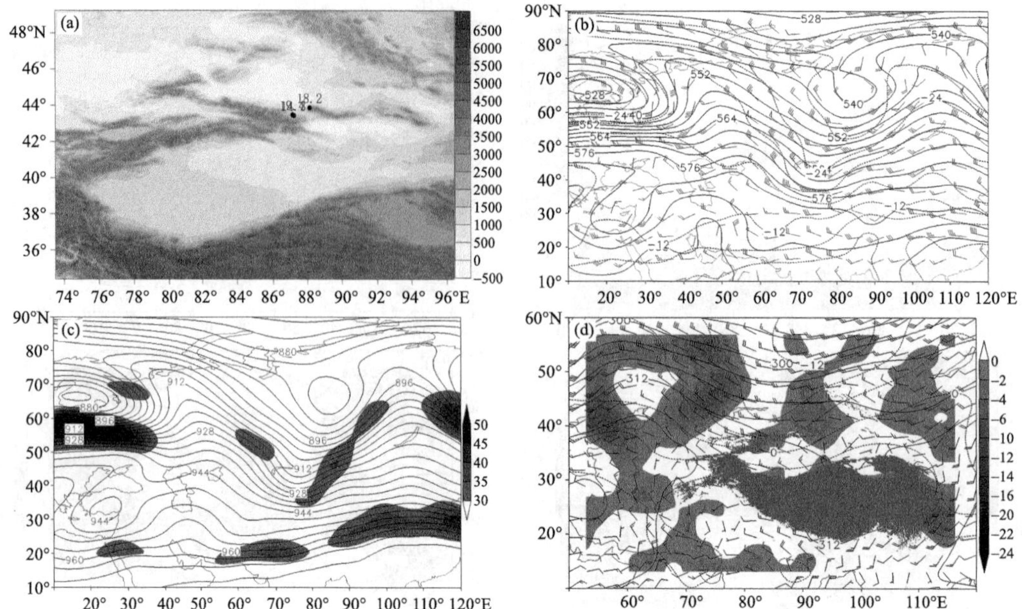

图 3.136　(a)2012 年 10 月 7 日暴雪量站点分布(单位:mm;填色为地形,单位:m);以及 6 日 20 时(b) 500 hPa 高度场(实线,单位:dagpm)、温度场(虚线,单位:℃)、风场(单位:$m \cdot s^{-1}$),(c)300 hPa 高度场(实线,单位:dagpm)和风速≥30 $m \cdot s^{-1}$的急流(填色,单位:$m \cdot s^{-1}$),(d)700 hPa 高度场(实线,单位:dagpm)、温度场(虚线,单位:℃)、风场(单位:$m \cdot s^{-1}$)及水汽通量散度(填色,单位:10^{-5} $g \cdot cm^{-2} \cdot hPa^{-1} \cdot s^{-1}$,浅灰色阴影为≥3 km 的地形)

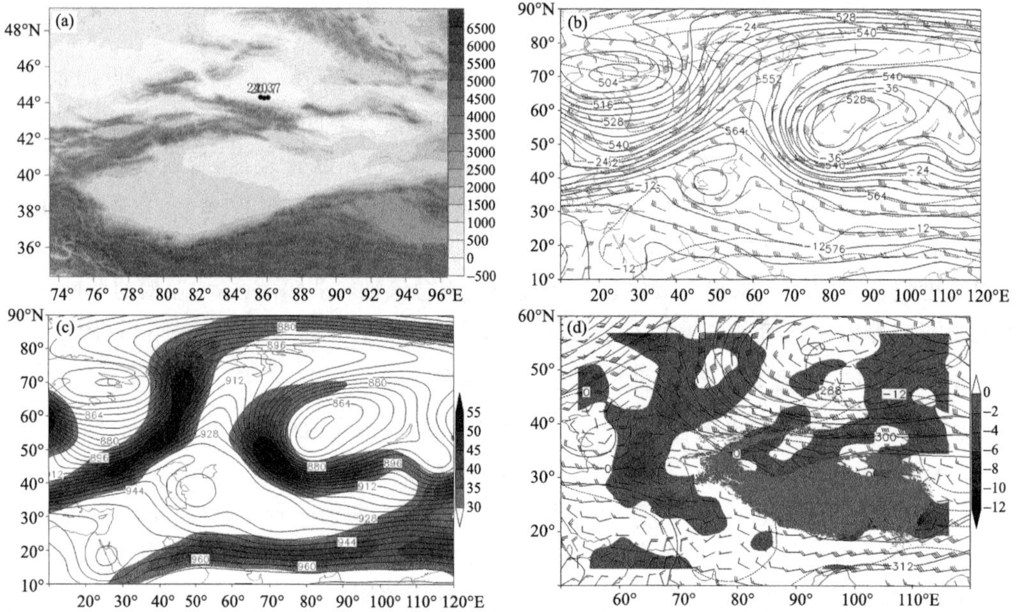

图 3.137　(a)2012 年 11 月 8 日暴雪量站点分布(单位:mm;填色为地形,单位:m);以及 7 日 20 时(b) 500 hPa 高度场(实线,单位:dagpm)、温度场(虚线,单位:℃)、风场(单位:$m \cdot s^{-1}$),(c)300 hPa 高度场(实线,单位:dagpm)和风速≥30 $m \cdot s^{-1}$的急流(填色,单位:$m \cdot s^{-1}$),(d)700 hPa 高度场(实线,单位:dagpm)、温度场(虚线,单位:℃)、风场(单位:$m \cdot s^{-1}$)及水汽通量散度(填色,单位:10^{-5} $g \cdot cm^{-2} \cdot hPa^{-1} \cdot s^{-1}$,浅灰色阴影为≥3 km 的地形)

流轴附近的分流辐散区，西西伯利亚低涡底部强西风锋区，低空西北急流轴附近辐合区和水汽通量散度辐合区，以及地面冷锋附近的重叠区域（图略）。

3.2.119　2012 年 12 月 1 日伊犁州暴雪

【暴雪概况】1 日暴雪出现在伊犁州伊宁 20.8 mm、察布查尔 19.2 mm、尼勒克 20.0 mm、伊宁县 23.5 mm。暴雪中心位于伊宁县（图 3.138a）。

【环流背景】11 月 30 日 20 时，500 hPa 欧亚范围内中低纬为两脊一槽型，伊朗高原至南欧和新疆东部至内蒙古为脊区，高纬西伯利亚为带状的极涡活动区；新疆北部位于极涡西南部西北锋区上（图 3.138b）；南欧脊西北部受不稳定小槽影响，脊线顺转，脊前正变高东南下，西北锋区上分裂短波东南移造成伊犁州暴雪天气（图略）。300 hPa 上新疆西部处于风速>35 m · s^{-1}的高空西北急流轴左侧辐散区，急流核风速>50 m · s^{-1}（图 3.138c），700 hPa 上伊犁州位于风速>16 m · s^{-1}低空西北急流前部辐合及水汽通量散度辐合区（图 3.138d）。暴雪区位于高空西北急流轴左侧辐散区，极涡西南部西北西锋区上，低空西北急流出口区前部辐合区和水汽通量散度辐合区，以及地面冷锋附近的重叠区域（图略）。

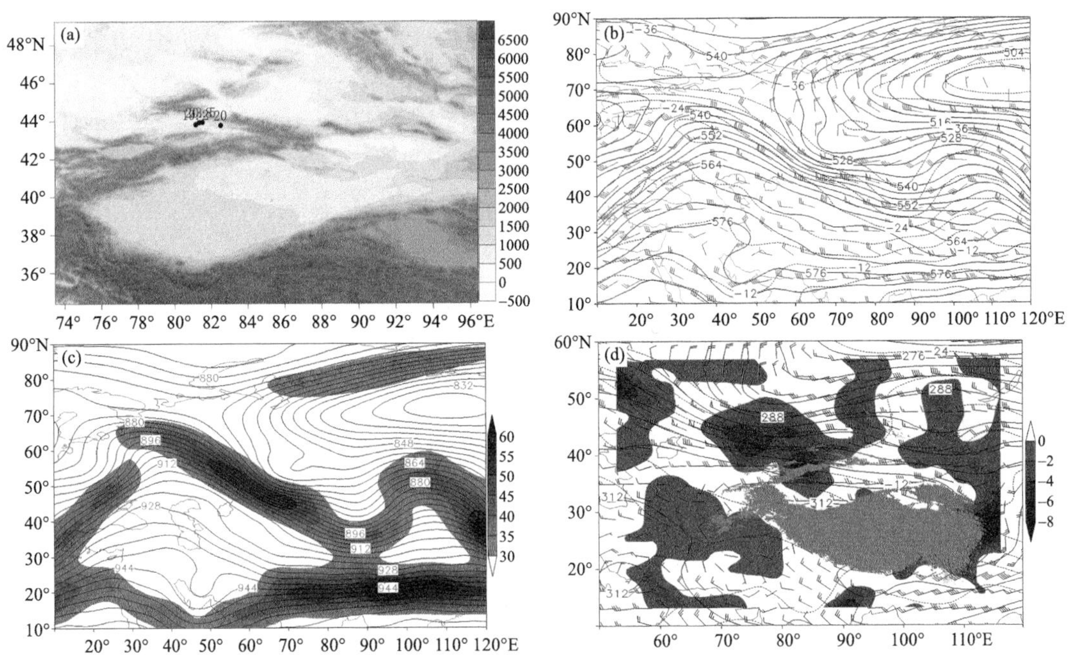

图 3.138　(a)2012 年 12 月 1 日暴雪量站点分布（单位：mm；填色为地形，单位：m）；以及 11 月 30 日 20 时(b)500 hPa 高度场（实线，单位：dagpm）、温度场（虚线，单位：℃）、风场（单位：m · s^{-1}），(c)300 hPa 高度场（实线，单位：dagpm）和风速≥30 m · s^{-1}的急流（填色，单位：m · s^{-1}），(d)700 hPa 高度场（实线，单位：dagpm）、温度场（虚线，单位：℃）、风场（单位：m · s^{-1}）及水汽通量散度（填色，单位：10^{-5} g · cm^{-2} · hPa^{-1} · s^{-1}，浅灰色阴影为≥3 km 的地形）

3.2.120　2013 年 4 月 2 日伊犁州暴雪

【暴雪概况】2 日暴雪出现在伊犁州霍尔果斯 16.4 mm、霍城 15.5 mm（图 3.139）。

【环流背景】1 日 20 时，500 hPa 欧亚范围内中低纬为两脊一槽型，伊朗高原—欧洲、新疆东部至内蒙古为脊区，塔什干地区为脱离极锋锋区切出的低涡，新疆西部受其前西南气流影响；高纬北欧和东西伯利亚为极涡活动区(图 3.139b)；北欧极涡东伸影响欧洲脊西北部，脊线顺转，脊前正变高东南下，塔什干低涡减弱并分裂短波东南移造成伊犁州暴雪天气(图略)。300 hPa 新疆西部处于风速＞35 m·s^{-1}的高空西风急流入口区右侧辐散区，急流核风速＞45 m·s^{-1}(图 3.139c)，700 hPa 上伊犁州位于低空显著西北气流风速辐合及水汽通量散度辐合区(图 3.139d)。暴雪区位于高空西风急流入口区右侧辐散区，塔什干低涡前西南气流，低空显著西北气流风速辐合和水汽通量散度辐合区，以及地面冷锋附近的重叠区域(图略)。

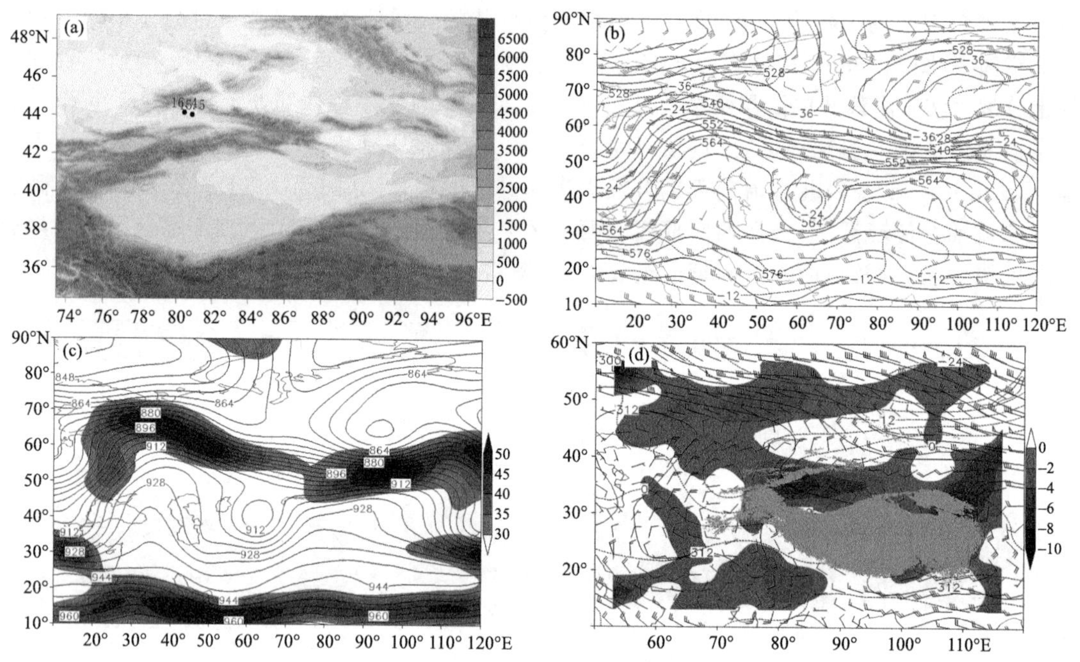

图 3.139　(a)2013 年 4 月 2 日暴雪量站点分布(单位：mm；填色为地形，单位：m)；以及 1 日 20 时(b) 500 hPa 高度场(实线，单位：dagpm)、温度场(虚线，单位：℃)、风场(单位：m·s^{-1})，(c)300 hPa 高度场(实线，单位：dagpm)和风速≥30 m·s^{-1}的急流(填色，单位：m·s^{-1})；(d)2 日 02 时 700 hPa 高度场(实线，单位：dagpm)、温度场(虚线，单位：℃)、风场(单位：m·s^{-1})及水汽通量散度(填色，单位：10^{-5} g·cm^{-2}·hPa^{-1}·s^{-1}，浅灰色阴影为≥3 km 的地形)

3.2.121　2013 年 4 月 17—18 日乌鲁木齐市、昌吉州暴雪

【暴雪概况】暴雪出现在：17 日昌吉州天池 16.0 mm；18 日乌鲁木齐市牧试站 17.2 mm、天山大西沟 12.3 mm、小渠子站 15.2 mm。暴雪中心位于乌鲁木齐牧试站(图 3.140a)。

【环流背景】16 日 20 时，500 hPa 欧亚范围极锋锋区位于极地，中低纬为两脊两槽型，即欧洲和新疆为高压脊，东亚为低涡，土耳其(南支)和中亚为低涡(北支)活动区，呈西南—东北向分布，中亚低涡和北支锋区有些分离，底部偏西锋区与南支气流在里海及咸海和巴尔喀什湖南部—新疆北部汇合，新疆北部受中亚低涡东南部西南气流控制(图 3.140b)；欧洲脊受不稳定小槽影响，北部东伸，脊前正变高东南下，使中亚低涡东移减弱造成中天山山区暴雪天气(图略)。300 hPa 中天山位于风速≥40 m·s^{-1}高空西南急流轴右侧辐散区(图 3.140c)，700 hPa 上该区位于偏北气流与天山地形形成辐合抬升，并有水汽通量散度辐合区(图 3.140d)。暴雪区位于高空西南急流轴右侧辐散区，中亚低涡东南部西南气流，低空偏北气流与天山地形形成辐合抬升和水汽通量散度辐合区，以及地面图上冷锋附近的重叠区域(图略)。

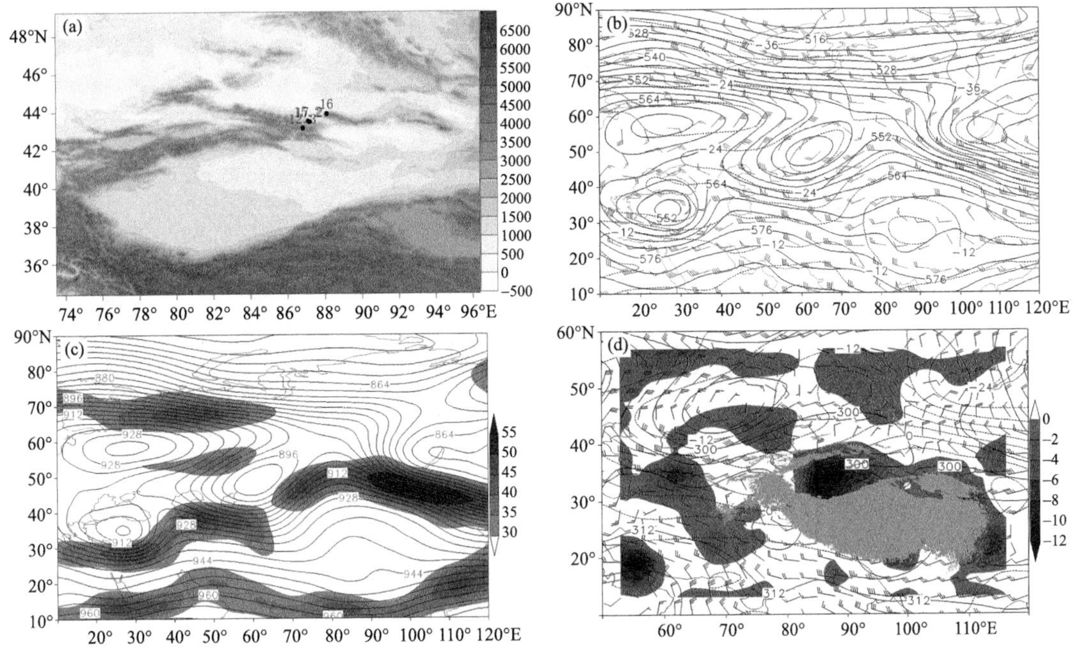

图 3.140　(a)2013 年 4 月 17—18 日累计暴雪量站点分布(单位：mm；填色为地形，单位：m)；以及 4 月 16 日 20 时(b)500 hPa 高度场(实线，单位：dagpm)、温度场(虚线，单位：℃)、风场(单位：$m \cdot s^{-1}$)，(c) 300 hPa 高度场(实线，单位：dagpm)和风速≥30 $m \cdot s^{-1}$ 的急流(填色，单位：$m \cdot s^{-1}$)；(d)17 日 02 时 700 hPa 高度场(实线，单位：dagpm)、温度场(虚线，单位：℃)、风场(单位：$m \cdot s^{-1}$)及水汽通量散度(填色，单位：$10^{-5}\ g \cdot cm^{-2} \cdot hPa^{-1} \cdot s^{-1}$，浅灰色阴影为≥3 km 的地形)

3.2.122　2013 年 5 月 5 日乌鲁木齐市、巴州、昌吉州暴雪

【暴雪概况】5 日暴雪出现在乌鲁木齐市小渠子 13.2 mm、天山大西沟 12.6 mm，巴州巴仑台 23.1 mm，昌吉州天池 14.8 mm。暴雪中心位于巴州巴仑台(图 3.141a)。

【环流背景】此次暴雪过程前，500 hPa 欧亚范围内 50°N 以北为极锋锋区，其上多波动，中低纬为两脊一槽型，即南欧和贝加尔湖地区为高压脊区，中亚低槽与北支锋区上短波同位相，新疆北部受中亚槽前西南气流控制(图 3.141b)；北支锋区上短波侵袭南欧脊，脊线逆转，脊前正变高东南下，使中亚低槽减弱东移造成中天山山区暴雪天气(图略)。300 hPa 上中天山位于风速≥30 $m \cdot s^{-1}$ 高空西南急流入口区右侧辐散区(图 3.141c)，700 hPa 上该区位于西北气流前部风速辐合区及其与天山地形形成的辐合抬升区，并伴有水汽通量散度辐合区(图 3.141d)。暴雪区位于高空西南急流入口区右侧辐散区，中亚槽前西南气流，低空西北气流前部风速辐合区及其与天山地形形成的辐合抬升区和水汽通量散度辐合区，以及地面图上冷锋附近的重叠区域(图略)。

3.2.123　2013 年 11 月 21 日乌鲁木齐市、昌吉州暴雪

【暴雪概况】21 日暴雪出现在乌鲁木齐市乌鲁木齐 20.4 mm、小渠子 16.7 mm、牧试站 18.3 mm，昌吉州天池 13.3 mm；暴雪中心位于乌鲁木齐(图 3.142a)。

【环流背景】20 日 20 时，500 hPa 欧亚范围内为两脊两槽型，伊朗高原至欧洲、新疆东部—贝加尔湖为高压脊区，西西伯利亚至中亚为低槽区，槽底南伸至 30°N 附近，地中海东部为

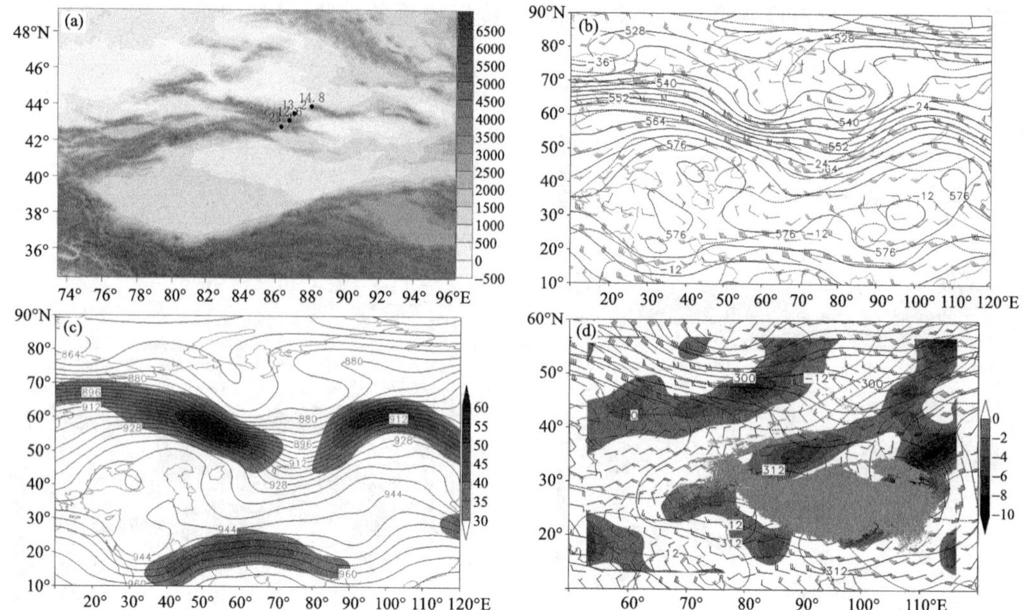

图 3.141　(a)2013 年 5 月 5 日暴雪量站点分布(单位:mm;填色为地形,单位:m);以及 4 日 20 时(b)500 hPa 高度场(实线,单位:dagpm)、温度场(虚线,单位:℃)、风场(单位:$m \cdot s^{-1}$),(c)300 hPa 高度场(实线,单位:dagpm)和风速≥30 $m \cdot s^{-1}$的急流(填色,单位:$m \cdot s^{-1}$);(d)5 日 02 时 700 hPa 高度场(实线,单位:dagpm)、温度场(虚线,单位:℃)、风场(单位:$m \cdot s^{-1}$)及水汽通量散度(填色,单位:10^{-5} $g \cdot cm^{-2} \cdot hPa^{-1} \cdot s^{-1}$,浅灰色阴影为≥3 km 的地形)

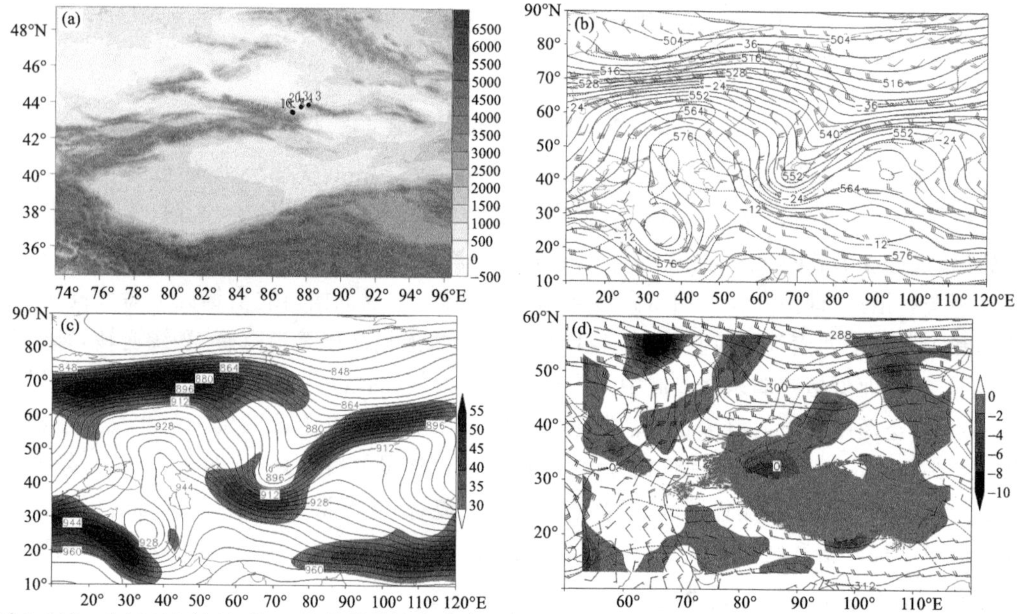

图 3.142　(a)2013 年 11 月 21 日暴雪量站点分布(单位:mm;填色为地形,单位:m);以及 20 日 20 时(b)500 hPa 高度场(实线,单位:dagpm)、温度场(虚线,单位:℃)、风场(单位:$m \cdot s^{-1}$),c)300 hPa 高度场(实线,单位:dagpm)和风速≥30 $m \cdot s^{-1}$的急流(填色,单位:$m \cdot s^{-1}$),(d)700 hPa 高度场(实线,单位:dagpm)、温度场(虚线,单位:℃)、风场(单位:$m \cdot s^{-1}$)及水汽通量散度(填色,单位:10^{-5} $g \cdot cm^{-2} \cdot hPa^{-1} \cdot s^{-1}$,浅灰色阴影为≥3 km 的地形)

低涡活动区，新疆北部受中亚槽前西南气流控制(图 3.142b)；欧洲脊后受暖平流影响增强演变为阻高，冷空气沿脊前偏北气流南下至中亚，增强了中亚槽的斜压性，使该槽略有东移切涡，并分裂短波东移造成天山北坡及山区暴雪天气(图略)。300 hPa 天山北坡及山区位于风速>30 m·s^{-1}的高空西南急流轴右侧的分流辐散区(图 3.142c)，700 hPa 上该区位于西风气流风速辐合区，及水汽通量散度辐合区(图 3.142d)。暴雪区位于高空西南急流轴右侧的分流辐散区，中亚槽前西南气流，低空西风气流风速辐合区和水汽通量散度辐合区，以及地面冷锋附近的重叠区域(图略)。

3.2.124　2014 年 1 月 28—31 日伊犁州、塔城地区、阿勒泰地区暴雪

【暴雪概况】28—29 日伊犁州冷锋暴雪：28 日伊犁州霍尔果斯 20.6 mm、霍城 14.8 mm、察布查尔 19.4 mm、伊宁 21.4 mm、伊宁县 20.1 mm；29 日霍尔果斯 15.4 mm、霍城12.5 mm。30 日塔城地区北部和阿勒泰地区出现暖区暴雪，塔城地区塔城 17.6 mm、裕民 19.5 mm、额敏 16.2 mm，阿勒泰地区青河 12.3 mm。31 日伊犁州又出现冷锋暴雪，霍尔果斯 14.7 mm、霍城 16.2 mm、伊宁 14.1 mm、伊宁县 16.1 mm。过程累计降雪中心出现在霍尔果斯 50.7 mm(图 3.143a)。

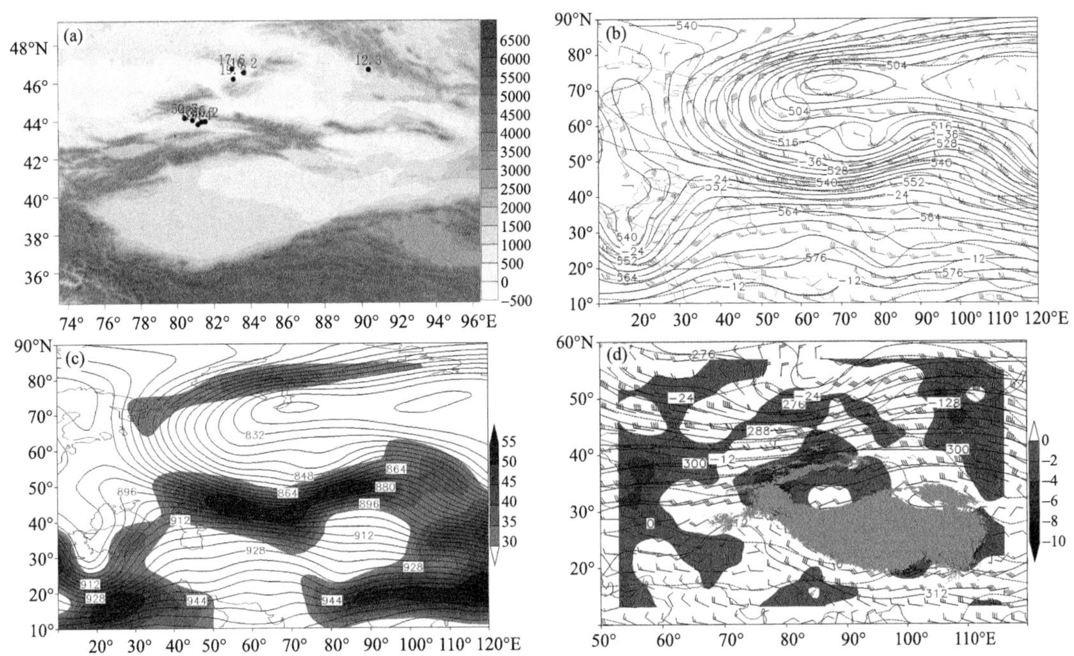

图 3.143　(a)2014 年 1 月 28—31 日累计暴雪量站点分布(单位：mm；填色为地形，单位：m)；以及 1 月 27 日 20 时(b)500 hPa 高度场(实线，单位：dagpm)、温度场(虚线，单位：℃)、风场(单位：m·s^{-1})，(c) 300 hPa 高度场(实线，单位：dagpm)和风速≥30 m·s^{-1}的急流(填色，单位：m·s^{-1})，(d)700 hPa 高度场(实线，单位：dagpm)、温度场(虚线，单位：℃)、风场(单位：m·s^{-1})及水汽通量散度(填色，单位：10^{-5} g·cm^{-2}·hPa^{-1}·s^{-1}，浅灰色阴影为≥3 km 的地形)

【环流背景】27 日 20 时，500 hPa 欧亚范围内中高纬为带状的低涡活动区，其底部为强偏西锋区，最大西风风速达 44 m·s^{-1}；南支锋区与北支在中低纬里海—咸海至巴尔喀什湖到新疆北部汇合，西欧为经向度较大的高压脊区，贝加尔湖为浅脊，新疆北部位于汇合的较强偏西

锋区上(图 3.143b)。西欧脊发展缓慢东移,脊前正变高东南落,偏西锋区上不断有短波槽东移,造成新疆北部持续性的暴雪天气(图略)。300 hPa 里海—咸海至新疆北部为风速>40 m·s^{-1}的高空偏西急流,新疆北部处于急流轴右侧辐散区,急流核风速>50 m·s^{-1}(图 3.143c);急流轴缓慢东移,使新疆北部一直处于高空急流轴右侧辐散区,为持续性暴雪提供动力条件。700 hPa 南北 2 支低空急流在咸海—巴尔喀什湖—新疆北部汇合,新疆北部位于风速>20 m·s^{-1}低空偏西急流前部辐合及水汽通量散度辐合大值区(图 3.143d)。冷锋暴雪位于高空偏西急流轴右侧辐散区,偏西锋区上短波槽前,低空偏西急流出口区前部辐合和水汽通量散度辐合大值区及地面冷锋附近的重叠区域。暖区暴雪落区在地面图上与冷锋暴雪有些区别,位于蒙古至西伯利亚高压西南部与中亚低压前部的减压升温的区域(图略)。

此次暴雪过程有 3 个主要降雪时段:2014 年 1 月 28 日北疆大部为小雪,新疆西部伊犁州地区为暴雪,降雪量达 14.8~21.4 mm,中心出现在伊宁市(21.4 mm)。降雪主要集中在 27 日 23 时至 28 日 08 时,新增积雪 15~17 cm。该时段降雪具有持续时间短、降雪强度大、积雪深度增幅大的特点。此次暴雪天气严重影响了当地的农牧业生产及交通运输,造成重大经济损失(庄晓翠 等,2016b)。

2014 年 1 月 29—30 日新疆北部塔额盆地和阿勒泰地区暖区暴雪。塔城地区北部和阿勒泰地区 9 站累计降雪量超过 6 mm 达到大雪,暴雪中心裕民站降雪持续时间约 20 h,累计降雪量达 20 mm。本次降雪过程分为两个时段:第一时段为 29 日 17 时至 30 日 05 时,降雪主要集中在塔城地区北部和阿勒泰地区西部,降雪中心裕民站 5 h 累计降雪量 9.5 mm,第二时段为 30 日 06—20 时,塔城地区北部再次出现降雪,降雪持续时间较前期明显增长,且范围逐渐东扩至阿勒泰东部,降雪中心分别为裕民(11.3 mm)和青河(10.5 mm),对应雪强最大时段集中在 30 日 11—14 时 (5.2 mm)和 15—18 时(5.3 mm)(刘晶 等,2018)。

2014 年 1 月 31 日至 2 月 1 日北疆大部为小到中雪,西部、北部 13 站 24 h 降雪量在 12.1 mm 以上,达暴雪标准,暴雪中心出现在新疆西部的霍尔果斯站(33.9 mm)。这次暴雪天气过程是新疆 2013 年入冬以来最强的一次降雪,4 个暴雪高发中心,有 3 个出现了暴雪;可见降雪强度之强、范围之广、持续时间之长、降雪量级之大,为历史少见。统计表明,雪深大部分地方新增 15 cm,尤其是新疆赛果高速公路果子沟路段平均积雪厚度超过 120 cm,部分路段受风吹雪影响达 200 cm,先后引发 25 次雪崩;新疆北部由于降雪量大,部分路段形成雪阻。暴雪天气严重影响了该区农牧业生产、交通、春运等。据民政部门统计:雪灾造成 16594 人受灾,伤病 8 人,倒塌房屋 148 间,损坏房屋 4631 间,死亡大小牲畜 367 头(只),直接经济损失达 3498.85 万元人民币(庄晓翠 等,2016b)。

3.2.125　2014 年 4 月 8 日乌鲁木齐市、昌吉州暴雪

【暴雪概况】8 日暴雪出现在乌鲁木齐市牧试站 16.4 mm、小渠子 30.1 mm,昌吉州天池 23.3 mm、木垒 13.0 mm。暴雪中心位于乌鲁木齐市小渠子(图 3.144a)。

【环流背景】此次暴雪过程前,500 hPa 欧亚范围内为南北两支锋区型,北支中高纬为两脊一槽型,欧洲沿岸、贝加尔湖为高压脊,新地岛—西西伯利亚—中亚为西北—东南走向低槽区,南支位于地中海东部的低涡前西南气流与北支低槽底部锋区在黑海—里海—咸海—巴尔喀什湖—新疆北部汇合,新疆北部受中亚槽前西南气流影响(图 3.144b);欧洲沿岸脊发展脊线顺转,新地岛低涡沿脊前西北气流旋转东南下,使中亚槽东移北收造成天山北坡及山区暴雪天气

(图略)。300 hPa 新疆北部位于风速≥30 m·s^{-1}高空西南急流入口区右侧辐散区(图3.144c),700 hPa 上天山北坡及山区位于偏北气流与天山地形形成辐合抬升,并有水汽通量散度辐合区(图3.144d)。暴雪区位于高空西南急流入口区右侧辐散区,中亚槽前西南气流,低空偏北气流与天山地形形成辐合和水汽通量散度辐合区,以及地面图上冷锋后部的重叠区域(图略)。

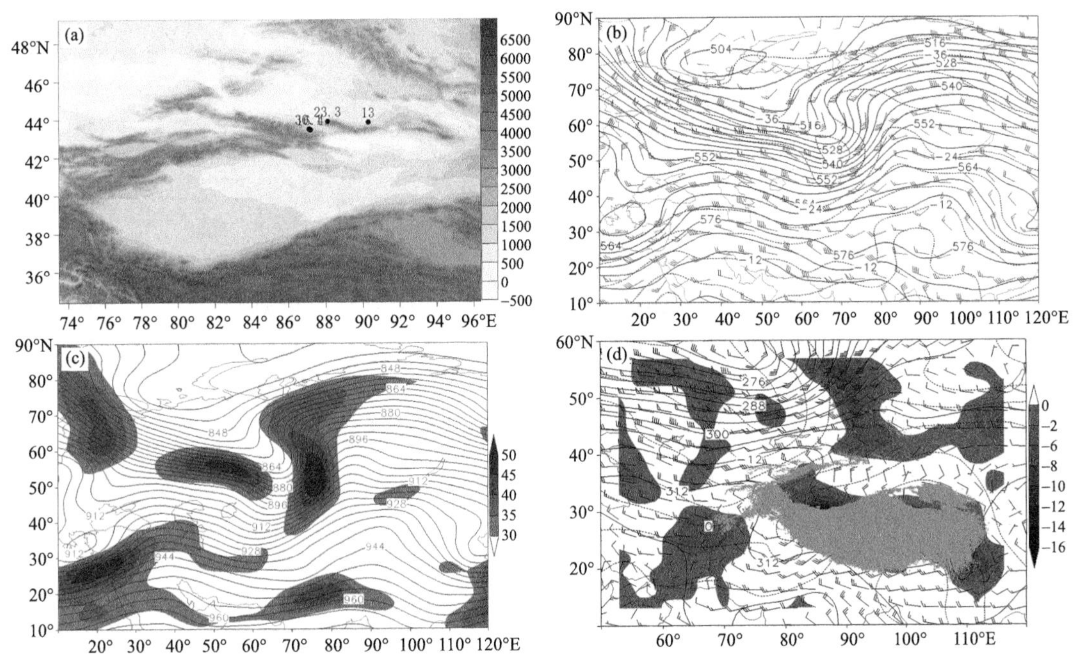

图3.144　(a)2014年4月8日暴雪量站点分布(单位:mm;填色为地形,单位:m);以及7日20时(b)500 hPa 高度场(实线,单位:dagpm)、温度场(虚线,单位:℃)、风场(单位:m·s^{-1}),(c)300 hPa 高度场(实线,单位:dagpm)和风速≥30 m·s^{-1}的急流(填色,单位:m·s^{-1}),(d)700 hPa 高度场(实线,单位:dagpm)、温度场(虚线,单位:℃)、风场(单位:m·s^{-1})及水汽通量散度(填色,单位:10^{-5} g·cm^{-2}·hPa^{-1}·s^{-1},浅灰色阴影为≥3 km的地形)

3.2.126　2014年5月22—23日乌鲁木齐市、昌吉州、巴州暴雪

【暴雪概况】暴雪出现在:22日乌鲁木齐市天山大西沟12.1 mm;23日昌吉州北塔山17.5 mm、天池14.9 mm,巴州巴仑台15.3 mm,乌鲁木齐市天山大西沟14.9 mm。暴雪中心位于乌鲁木齐市天山大西沟,累计降雪量为27.0 mm(图3.145a)。

【环流背景】此次暴雪过程前,500 hPa 欧亚范围内中高纬为两脊一槽型,即欧洲地区为强盛阻塞高压,蒙古为脊区,西伯利亚(低涡)—中亚为低压槽区,低纬系统与其呈反位相分布,新疆北部受中亚槽前西南气流影响(图3.145b);欧洲脊受不稳定小槽影响,向东南衰退,使中亚低槽东移减弱造成中天山山区暴雪天气(图略)。300 hPa 上新疆北部位于风速≥40 m·s^{-1}高空西南急流轴右侧辐散区(图3.145c),700 hPa 上中天山山区位于偏西气流和水汽通量散度辐合区(图3.145d)。暴雪区位于高空西南急流轴右侧辐散区,中亚槽前西南气流,低空偏西气流和水汽通量散度辐合区,以及地面图上冷锋后部的重叠区域(图略)。

3.2.127　2014年9月20日乌鲁木齐市、昌吉州、哈密市暴雪

【暴雪概况】20日暴雪出现在乌鲁木齐市牧试站13.0 mm、小渠子19.3 mm,昌吉州天池

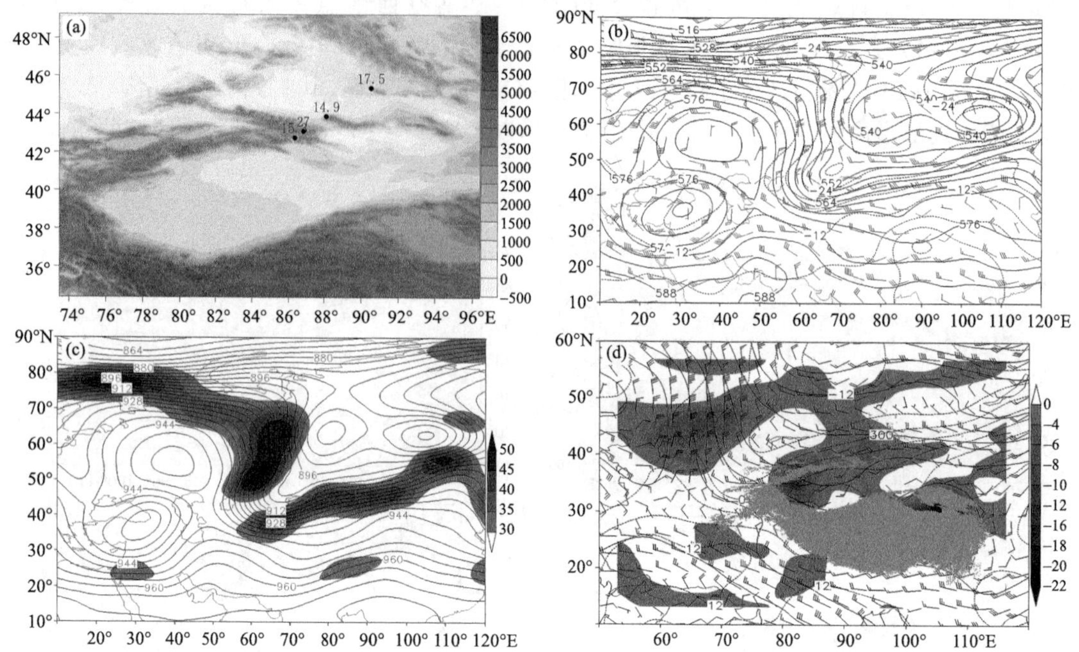

图 3.145　(a)2014 年 5 月 22—23 日累计暴雪量站点分布(单位:mm;填色为地形,单位:m);以及 21 日 20 时(b)500 hPa 高度场(实线,单位:dagpm)、温度场(虚线,单位:℃)、风场(单位:$m \cdot s^{-1}$),(c)300 hPa 高度场(实线,单位:dagpm)和风速≥30 $m \cdot s^{-1}$的急流(填色,单位:$m \cdot s^{-1}$);(d)22 日 02 时 700 hPa 高度场(实线,单位:dagpm)、温度场(虚线,单位:℃)、风场(单位:$m \cdot s^{-1}$)及水汽通量散度(填色,单位:10^{-5} $g \cdot cm^{-2} \cdot hPa^{-1} \cdot s^{-1}$,浅灰色阴影为≥3 km 的地形)

22.7 mm,哈密市巴里坤 14.3 mm。暴雪中心位于昌吉州天池(图 3.146a)。

【环流背景】此次暴雪过程前,500 hPa 欧亚范围内中高纬为两脊一槽型,即欧洲和贝加尔湖地区为高压脊区,西西伯利亚为低涡,低纬南支为纬向,其上多槽脊系统;西西伯利亚低涡底部强锋区与南支东移北上的短波槽在巴尔喀什湖南部—新疆北部汇合,新疆北部位于西西伯利亚低涡东南部西南锋区中(图 3.146b);欧洲脊顶受冷空气侵袭,脊前正变高东南下,使西西伯利亚低涡旋转北收,并分裂短波造成中天山山区暴雪天气(图略)。300 hPa 上新疆北部位于风速≥40 $m \cdot s^{-1}$高空西南急流轴右侧辐散区(图 3.146c),700 hPa 上中天山山区位于风速≥12 $m \cdot s^{-1}$低空西北急流轴右侧辐合区及水汽通量散度辐合区(图 3.146d)。暴雪区位于高空西南急流轴右侧辐散区,西西伯利亚低涡东南部西南锋区,低空西北急流轴右侧辐合区和水汽通量散度辐合区,以及地面图上冷锋后部的重叠区域(图略)。

3.2.128　2014 年 10 月 9 日乌鲁木齐市、昌吉州暴雪

【暴雪概况】9 日暴雪出现在乌鲁木齐市牧试站 13.1 mm、小渠子 20.5 mm,昌吉州天池 21.5 mm、木垒 31.4 mm。暴雪中心位于昌吉州木垒站(图 3.147a)。

【环流背景】此次暴雪过程前,500 hPa 欧亚范围内为两脊一槽型,即欧洲和贝加尔湖地区为高压脊,西西伯利亚为低涡,槽底南伸至 35°N 附近,低涡前西南气流影响新疆北部(图 3.147b);欧洲脊受不稳定小槽影响向东南衰退,使西西伯利亚低涡东移并分裂短波造成中天山及北坡暴雪天气(图略)。300 hPa 上新疆北部位于风速≥40 $m \cdot s^{-1}$高空西南急流轴右侧辐

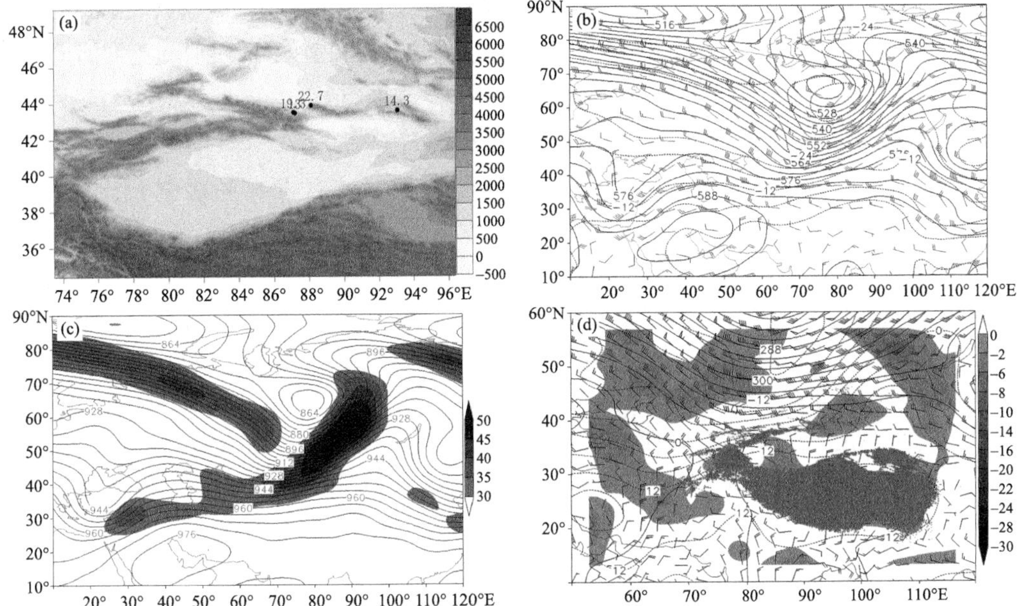

图 3.146 (a)2014 年 9 月 20 日暴雪量站点分布(单位:mm;填色为地形,单位:m);以及 19 日 20 时(b)500 hPa 高度场(实线,单位:dagpm)、温度场(虚线,单位:℃)、风场(单位:m·s^{-1}),(c)300 hPa 高度场(实线,单位:dagpm)和风速≥30 m·s^{-1}的急流(填色,单位:m·s^{-1}),(d)700 hPa 高度场(实线,单位:dagpm)、温度场(虚线,单位:℃)、风场(单位:m·s^{-1})及水汽通量散度(填色,单位:10^{-5} g·cm^{-2}·hPa^{-1}·s^{-1},浅灰色阴影为≥3 km 的地形)

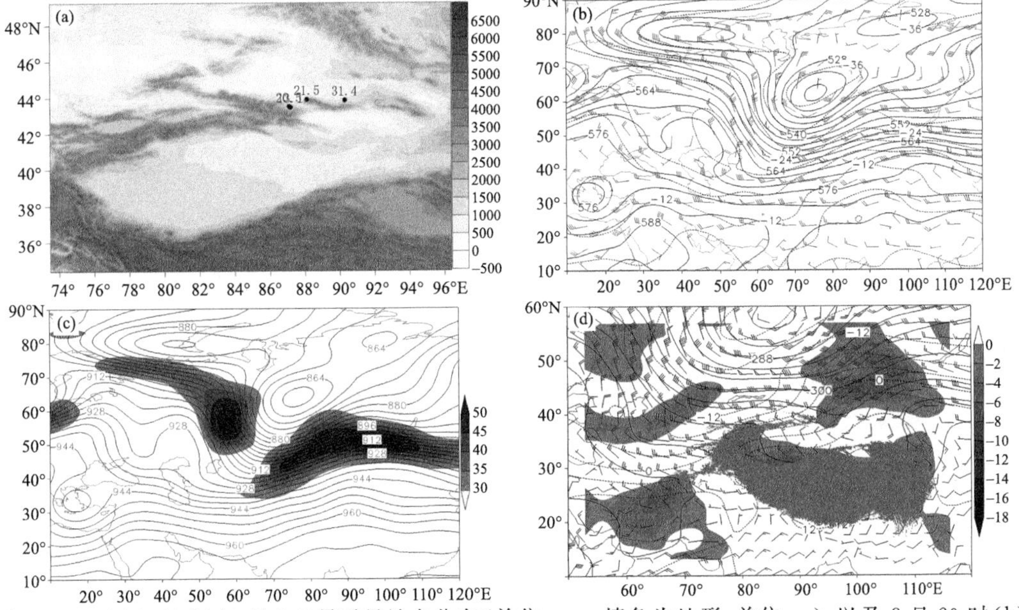

图 3.147 (a)2014 年 10 月 9 日暴雪量站点分布(单位:mm;填色为地形,单位:m);以及 8 日 20 时(b)500 hPa 高度场(实线,单位:dagpm)、温度场(虚线,单位:℃)、风场(单位:m·s^{-1}),(c)300 hPa 高度场(实线,单位:dagpm)和风速≥30 m·s^{-1}的急流(填色,单位:m·s^{-1}),(d)700 hPa 高度场(实线,单位:dagpm)、温度场(虚线,单位:℃)、风场(单位:m·s^{-1})及水汽通量散度(填色,单位:10^{-5} g·cm^{-2}·hPa^{-1}·s^{-1},浅灰色阴影为≥3 km 的地形)

散区(图 3.147c),700 hPa 上中天山及北坡位于风速≥12 m·s^{-1}低空偏西急流前部辐合区和水汽通量散度辐合区(图 3.147d)。暴雪区位于高空西南急流轴右侧辐散区,西西伯利亚低涡前西南气流,低空偏西急流前部辐合区和水汽通量散度辐合区,以及地面图上冷锋附近的重叠区域(图略)。

3.2.129　2014 年 11 月 25—26 日塔城地区、伊犁州暴雪

【暴雪概况】暴雪出现在:25 日塔城地区北部额敏 14.3 mm,伊犁州伊宁 24.6 mm、尼勒克 15.2 mm、伊宁县 28.0 mm、昭苏 12.1 mm、特克斯 12.6 mm;26 日伊犁州新源 17.0 mm。暴雪中心出现在伊犁州伊宁县(图 3.148a)。

【环流背景】24 日 20 时,500 hPa 欧亚范围内为两脊一槽型,欧洲为脊区,贝加尔湖为浅脊,西伯利亚至里海—咸海—地中海东部为低涡活动区,南北 2 支锋区在咸海—巴尔喀什湖南部—新疆北部汇合,新疆北部处于西伯利亚低涡东南部强西南锋区控制(图 3.148b);欧洲脊顶受冷空气侵袭,脊前正变高东南下,使西伯利亚低涡旋转,底部锋区上不断有短波槽东移造成新疆西部暴雪天气(图略)。300 hPa 上新疆西部处于风速>45 m·s^{-1}的高空西南急流轴右侧辐散区(图 3.148c),700 hPa 上伊犁州位于风速>20 m·s^{-1}低空西南急流前部辐合及水汽通量散度辐合大值区(图 3.148d)。暴雪区位于高空西南急流轴右侧辐散区,西伯利亚低涡西南部槽前西南强锋区,低空西南急流前部辐合和水汽通量辐合大值区,以及地面冷锋后的重叠区域(图略)。

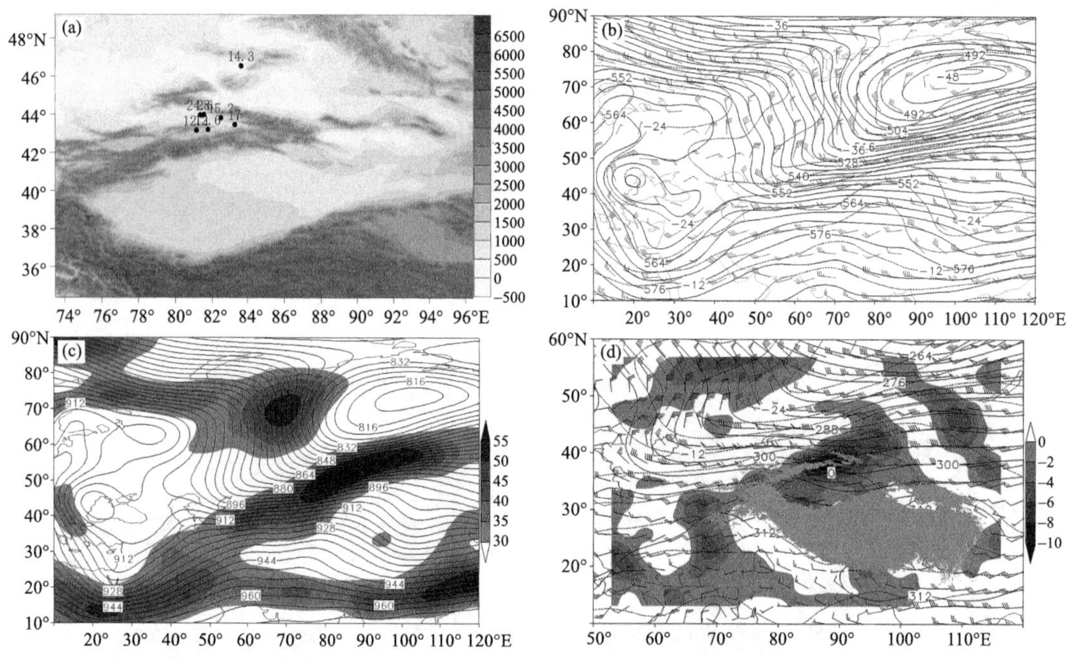

图 3.148　(a)2014 年 11 月 25 日暴雪量站点分布(单位:mm;填色为地形,单位:m),以及 11 月 24 日 20 时(b)500 hPa 高度场(实线,单位:dagpm)、温度场(虚线,单位:℃)、风场(单位:m·s^{-1}),(c)300 hPa 高度场(实线,单位:dagpm)和风速≥30 m·s^{-1}的急流(填色,单位:m·s^{-1}),(d)700 hPa 高度场(实线,单位:dagpm)、温度场(虚线,单位:℃)、风场(单位:m·s^{-1})及水汽通量散度(填色,单位:10^{-5} g·cm^{-2}·hPa^{-1}·s^{-1},浅灰色阴影为≥3 km 的地形)

3.2.130　2014 年 12 月 8 日乌鲁木齐市暴雪

【暴雪概况】8 日暴雪出现在乌鲁木齐市米泉 13.4 mm、乌鲁木齐 17.7 mm(图 3.149a)。

【环流背景】7 日 20 时，暴雪前 500 hPa 欧亚范围为两脊一槽型，伊朗高原至欧洲、贝加尔湖为高压脊区，西西伯利亚(低涡)至中亚(槽)为低槽区，槽底南伸至 35°N 以南，槽前西南气流风速达 28 m · s^{-1}；新疆北部受中亚槽前西南锋区控制(图 3.149b)；欧洲脊顶受冷空气侵袭，脊前正变高东南下，使中亚低槽减弱东移造成天山北坡暴雪天气(图略)。300 hPa 上天山北坡位于风速＞35 m · s^{-1} 的高空西南急流轴右侧和西北急流轴左侧的分流辐散区(图 3.149c)，700 hPa 上该区位于风速＞12 m · s^{-1} 西风急流前部辐合区及水汽通量散度辐合区(图 3.149d)。暴雪区位于高空西南急流轴右侧和西北急流轴左侧的分流辐散区，中亚槽前西南锋区，低空西南急流前侧辐合区和水汽通量散度辐合区，以及地面冷锋后的重叠区域(图略)。

2014 年 12 月 8 日，受西南暖湿气流和冷空气共同影响，乌鲁木齐及其周边 90 km 范围内出现大到暴雪(图略)，乌鲁木齐及周边的呼图壁、阜康、和硕县降雪量分别为 17.7 mm、10.7 mm、10.0 mm、8.6 mm，均突破 12 月日降雪量极值，乌鲁木齐积雪深度达 25 cm；乌鲁木齐附近的米泉、白杨沟、蔡家湖日降雪量分别为 13.4 mm、10.0 mm、7.0 mm，居历史第 2 位。由乌鲁木齐及附近米泉的逐小时降雪量可知，强降雪时段主要在 8 日 02—17 时，乌鲁木齐小时雪量有两个峰值均为 1.9 mm，出现在 07 时和 12 时，米泉逐小时雪量与之相对应(朱蕾 等，2020)。

此次暴雪具有降雪强度大、持续时间长、落区集中的特点，是“2014 年新疆十大气候事件”之一。此次暴雪过程，乌鲁木齐积雪深度达 27 cm(图略)，暴雪使乌鲁木齐国际机场延误航班 178 架次，45 个航班取消，返航 1 架次，境内高速公路 G30、G216 线双向交通管制，对城市交通、设施农业及牧业等产生较大影响(朱蕾 等，2020)。

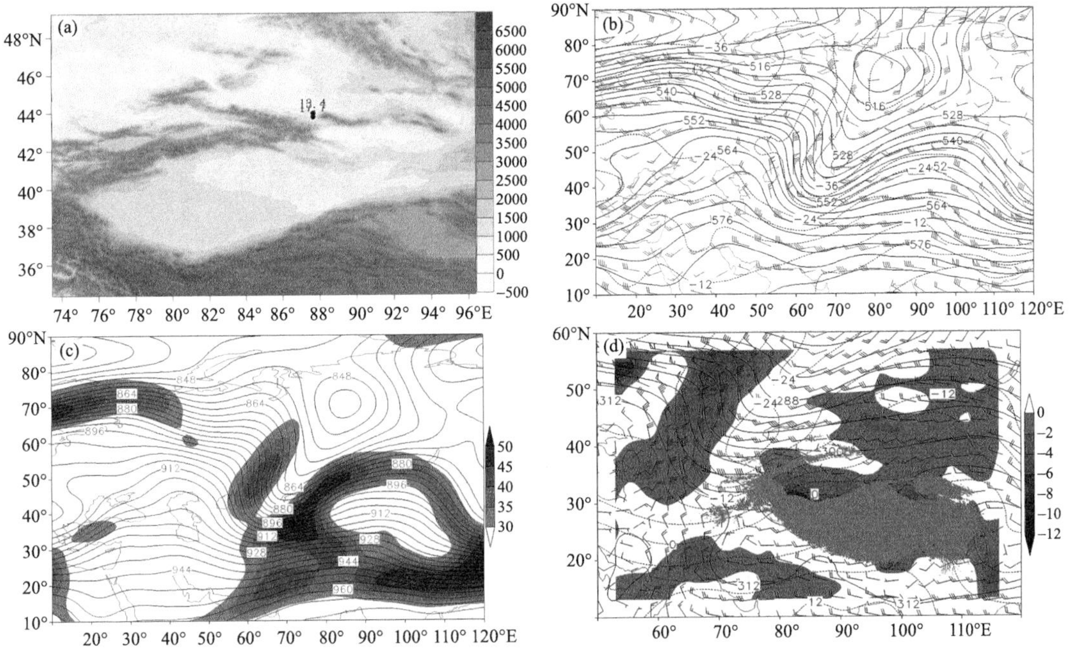

图 3.149　(a)2014 年 12 月 8 日暴雪量站点分布(单位：mm；填色为地形，单位：m)；以及 7 日 20 时(b) 500 hPa 高度场(实线，单位：dagpm)、温度场(虚线，单位：℃)、风场(单位：m · s^{-1})，(c)300 hPa 高度场(实线，单位：dagpm)和风速≥30 m · s^{-1} 的急流(填色，单位：m · s^{-1})，(d)700 hPa 高度场(实线，单位：dagpm)、温度场(虚线，单位：℃)、风场(单位：m · s^{-1})及水汽通量散度(填色，单位：10^{-5} g · cm^{-2} · hPa^{-1} · s^{-1}，浅灰色阴影为≥3 km 的地形)

3.2.131　2015 年 3 月 30—31 日伊犁州、博州暴雪

【暴雪概况】暴雪出现在：30 日博州博乐 22.0 mm、阿拉山口 16.4 mm、温泉 20.6 mm，伊犁州伊宁县 14.0 mm；31 日伊犁州巩留 14.0 mm。暴雪中心位于博州博乐(图 3.150a)。

【环流背景】此次暴雪过程前，500 hPa 欧亚范围内为两槽两脊型，西欧为低槽区，中亚为低涡，红海波斯湾—欧洲为强盛的高压脊，新疆东部为浅脊；新疆北部受中亚低涡前西南锋区影响(图 3.150b)；受脊后暖平流影响欧洲脊略有东移，使中亚低涡旋转东移，并不断分裂短波造成新疆西部暴雪天气(图略)。300 hPa 新疆北部位于风速≥40 m · s^{-1} 高空西南急流轴附近辐散区(图 3.150c)，700 hPa 上该区位于风速>12 m · s^{-1} 低空西南急流右前侧辐合区和水汽通量散度辐合区(图 3.150d)。暴雪区位于高空西南急流轴附近辐散区，中亚低涡前西南锋区，低空西南急流右前侧辐合区和水汽通量散度辐合区，以及地面图上冷锋后部的重叠区域(图略)。

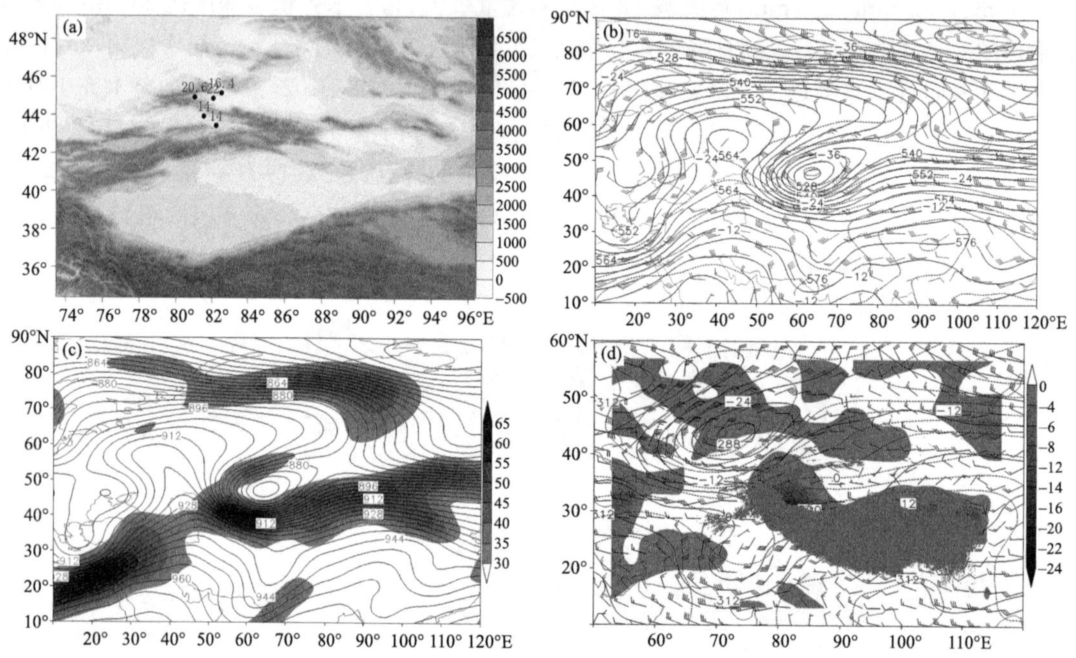

图 3.150　(a)2015 年 3 月 30—31 日累计暴雪量站点分布(单位：mm；填色为地形，单位：m)；以及 29 日 20 时(b)500 hPa 高度场(实线，单位：dagpm)、温度场(虚线，单位：℃)、风场(单位：m · s^{-1})；(c)300 hPa 高度场(实线，单位：dagpm)和风速≥30 m · s^{-1} 的急流(填色，单位：m · s^{-1})；(d)30 日 02 时 700 hPa 高度场(实线，单位：dagpm)、温度场(虚线，单位：℃)、风场(单位：m · s^{-1})及水汽通量散度(填色，单位：10^{-5} g · cm^{-2} · hPa^{-1} · s^{-1}，浅灰色阴影为≥3 km 的地形)

3.2.132　2015 年 4 月 16—17 日乌鲁木齐市、昌吉州暴雪

【暴雪概况】暴雪出现在：16 日乌鲁木齐市小渠子 20.4 mm，昌吉州天池 14.9 mm；17 日乌鲁木齐市牧试站 16.9 mm、小渠子 16.5 mm，昌吉州天池 23.4 mm。乌鲁木齐市小渠子、昌吉州天池站过程最大累计降雪量分别为 36.9 mm、38.3 mm；暴雪中心位于天池站(图 3.151a)。

【环流背景】此次暴雪过程前，500 hPa 欧亚范围内 60°N 以北的泰米尔半岛为极涡活动区，呈东西向；中纬为三槽两脊型，北欧—地中海为低涡，乌拉尔山东南部的中亚地区、东亚为

槽区，里海—咸海、新疆东部为高压脊；南支上地中海东部低槽前西南气流与中纬度锋区在里海—咸海南部—巴尔喀什湖—新疆北部汇合；新疆北部受中亚槽前西南气流影响(图 3.151b)；北欧低涡东移，使下游中亚槽减弱东移造成中天山山区暴雪天气(图略)。300 hPa 新疆北部位于风速≥40 m·s⁻¹高空西南急流轴右侧辐散区(图 3.151c)，700 hPa 上偏北气流与天山地形形成辐合抬升和水汽通量散度辐合区(图 3.151d)，有利于暴雪的产生。暴雪区位于高空西南急流轴右侧辐散区，中亚槽前西南气流，低空偏北气流与天山地形形成辐合抬升和水汽通量散度辐合区，以及地面图上冷锋后的重叠区域(图略)。

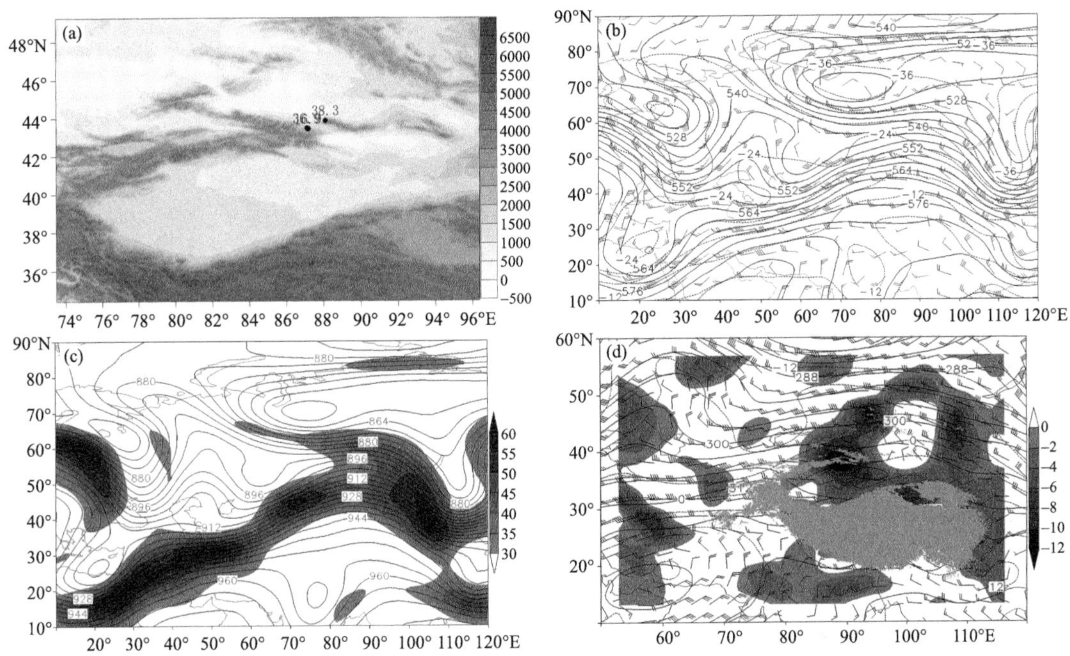

图 3.151　(a)2015 年 4 月 16—17 日累计暴雪量站点分布(单位:mm;填色为地形,单位:m);以及 15 日 20 时(b)500 hPa 高度场(实线,单位:dagpm)、温度场(虚线,单位:℃)、风场(单位:m·s⁻¹),(c)300 hPa 高度场(实线,单位:dagpm)和风速≥30 m·s⁻¹的急流(填色,单位:m·s⁻¹);(d)16 日 08 时 700 hPa 高度场(实线,单位:dagpm)、温度场(虚线,单位:℃)、风场(单位:m·s⁻¹)及水汽通量散度(填色,单位:10^{-5} g·cm⁻²·hPa⁻¹·s⁻¹,浅灰色阴影为≥3 km 的地形)

3.2.133　2015 年 9 月 29 日昌吉州、哈密市暴雪

【暴雪概况】29 日暴雪出现在昌吉州天池 19.7 mm、木垒 17.0 mm，哈密市巴里坤 14.3 mm。暴雪中心位于昌吉州天池(图 3.152a)。

【环流背景】此次暴雪过程前，500 hPa 欧亚范围内泰米尔半岛北部的高纬为极涡活动区，呈东—西向，北欧为低槽区；中低纬为两脊一槽型，红海—东欧、蒙古为高压脊，中亚为低涡；新疆受中亚低涡前西南气流影响(图 3.152b)；北欧低槽向南加深，槽前暖平流使东欧脊东扩，导致中亚低涡东移减弱造成天山北坡及山区暴雪天气(图略)。300 hPa 新疆北部位于高空西南急流带中，天山北坡及山区位于 2 支风速≥35 m·s⁻¹高空西南急流轴之间的辐散区(图 3.152c)，700 hPa 上该区位于低空西北气流与西南气流切变区南侧和水汽通量散度辐合区(图 3.152d)。暴雪区位于高空西南急流带中风速>35 m·s⁻¹的 2 支西南急流轴之间的辐散区，中亚低涡前西南气流，低空西北气流与西南气流切变区南侧和水汽通量散度辐合区，以及地面图上冷锋后部的重叠区域（图略）。

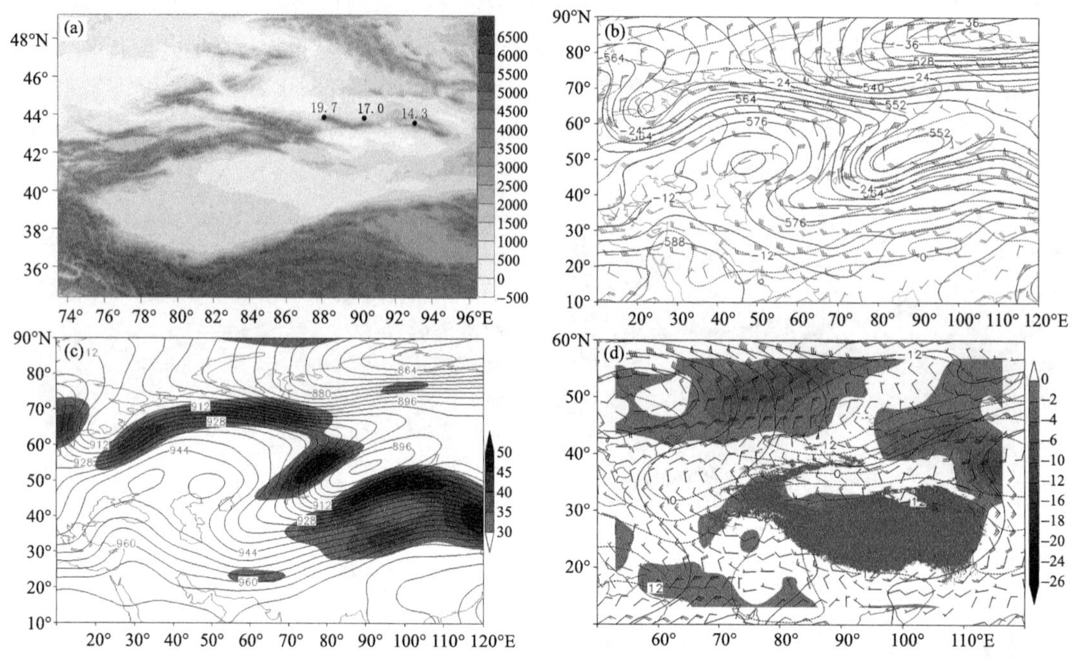

图 3.152　(a)2015 年 9 月 29 日累计暴雪量站点分布（单位：mm；填色为地形，单位：m）；以及 28 日 20 时(b)500 hPa 高度场（实线，单位：dagpm）、温度场（虚线，单位：℃）、风场（单位：$m \cdot s^{-1}$），(c)300 hPa 高度场（实线，单位：dagpm）和风速≥30 $m \cdot s^{-1}$ 的急流（填色，单位：$m \cdot s^{-1}$）；(d)29 日 02 时 700 hPa 高度场（实线，单位：dagpm）、温度场（虚线，单位：℃）、风场（单位：$m \cdot s^{-1}$）及水汽通量散度（填色，单位：10^{-5} $g \cdot cm^{-2} \cdot hPa^{-1} \cdot s^{-1}$，灰色阴影为≥3 km 的地形）

3.2.134　2015 年 10 月 23—24 日伊犁州、乌鲁木齐市、昌吉州暴雪

【暴雪概况】暴雪出现在：23 日伊犁州霍尔果斯 17.3 mm；24 日乌鲁木齐市小渠子 12.8 mm，昌吉州天池 16.0 mm、木垒 13.6 mm。暴雪中心位于伊犁州霍尔果斯（图 3.153a）。

【环流背景】此次暴雪过程前，500 hPa 欧亚范围内极锋锋区位于 70°N 附近，中低纬为两槽两脊型，西欧、中亚为低涡活动区，欧洲和新疆东部为高压脊，中亚低涡南伸至 35°N 附近，新疆北部受其前西南强锋区影响（图 3.153b）；欧洲脊受不稳定小槽影响向东南衰退，使中亚低涡旋转缓慢减弱东移造成新疆西部及天山北坡暴雪天气（图略）。300 hPa 上新疆北部位于风速≥35 $m \cdot s^{-1}$高空西南急流轴右侧辐散区（图 3.153c），700 hPa 上天山北坡位于风速≥12 $m \cdot s^{-1}$低空西南急流轴右侧辐合区和水汽通量散度辐合区前部（图 3.153d）。暴雪区位于高空西南急流轴右侧辐散区，中亚低涡前西南强锋区，低空西南急流轴右侧辐合区和水汽通量散度辐合区前部，以及地面图上冷锋后部的重叠区域（图略）。

3.2.135　2015 年 11 月 2 日伊犁州、塔城地区、乌鲁木齐市暴雪

【暴雪概况】2 日暴雪出现在塔城地区裕民 15.3 mm，伊犁州伊宁县 19.8 mm、新源 22.3 mm，乌鲁木齐市米泉 15.0 mm。暴雪中心位于伊犁州新源（图 3.154a）。

【环流背景】11 月 1 日 20 时，500 hPa 欧亚范围为两脊一槽型，欧洲和贝加尔湖为脊区，

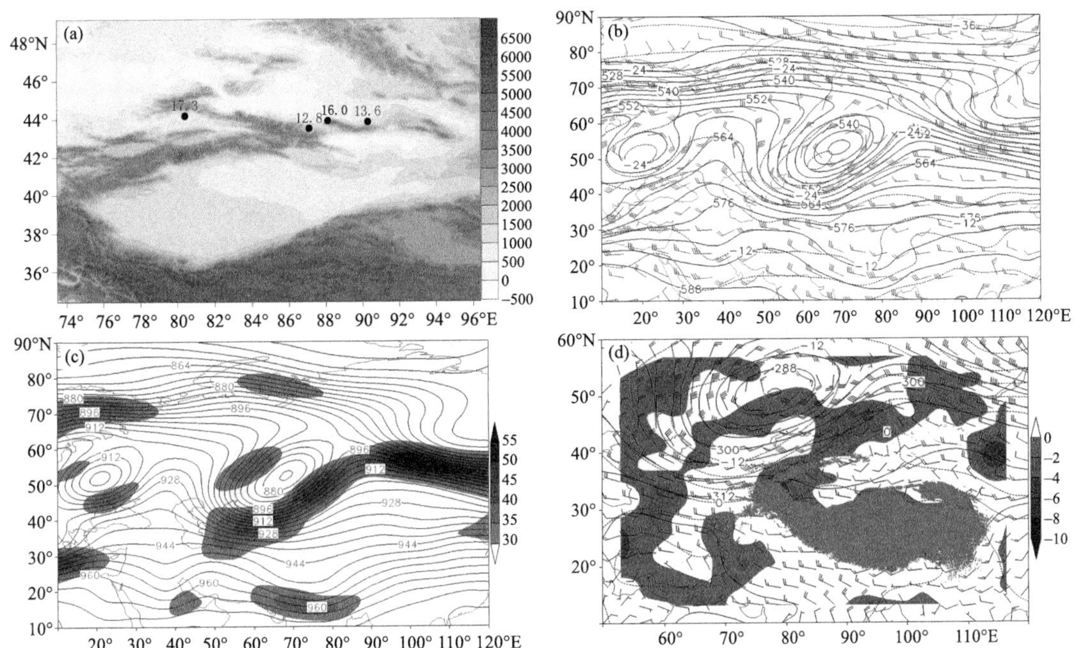

图 3.153　(a)2015年10月23—24日累计暴雪量站点分布(单位:mm;填色为地形,单位:m);以及22日20时(b)500 hPa 高度场(实线,单位:dagpm)、温度场(虚线,单位:℃)、风场(单位:m·s^{-1}),(c)300 hPa 高度场(实线,单位:dagpm)和风速≥30 m·s^{-1}的急流(填色,单位:m·s^{-1}),(d)700 hPa 高度场(实线,单位:dagpm)、温度场(虚线,单位:℃)、风场(单位:m·s^{-1})及水汽通量散度(填色,单位:10^{-5} g·cm^{-2}·hPa^{-1}·s^{-1},浅灰色阴影为≥3 km 的地形)

西西伯利亚至咸海—里海为低压槽活动区,新疆北部处于槽前西南强锋区控制(图 3.154b);欧洲脊西北部受冷空气侵袭,脊前正变高东南下,使中亚低槽东移北收,锋区上短波东移造成新疆西部暴雪天气(图略)。300 hPa 上新疆西部处于风速>40 m·s^{-1}的高空西南急流轴右侧辐散区(图 3.154c),700 hPa 上该区位于风速≥16 m·s^{-1}低空西南急流轴右侧辐合区及水汽通量散度辐合区(图 3.154d)。暴雪区位于高空西南急流轴右侧辐散区,槽前西南强锋区,低空西南急流轴右侧辐合区和水汽通量散度辐合区,以及地面冷锋附近的重叠区域(图略)。

3.2.136　2015年11月16日博州、伊犁州暴雪

【暴雪概况】16日暴雪出现在伊犁州伊宁 12.1 mm、伊宁县 12.9 mm,博州博乐 19.0 mm。暴雪中心位于博州博乐(图 3.155a)。

【环流背景】15日20时,500 hPa 欧亚范围内中高纬为两槽一脊型,欧洲、贝加尔湖为槽区,西西伯利亚为阻塞高压,中亚为阻高西南部的切断低涡,新疆西部受该低涡前西南气流控制(图 3.155b);中亚低涡与阻高东南部槽打通,减弱东移造成新疆西部暴雪天气(图略)。300 hPa 上新疆西部处于风速>30 m·s^{-1}的高空西北急流入口区右侧和偏西急流轴左侧辐散区(图 3.155c),700 hPa 上该区位于风速>12 m·s^{-1}低空西南急流前部辐合及水汽通量散度辐合区(图 3.155d)。暴雪区位于高空西北急流入口区右侧和偏西急流轴左侧辐散区,中亚槽前西南气流,低空西南急流前部辐合和水汽通量散度辐合区,以及地面冷锋附近的重叠区域(图略)。

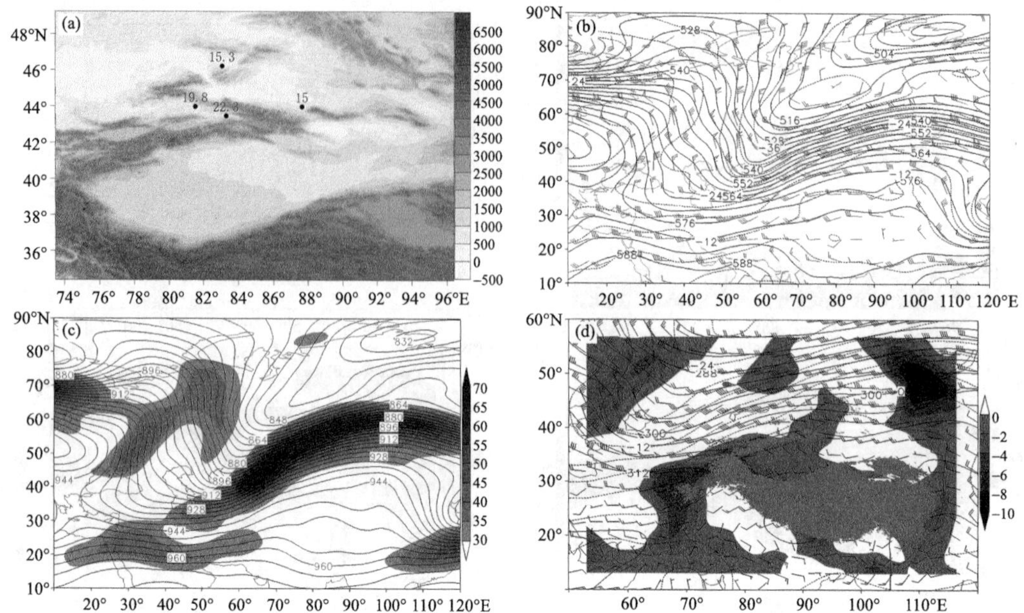

图 3.154　(a)2015 年 11 月 2 日暴雪量站点分布(单位:mm;填色为地形,单位:m);以及 1 日 20 时(b) 500 hPa 高度场(实线,单位:dagpm)、温度场(虚线,单位:℃)、风场(单位:m·s^{-1}),(c)300 hPa 高度场(实线,单位:dagpm)和风速≥30 m·s^{-1}的急流(填色,单位:m·s^{-1}),(d)700 hPa 高度场(实线,单位:dagpm)、温度场(虚线,单位:℃)、风场(单位:m·s^{-1})及水汽通量散度(填色,单位:10^{-5} g·cm^{-2}·hPa^{-1}·s^{-1},浅灰色阴影为≥3 km 的地形)

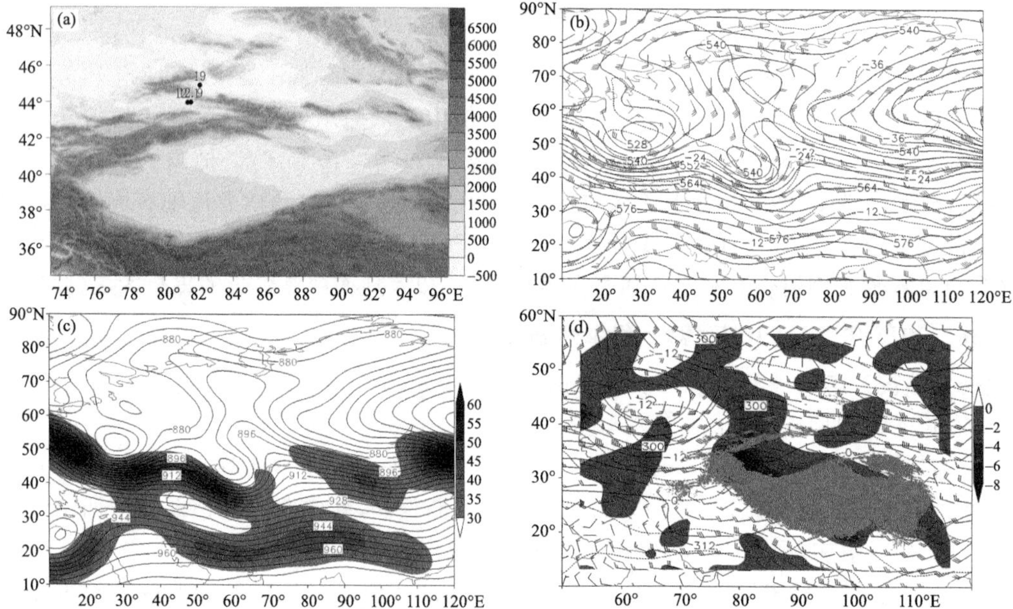

图 3.155　(a)2015 年 11 月 16 日暴雪量站点分布(单位:mm;填色为地形,单位:m);以及 15 日 20 时(b) 500 hPa 高度场(实线,单位:dagpm)、温度场(虚线,单位:℃)、风场(单位:m·s^{-1}),(c)300 hPa 高度场(实线,单位:dagpm)和风速≥30 m·s^{-1}的急流(填色,单位:m·s^{-1}),(d)700 hPa 高度场(实线,单位:dagpm)、温度场(虚线,单位:℃)、风场(单位:m·s^{-1})及水汽通量散度(填色,单位:10^{-5} g·cm^{-2}·hPa^{-1}·s^{-1},浅灰色阴影为≥3 km 的地形)

3.2.137　2015 年 11 月 18—21 日伊犁州、塔城地区暴雪

【暴雪概况】暴雪出现在：18 日伊犁州伊宁 12.5 mm、尼勒克 13.9 mm、伊宁县 12.9 mm；19 日伊犁州伊宁 19.0 mm、尼勒克 13.1 mm、伊宁县 17.5 mm；20 日塔城地区北部塔城 12.5 mm；21 日伊犁州伊宁 16.3 mm、新源 12.5 mm、伊宁县 17.0 mm。暴雪中心位于伊犁州伊宁，过程累计降雪量 47.8 mm(图 3.156a)。

【环流背景】此次暴雪过程前，500 hPa 欧亚范围内为南北两支锋区型，中高纬为两槽一脊的环流形势，即乌拉尔山为强盛高压脊，欧洲为槽区，贝加尔湖—西西伯利亚为东—西向横槽区，其底部为纬向锋区，南支地中海东部槽前西南气流，与欧洲和西西伯利亚槽底部纬向锋区在咸海—新疆北部汇合，新疆北部位于偏西锋区上(图 3.156b)，其上不断分裂短波东移造成新疆西部暴雪天气。300 hPa 上新疆西部位于风速≥40 m · s^{-1}高空偏西急流轴附近辐散区(图 3.156c)，700 hPa 上该区位于风速≥12 m · s^{-1}低空西南急流前部辐合区和水汽通量散度辐合区(图 3.156d)。暴雪区位于高空偏西急流轴附近辐散区，低槽南部偏西锋区，低空西南急流前部辐合区和水汽通量散度辐合区，以及地面图上冷锋附近的重叠区域(图略)。

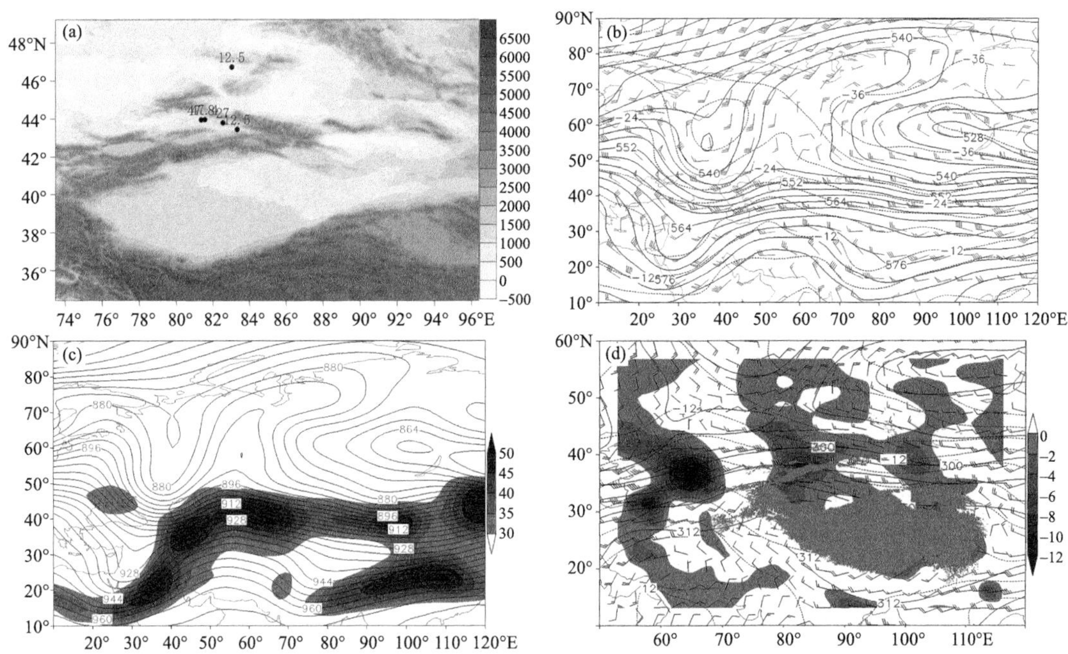

图 3.156　(a)2015 年 11 月 18—21 日累计暴雪量站点分布(单位：mm；填色为地形，单位：m)；以及 17 日 20 时(b)500 hPa 高度场(实线，单位：dagpm)、温度场(虚线，单位：℃)、风场(单位：m · s^{-1})，(c) 300 hPa 高度场(实线，单位：dagpm)和风速≥30 m · s^{-1}的急流(填色，单位：m · s^{-1})，(d)700 hPa 高度场(实线，单位：dagpm)、温度场(虚线，单位：℃)、风场(单位：m · s^{-1})及水汽通量散度(填色，单位：10^{-5} g · cm^{-2} · hPa^{-1} · s^{-1}，浅灰色阴影为≥3 km 的地形)

3.2.138　2015 年 12 月 6 日伊犁州暴雪

【暴雪概况】6 日暴雪出现在伊犁州伊宁 13.4 mm、伊宁县 19.1 mm(图 3.157a)。

【环流背景】5 日 20 时，500 hPa 欧亚范围内为两脊一槽型，西欧和新疆东部至贝加尔湖为高压脊区，西西伯利亚为低槽区，土耳其低涡前西南气流与该槽前强西南锋区在塔什干—新

疆北部汇合,新疆北部受槽前强西南锋区控制(图 3.157b);冷空气侵袭西欧脊顶,脊前正变高东南下,使西西伯利亚槽东移北上造成伊犁州暴雪天气(图略)。300 hPa 上新疆西部处于风速＞40 m·s^{-1}的高空西南急流出口区右前部辐散区,急流核风速＞50 m·s^{-1}(图 3.157c),700 hPa上该区位于风速＞20 m·s^{-1}低空西南急流轴右侧辐合及水汽通量散度辐合区(图 3.157d)。暴雪区位于高空西南急流出口区右前部辐散区,西西伯利亚槽前西南强锋区,低空西南急流轴右侧辐合和水汽通量散度辐合区,以及地面冷锋附近的重叠区域(图略)。

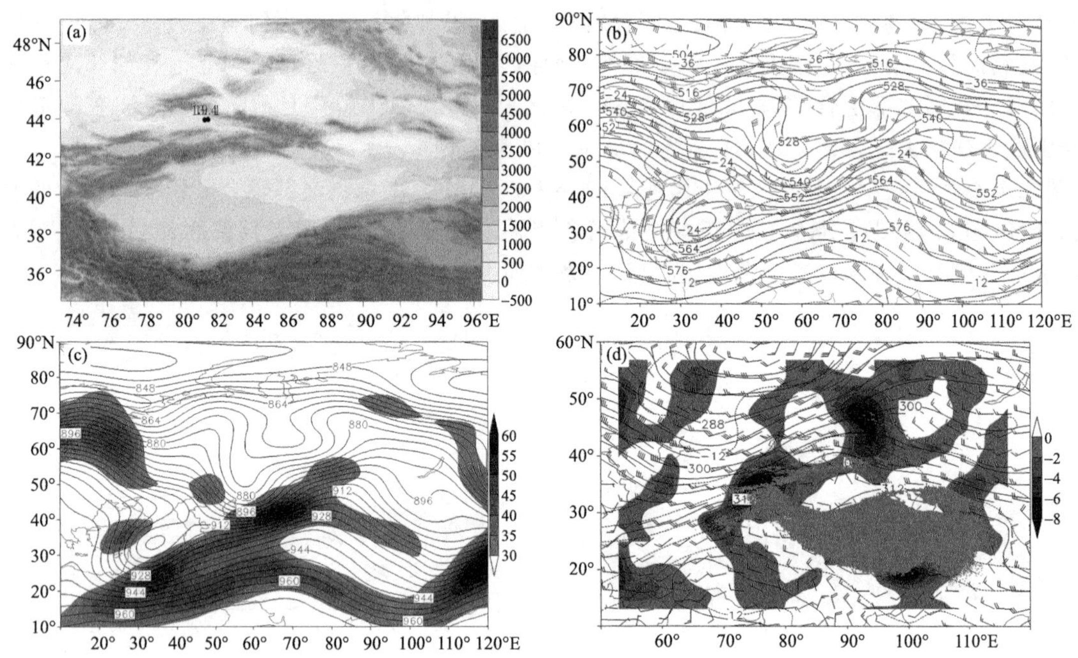

图 3.157　(a)2015 年 12 月 6 日暴雪量站点分布(单位:mm;填色为地形,单位:m);以及 5 日 20 时(b) 500 hPa 高度场(实线,单位:dagpm)、温度场(虚线,单位:℃)、风场(单位:m·s^{-1}),(c)300 hPa 高度场(实线,单位:dagpm)和风速≥30 m·s^{-1}的急流(填色,单位:m·s^{-1}),(d)700 hPa 高度场(实线,单位:dagpm)、温度场(虚线,单位:℃)、风场(单位:m·s^{-1})及水汽通量散度(填色,单位:10^{-5} g·cm^{-2}·hPa^{-1}·s^{-1},浅灰色阴影为≥3 km 的地形)

3.2.139　2016 年 10 月 3 日乌鲁木齐市、昌吉州暴雪

【暴雪概况】3 日暴雪出现在乌鲁木齐市小渠子 24.8 mm,昌吉州天池 43.3 mm(图 3.158a)。

【环流背景】此次暴雪过程前,500 hPa 欧亚范围内高纬为两槽一脊型,即西伯利亚—泰米尔半岛为阻塞高压脊,贝加尔湖地区为东—西向槽区,北欧北部沿岸为极涡;中纬为两脊一槽型,南欧、新疆东部为脊区,中亚为短波槽;低纬北非、青藏高原—伊朗为副高控制,两高之间的伊朗高原为低涡;副高北侧两支锋区有些汇合区,新疆北部受中亚短波槽前偏西气流控制(图 3.158b);南欧脊顶受不稳定小槽影响,脊前正变高东南下,使中亚短波槽东移造成中天山暴雪天气(图略)。300 hPa 新疆北部位于风速≥40 m·s^{-1}高空西南急流轴右侧辐散区(图 3.158c),700 hPa 上中天山位于风速≥12 m·s^{-1}低空西北急流前部辐合区和水汽通量散度辐合区(图 3.158d)。暴雪区位于高空西南急流轴右侧辐散区,中亚短波槽前偏西气流,低空

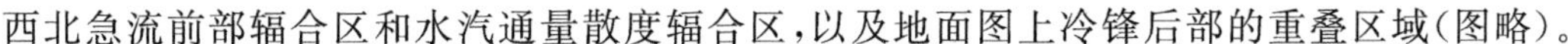

西北急流前部辐合区和水汽通量散度辐合区，以及地面图上冷锋后部的重叠区域（图略）。

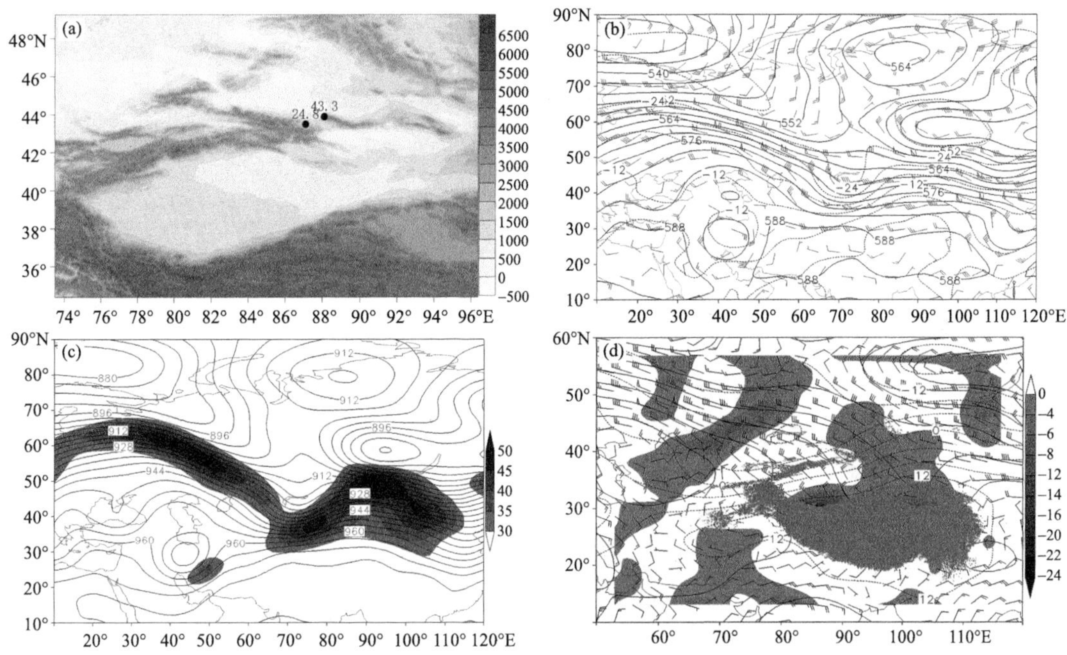

图 3.158　(a)2016 年 10 月 3 日暴雪量站点分布（单位：mm；填色为地形，单位：m）；以及 2 日 20 时(b) 500 hPa 高度场（实线，单位：dagpm）、温度场（虚线，单位：℃）、风场（单位：$m \cdot s^{-1}$），(c)300 hPa 高度场（实线，单位：dagpm）和风速≥30 $m \cdot s^{-1}$ 的急流（填色，单位：$m \cdot s^{-1}$），(d)700 hPa 高度场（实线，单位：dagpm）、温度场（虚线，单位：℃）、风场（单位：$m \cdot s^{-1}$）及水汽通量散度（填色，单位：$10^{-5}\ g \cdot cm^{-2} \cdot hPa^{-1} \cdot s^{-1}$，浅灰色阴影为≥3 km 的地形）

3.2.140　2016 年 11 月 16—17 日阿勒泰地区、塔城地区、伊犁州暴雪

【暴雪概况】暴雪出现在：16 日阿勒泰地区富蕴 15.0 mm、青河 28.0 mm，塔城地区北部裕民站 13.3 mm，伊犁州霍尔果斯 23.2 mm；17 日伊犁州霍尔果斯 13.4 mm，霍城 17.6 mm、察布查尔 14.2 mm，伊宁 21.2 mm，伊宁县 21.0 mm、新源 13.8 mm。暴雪中心位于伊犁州霍尔果斯站，过程累计降雪量 36.6 mm（图 3.159a）。

此次降雪过程自 14—17 日，塔城地区北部、阿勒泰地区自西向东再次出现降雪，过程最大累计降雪中心为阿勒泰地区东部的青河县，降雪量达 51.6 mm，16 日降雪量 28.0 mm。其中 15 日 20 时—16 日 08 时 12 h 降雪量 17.1 mm，16 日 02—08 时 6 h 降雪量 8.7 mm，最大小时雪强 2.2 mm（16 日 04—05 时）。青河站日降雪量居历史同期第一位（李桉孛 等，2020）。

【环流背景】此次暴雪过程前，500 hPa 欧亚范围内为两脊一槽型，西欧和贝加尔湖附近为高压脊区，西西伯利亚为深厚的低涡活动区，其底部的中纬为纬向西风锋区，西西伯利亚低涡底部强锋区与南支锋区在里海—咸海—巴尔喀什湖—新疆北部汇合，新疆北部位于偏西锋区上（图 3.159b）；西欧脊西北部受不稳定小槽影响，缓慢向东南衰退，使西西伯利亚低涡旋转缓慢东移，其底部强锋区上不断分裂短波东移造成新疆北部暴雪天气（图略）。300 hPa 新疆北部位于风速≥45 $m \cdot s^{-1}$ 高空西风急流轴右侧辐散区（图 3.159c），700 hPa 上该区位于风速≥16 $m \cdot s^{-1}$ 低空偏西急流前部辐合区及水汽通量散度辐合区（图 3.159d）。地面图上，16 日暖区暴雪期间阿勒泰地区位于冷锋前中亚低压东南部的减压升温区；17 日冷锋暴雪伊犁州位于冷锋后（图略）。

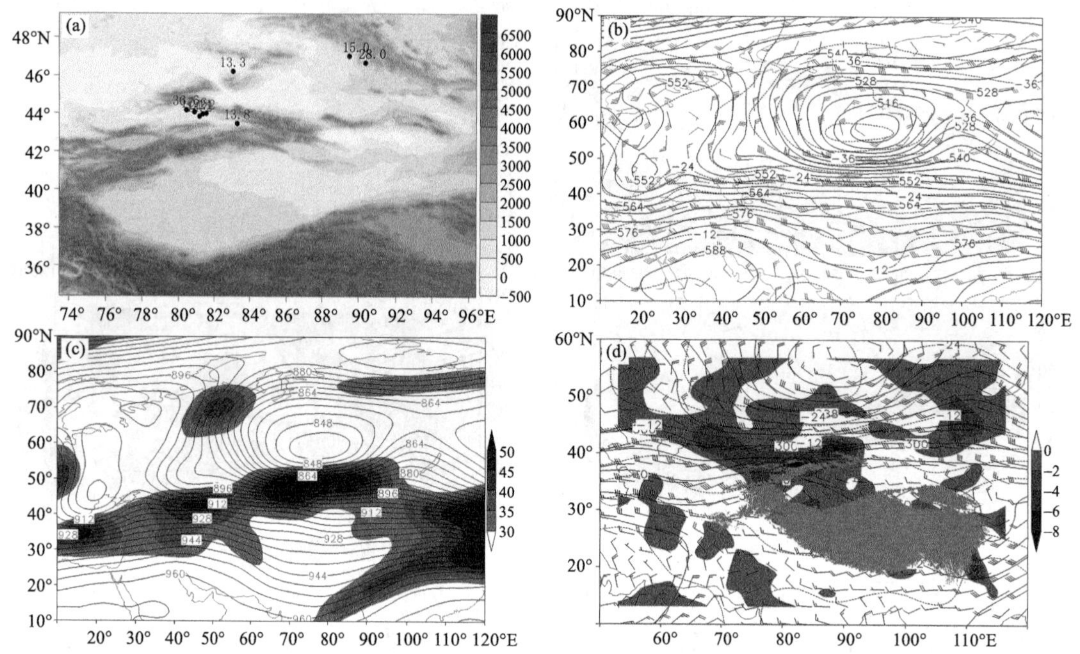

图 3.159　(a)2016 年 11 月 16—17 日累计暴雪量站点分布（单位：mm；填色为地形，单位：m）；以及 15 日 20 时(b)500 hPa 高度场（实线，单位：dagpm）、温度场（虚线，单位：℃），风场（单位：$m \cdot s^{-1}$）、(c)300 hPa 高度场（实线，单位：dagpm）和风速≥30 $m \cdot s^{-1}$ 的急流（填色，单位：$m \cdot s^{-1}$），(d)700 hPa 高度场（实线，单位：dagpm）、温度场（虚线，单位：℃）、风场（单位：$m \cdot s^{-1}$）及水汽通量散度（填色，单位：10^{-5} $g \cdot cm^{-2} \cdot hPa^{-1} \cdot s^{-1}$，浅灰色阴影为≥3 km 的地形）

3.2.141　2016 年 12 月 30 日伊犁州暴雪

【暴雪概况】30 日暴雪出现在伊犁州伊宁 12.7 mm、伊宁县 12.5 mm（图 3.160a）。

【环流背景】29 日 20 时，500 hPa 欧亚范围内高纬为纬向环流；中低纬为 2 支锋区汇合处，锋区上多短波系统，新疆北部位于中亚短波槽前西南气流中（图 3.160b），该槽沿锋区东移造成新疆西部暴雪天气（图略）。300 hPa 新疆西部位于风速＞30 $m \cdot s^{-1}$ 的高空西北急流入口区右侧辐散区（图 3.160c），700 hPa 上该区位于风速＞12 $m \cdot s^{-1}$ 低空西风急流前部辐合及水汽通量散度辐合区（图 3.160d）。暴雪区位于高空西北急流入口区右侧辐散区，中亚短波槽前西南气流，低空西风急流前部辐合和水汽通量散度辐合区，以及地面冷锋附近的重叠区域（图略）。

3.2.142　2017 年 4 月 4 日伊犁州暴雪

【暴雪概况】暴雪出现在伊犁州尼勒克 21.3 mm、巩留 17.2 mm、新源 12.7 mm、昭苏 16.8 mm、特克斯 15.2 mm。暴雪中心位于尼勒克（图 3.161a）。

【环流背景】3 日 20 时，500 hPa 欧亚范围内为两脊一槽型，西欧、新疆东部至贝加尔湖为高压脊区，西西伯利亚为低涡，中亚为低压槽区，土耳其低涡前西南气流与中亚槽前西南气流在塔什干—新疆北部汇合，新疆北部处于槽前西南锋区控制（图 3.161b）；西欧脊顶受冷空气侵袭，脊前正变高东南下，使中亚低槽减弱东移造成伊犁州暴雪天气（图略）。300 hPa 上新疆

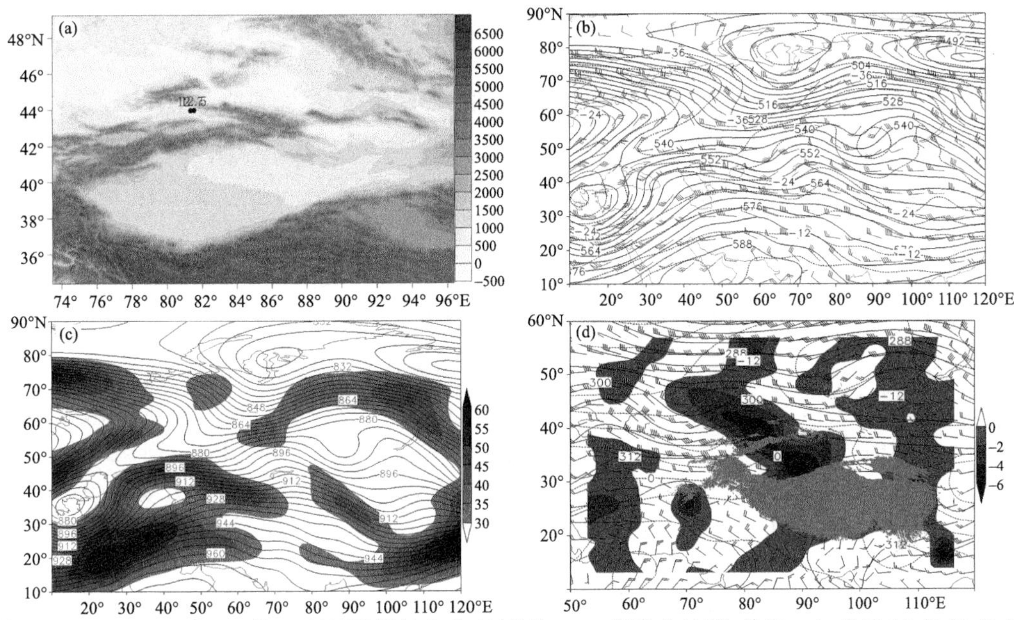

图 3.160 (a)2016 年 12 月 30 日暴雪量站点分布(单位:mm;填色为地形,单位:m),以及 12 月 29 日 20 时(b)500 hPa 高度场(实线,单位:dagpm)、温度场(虚线,单位:℃)、风场(单位:m·s^{-1}),(c)300 hPa 高度场(实线,单位:dagpm)和风速≥30 m·s^{-1}的急流(填色,单位:m·s^{-1}),(d)700 hPa 高度场(实线,单位:dagpm)、温度场(虚线,单位:℃)、风场(单位:m·s^{-1})及水汽通量散度(填色,单位:10^{-5} g·cm^{-2}·hPa^{-1}·s^{-1},浅灰色阴影为≥3 km 的地形)

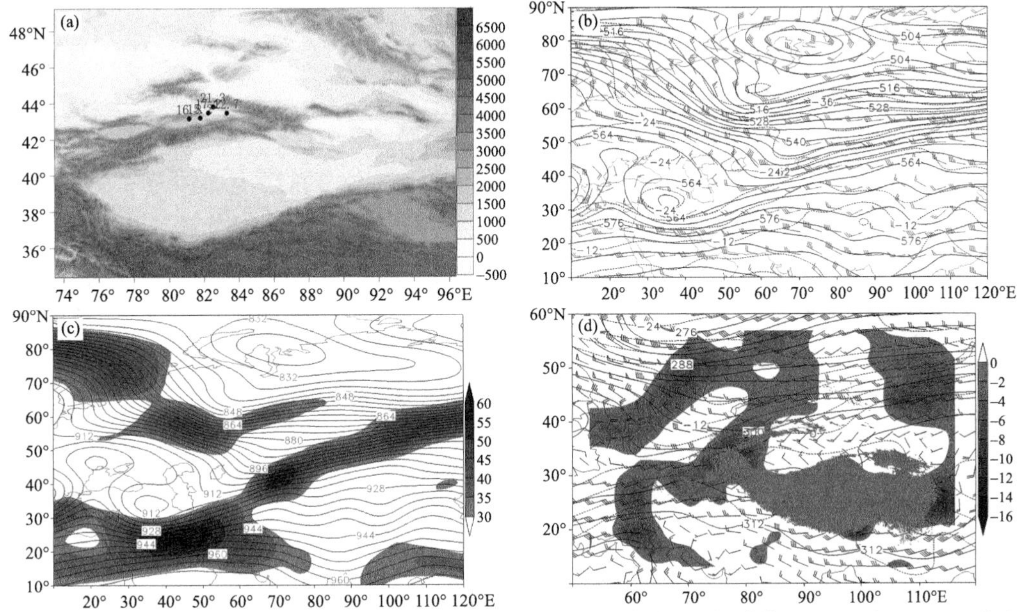

图 3.161 (a)2017 年 4 月 4 日暴雪量站点分布(单位:mm;填色为地形,单位:m);以及 3 日 20 时(b)500 hPa 高度场(实线,单位:dagpm)、温度场(虚线,单位:℃)、风场(单位:m·s^{-1}),(c)300 hPa 高度场(实线,单位:dagpm)和风速≥30 m·s^{-1}的急流(填色,单位:m·s^{-1}),(d)700 hPa 高度场(实线,单位:dagpm)、温度场(虚线,单位:℃)、风场(单位:m·s^{-1})及水汽通量散度(填色,单位:10^{-5} g·cm^{-2}·hPa^{-1}·s^{-1},浅灰色阴影为≥3 km 的地形)

西部处于风速>40 m·s^{-1}的高空西南急流轴右侧辐散区,急流核风速>55 m·s^{-1}(图3.161c),700 hPa上该区位于低空西南气流与天山地形形成的辐合抬升区及水汽通量散度辐合区前部(图3.161d)。暴雪区位于高空西南急流轴右侧辐散区,中亚槽前西南锋区,低空西南气流与天山地形形成的辐合区和水汽通量散度辐合区前部,以及地面冷锋后的重叠区域(图略)。

3.2.143 2017年4月14日乌鲁木齐市、昌吉州暴雪

【暴雪概况】14日暴雪出现在乌鲁木齐市牧试站20.7 mm、小渠子21.1 mm,昌吉州天池46.8 mm。暴雪中心位于昌吉州天池(图3.162a)。

【环流背景】此次暴雪过程前,500 hPa欧亚范围内为南北两支锋区型,北支位于50°N以北,南支为两槽一脊型,伊朗高原—里海—咸海地区为高压脊,地中海东部为槽区,中亚为弱短波槽,新疆北部受该槽前偏西气流影响(图3.162b);里海—咸海脊受地中海东部槽前暖平流影响东移,使中亚短波槽东移造成中天山山区暴雪天气(图略)。300 hPa上新疆北部位于风速≥30 m·s^{-1}高空西北急流轴附近辐散区(图3.162c),700 hPa上中天山山区位于西北风与天山地形形成的辐合抬升及水汽通量散度辐合区(图3.162d)。暴雪区位于高空西北急流轴附近辐散区,中亚短波槽前偏西气流,低空西北风与天山地形形成的辐合抬升和水汽通量散度辐合区,以及地面图上冷锋附近的重叠区域(图略)。

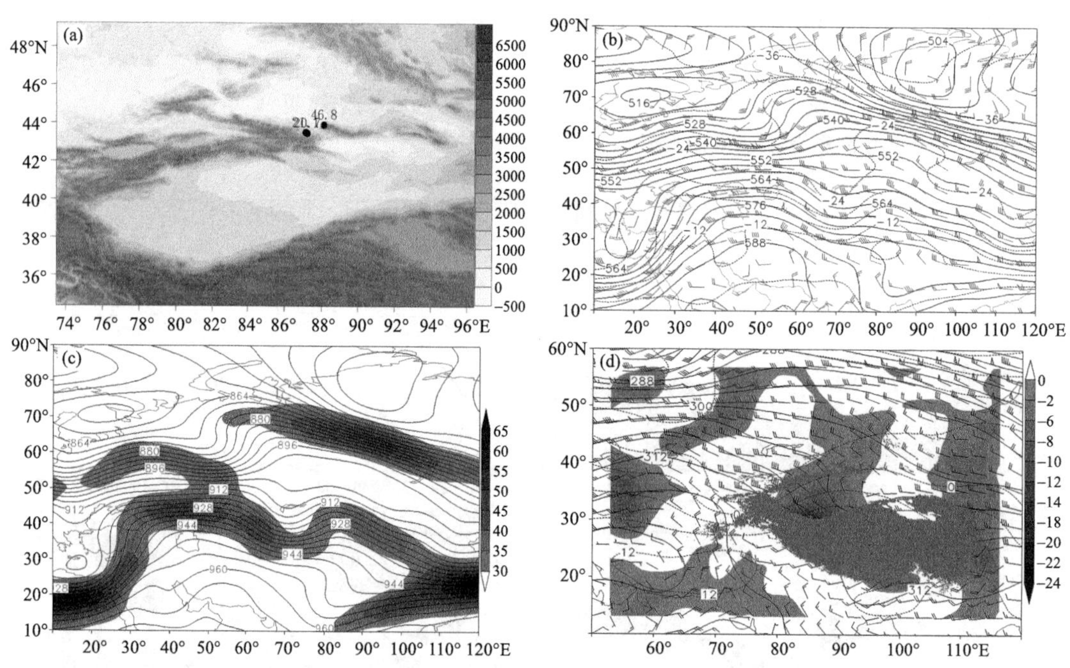

图3.162 (a)2017年4月14日暴雪量站点分布(单位:mm;填色为地形,单位:m);以及13日20时(b)500 hPa高度场(实线,单位:dagpm)、温度场(虚线,单位:℃)、风场(单位:m·s^{-1}),(c)300 hPa高度场(实线,单位:dagpm)和风速≥30 m·s^{-1}的急流(填色,单位:m·s^{-1}),(d)700 hPa高度场(实线,单位:dagpm)、温度场(虚线,单位:℃)、风场(单位:m·s^{-1})及水汽通量散度(填色,单位:10^{-5} g·cm^{-2}·hPa^{-1}·s^{-1},浅灰色阴影为≥3 km的地形)

3.2.144 2017年5月1—2日乌鲁木齐市、昌吉州暴雪

【暴雪概况】暴雪出现在:1日乌鲁木齐市牧试站12.3 mm,昌吉州天池15.9 mm;2日昌

吉州天池 19.7 mm。天池站过程最大累计降雪量 35.6 mm，为此次过程暴雪中心(图 3.163a)。

【环流背景】此次暴雪过程前，500 hPa 欧亚范围内为两槽两脊型，即伊朗高原—欧洲和贝加尔湖地区为高压脊，北欧为极涡，西伯利亚(涡)—中亚为槽区，中亚槽脱离北支锋区，槽底部南伸至 30°N 附近，新疆北部受其前西南气流控制(图 3.163b)；北欧极涡东移使欧洲脊线顺转，脊前正变高东南下，导致中亚短波槽东移北上造成中天山山区暴雪天气(图略)。300 hPa 上为南北两支急流，新疆北部位于北支风速≥30 m·s^{-1}高空西南急流入口区右侧和南支西南急流出口区左侧辐散区(图 3.163c)，700 hPa 上中天山山区位于风速≥12 m·s^{-1}西北低空急流前部西北风与西南风的切变区辐合区及水汽通量散度辐合区(图 3.163d)。暴雪区位于高空北支西南急流入口区右侧和南支西南急流出口区左侧辐散区，中亚槽前西南气流，低空西北急流前部辐合区和水汽通量散度辐合区，以及地面冷锋附近的重叠区域(图略)。

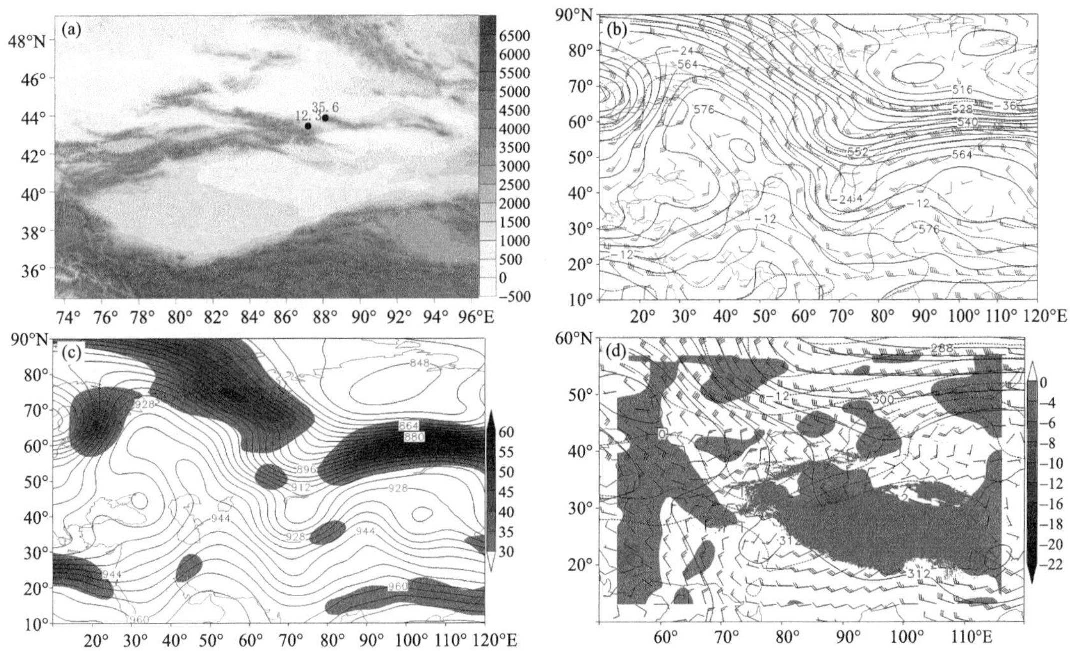

图 3.163　(a)2017 年 5 月 1—2 日累计暴雪量站点分布(单位:mm;填色为地形,单位:m);以及 4 月 30 日 20 时(b)500 hPa高度场(实线,单位:dagpm)、温度场(虚线,单位:℃)、风场(单位:m·s^{-1}),(c)300 hPa 高度场(实线,单位:dagpm)和风速≥30 m·s^{-1}的急流(填色,单位:m·s^{-1}),(d)700 hPa 高度场(实线,单位:dagpm)、温度场(虚线,单位:℃)、风场(单位:m·s^{-1})及水汽通量散度(填色,单位:10^{-5} g·cm^{-2}·hPa^{-1}·s^{-1},浅灰色阴影为≥3 km 的地形)

3.2.145　2017 年 12 月 27—28 日伊犁州、乌鲁木齐市、昌吉州暴雪

【暴雪概况】暴雪出现在：27 日伊犁州特克斯 14.9 mm；28 日昌吉州奇台 18.5 mm、天池 17.6 mm、木垒 17.3 mm，乌鲁木齐市乌鲁木齐 16.8 mm。暴雪中心出现在昌吉州奇台(图 3.164a)。

【环流背景】26 日 20 时，暴雪前 500 hPa 欧亚范围内为两脊一槽型，南欧、新疆东部—贝加尔湖为高压脊区，巴伦支海为极涡活动区，其东南部槽伸至咸海的中亚地区，并南伸至 30°N

附近，槽前西南锋区较强，风速达 32 m·s^{-1}，新疆北部为槽前西南锋区控制(图 3.164b)；受脊后暖平流影响南欧脊东扩，导致中亚槽东移北上，锋区上不断有短波槽东移造成天山北坡及山区暴雪天气(图略)。300 hPa 上天山北坡及山区位于风速>40 m·s^{-1}的高空西南急流轴右侧的分流辐散区，急流核风速>55 m·s^{-1}(图 3.164c)，700 hPa 上该区位于风速>16 m·s^{-1}西南急流轴右侧辐合区及水汽通量散度辐合区(图 3.164d)。暴雪区位于高空西南急流轴右侧的分流辐散区，中亚槽前西南锋区，低空西南急流轴右侧辐合区和水汽通量散度辐合区，以及地面冷锋附近的重叠区域(图略)。

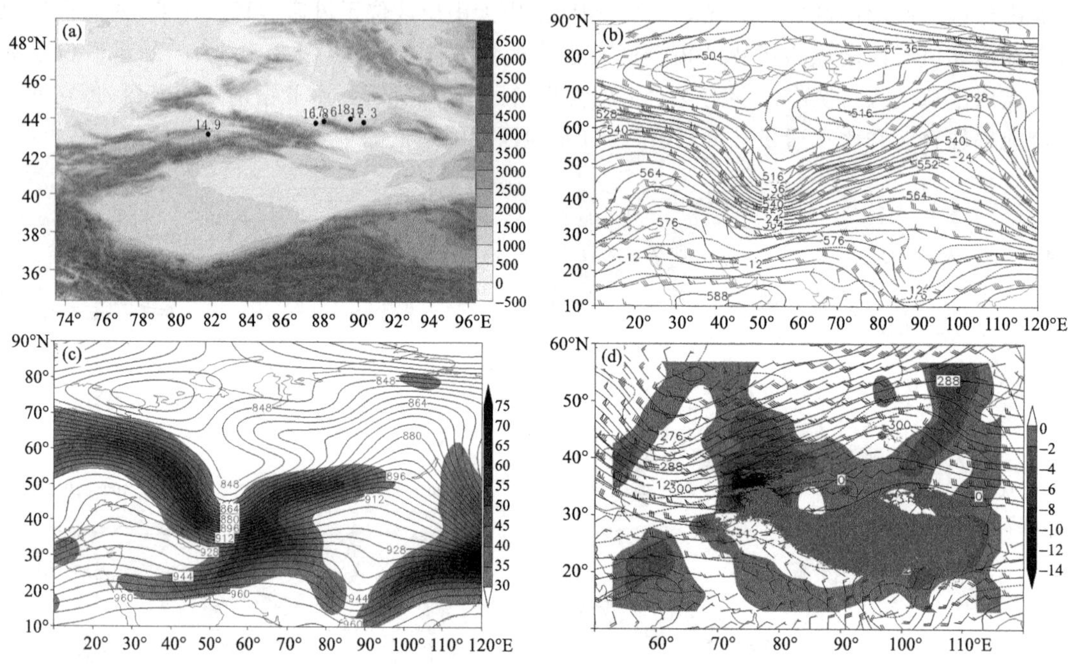

图 3.164　(a)2017 年 12 月 27—28 日累计暴雪量站点分布(单位：mm；填色为地形，单位：m)；以及 26 日 20 时(b)500 hPa 高度场(实线，单位：dagpm)、温度场(虚线，单位：℃)、风场(单位：m·s^{-1})，(c) 300 hPa 高度场(实线，单位：dagpm)和风速≥30 m·s^{-1}的急流(填色，单位：m·s^{-1})，(d)700 hPa 高度场(实线，单位：dagpm)、温度场(虚线，单位：℃)、风场(单位：m·s^{-1})及水汽通量散度(填色，单位：10^{-5} g·cm^{-2}·hPa^{-1}·s^{-1}，浅灰色阴影为≥3 km 的地形)

2017 年 12 月 26—29 日，新疆出现以暴雪、大风为主的中强天气过程，新疆北部各地均出现降雪天气，其中 12 站出现暴雪、2 站大暴雪，暴雪区主要位于乌鲁木齐市、天池至木垒一线，最大 1 h 降雪量为 3.2 mm，新疆北部大部新增积雪 5～35 cm，伊犁州南部山区、石河子市、乌鲁木齐市、昌吉州最大积雪深度 20～50 cm。其中，27—28 日乌鲁木齐累计降雪量为 26.5 mm，达大暴雪，新增积雪 27 cm，给城市交通、民航运输和公众生活等造成了严重的危害。据统计，这场大暴雪造成以下灾情：各类交通事故激增，当日晚高峰(18—21 时)城市交通几近瘫痪；出港航班延误 26 班，进港航班备降 9 班、返航 2 班，进出港共取消 31 班；迫于大暴雪对交通的严重影响和积雪清运压力，市教育局首次做出“全市中小学生 28 日停课一天”的决定(王健 等，2020)。

3.2.146　2018 年 3 月 18 日乌鲁木齐市、昌吉州暴雪

【暴雪概况】18 日暴雪出现在乌鲁木齐市米泉 13.2 mm、乌鲁木齐 16.1 mm、达坂城

28.7 mm，昌吉州天池 14.0 mm。暴雪中心位于乌鲁木齐市达坂城(图 3.165a)。

【环流背景】17 日 20 时，暴雪前 500 hPa 欧亚范围内 50°N 以北为两脊一槽型，北欧、泰米尔半岛至西西伯利亚为脊区，中欧北部沿岸为极涡活动区；50°N 以南为三脊两槽型，地中海和黑海、伊朗高原、新疆东部为脊区，里海南部、中亚为低涡活动区，新疆北部受中亚低涡前西南气流影响(图 3.165b)；受脊后暖平流和北支低槽南下的影响伊朗脊东移，导致中亚低涡东移减弱造成天山北坡及山区暴雪天气(图略)。300 hPa 上天山北坡及山区位于风速＞30 m·s^{-1}高空西北急流出口区左侧的分流辐散区(图 3.165c)，700 hPa 上该区位于气旋性环流前部的偏南气流及水汽通量散度辐合区(图 3.165d)。暴雪区位于高空西北急流出口区左侧的分流辐散区，中亚低涡槽前西南气流，低空气旋性环流的前部偏南气流中和水汽通量散度辐合区，以及地面冷锋附近的重叠区域(图略)。

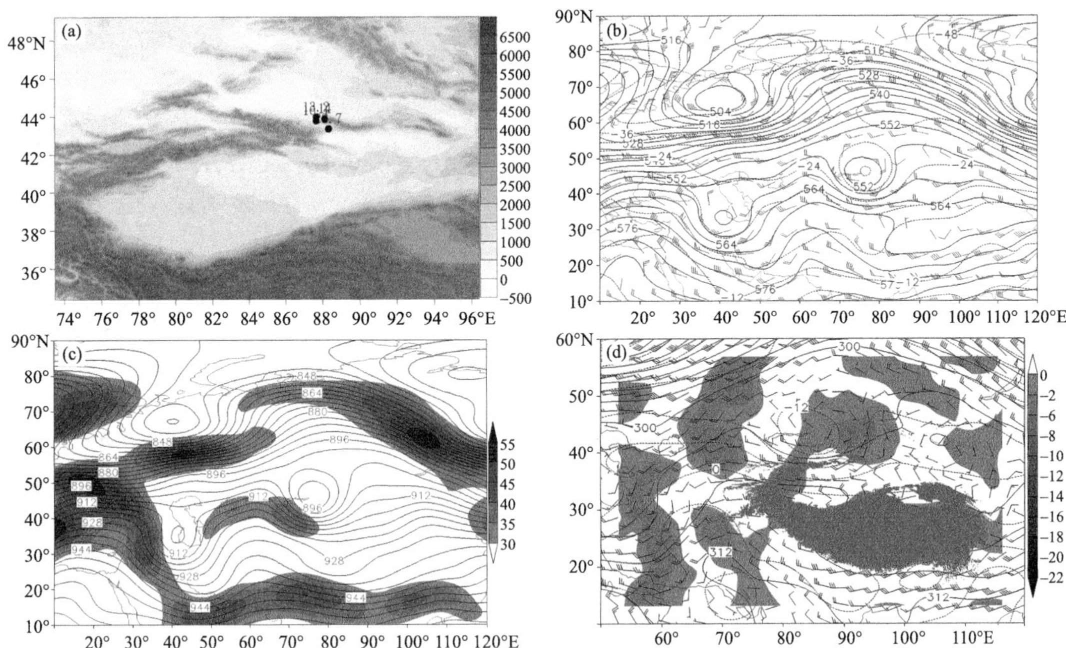

图 3.165　(a)2018 年 3 月 18 日暴雪量站点分布(单位：mm；填色为地形，单位：m)；以及 17 日 20 时(b) 500 hPa 高度场(实线，单位：dagpm)、温度场(虚线，单位：℃)、风场(单位：m·s^{-1})，(c)300 hPa 高度场(实线，单位：dagpm)和风速≥30 m·s^{-1}的急流(填色，单位：m·s^{-1})，(d)700 hPa 高度场(实线，单位：dagpm)、温度场(虚线，单位：℃)、风场(单位：m·s^{-1})及水汽通量散度(填色，单位：10^{-5} g·cm^{-2}·hPa^{-1}·s^{-1}，浅灰色阴影为≥3 km 的地形)

3.2.147　2018 年 4 月 11 日乌鲁木齐市、昌吉州暴雪

【暴雪概况】11 日暴雪出现在乌鲁木齐市小渠子 18.2 mm、乌鲁木齐 22.1 mm，昌吉州天池 19.0 mm。暴雪中心位于乌鲁木齐(图 3.166a)。

【环流背景】10 日 20 时，暴雪前 500 hPa 欧亚范围内中低纬为两脊一槽型，伊朗高原至南欧、新疆东部为高压脊区，西西伯利亚为低涡，槽底南伸至 35°N 附近，新疆北部处于槽前较强西南气流控制(图 3.166b)；南欧脊顶受高纬低涡东移的影响，脊前正变高东南下，使西西伯利亚低涡减弱东移造成天山北坡及天山暴雪天气(图略)。300 hPa 上天山北坡及山区位于风速

>40 m·s^{-1}的高空西风急流轴右侧的分流辐散区(图 3.166c),700 hPa 上该区位于风速>12 m·s^{-1}西南急流轴右侧辐合区及水汽通量散度辐合区边缘(图 3.166d)。暴雪区位于高空西风急流轴右侧的分流辐散区,西西伯利亚低涡东南部西南气流,低空西南急流轴右侧辐合和水汽通量散度辐合区,以及地面冷锋附近的重叠区域(图略)。

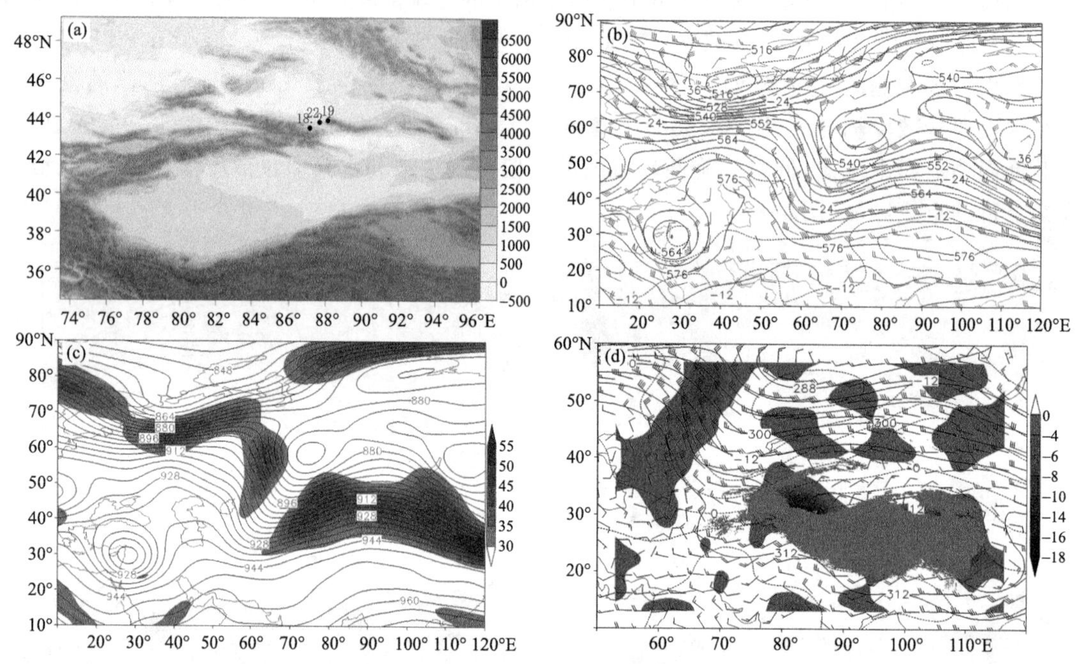

图 3.166 (a)2018 年 4 月 11 日暴雪量站点分布(单位:mm;填色为地形,单位:m);以及 10 日 20 时(b)500 hPa 高度场(实线,单位:dagpm)、温度场(虚线,单位:℃)、风场(单位:m·s^{-1}),(c)300 hPa 高度场(实线,单位:dagpm)和风速≥30 m·s^{-1}的急流(填色,单位:m·s^{-1});(d)11 日 02 时 700 hPa 高度场(实线,单位:dagpm)、温度场(虚线,单位:℃)、风场(单位:m·s^{-1})及水汽通量散度(填色,单位:10^{-5} g·cm^{-2}·hPa^{-1}·s^{-1},浅灰色阴影为≥3 km 的地形)

3.2.148 2018 年 4 月 19 日乌鲁木齐市、昌吉州暴雪

【暴雪概况】19 日暴雪出现在乌鲁木齐市渠子 16.8 mm,昌吉州天池 26.6 mm(图 3.167a)。

【环流背景】此次暴雪过程前,500 hPa 欧亚范围内极涡位于极区呈西北—东南向,中心位于新地岛,其底部为极锋锋区,锋区上西西伯利亚为低槽区;南支地中海一沿岸为高压脊区,脊前西北气流上多短波系统,里海东南部槽前西南气流与北支西西伯利亚槽底部偏西锋区在巴尔喀什湖—新疆北部汇合,新疆北部位于较强锋区南部偏西气流上(图 3.167b);西西伯利亚短波槽受上游系统南下的影响东移减弱造成中天山山区暴雪天气(图略)。300 hPa 上中天山位于风速≥40 m·s^{-1}高空西南急流轴右侧辐散区(图 3.167c),700 hPa 上该区位于风速>12 m·s^{-1}低空西北急流前部辐合区和水汽通量散度辐合区后部(图 3.167d)。暴雪区位于高空西南急流轴右侧辐散区,西西伯利亚槽底部偏西气流,低空西北急流前部辐合区和水汽通量散度辐合区后部,以及地面图上冷锋附近的重叠区域(图略)。

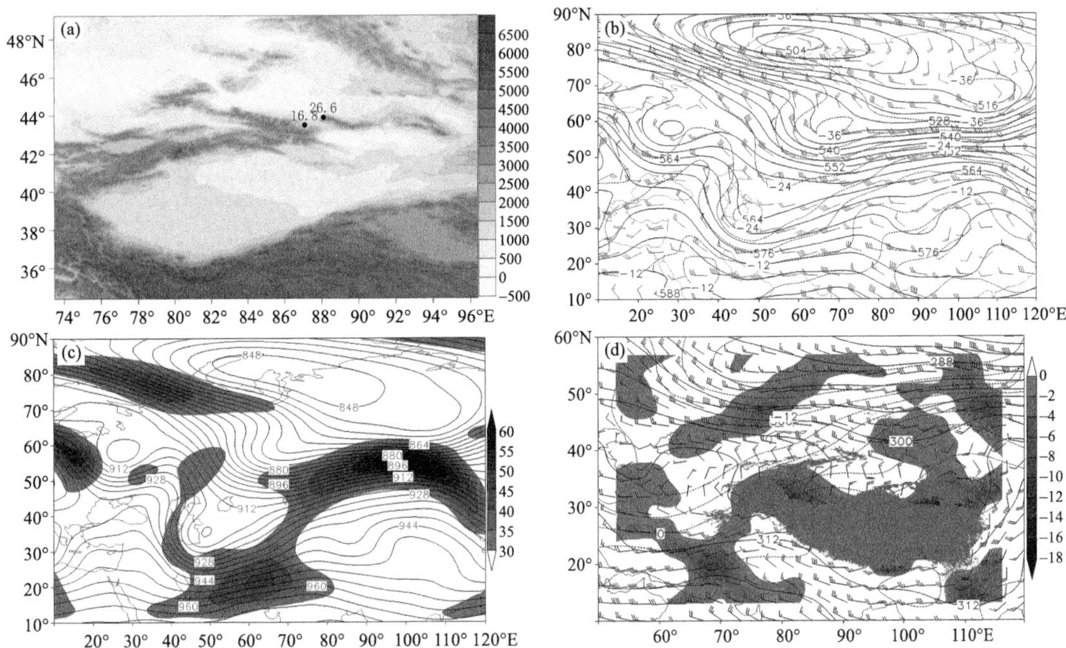

图 3.167　(a)2018 年 4 月 19 日暴雪量站点分布(单位:mm;填色为地形,单位:m);以及 18 日 20 时(b) 500 hPa 高度场(实线,单位:dagpm)、温度场(虚线,单位:℃)、风场(单位:m·s^{-1}),(c)300 hPa 高度场(实线,单位:dagpm)和风速≥30 m·s^{-1}的急流(填色,单位:m·s^{-1});(d)19 日 02 时 700 hPa 高度场(实线,单位:dagpm)、温度场(虚线,单位:℃)、风场(单位:m·s^{-1})及水汽通量散度(填色,单位:10^{-5} g·cm^{-2}·hPa^{-1}·s^{-1},浅灰色阴影为≥3 km 的地形)

3.2.149　2018 年 5 月 7—8 日乌鲁木齐市、昌吉州、哈密市暴雪

【暴雪概况】暴雪出现在:7 日乌鲁木齐市牧试站 24.4 mm、小渠子 35.8 mm,昌吉州天池 29.0 mm、木垒 14.9 mm;8 日哈密市巴里坤 13.3 mm。暴雪中心位于乌鲁木齐市小渠子(图 3.168a)。

【环流背景】此次暴雪过程前,500 hPa 欧亚范围内为两脊一槽型,东欧至伊朗高原和贝加尔湖为高压脊区,西西伯利亚至中亚为低值系统活动区,槽底南伸至 35°N 附近,新疆北部位于槽前西南气流中(图 3.168b);极地冷空气侵袭东欧脊,脊前正变高东南下,导致西西伯利亚低涡旋转不断分裂短波槽东移造成中天山山区暴雪天气(图略)。300 hPa 上中天山位于风速≥40 m·s^{-1}高空西南急流轴右侧辐散区(图 3.168c),700 hPa 上西北气流与天山地形形成辐合抬升区和水汽通量散度辐合区(图 3.168d)。暴雪区位于高空西南急流轴右侧辐散区,槽前西南气流,低空西北气流与天山地形形成辐合抬升区和水汽通量散度辐合区,以及地面图上冷锋附近的重叠区域(图略)。

3.2.150　2018 年 5 月 24 日乌鲁木齐市、昌吉州暴雪

【暴雪概况】24 日暴雪出现在乌鲁木齐市牧试站 24.9 mm、小渠子 27.6 mm,昌吉州天池 33.5 mm。暴雪中心位于昌吉州天池(图 3.169a)。

【环流背景】此次暴雪过程前,500 hPa 欧亚范围内为两脊一槽型,伊朗高原—东欧为阻塞高压,贝加尔湖为高压脊区,西西伯利亚至中亚为低槽区,槽底南伸至 35°N 附近,新疆北部位于槽前西南气流中(图 3.169b);东欧脊受不稳定小槽影响东扩,使西西伯利亚低槽东移减弱造成中

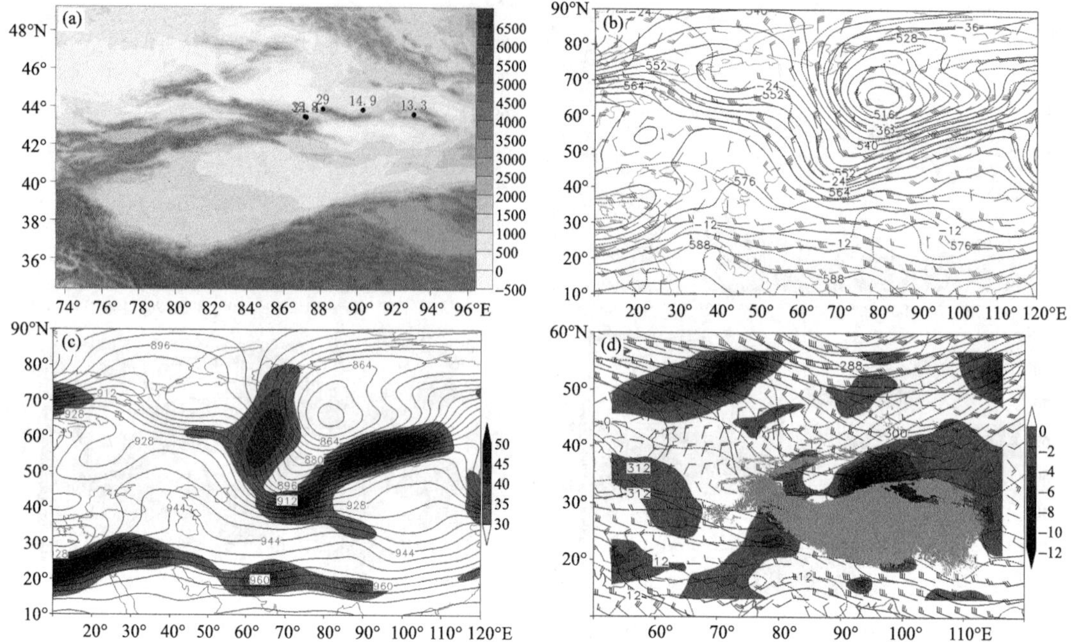

图 3.168 (a)2018 年 5 月 7—8 日累计暴雪量站点分布(单位:mm;填色为地形,单位:m);以及 6 日 20 时(b)500 hPa 高度场(实线,单位:dagpm)、温度场(虚线,单位:℃)、风场(单位:m·s^{-1}),(c)300 hPa 高度场(实线,单位:dagpm)和风速≥30 m·s^{-1}的急流(填色,单位:m·s^{-1});(d)7 日 08 时 700 hPa 高度场(实线,单位:dagpm)、温度场(虚线,单位:℃)、风场(单位:m·s^{-1})及水汽通量散度(填色,单位:10^{-5} g·cm^{-2}·hPa^{-1}·s^{-1},浅灰色阴影为≥3 km 的地形)

天山山区暴雪天气。300 hPa 上新疆北部位于风速≥30 m·s^{-1}高空西南急流轴右侧辐散区(图 3.169c),700 hPa 上中天山山区位于风速≥12 m·s^{-1}低空偏西急流轴右侧辐合区和水汽通量散度辐合区(图 3.169d)。暴雪区位于高空西南急流轴右侧辐散区,西西伯利亚槽前西南气流,低空偏西急流轴右侧辐合区和水汽通量散度辐合区,以及地面图上冷锋附近的重叠区域(图略)。

3.2.151 2018 年 11 月 11—12 日塔城地区、伊犁州暴雪

【暴雪概况】11 日塔城地区北部出现暖区暴雪,塔城 15.8 mm、裕民 12.7 mm、额敏 12.5 mm;12 日伊犁州冷锋暴雪天气,霍城 20.2 mm、察布查尔 19.2 mm、伊宁 20.5 mm、伊宁县 21.6 mm;暴雪中心出现在伊宁县(图 3.170a)。

【环流背景】10 日 20 时,500 hPa 欧亚范围内为两脊一槽的经向环流,欧洲为高压脊区,贝加尔湖为浅脊,西西伯利亚为低涡活动区,低涡底部强锋区与南支在咸海至巴尔喀什湖—新疆北部汇合,新疆北部受偏西锋区控制(图 3.170b);欧洲脊东扩,使西西伯利亚低涡旋转,其底部锋区上短波低槽不断东移,造成 11 日塔额盆地暖区暴雪、12 日伊犁州冷锋暴雪(图略)。300 hPa 上新疆北部处于风速>35 m·s^{-1}的高空西南急流轴右侧辐散区(图 3.170c),700 hPa 上新疆西部位于风速>16 m·s^{-1}低空西风急流前部辐合及水汽通量散度辐合区(图 3.170d)。暴雪区位于高空西南急流右侧辐散区,西西伯利亚低涡前偏西锋区,低空西风急流前部辐合和水汽通量散度辐合区,以及地面图上冷锋附近的重叠区域;暖区暴雪在地面图上则表现为,冷锋前低压底部减压升温区域(图略)。

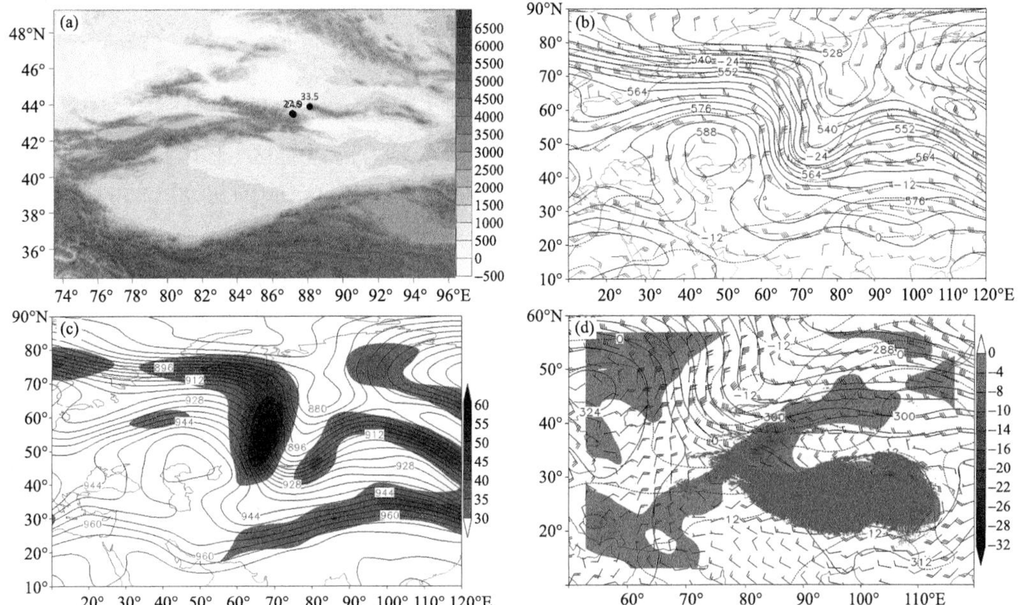

图 3.169 (a)2018 年 5 月 24 日暴雪量站点分布(单位:mm;填色为地形,单位:m);以及 23 日 20 时(b)500 hPa 高度场(实线,单位:dagpm)、温度场(虚线,单位:℃)、风场(单位:m·s^{-1}),(c)300 hPa 高度场(实线,单位:dagpm)和风速≥30 m·s^{-1}的急流(填色,单位:m·s^{-1}),(d)700 hPa 高度场(实线,单位:dagpm)、温度场(虚线,单位:℃)、风场(单位:m·s^{-1})及水汽通量散度(填色,单位:10^{-5} g·cm^{-2}·hPa^{-1}·s^{-1},浅灰色阴影为≥3 km 的地形)

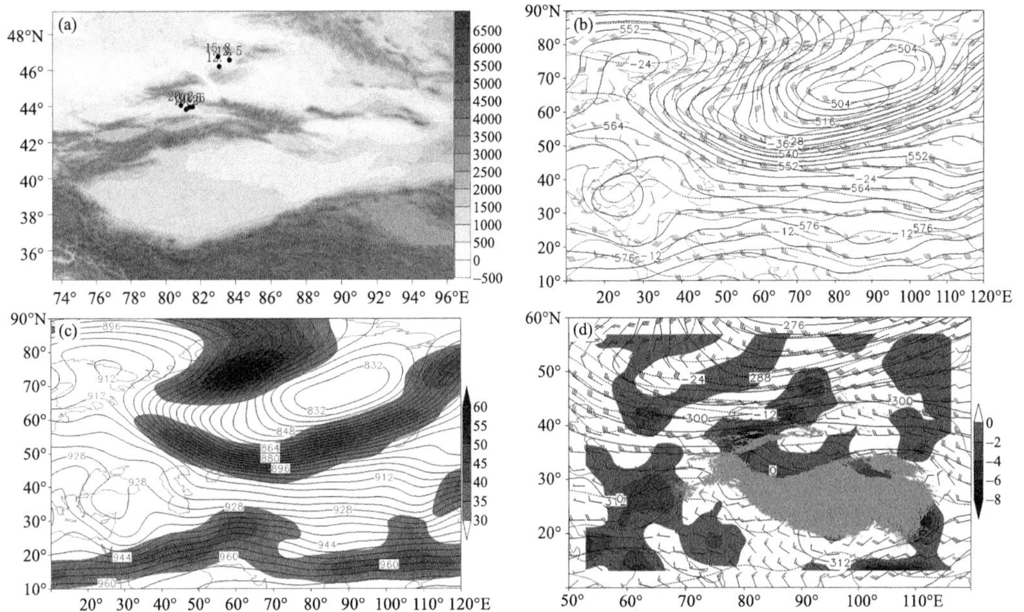

图 3.170 (a)2018 年 11 月 11—12 日累计暴雪分布(单位:mm;填色为地形,单位:m),以及 10 日 20 时(b)500 hPa 高度场(实线,单位:dagpm)、温度场(虚线,单位:℃)、风场(单位:m·s^{-1}),(c)300 hPa 高度场(实线,单位:dagpm)和风速≥30 m·s^{-1}的急流(填色,单位:m·s^{-1}),(d)700 hPa 高度场(实线,单位:dagpm)、温度场(虚线,单位:℃)、风场(单位:m·s^{-1})及水汽通量散度(填色,单位:10^{-5} g·cm^{-2}·hPa^{-1}·s^{-1},浅灰色阴影为≥3 km 的地形)

3.2.152　2019 年 5 月 5 日昌吉州暴雪

【暴雪概况】5 日暴雪出现在昌吉州天池 12.3 mm、北塔山 16.9 mm(图 3.171a)。

【环流背景】此次暴雪过程前,500 hPa 欧亚范围内,极锋锋区位于高纬,中低纬系统与此基本脱离,为两脊两槽型,伊朗高原—乌拉尔山、新疆东部为高压脊区,土耳其为低槽区,中亚为低涡,槽底南伸至 35°N 附近,新疆北部位于中亚低涡前西南气流中(图 3.171b);中亚低涡旋转东移南下并分裂短波造成中天山及以东暴雪天气(图略)。300 hPa 新疆北部位于风速 $\geq$30 m·s^{-1}高空西南急流轴附近辐散区(图 3.171c),700 hPa 上中天山及以东的区域位于偏南风与偏东风的切变线附近和水汽通量散度辐合区(图 3.171d)。暴雪区位于高空西南急流轴附近辐散区,中亚低涡前西南气流,低空偏南风与偏东风的切变线附近和水汽通量散度辐合区,以及地面图上冷锋附近的重叠区域(图略)。

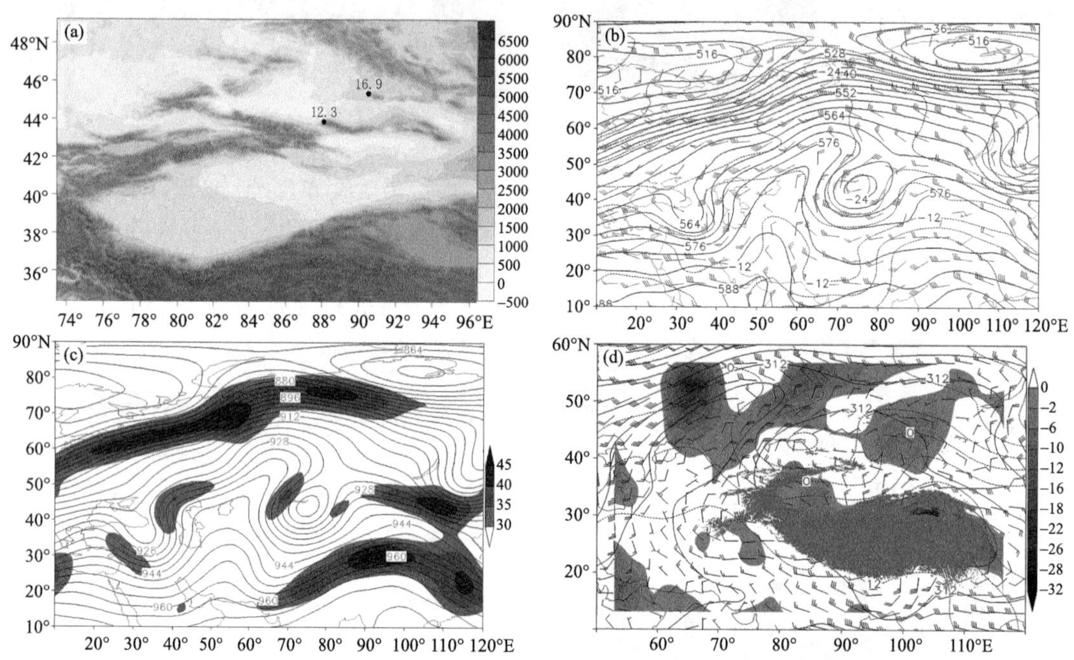

图 3.171　(a)2019 年 5 月 5 日暴雪量站点分布(单位:mm;填色为地形,单位:m);以及 4 日 20 时(b) 500 hPa 高度场(实线,单位:dagpm)、温度场(虚线,单位:℃)、风场(单位:m·s^{-1}),(c)300 hPa 高度场(实线,单位:dagpm)和风速$\geq$30 m·s^{-1}的急流(填色,单位:m·s^{-1}),(d)700 hPa 高度场(实线,单位:dagpm)、温度场(虚线,单位:℃)、风场(单位:m·s^{-1})及水汽通量散度(填色,单位:10^{-5} g·cm^{-2}·hPa^{-1}·s^{-1},浅灰色阴影为$\geq$3 km 的地形)

3.2.153　2019 年 12 月 20 日伊犁州暴雪

【暴雪概况】20 日暴雪发生在伊犁州伊宁 12.4 mm、伊宁县 15.7 mm(图 3.172a)。

【环流背景】19 日 20 时,500 hPa 欧亚范围内极锋锋区呈西北—东南向,其上多槽脊系统,北欧和贝加尔湖以东为低涡,南欧为浅脊,西伯利亚为经向度较大的脊,中亚为该脊前西南部的切断低涡,新疆西部位于该涡东南部西南气流中(图 3.172b);受上游系统的影响,中亚低涡减弱北上,底部锋区上分裂短波东移造成新疆西部暴雪天气(图略)。300 hPa 上新疆西部处于风速＞30 m·s^{-1}的高空西南急流轴右侧辐散区,急流核风速＞40 m·s^{-1}(图 3.172c),

700 hPa 上伊犁州位于风速>16 m·s^{-1}低空西南急流轴右侧辐合区及水汽通量散度辐合区前部(图 3.172d)。暴雪区位于高空西南急流轴右侧辐散区,中亚低涡前西南气流,低空西南急流轴右侧辐合区和水汽通量散度辐合区前部,以及地面弱冷锋附近的重叠区域(图略)。

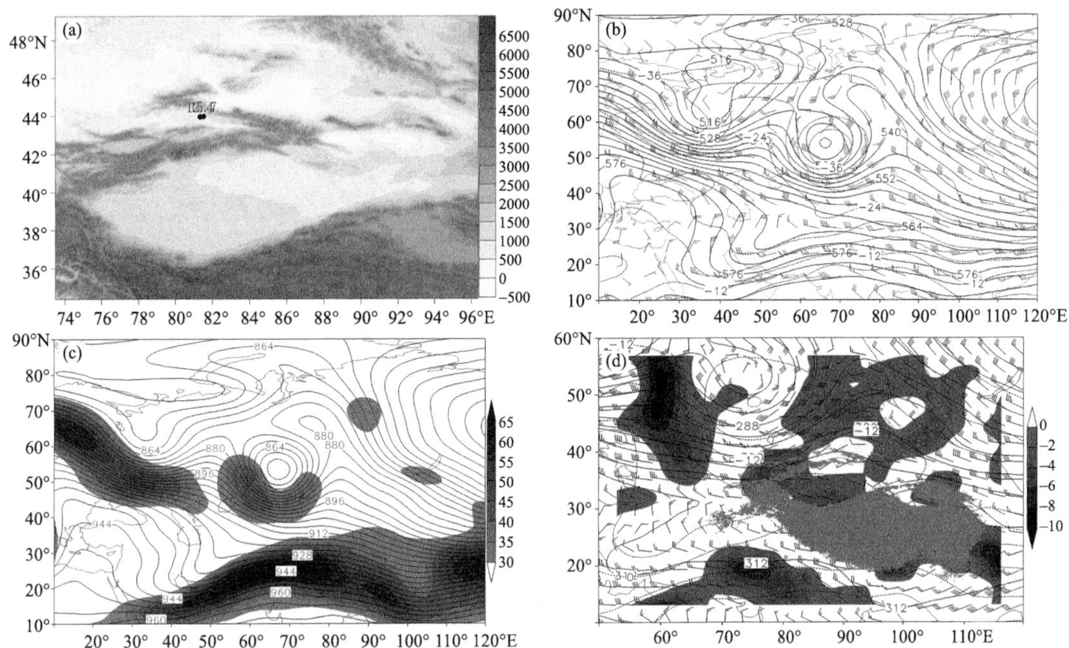

图 3.172　(a)2019 年 12 月 20 日暴雪量站点分布(单位:mm;填色为地形,单位:m);以及 19 日 20 时(b) 500 hPa 高度场(实线,单位:dagpm)、温度场(虚线,单位:℃)、风场(单位:m·s^{-1}),(c)300 hPa 高度场(实线,单位:dagpm)和风速≥30 m·s^{-1}的急流(填色,单位:m·s^{-1}),(d)700 hPa 高度场(实线,单位:dagpm)、温度场(虚线,单位:℃)、风场(单位:m·s^{-1})及水汽通量散度(填色,单位:10^{-5} g·cm^{-2}·hPa^{-1}·s^{-1},浅灰色阴影为≥3 km 的地形)

3.2.154　2020 年 3 月 23—24 日阿勒泰地区、乌鲁木齐市、昌吉州暴雪

【暴雪概况】暴雪出现在:23 日阿勒泰地区哈巴河 12.9 mm;24 日乌鲁木齐市牧试站 12.4 mm、小渠子 15.9 mm,昌吉州天池 16.0 mm。暴雪中心位于昌吉州天池(图 3.173a)。

【环流背景】此次暴雪过程前,500 hPa 欧亚范围内 40°N 以北的中高纬为两脊一槽型,即北欧和贝加尔湖地区为高压脊,两高之间的西西伯利亚—欧洲为西南—东北向低压槽,其槽底强锋区位于 40°—50°N,与南支波斯湾低涡前西南气流在咸海—巴尔喀什湖—新疆北部汇合,新疆北部位于锋区上短波槽前西南气流上(图 3.173b);受里海—咸海长脊的影响,其下游锋区上不断分裂短波槽东移造成新疆北部及中天山山区暴雪天气(图略)。300 hPa 上低槽底部为风速≥30 m·s^{-1}高空西南急流轴右侧辐散区(图 3.173c),700 hPa 上中天山山区位于风速≥12 m·s^{-1}低空偏西急流前部辐合区及水汽通量散度辐合区(图 3.173d)。暴雪区位于高空西南急流轴右侧辐散区,锋区上短波槽前西南气流,低空偏西急流前部辐合区和水汽通量散度辐合区,以及地面图上冷锋附近的重叠区域(图略)。

3.2.155　2020 年 10 月 7 日乌鲁木齐市、昌吉州暴雪

【暴雪概况】7 日暴雪出现在乌鲁木齐市小渠子 20.0 mm,昌吉州天池 21.4 mm、木垒 15.8 mm。暴雪中心位于昌吉州天池(图 3.174a)。

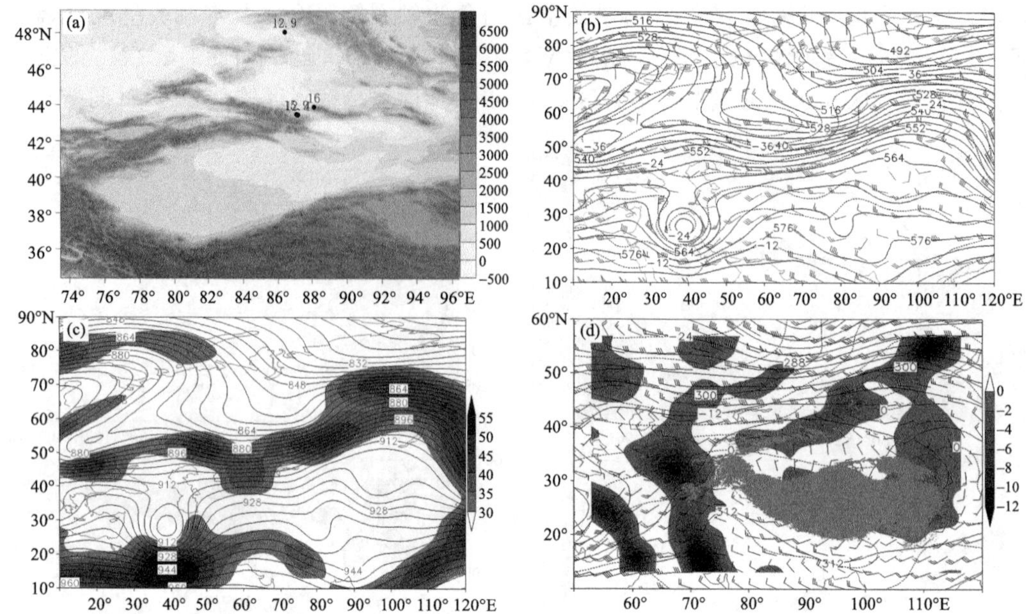

图 3.173　(a)2020 年 3 月 23—24 日累计暴雪量站点分布(单位:mm;填色为地形,单位:m);以及 22 日 20 时(b)500 hPa 高度场(实线,单位:dagpm)、温度场(虚线,单位:℃)、风场(单位:m・s^{-1}),(c)300 hPa 高度场(实线,单位:dagpm)和风速≥30 m・s^{-1}的急流(填色,单位:m・s^{-1}),(d)700 hPa 高度场(实线,单位:dagpm)、温度场(虚线,单位:℃)、风场(单位:m・s^{-1})及水汽通量散度(填色,单位:10^{-5} g・cm^{-2}・hPa^{-1}・s^{-1},浅灰色阴影为≥3 km 的地形)

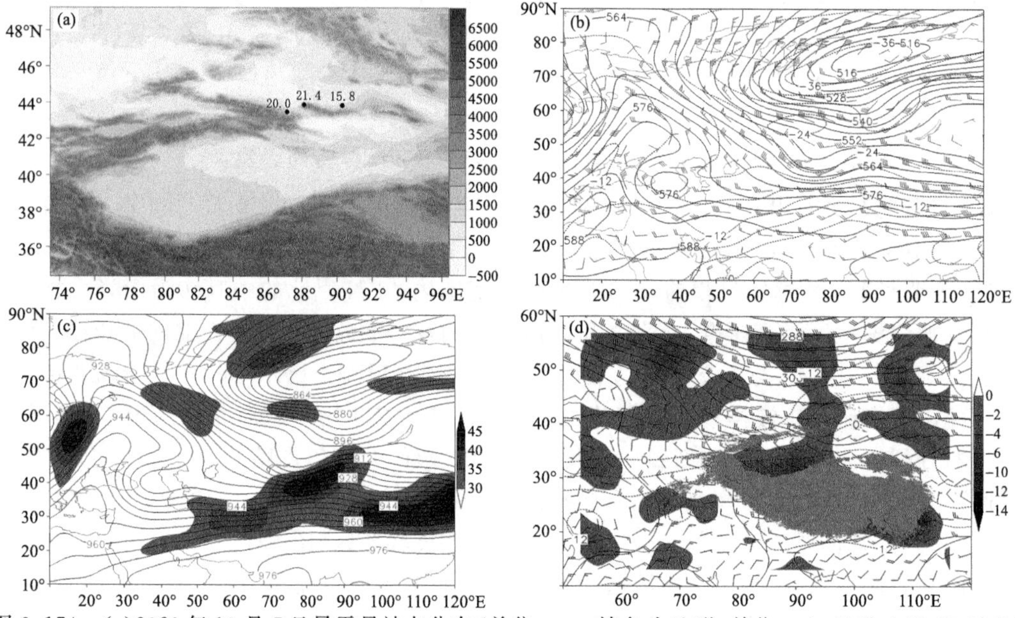

图 3.174　(a)2020 年 10 月 7 日暴雪量站点分布(单位:mm;填色为地形,单位:m);以及 6 日 20 时(b)500 hPa 高度场(实线,单位:dagpm)、温度场(虚线,单位:℃)、风场(单位:m・s^{-1}),(c)300 hPa 高度场(实线,单位:dagpm)和风速≥30 m・s^{-1}的急流(填色,单位:m・s^{-1}),(d)700 hPa 高度场(实线,单位:dagpm)、温度场(虚线,单位:℃)、风场(单位:m・s^{-1})及水汽通量散度(填色,单位:10^{-5} g・cm^{-2}・hPa^{-1}・s^{-1},浅灰色阴影为≥3 km 的地形)

【环流背景】此次暴雪过程前,500 hPa 欧亚范围内为一脊一槽型,即地中海东部—黑海—欧洲为高压脊,泰米尔半岛为极涡活动区,其底部锋区上中亚为短波槽,新疆北部受槽前西南气流影响(图 3.174b);欧洲脊北部东伸,极涡旋转南压,其底部锋区上中亚短波槽东移造成中天山山区及北坡暴雪天气(图略)。300 hPa 上新疆北部位于风速≥40 m·s^{-1}高空西南急流轴附近辐散区(图 3.174c),700 hPa 上中天山山区及北坡位于显著西北气流前部风速辐合区及水汽通量散度辐合区(图 3.174d)。暴雪区位于高空西南急流轴附近辐散区,中亚短波槽前西南气流,低空显著西北气流前部风速辐合区和水汽通量散度辐合区,以及地面图上冷锋附近的重叠区域(图略)。

3.2.156 2021 年 1 月 23 日乌鲁木齐市、昌吉州暴雪

【暴雪概况】23 日暴雪出现在乌鲁木齐市乌鲁木齐 17.8 mm、米泉 15.9 mm,昌吉州阜康 12.1 mm;暴雪中心位于乌鲁木齐(图 3.175a)。

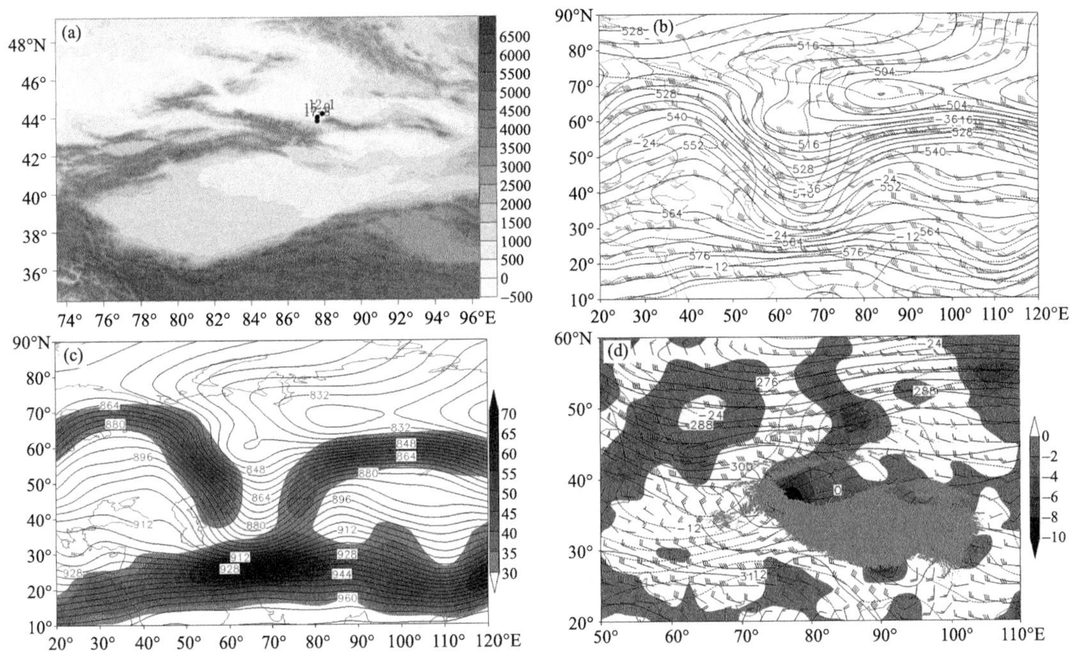

图 3.175 (a)2021 年 1 月 23 日暴雪量站点分布(单位:mm;填色为地形,单位:m);以及 22 日 20 时(b) 500 hPa 高度场(实线,单位:dagpm)、温度场(虚线,单位:℃)、风场(单位:m·s^{-1}),(c)300 hPa 高度场(实线,单位:dagpm)和风速≥30 m·s^{-1}的急流(填色,单位:m·s^{-1}),(d)700 hPa 高度场(实线,单位:dagpm)、温度场(虚线,单位:℃)、风场(单位:m·s^{-1})及水汽通量散度(填色,单位:10^{-5} g·cm^{-2}·hPa^{-1}·s^{-1},浅灰色阴影为≥3 km 的地形)

【环流背景】此次暴雪过程前,500 hPa 欧亚范围极涡位于 60°N 以北,呈东西带状分布,中心位于泰米尔半岛,其底部为极锋锋区;中低纬为两脊一槽型,即欧洲和贝加尔湖地区为高压脊,中亚为锋区上短波低槽区,槽底南伸至 30°N 附近,新疆北部受槽前西南气流影响(图 3.175b);极涡旋转南下,位于其底部的中亚短波低槽东移造成天山北坡暴雪天气(图略)。300 hPa 上新疆北部位于风速≥40 m·s^{-1}高空西南急流轴右侧和偏西急流轴左侧辐散区(图 3.175c),700 hPa 上天山北坡位于风速≥12 m·s^{-1}低空偏西急流前部辐合区和水汽通量散

度辐合区(图 3.175d)。暴雪区位于高空西南急流轴右侧和偏西急流轴左侧辐散区,中亚短波槽前西南气流,低空偏西急流前部辐合区和水汽通量散度辐合区,以及地面图上冷锋附近的重叠区域(图略)。

3.2.157　2021 年 2 月 9—10 日伊犁州、阿勒泰地区暴雪

【暴雪概况】暴雪发生在:9 日伊犁州霍尔果斯 16.7 mm;10 日伊犁州霍城 17.9 mm、察布查尔 21.8 mm、伊宁 16.5 mm、伊宁县 23.1 mm,阿勒泰地区富蕴站 16.0 mm。暴雪中心位于伊宁县(图 3.176a)

【环流背景】8 日 20 时,500 hPa 欧亚范围内 60°N 以北为极涡活动区,中心位于西西伯利亚北部(约 61°N,70°E),其底部为强锋区,最大风速达 46 m·s^{-1};中低纬以纬向为主并与南支锋区汇合,新疆北部位于极涡东南部西南强锋区上(图 3.176b);极涡旋转略有南压,其底部锋区上不断分裂短波东移造成新疆北部暴雪天气(图略)。300 hPa 上新疆北部处于风速>40 m·s^{-1}的高空西南急流轴右侧辐散区,急流核风速>60 m·s^{-1}(图 3.176c),700 hPa 上新疆西部位于风速>20 m·s^{-1}强西南急流轴右侧辐散区,最大风速达 38 m·s^{-1},伴有水汽通量散度辐合区(图 3.176d)。暴雪区位于高空西南急流轴右侧辐散区,极涡东南部西南强锋区,低空强西南急流轴右侧辐合区和水汽通量散度辐合区,以及地面冷锋附近的重叠区域(图略)。

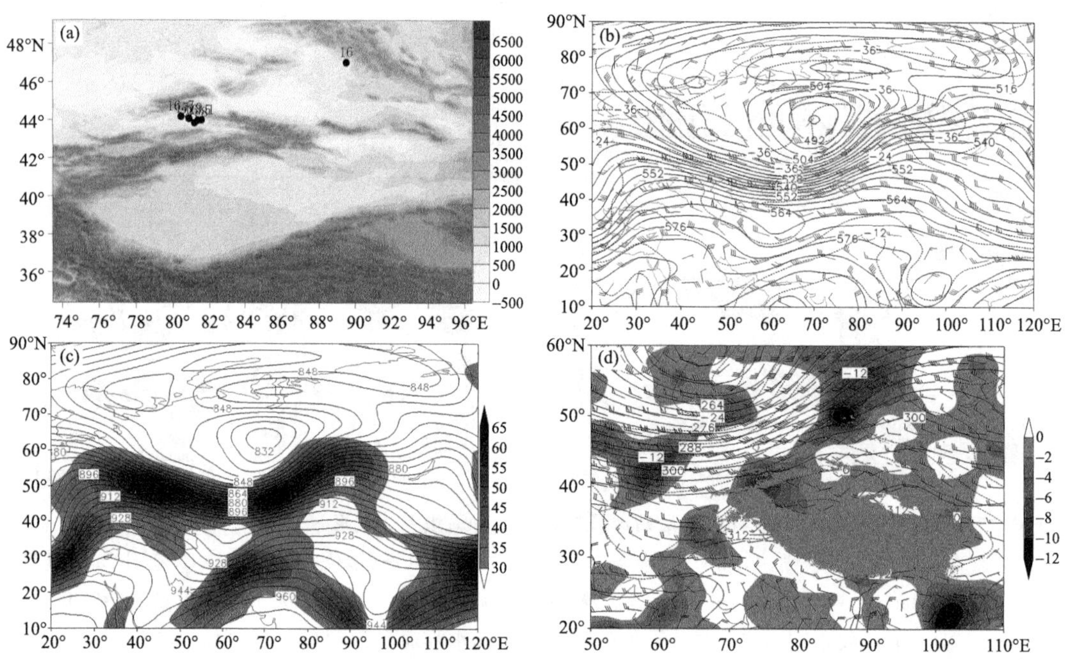

图 3.176　(a)2021 年 2 月 9—10 日累计暴雪量站点分布(单位:mm;填色为地形,单位:m);以及 8 日 20 时(b)500 hPa 高度场(实线,单位:dagpm)、温度场(虚线,单位:℃)、风场(单位:m·s^{-1}),(c)300 hPa 高度场(实线,单位:dagpm)和风速≥30 m·s^{-1}的急流(填色,单位:m·s^{-1}),(d)700 hPa 高度场(实线,单位:dagpm)、温度场(虚线,单位:℃)、风场(单位:m·s^{-1})及水汽通量散度(填色,单位:10^{-5} g·cm^{-2}·hPa^{-1}·s^{-1},浅灰色阴影为≥3 km 的地形)

3.2.158　2021 年 3 月 30 日乌鲁木齐市、昌吉州暴雪

【暴雪概况】30 日暴雪出现在昌吉州天池 19.4 mm,乌鲁木齐市牧试站 16.0 mm(图 3.177a)。

【环流背景】29 日 20 时，500 hPa 欧亚范围内为两脊一槽型，欧洲脊呈西南—东北向，贝加尔湖为脊区，泰米尔半岛北部为极涡，中亚和南欧为欧洲脊东南部的切断低涡，低涡底部为西风锋区，南欧低涡底部偏西锋区与中亚低涡底部锋区在巴尔喀什湖—新疆北部汇合，新疆北部受中亚低涡底部西风锋区影响（图 3.177b）；欧洲脊受不稳定小槽影响向南衰退，使中亚低涡减弱东移造成中天山山区暴雪天气（图略）。300 hPa 上中天山山区位于风速＞30 m · s^{-1} 高空西北急流轴附近，急流核风速＞45 m · s^{-1}（图 3.177c），700 hPa 上该区位于风速＞12 m · s^{-1} 低空西北急流前部辐合区和水汽通量散度辐合区域（图 3.177d）。暴雪区位于高空西北急流轴附近的辐散区，中亚低涡底部西风锋区，低空西北急流前部辐合区和水汽通量散度辐合区域，以及地面冷锋附近的叠置区（图略）。

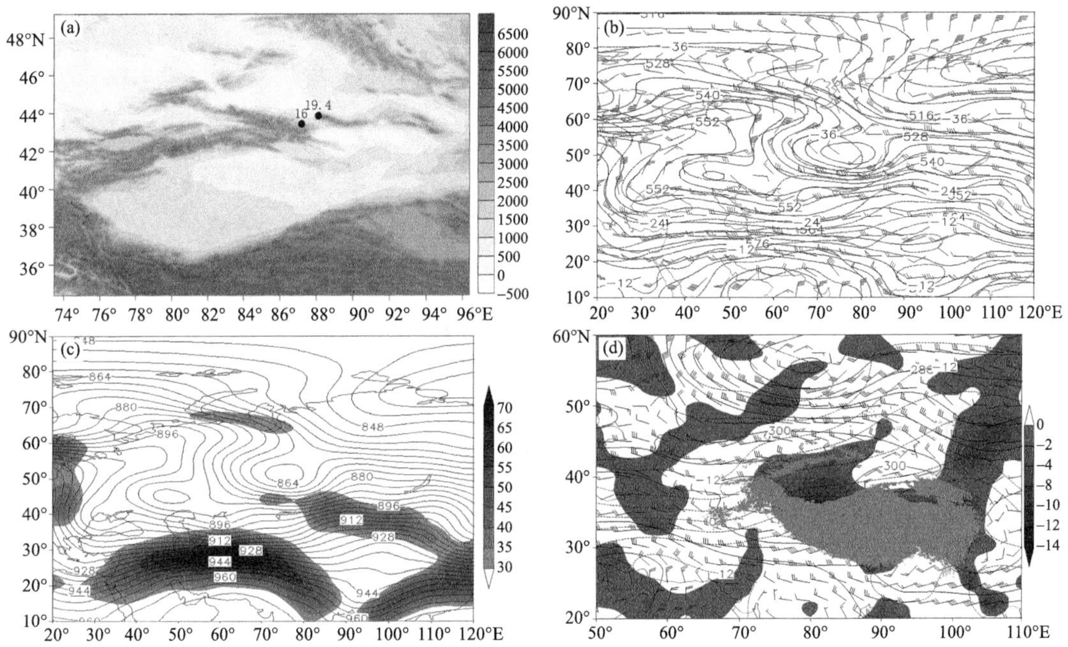

图 3.177　(a)2021 年 3 月 30 日暴雪分布（单位：mm；填色为地形，单位：m）；以及 3 月 29 日 20 时(b) 500 hPa 高度场（实线，单位：dagpm）、温度场（虚线，单位：℃）、风场（单位：m · s^{-1}），(c)300 hPa 高度场（实线，单位：dagpm）和风速≥30 m · s^{-1} 的急流（填色，单位：m · s^{-1}），(d)700 hPa 高度场（实线，单位：dagpm）、温度场（虚线，单位：℃）、风场（单位：m · s^{-1}）及水汽通量散度（填色，单位：10^{-5} g · cm^{-2} · hPa^{-1} · s^{-1}，浅灰色阴影为≥3 km 的地形）

3.2.159　2021 年 4 月 2—3 日博州、伊犁州、阿克苏地区暴雪

【暴雪概况】暴雪出现在：2 日伊犁州霍尔果斯 13.3 mm、博州温泉 16.7 mm、阿克苏地区拜城 41.0 mm；3 日博州温泉 13.1 mm。过程暴雪中心出现在阿克苏地区拜城（图 3.178a）

【环流背景】1 日 20 时，500 hPa 欧亚范围内 50°N 以北为极涡活动区，中心位于新地岛南部，其底部为强锋区；50°N 以南中低纬呈两脊两槽型，地中海东部为低涡，中亚为从北支上脱离的槽区，伊朗高原—里海—咸海、东亚为脊区；新疆西部受中亚槽前西南气流影响（图 3.178b）；极涡旋转略有南压，其底部锋区上不断分裂短波影响里海—咸海脊，同时该脊受地中海槽前暖平流的影响向北发展，受其影响该脊略有东移，高纬冷空气沿脊前东南下至中亚槽

内，增强了其斜压性，逐渐加深切涡，并分裂短波东移造成新疆西部暴雪天气（图略）。300 hPa 上新疆西部处于风速＞35 m·s^{-1}的高空西北急流轴左侧辐散区，急流核风速＞50 m·s^{-1}（图 3.178c），700 hPa 上该区位于偏西气流和水汽通量散度辐合区（图 3.178d）。暴雪区位于高空西北急流轴左侧辐散区，中亚低槽前西南气流，低空偏西气流和水汽通量散度辐合区，以及地面冷锋后的重叠区域（图略）。

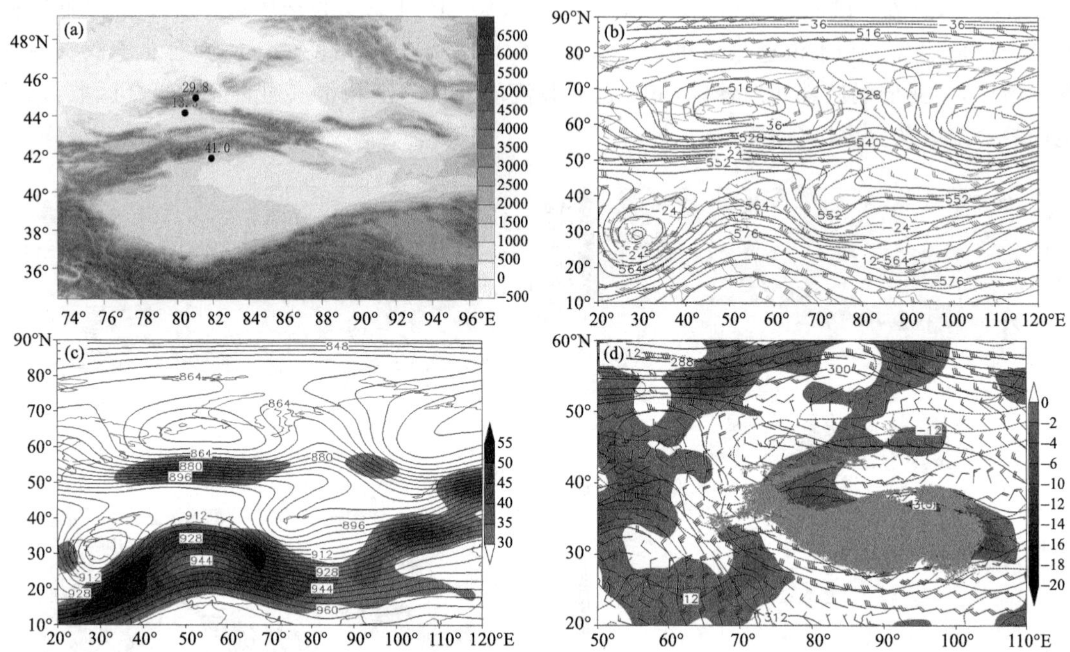

图 3.178　(a)2021 年 4 月 2—3 日暴雪量站点分布（单位：mm；填色为地形，单位：m）；以及 1 日 20 时 (b)500 hPa 高度场（实线，单位：dagpm）、温度场（虚线，单位：℃）、风场（单位：m·s^{-1}），(c)300 hPa 高度场（实线，单位：dagpm）和风速≥30 m·s^{-1}的急流（填色，单位：m·s^{-1}），(d)700 hPa 高度场（实线，单位：dagpm）、温度场（虚线，单位：℃）、风场（单位：m·s^{-1}）及水汽通量散度（填色，单位：10^{-5} g·cm^{-2}·hPa^{-1}·s^{-1}，浅灰色阴影为≥3 km 的地形）

2021 年 4 月 2 日，拜城县遭受 60 年不遇特大暴雪极端天气过程，致使 14 个乡镇（管委会）农作物、农业设施、牲畜、林果等受灾农户 7141 户 14978 人。造成农作物受损3756.1 hm^2，其中小麦 2981.0 hm^2、玉米 17.8 hm^2、蔬菜 75.1 hm^2、油菜 682.2 hm^2；农业设施受损 3903 座，其中，温室 31 座、大田拱棚 373 座、庭院小拱棚 3499 座；牲畜死亡 3441 只，其中，牛 2 头、羊 2027 只、鸡 782 只、鸽子 630 只；果树受损 1600 hm^2；倒塌彩钢棚 698 间、饲料棚 9 座；造成 17 家企业彩钢板房、车棚受损。累计经济损失 8654.96 万元。

3.2.160　2021 年 4 月 21—22 日伊犁州、塔城地区、乌鲁木齐市、昌吉州暴雪

【暴雪概况】暴雪出现在：21 日塔城地区北部塔城 22.8 mm；22 日昌吉州天池 16.4 mm、奇台 19.7 mm，乌鲁木齐市小渠子 15.3 mm，伊犁州新源 24.2 mm；其中，伊犁州新源为暴雪中心（图 3.179a）。

【环流背景】20 日 20 时，500 hPa 欧亚范围内为经向环流呈两脊一槽型，伊朗高原至欧洲为高压脊区，贝加尔湖为浅脊，西伯利亚为低涡，槽西南伸至中亚的咸海附近，新疆北部位于该

低槽底部西南锋区上(图 3.179b)；受西欧低槽的影响，欧洲脊东扩，使槽底西南锋区上不断分裂短波东移造成新疆北部暴雪天气(图略)。300 hPa 上新疆北部处于风速＞40 m·s^{-1}高空西南急流轴右侧辐散区(图 3.179c)，700 hPa 上天山北坡及山区位于风速＞12 m·s^{-1}偏西急流轴右侧辐合区和水汽通量散度辐合区(图 3.179d)。暴雪区位于高空西南急流轴右侧辐散区，中亚槽前西南锋区，低空偏西急流轴右侧辐合区和水汽通量散度辐合区，以及地面冷锋附近的重叠区(图略)。

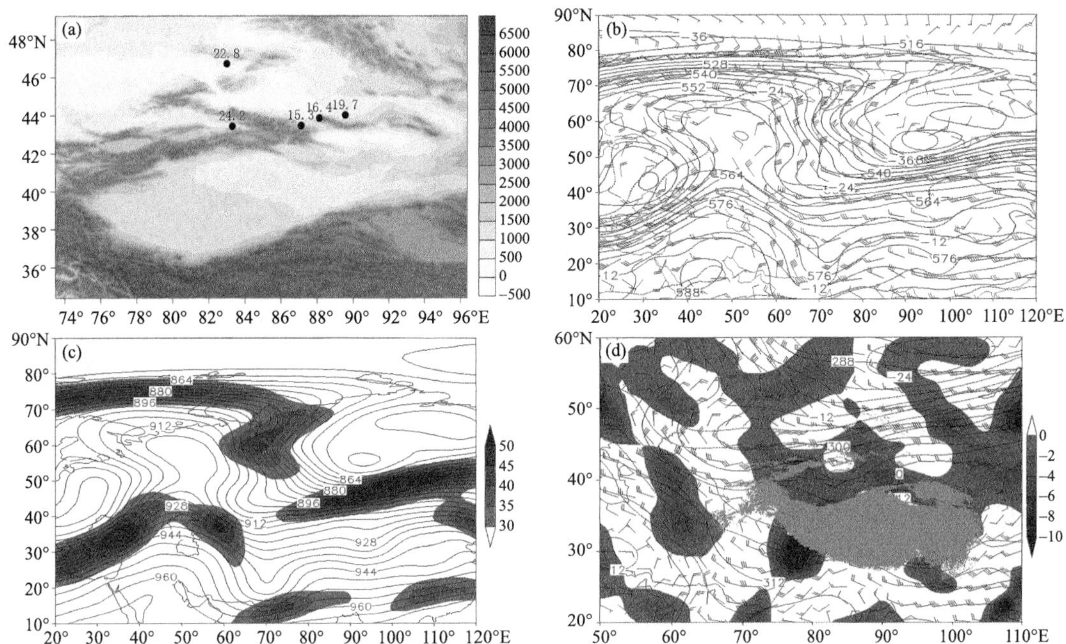

图 3.179　(a)2021 年 4 月 21—22 日累计暴雪量站点分布(单位:mm;填色为地形,单位:m)；以及 4 月 20 日 20 时(b)500 hPa 高度场(实线,单位:dagpm)、温度场(虚线,单位:℃)、风场(单位:m·s^{-1})，(c) 300 hPa 高度场(实线,单位:dagpm)和风速≥30 m·s^{-1}的急流(填色,单位:m·s^{-1})；(d)21 日 02 时 700 hPa 高度场(实线,单位:dagpm)、温度场(虚线,单位:℃)、风场(单位:m·s^{-1})及水汽通量散度(填色,单位:10^{-5} g·cm^{-2}·hPa^{-1}·s^{-1},浅灰色阴影为≥3 km 的地形)

3.2.161　2021 年 10 月 2 日伊犁州、乌鲁木齐市暴雪

【暴雪概况】暴雪出现在伊犁州昭苏 21.1 mm，乌鲁木齐市牧试站 12.1 mm、小渠子 13.1 mm，其中，伊犁州昭苏为暴雪中心(图 3.180a)。

【环流背景】1 日 20 时，500 hPa 欧亚范围内中高纬为两脊一槽型，欧洲、贝加尔湖为高压脊区，西西伯利亚为低涡，低涡底部偏西气流与低纬锋区在咸海—巴尔喀什湖—新疆北部汇合，新疆北部受较强的西风锋区控制，最大西风风速达 40 m·s^{-1}(图 3.180b)；西西伯利亚低涡旋转，底部锋区南压，其上不断分裂短波槽东移造成伊犁州、乌鲁木齐市山区暴雪天气(图略)。300 hPa 新疆北部受风速＞30 m·s^{-1}的高空西风急流控制，急流核风速＞50 m·s^{-1}；天山山区位于高空西风急流轴附近辐散区(图 3.180c)，700 hPa 上该区位于风速＞12 m·s^{-1}低空偏西急流轴右侧辐合区和水汽通量散度辐合区域(图 3.180d)。暴雪区位于高空西风急流轴附近辐散区，西西伯利亚低涡底部较强西风锋区，低空偏西急流轴右侧辐合区和水汽通量

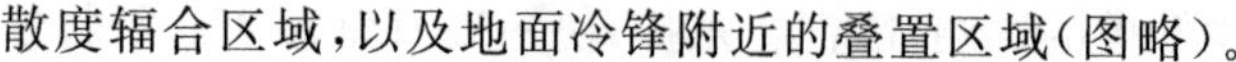
散度辐合区域，以及地面冷锋附近的叠置区域(图略)。

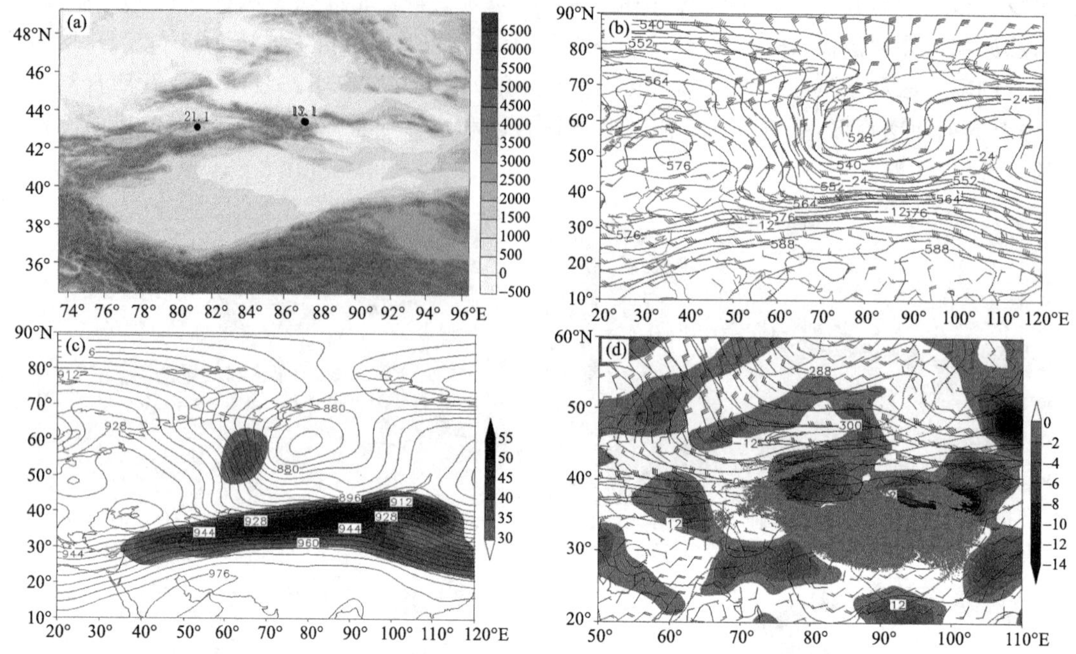

图 3.180　(a)1980 年 10 月 2 日暴雪量站点分布(单位:mm;填色为地形,单位:m);以及 10 月 1 日 20 时(b)500 hPa 高度场(实线,单位:dagpm)、温度场(虚线,单位:℃)、风场(单位:$m \cdot s^{-1}$),(c)300 hPa 高度场(实线,单位:dagpm)和风速≥30 $m \cdot s^{-1}$ 的急流(填色,单位:$m \cdot s^{-1}$);(d)2 日 02 时 700 hPa 高度场(实线,单位:dagpm)、温度场(虚线,单位:℃)、风场(单位:$m \cdot s^{-1}$)及水汽通量散度(填色,单位:10^{-5} $g \cdot cm^{-2} \cdot hPa^{-1} \cdot s^{-1}$,浅灰色阴影为≥3 km 的地形)

3.2.162　2021 年 10 月 8 日哈密市暴雪

【暴雪概况】8 日哈密市出现暴雪,哈密 13.3 mm、巴里坤 12.1 mm (图 3.181a)。

【环流背景】7 日 20 时,500 hPa 欧亚范围内极涡位于 70°N 以北,中低纬为两脊一槽型,欧洲为脊区,蒙古为浅脊,新疆北部为横槽,东疆受横槽南部的偏西锋区控制(图 3.181b);欧洲脊顶受极涡西伸的影响东扩,使新疆北部横槽转竖减弱东移南下造成哈密市暴雪天气(图略)。300 hPa 上东疆处于风速>40 $m \cdot s^{-1}$高空西南急流轴附近辐散区(图 3.181c),700 hPa 上该区位于低空偏西气流和水汽通量散度辐合区(图 3.181d)。暴雪区位于高空西南急流轴附近辐散区,新疆北部横槽南部偏西锋区,低空偏西气流和水汽通量散度辐合区,以及地面图上冷锋后部的重叠区域(图略)。

3.2.163　2021 年 11 月 27 日乌鲁木齐市、昌吉州暴雪

【暴雪概况】27 日暴雪出现在乌鲁木齐市乌鲁木齐 13.2 mm,昌吉州天池 12.8 mm(图 3.182a)。

【环流背景】26 日 20 时,500 hPa 欧亚范围内 60°N 以北为极涡活动区,其底部为强锋区,中低纬以纬向环流为主,里海—咸海和贝加尔湖东部为浅脊,中亚为短波低槽区,新疆北部受中亚短波槽前西南锋区影响(图 3.182b);里海—咸海浅脊东移使中亚短波槽东移造成天山北坡及山区暴雪天气(图略)。300 hPa 上新疆北部位于风速>40 $m \cdot s^{-1}$的高空西南急流轴右侧

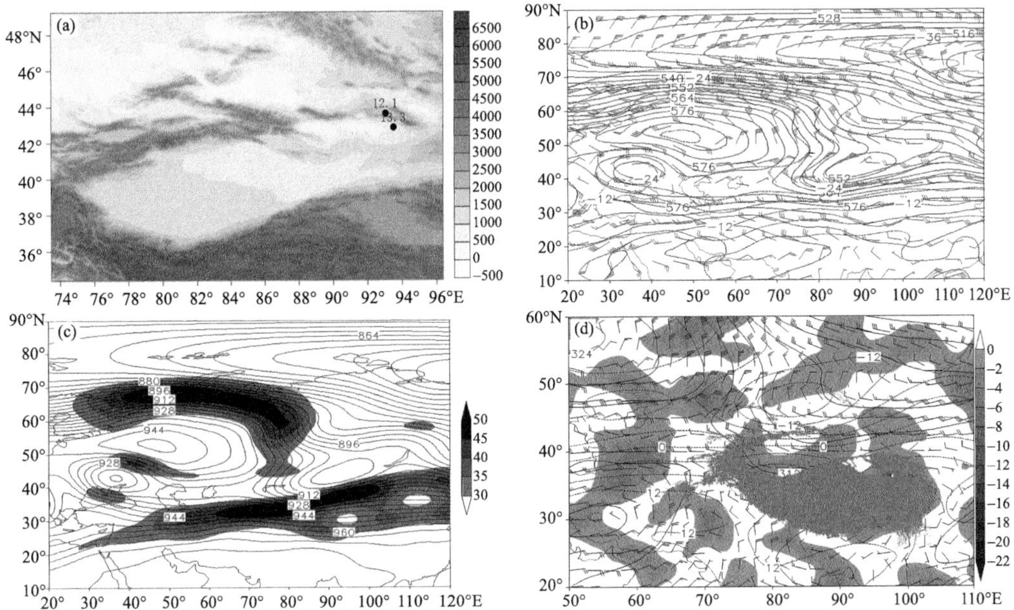

图 3.181 (a)2021年10月8日累计暴雪量站点分布(单位:mm;填色为地形,单位:m);以及7日20时(b)500 hPa高度场(实线,单位:dagpm)、温度场(虚线,单位:℃)、风场(单位:m·s⁻¹),(c)300 hPa高度场(实线,单位:dagpm)和风速≥30 m·s⁻¹的急流(填色,单位:m·s⁻¹),(d)700 hPa高度场(实线,单位:dagpm)、温度场(虚线,单位:℃)、风场(单位:m·s⁻¹)及水汽通量散度(填色,单位:10^{-5} g·cm⁻²·hPa⁻¹·s⁻¹,浅灰色阴影为≥3 km的地形)

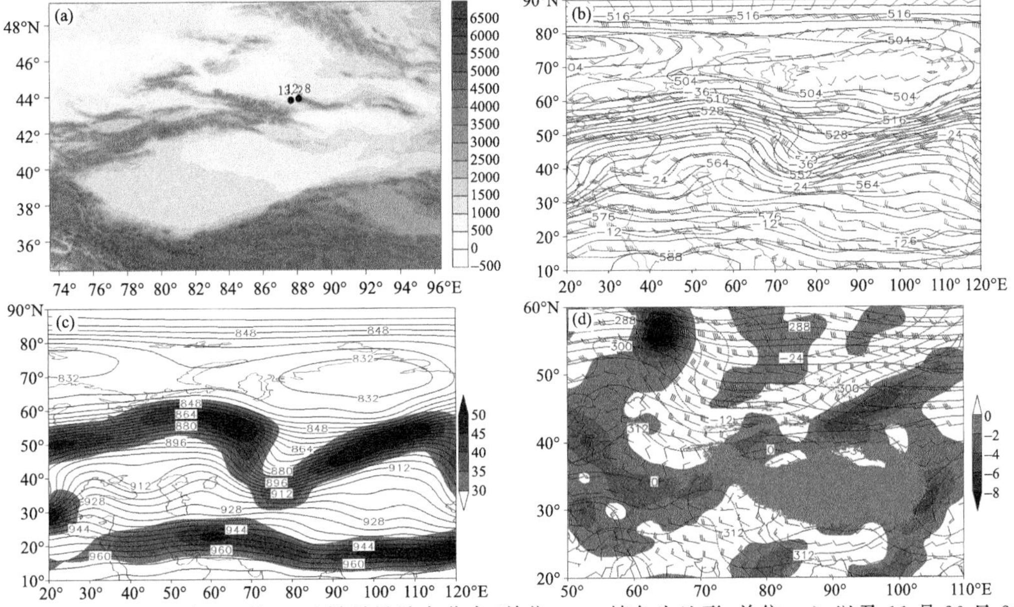

图 3.182 (a)2021年11月27日暴雪量站点分布(单位:mm;填色为地形,单位:m);以及11月26日20时(b)500 hPa高度场(实线,单位:dagpm)、温度场(虚线,单位:℃)、风场(单位:m·s⁻¹),(c)300 hPa高度场(实线,单位:dagpm)和风速≥30 m·s⁻¹的急流(填色,单位:m·s⁻¹),(d)700 hPa高度场(实线,单位:dagpm)、温度场(虚线,单位:℃)、风场(单位:m·s⁻¹)及水汽通量散度(填色,单位:10^{-5} g·cm⁻²·hPa⁻¹·s⁻¹,浅灰色阴影为≥3 km的地形)

辐散区(图 3.182c),700 hPa 上天山北极及山区位于低空显著西北气流风速辐合区及其与天山地形形成的辐合抬升区,并有水汽通量散度辐合区配合(图 3.182d)。暴雪区位于高空西南急流轴右侧辐散区,中亚短波槽前西南锋区,低空显著西北气流风速辐合区及其与天山地形形成的辐合抬升区和水汽通量散度辐合区,以及地面冷锋附近的重叠区域(图略)。

续表

序号	年	月	日	暴雪站点及降水量
66	1985	08	03	乌鲁木齐市天山大西沟站日降水量为 14.4 mm
67	1985	08	27	克州吐尔尕特站日降水量为 18.6 mm
68	1985	09	06	哈密市巴里坤站日降水量为 13.2 mm
69	1985	11	01	伊犁州新源站日降水量为 12.1 mm
70	1985	12	22	塔城地区裕民站日降水量为 14.5 mm
71	1986	02	07	伊犁州尼勒克站日降水量为 16.8 mm
72	1986	02	22	博州阿拉山口站日降水量为 33.1 mm
73	1986	02	23	博州阿拉山口站日降水量为 21.7 mm
74	1986	03	19	阿克苏地区库车站日降水量为 13.7 mm
75	1986	03	29	克州乌恰站日降水量为 23.0 mm
76	1986	04	07	塔城地区额敏站日降水量为 15.2 mm
77	1986	04	08	阿勒泰地区青河站日降水量为 15.2 mm
78	1986	04	22	伊犁州尼勒克站日降水量为 13.5 mm
79	1986	04	30	克州吐尔尕特站日降水量为 13.1 mm
80	1986	05	20	乌鲁木齐市牧试站日降水量为 23.7 mm
81	1986	05	30	巴州巴音布鲁克站日降水量为 21.9 mm
82	1986	06	05	乌鲁木齐市天山大西沟站日降水量为 17.6 mm
83	1986	06	06	乌鲁木齐市天山大西沟站日降水量为 16.9 mm
84	1986	06	09	乌鲁木齐市天山大西沟站日降水量为 12.6 mm
85	1986	06	10	乌鲁木齐市天山大西沟站日降水量为 14.7 mm
86	1986	06	11	昌吉州天池站日降水量为 17.5 mm
87	1986	06	13	克州吐尔尕特站日降水量为 13.8 mm
88	1986	06	28	乌鲁木齐市天山大西沟站日降水量为 14.6 mm
89	1986	06	29	乌鲁木齐市天山大西沟站日降水量为 12.5 mm
90	1986	08	23	克州吐尔尕特站日降水量为 24.4 mm
91	1986	12	07	博州博乐站、昌吉州天池站日降水量分别为 13.4 mm、13.6 mm
92	1987	01	14	博州阿拉山口站日降水量为 14.1 mm
93	1987	02	17	克州阿图什站日降水量为 12.2 mm
94	1987	04	03	博州温泉站日降水量为 14.3 mm
95	1987	04	04	塔城地区塔城站日降水量为 14.1 mm
96	1987	04	09	克州乌恰站日降水量为 16.0 mm
97	1987	04	17	乌鲁木齐市小渠子站日降水量为 14.2 mm
98	1987	04	18	昌吉州天池站日降水量为 16.1 mm
99	1987	04	23	昌吉州木垒站、哈密市巴里坤站日降水量分别为 21.9 mm、17.5 mm
100	1987	05	06	昌吉州天池站日降水量为 16.2 mm
101	1987	07	07	乌鲁木齐市天山大西沟站日降水量为 12.9 mm

续表

序号	年	月	日	暴雪站点及降水量
102	1987	07	12	克州吐尔尕特站日降水量为 26.5 mm
103	1987	07	18	乌鲁木齐市天山大西沟站日降水量为 30.5 mm
104	1987	07	27	乌鲁木齐市天山大西沟站日降水量为 37.4 mm
105	1987	10	08	伊犁州尼勒克站日降水量为 20.7 mm
106	1987	10	15	博州温泉站、巴州巴仑台站日降水量分别为 14.4 mm、12.8 mm
107	1987	11	16	阿勒泰地区富蕴站、塔城地区塔城站日降水量分别为 14.7 mm、12.4 mm
108	1987	12	22	阿勒泰地区阿勒泰站日降水量为 15.0 mm
109	1987	12	23	塔城地区裕民站日降水量为 18.0 mm
110	1988	04	02	伊犁州新源站日降水量为 13.9 mm
111	1988	04	15	昌吉州天池站日降水量为 24.4 mm
112	1988	05	17	乌鲁木齐市天山大西沟站日降水量为 21.4 mm
113	1988	05	27	昌吉州天池站日降水量为 14.4 mm
114	1988	06	10	克州吐尔尕特站日降水量为 18.9 mm
115	1988	07	07	乌鲁木齐市天山大西沟站日降水量为 17.1 mm
116	1988	07	08	乌鲁木齐市天山大西沟站日降水量为 12.2 mm
117	1988	08	20	乌鲁木齐市天山大西沟站日降水量为 22.5 mm
118	1988	08	27	克州吐尔尕特站日降水量为 21.8 mm
119	1988	08	30	乌鲁木齐市天山大西沟站日降水量为 19.4 mm
120	1988	09	17	克州吐尔尕特站日降水量为 22.3 mm
121	1988	09	28	昌吉州天池站日降水量为 57.4 mm
122	1988	10	09	乌鲁木齐市乌鲁木齐站、昌吉州木垒站、哈密市巴里坤站日降水量分别为 12.1 mm、12.2 mm、20.6 mm
123	1988	10	17	伊犁州特克斯站日降水量为 20.2 mm
124	1988	11	14	昌吉州木垒站日降水量为 12.6 mm
125	1988	12	05	塔城地区塔城站日降水量为 15.9 mm
126	1989	04	12	巴州轮台站日降水量为 18.7 mm
127	1989	04	18	博州温泉站日降水量为 15.4 mm
128	1989	04	19	乌鲁木齐市小渠子站日降水量为 12.3 mm
129	1989	04	20	昌吉州天池站日降水量为 14.4 mm
130	1989	04	27	昌吉州天池站日降水量为 18.2 mm
131	1989	05	23	克州吐尔尕特站日降水量为 12.5 mm
132	1989	06	09	乌鲁木齐市天山大西沟站日降水量为 18.3 mm
133	1989	06	30	乌鲁木齐市天山大西沟站日降水量为 18.3 mm
134	1989	09	01	乌鲁木齐市天山大西沟站日降水量为 25.0 mm
135	1989	09	06	乌鲁木齐市天山大西沟站日降水量为 15.5 mm
136	1989	09	10	克州吐尔尕特站日降水量为 16.6 mm

续表

序号	年	月	日	暴雪站点及降水量
137	1989	09	21	昌吉州天池站日降水量为 21.6 mm
138	1989	10	25	塔城地区额敏站日降水量为 17.3 mm
139	1989	11	23	伊犁州伊宁县站日降水量为 16.3 mm
140	1989	12	19	伊犁州察布查尔站日降水量为 13.7 mm
141	1990	03	11	伊犁州伊宁县站日降水量为 15.5 mm
142	1990	05	19	巴州巴音布鲁克站日降水量为 19.0 mm
143	1990	06	15	乌鲁木齐市天山大西沟站日降水量为 23.8 mm
144	1990	06	23	乌鲁木齐市天山大西沟站日降水量为 13.4 mm
145	1990	07	11	乌鲁木齐市天山大西沟站日降水量为 17.5 mm
146	1990	10	19	伊犁州伊宁县站日降水量为 17.6 mm
147	1990	10	20	昌吉州天池站日降水量为 15.4 mm
148	1990	10	21	伊犁州伊宁县站日降水量为 13.9 mm
149	1990	11	04	伊犁州尼勒克站日降水量为 18.9 mm
150	1990	11	06	塔城地区沙湾站日降水量为 17.5 mm
151	1990	11	07	昌吉州木垒站、哈密市红柳河站日降水量分别为 16.7 mm、12.8 mm
152	1990	11	17	塔城地区塔城站日降水量为 12.3 mm
153	1991	01	29	博州温泉站日降水量为 12.6 mm
154	1991	04	11	克州阿合奇站日降水量为 17.8 mm
155	1991	04	16	克州阿合奇站日降水量为 13.2 mm
156	1991	04	18	克州阿合奇站日降水量为 19.3 mm
157	1991	05	27	克州吐尔尕特站日降水量为 16.1 mm
158	1991	07	01	乌鲁木齐市天山大西沟站日降水量为 15.6 mm
159	1991	07	13	乌鲁木齐市天山大西沟站日降水量为 36.3 mm
160	1991	07	14	乌鲁木齐市天山大西沟站日降水量为 17.3 mm
161	1991	07	22	乌鲁木齐市天山大西沟站日降水量为 14.8 mm
162	1991	08	09	乌鲁木齐市天山大西沟站日降水量为 23.9 mm
163	1991	11	04	伊犁州新源站日降水量为 16.4 mm
164	1991	11	27	塔城地区塔城站日降水量为 14.7 mm
165	1991	12	14	伊犁州尼勒克站日降水量为 15.8 mm
166	1992	05	26	克州吐尔尕特站日降水量为 23.3 mm
167	1992	06	08	乌鲁木齐市天山大西沟站日降水量为 14.0 mm
168	1992	06	12	乌鲁木齐市天山大西沟站日降水量为 22.5 mm
169	1992	06	14	克州吐尔尕特站日降水量为 18.5 mm
170	1992	06	19	昌吉州天池站日降水量为 14.5 mm
171	1992	07	03	乌鲁木齐市天山大西沟站日降水量为 16.1 mm
172	1992	07	04	乌鲁木齐市天山大西沟站日降水量为 35.7 mm

续表

序号	年	月	日	暴雪站点及降水量
173	1992	08	11	乌鲁木齐市天山大西沟站日降水量为 13.1 mm
174	1992	09	30	伊犁州昭苏站日降水量为 12.2 mm
175	1992	12	15	塔城地区裕民站日降水量为 15.3 mm
176	1992	12	16	阿勒泰地区富蕴站日降水量为 12.3 mm
177	1993	02	04	塔城地区塔城站日降水量为 12.2 mm
178	1993	03	04	伊犁州伊宁县站日降水量为 13.6 mm
179	1993	03	18	阿克苏地区阿克苏站、和田地区洛浦站日降水量分别为 20.7 mm、12.4 mm
180	1993	03	24	克州乌恰站日降水量为 12.9 mm
181	1993	04	09	伊犁州昭苏站日降水量为 19.9 mm
182	1993	04	29	伊犁州昭苏站日降水量为 14.2 mm
183	1993	05	05	昌吉州天池站日降水量为 12.3 mm
184	1993	05	09	伊犁州尼勒克站日降水量为 14.2 mm
185	1993	05	12	克州阿合奇站日降水量为 13.6 mm
186	1993	05	13	伊犁州昭苏站日降水量为 20.9 mm
187	1993	05	18	乌鲁木齐市小渠子站、昌吉州木垒站日降水量分别为 12.2 mm、16.6 mm
188	1993	05	26	克州吐尔尕特站日降水量为 38.3 mm
189	1993	05	27	乌鲁木齐市天山大西沟站日降水量为 15.6 mm
190	1993	06	17	乌鲁木齐市天山大西沟站日降水量为 18.1 mm
191	1993	06	24	乌鲁木齐市天山大西沟站日降水量为 14.8 mm
192	1993	08	11	乌鲁木齐市天山大西沟站日降水量为 21.6 mm
193	1993	08	27	乌鲁木齐市天山大西沟站日降水量为 15.2 mm
194	1993	09	24	昌吉州天池站日降水量为 19.2 mm
195	1993	10	06	伊犁州昭苏站日降水量为 15.9 mm
196	1993	11	18	伊犁州新源站日降水量为 14.3 mm
197	1993	11	19	阿克苏地区乌什站日降水量为 12.7 mm
198	1993	12	10	伊犁州伊宁县站日降水量为 15.5 mm
199	1994	03	10	伊犁州尼勒克站日降水量为 16.0 mm
200	1994	04	02	伊犁州新源站日降水量为 19.3 mm
201	1994	04	22	克州吐尔尕特站日降水量为 15.7 mm
202	1994	04	23	克州吐尔尕特站日降水量为 15.2 mm
203	1994	05	12	乌鲁木齐市天山大西沟站日降水量为 20.9 mm
204	1994	06	01	伊犁州昭苏站日降水量为 21.1 mm
205	1994	06	13	乌鲁木齐市天山大西沟站日降水量为 24.5 mm
206	1994	06	14	乌鲁木齐市天山大西沟站日降水量为 13.7 mm
207	1994	06	15	乌鲁木齐市天山大西沟站、巴州巴音布鲁克站日降水量分别为 18.4 mm、24.9 mm
208	1994	07	15	巴州巴音布鲁克站日降水量为 34.8 mm

续表

序号	年	月	日	暴雪站点及降水量
209	1994	07	20	乌鲁木齐市天山大西沟站日降水量为 17.6 mm
210	1994	11	12	博州温泉站、伊犁州昭苏站日降水量分别为 14.1 mm、21.7 mm
211	1994	11	26	乌鲁木齐市乌鲁木齐站日降水量为 12.6 mm
212	1994	12	10	阿克苏地区阿克苏站日降水量为 17.0 mm
213	1995	03	24	克州乌恰站日降水量为 20.3 mm
214	1995	04	05	昌吉州天池站日降水量为 12.3 mm
215	1995	04	14	克州乌恰站日降水量为 14.4 mm
216	1995	04	22	克州乌恰站日降水量为 24.5 mm
217	1995	06	04	乌鲁木齐市天山大西沟站日降水量为 16.5 mm
218	1995	07	16	乌鲁木齐市天山大西沟站日降水量为 16.9 mm
219	1995	09	04	乌鲁木齐市天山大西沟站日降水量为 17.8 mm
220	1995	10	26	塔城地区裕民站日降水量为 16.6 mm
221	1996	03	08	克州阿合奇站日降水量为 14.4 mm
222	1996	03	09	克州阿合奇站日降水量为 12.5 mm
223	1996	05	06	克州吐尔尕特站日降水量为 13.4 mm
224	1996	05	16	克州吐尔尕特站日降水量为 19.4 mm
225	1996	05	17	克州吐尔尕特站日降水量为 18.0 mm
226	1996	06	14	乌鲁木齐市天山大西沟站日降水量为 12.2 mm
227	1996	06	19	克州吐尔尕特站日降水量为 18.1 mm
228	1996	06	22	乌鲁木齐市天山大西沟站日降水量为 22.9 mm
229	1996	06	23	乌鲁木齐市天山大西沟站日降水量为 20.6 mm
230	1996	06	30	乌鲁木齐市天山大西沟站日降水量为 24.3 mm
231	1996	07	14	乌鲁木齐市天山大西沟站、克州吐尔尕特站日降水量分别为 23.4 mm、22.8 mm
232	1996	07	19	乌鲁木齐市天山大西沟站日降水量为 40.3 mm
233	1996	07	20	乌鲁木齐市天山大西沟站日降水量为 35.3 mm
234	1996	07	25	乌鲁木齐市天山大西沟站日降水量为 29.2 mm
235	1996	08	22	乌鲁木齐市天山大西沟站日降水量为 14.6 mm
236	1996	09	26	乌鲁木齐市牧试站日降水量为 12.7 mm
237	1996	11	02	伊犁州昭苏站日降水量为 14.8 mm
238	1997	03	11	伊犁州霍城站日降水量为 13.3 mm
239	1997	06	24	乌鲁木齐市天山大西沟站日降水量为 16.6 mm
240	1997	06	29	乌鲁木齐市天山大西沟站日降水量为 19.9 mm
241	1997	08	25	乌鲁木齐市天山大西沟站、巴州巴音布鲁克站日降水量分别为 14.9 mm、21.7 mm
242	1997	10	15	克州吐尔尕特站日降水量为 14.1 mm
243	1997	11	08	伊犁州霍尔果斯站日降水量为 13.6 mm
244	1998	02	10	塔城地区塔城站日降水量为 12.6 mm

续表

序号	年	月	日	暴雪站点及降水量
245	1998	03	08	哈密市伊吾站日降水量为 22.2 mm
246	1998	03	09	哈密市伊吾站日降水量为 16.9 mm
247	1998	03	16	伊犁州新源站日降水量为 12.8 mm
248	1998	04	21	伊犁州昭苏站日降水量为 13.8 mm
249	1998	04	28	乌鲁木齐市天山大西沟站日降水量为 14.0 mm
250	1998	04	29	昌吉州木垒站日降水量为 17.1 mm
251	1998	04	30	哈密市巴里坤站日降水量为 19.6 mm
252	1998	05	26	乌鲁木齐市天山大西沟站日降水量为 13.4 mm
253	1998	07	01	乌鲁木齐市天山大西沟站日降水量为 33.6 mm
254	1998	07	13	乌鲁木齐市天山大西沟站日降水量为 13.0 mm
255	1998	07	20	乌鲁木齐市天山大西沟站日降水量为 31.8 mm
256	1998	08	03	乌鲁木齐市天山大西沟站日降水量为 18.0 mm
257	1998	08	12	乌鲁木齐市天山大西沟站日降水量为 35.0 mm
258	1998	08	21	乌鲁木齐市天山大西沟站日降水量为 25.3 mm
259	1998	08	25	乌鲁木齐市天山大西沟站日降水量为 17.6 mm
260	1998	11	19	塔城地区裕民站日降水量为 17.0 mm
261	1998	11	29	伊犁州伊宁县站日降水量为 14.7 mm
262	1999	01	03	昌吉州米泉站日降水量为 12.6 mm
263	1999	03	23	伊犁州新源站日降水量为 17.7 mm
264	1999	03	30	伊犁州特克斯站、昌吉州木垒站日降水量分别为 12.6 mm、12.1 mm
265	1999	05	25	克州吐尔尕特站日降水量为 32.7 mm
266	1999	05	28	乌鲁木齐市天山大西沟站日降水量为 13.4 mm
267	1999	06	11	乌鲁木齐市天山大西沟站日降水量为 14.7 mm
268	1999	06	12	乌鲁木齐市天山大西沟站日降水量为 23.6 mm
269	1999	06	29	乌鲁木齐市天山大西沟站日降水量为 16.0 mm
270	1999	07	20	乌鲁木齐市天山大西沟站日降水量为 28.0 mm
271	1999	08	13	乌鲁木齐市天山大西沟站日降水量为 17.4 mm
272	1999	08	14	乌鲁木齐市天山大西沟站、巴州巴音布鲁克站日降水量分别为 22.3 mm、15.2 mm
273	1999	09	06	巴州巴音布鲁克站日降水量为 16.7 mm
274	1999	09	07	乌鲁木齐市天山大西沟站日降水量为 12.7 mm
275	1999	09	27	哈密市巴里坤站日降水量为 23.2 mm
276	1999	12	31	伊犁州尼勒克站日降水量为 19.8 mm
277	2000	02	22	巴州和硕站日降水量为 13.1 mm
278	2000	04	04	克州吐尔尕特站日降水量为 15.1 mm
279	2000	04	05	克州乌恰站日降水量为 24.6 mm
280	2000	04	17	昌吉州天池站日降水量为 17.6 mm

续表

序号	年	月	日	暴雪站点及降水量
281	2000	04	27	巴州巴音布鲁克站日降水量为 15.1 mm
282	2000	05	06	伊犁州昭苏站日降水量为 18.0 mm
283	2000	06	01	乌鲁木齐市天山大西沟站日降水量为 13.4 mm
284	2000	06	11	乌鲁木齐市天山大西沟站、巴州巴音布鲁克站日降水量分别为 26.1 mm、30.6 mm
285	2000	06	12	乌鲁木齐市天山大西沟站日降水量为 21.9 mm
286	2000	07	17	乌鲁木齐市天山大西沟站日降水量为 25.8 mm
287	2000	07	18	乌鲁木齐市天山大西沟站日降水量为 28.7 mm
288	2000	08	04	乌鲁木齐市天山大西沟站日降水量为 14.5 mm
289	2000	08	05	乌鲁木齐市天山大西沟站日降水量为 18.8 mm
290	2000	08	11	乌鲁木齐市天山大西沟站日降水量为 34.5 mm
291	2000	08	15	乌鲁木齐市天山大西沟站日降水量为 18.5 mm
292	2000	08	19	乌鲁木齐市天山大西沟站日降水量为 27.9 mm
293	2000	10	17	乌鲁木齐市乌鲁木齐站、昌吉州木垒站日降水量分别为 14.5 mm、15.2 mm
294	2000	10	22	阿勒泰地区富蕴站、乌鲁木齐市小渠子站日降水量分别为 13.8 mm、16.2 mm
295	2000	12	04	塔城地区塔城站日降水量为 14.9 mm
296	2000	12	05	伊犁州新源站日降水量为 13.0 mm
297	2000	12	07	阿勒泰地区富蕴站日降水量为 14.4 mm
298	2000	12	16	阿勒泰地区富蕴站日降水量为 12.5 mm
299	2001	03	01	伊犁州新源站日降水量为 15.8 mm
300	2001	04	26	昌吉州天池站日降水量为 35.1 mm
301	2001	04	28	昌吉州木垒站日降水量为 14.0 mm
302	2001	05	22	克州吐尔尕特站日降水量为 14.8 mm
303	2001	08	10	乌鲁木齐市天山大西沟站日降水量为 24.1 mm
304	2001	09	23	克州阿合奇站日降水量为 56.8 mm
305	2001	09	27	乌鲁木齐市天山大西沟站日降水量为 16.8 mm
306	2001	10	25	乌鲁木齐市小渠子站日降水量为 12.8 mm
307	2002	02	20	伊犁州伊宁站日降水量为 12.4 mm
308	2002	02	22	阿勒泰地区阿勒泰站日降水量为 12.5 mm
309	2002	03	18	伊犁州特克斯站日降水量为 18.8 mm
310	2002	03	19	乌鲁木齐市小渠子站、昌吉州木垒站日降水量分别为 12.1 mm、14.4 mm
311	2002	04	13	伊犁州昭苏站、昌吉州木垒站日降水量分别为 16.8 mm、27.4 mm
312	2002	05	23	乌鲁木齐市天山大西沟站日降水量为 14.2 mm
313	2002	06	07	乌鲁木齐市天山大西沟站日降水量为 12.7 mm
314	2002	06	17	乌鲁木齐市天山大西沟站日降水量为 25.2 mm
315	2002	06	18	乌鲁木齐市天山大西沟站日降水量为 39.6 mm
316	2002	06	21	乌鲁木齐市天山大西沟站日降水量为 14.1 mm

续表

序号	年	月	日	暴雪站点及降水量
317	2002	07	03	乌鲁木齐市天山大西沟站日降水量为 18.1 mm
318	2002	07	04	乌鲁木齐市天山大西沟站日降水量为 20.7 mm
319	2002	07	30	乌鲁木齐市天山大西沟站日降水量为 33.3 mm
320	2002	09	07	昌吉州天池站日降水量为 25.7 mm
321	2002	10	09	昌吉州天池站日降水量为 14.9 mm
322	2002	10	14	伊犁州霍尔果斯站日降水量为 30.1 mm
323	2002	10	15	伊犁州霍尔果斯站日降水量为 21.4 mm
324	2002	12	02	塔城地区塔城站日降水量为 14.6 mm
325	2003	01	16	阿勒泰地区阿勒泰站日降水量为 15.0 mm
326	2003	02	08	伊犁州察布查尔站日降水量为 13.3 mm
327	2003	02	26	巴州焉耆站日降水量为 13.7 mm
328	2003	04	09	哈密市哈密站日降水量为 15.0 mm
329	2003	04	10	克州吐尔尕特站日降水量为 24.4 mm
330	2003	05	10	乌鲁木齐市天山大西沟站日降水量为 14.7 mm
331	2003	05	11	昌吉州天池站日降水量为 46.1 mm
332	2003	05	27	克州吐尔尕特站日降水量为 14.6 mm
333	2003	06	23	乌鲁木齐市天山大西沟站日降水量为 26.4 mm
334	2003	06	30	乌鲁木齐市天山大西沟站日降水量为 20.0 mm
335	2003	07	14	乌鲁木齐市天山大西沟站日降水量为 40.2 mm
336	2003	08	05	乌鲁木齐市天山大西沟站日降水量为 28.4 mm
337	2003	08	28	乌鲁木齐市天山大西沟站日降水量为 24.4 mm
338	2003	09	18	乌鲁木齐市天山大西沟站日降水量为 16.3 mm
339	2003	09	27	昌吉州天池站日降水量为 12.7 mm
340	2003	11	26	伊犁州伊宁县站日降水量为 15.5 mm
341	2004	01	12	伊犁州伊宁县站日降水量为 13.2 mm
342	2004	02	18	乌鲁木齐市乌鲁木齐站日降水量为 17.1 mm
343	2004	02	27	乌鲁木齐市乌鲁木齐站日降水量为 12.5 mm
344	2004	05	12	昌吉州天池站日降水量为 23.3 mm
345	2004	06	24	乌鲁木齐市天山大西沟站日降水量为 25.1 mm
346	2004	07	17	克州吐尔尕特站日降水量为 13.6 mm
347	2004	07	20	乌鲁木齐市天山大西沟站日降水量为 17.6 mm
348	2004	07	31	乌鲁木齐市天山大西沟站日降水量为 28.1 mm
349	2004	08	21	乌鲁木齐市天山大西沟站日降水量为 29.8 mm
350	2004	08	27	克州吐尔尕特站日降水量为 21.1 mm
351	2004	10	21	克州乌恰站日降水量为 14.1 mm
352	2005	08	05	乌鲁木齐市天山大西沟站日降水量为 39.7 mm

续表

序号	年	月	日	暴雪站点及降水量
353	2005	08	28	乌鲁木齐市天山大西沟站、巴州巴音布鲁克站日降水量分别为 15.5 mm、25.8 mm
354	2005	08	29	乌鲁木齐市天山大西沟站日降水量为 23.5 mm
355	2005	09	02	克州吐尔尕特站日降水量为 17.5 mm
356	2005	09	28	乌鲁木齐市天山大西沟站日降水量为 12.7 mm
357	2005	10	10	昌吉州木垒站日降水量为 20.5 mm
358	2005	10	26	克州阿合奇站日降水量为 12.9 mm
359	2005	11	19	哈密市淖毛湖站日降水量为 16.9 mm
360	2005	11	20	哈密市哈密站日降水量为 19.1 mm
361	2005	12	07	伊犁州伊宁县站日降水量为 13.3 mm
362	2005	12	08	伊犁州新源站日降水量为 13.9 mm
363	2005	12	29	伊犁州新源站日降水量为 17.3 mm
364	2006	01	01	阿勒泰地区阿勒泰站日降水量为 13.2 mm
365	2006	01	10	伊犁州霍尔果斯站日降水量为 12.7 mm
366	2006	01	11	伊犁州伊宁县站日降水量为 20.4 mm
367	2006	01	26	阿勒泰地区阿勒泰站日降水量为 16.9 mm
369	2006	04	03	博州温泉站、伊犁州昭苏站日降水量分别为 20.9 mm、14.1 mm
370	2006	04	04	博州温泉站日降水量为 18.3 mm
371	2006	04	09	阿勒泰地区哈巴河站日降水量为 19.6 mm
372	2006	04	23	乌鲁木齐市牧试站日降水量为 20.9 mm
373	2006	06	03	乌鲁木齐市天山大西沟站日降水量为 19.5 mm
374	2006	06	15	乌鲁木齐市天山大西沟站日降水量为 18.6 mm
375	2006	06	19	乌鲁木齐市天山大西沟站日降水量为 13.2 mm
376	2006	09	16	乌鲁木齐市天山大西沟站日降水量为 12.9 mm
377	2007	05	28	昌吉州天池站日降水量为 41.2 mm
378	2007	06	17	乌鲁木齐市天山大西沟站日降水量为 12.2 mm
379	2007	07	10	乌鲁木齐市天山大西沟站日降水量为 23.8 mm
380	2007	07	16	乌鲁木齐市天山大西沟站日降水量为 14.0 mm
381	2007	08	13	乌鲁木齐市天山大西沟站日降水量为 36.8 mm
382	2007	08	16	乌鲁木齐市天山大西沟站日降水量为 18.9 mm
383	2007	09	23	乌鲁木齐市天山大西沟站日降水量为 15.4 mm
384	2007	11	24	石河子市乌兰乌苏站、伊犁州新源站日降水量分别为 12.1 mm、14.3 mm
385	2007	12	26	博州阿拉山口站日降水量为 14.8 mm
386	2008	04	09	哈密市巴里坤站日降水量为 13.7 mm
387	2008	04	17	塔城地区托里站日降水量为 13.1 mm
388	2008	08	05	乌鲁木齐市天山大西沟站日降水量为 22.2 mm
389	2008	08	12	克州吐尔尕特站日降水量为 16.2 mm

续表

序号	年	月	日	暴雪站点及降水量
390	2008	08	18	乌鲁木齐市天山大西沟站日降水量为 15.4 mm
391	2008	09	06	巴州巴音布鲁克站日降水量为 19.0 mm
392	2008	12	26	克州吐尔尕特站日降水量为 12.6 mm
393	2009	02	21	伊犁州伊宁县站日降水量为 15.7 mm
394	2009	03	19	博州博乐站、伊犁州新源站日降水量分别为 26.4 mm、19.2 mm
395	2009	03	31	伊犁州昭苏站日降水量为 12.4 mm
396	2009	04	16	乌鲁木齐市小渠子站日降水量为 12.2 mm
397	2009	05	07	昌吉州天池站日降水量为 15.7 mm
398	2009	06	04	乌鲁木齐市天山大西沟站日降水量为 15.2 mm
399	2009	06	10	克州吐尔尕特站日降水量为 13.5 mm
400	2009	06	13	乌鲁木齐市天山大西沟站日降水量为 13.1 mm
401	2009	06	30	乌鲁木齐市天山大西沟站日降水量为 25.4 mm
402	2009	07	01	乌鲁木齐市天山大西沟站日降水量为 29.8 mm
403	2009	08	06	乌鲁木齐市天山大西沟站日降水量为 17.6 mm
404	2009	09	09	克州吐尔尕特站日降水量为 15.2 mm
405	2009	09	11	巴州巴音布鲁克站日降水量为 19.2 mm
406	2009	09	28	克州吐尔尕特站日降水量为 14.5 mm
407	2009	10	24	昌吉州天池站日降水量为 13.4 mm
408	2009	11	10	乌鲁木齐市乌鲁木齐站日降水量为 12.2 mm
409	2009	11	24	塔城地区裕民站日降水量为 13.7 mm
410	2010	01	16	阿勒泰地区富蕴站日降水量为 12.1 mm
411	2010	01	17	阿勒泰地区阿勒泰站日降水量为 14.5 mm
412	2010	01	18	伊犁州新源站日降水量为 18.1 mm
413	2010	02	21	伊犁州尼勒克站日降水量为 12.6 mm
414	2010	04	08	乌鲁木齐市牧试站日降水量为 14.6 mm
415	2010	04	16	昌吉州天池站日降水量为 21.8 mm
416	2010	05	08	克州吐尔尕特站日降水量为 26.0 mm
417	2010	05	12	哈密市巴里坤站日降水量为 17.0 mm
418	2010	05	16	昌吉州北塔山站日降水量为 19.6 mm
419	2010	05	30	乌鲁木齐市天山大西沟站日降水量为 12.7 mm
420	2010	06	04	乌鲁木齐市天山大西沟站日降水量为 18.1 mm
421	2010	06	05	喀什地区塔什库尔干站日降水量为 15.7 mm
422	2010	06	07	克州吐尔尕特站日降水量为 16.2 mm
423	2010	06	26	乌鲁木齐市天山大西沟站日降水量为 17.2 mm
424	2010	09	18	克州吐尔尕特站日降水量为 13.2 mm
425	2010	10	08	哈密市巴里坤站日降水量为 24.8 mm

续表

序号	年	月	日	暴雪站点及降水量
426	2010	12	27	塔城地区塔城站日降水量为 15.3 mm
427	2010	12	28	伊犁州新源站日降水量为 15.3 mm
428	2011	02	07	喀什地区塔什库尔干站日降水量为 15.9 mm
429	2011	03	11	阿勒泰地区哈巴河站、伊犁州尼勒克站日降水量分别为 12.6 mm、16.5 mm
430	2011	03	21	克州乌恰站日降水量为 17.3 mm
431	2011	05	02	昌吉州天池站日降水量为 20.2 mm
432	2011	05	11	克州吐尔尕特站日降水量为 15.9 mm
433	2011	06	03	乌鲁木齐市天山大西沟站日降水量为 15.9 mm
434	2011	07	02	乌鲁木齐市天山大西沟站日降水量为 19.3 mm
435	2011	09	16	克州吐尔尕特站日降水量为 16.7 mm
436	2011	09	30	克州吐尔尕特站日降水量为 26.4 mm
437	2011	10	09	伊犁州昭苏站、乌鲁木齐市小渠子站日降水量分别为 22.6 mm、12.3 mm
438	2011	10	10	昌吉州木垒站日降水量为 21.3 mm
439	2012	03	19	克州吐尔尕特站日降水量为 14.3 mm
440	2012	03	20	乌鲁木齐市米泉站日降水量为 12.5 mm
441	2012	04	09	乌鲁木齐市小渠子站日降水量为 15.9 mm
442	2012	05	07	乌鲁木齐市天山大西沟站日降水量为 15.1 mm
443	2012	05	08	乌鲁木齐市天山大西沟站日降水量为 13.8 mm
444	2012	07	06	乌鲁木齐市天山大西沟站日降水量为 27.2 mm
445	2012	07	09	乌鲁木齐市天山大西沟站日降水量为 17.5 mm
446	2012	09	18	克州吐尔尕特站日降水量为 16.0 mm
447	2012	09	19	乌鲁木齐市天山大西沟站日降水量为 12.3 mm
448	2012	09	22	乌鲁木齐市天山大西沟站、昌吉州天池站日降水量分别为 13.3 mm、35.1 mm
449	2012	10	19	乌鲁木齐市小渠子站日降水量为 12.3 mm
450	2012	11	20	伊犁州伊宁县站日降水量为 15.5 mm
451	2012	11	30	伊犁州特克斯站、乌鲁木齐市牧试站日降水量分别为 13.7 mm、12.2 mm
452	2013	01	28	塔城地区塔城站日降水量为 12.8 mm
453	2013	03	08	昌吉州木垒站日降水量为 15.3 mm
454	2013	06	19	巴州巴音布鲁克站日降水量为 28.9 mm
455	2013	07	02	乌鲁木齐市天山大西沟站日降水量为 23.4 mm
456	2013	07	23	乌鲁木齐市天山大西沟站日降水量为 16.7 mm
457	2013	08	26	乌鲁木齐市天山大西沟站日降水量为 17.0 mm
458	2013	09	17	乌鲁木齐市天山大西沟站日降水量为 16.0 mm
459	2013	12	02	塔城地区裕民站日降水量为 15.3 mm
460	2014	03	26	克州吐尔尕特站日降水量为 16.6 mm
461	2014	04	15	昌吉州北塔山站日降水量为 12.4 mm

续表

序号	年	月	日	暴雪站点及降水量
462	2014	04	17	昌吉州天池站、哈密市巴里坤站日降水量分别为 17.9 mm、12.9 mm
463	2014	06	03	乌鲁木齐市天山大西沟站日降水量为 30.2 mm
464	2014	06	09	乌鲁木齐市天山大西沟站日降水量为 18.9 mm
465	2014	06	22	克州吐尔尕特站日降水量为 18.9 mm
466	2014	06	26	乌鲁木齐市天山大西沟站日降水量为 17.8 mm
467	2014	07	09	乌鲁木齐市天山大西沟站日降水量为 21.0 mm
468	2014	07	16	乌鲁木齐市天山大西沟站日降水量为 33.3 mm
469	2014	11	10	巴州和硕站、阿克苏地区沙雅站日降水量分别为 18.8 mm、17.7 mm
470	2015	04	01	阿勒泰地区青河站日降水量为 13.1 mm
471	2015	04	08	克州吐尔尕特站日降水量为 14.4 mm
472	2015	05	19	乌鲁木齐市天山大西沟站日降水量为 13.3 mm
473	2015	05	26	乌鲁木齐市天山大西沟站日降水量为 13.8 mm
474	2015	06	16	乌鲁木齐市天山大西沟站日降水量为 25.6 mm
475	2015	08	15	乌鲁木齐市天山大西沟站日降水量为 14.2 mm
476	2015	08	28	克州吐尔尕特站日降水量为 14.7 mm
477	2015	08	29	乌鲁木齐市天山大西沟站日降水量为 26.6 mm
478	2015	08	30	乌鲁木齐市天山大西沟站日降水量为 29.1 mm
479	2015	10	29	哈密市巴里坤站日降水量为 13.8 mm
480	2015	12	08	阿勒泰地区阿勒泰站日降水量为 13.0 mm
481	2016	02	29	阿勒泰地区福海县三个泉站日降水量为 12.5 mm
482	2016	04	12	克州吐尔尕特站日降水量为 14.0 mm
483	2016	10	19	塔城地区裕民站日降水量为 15.4 mm
484	2016	10	26	阿克苏地区拜城站日降水量为 16.5 mm
485	2016	11	18	克州吐尔尕特站日降水量为 12.4 mm
486	2016	11	19	克州吐尔尕特站日降水量为 18.9 mm
487	2016	11	23	克州吐尔尕特站日降水量为 16.0 mm
488	2016	11	24	克州吐尔尕特站日降水量为 18.5 mm
489	2016	12	05	阿勒泰地区富蕴站日降水量为 15.5 mm
490	2017	03	04	克州乌恰站日降水量为 18.6 mm
491	2017	03	05	克州乌恰站日降水量为 15.0 mm
492	2017	03	14	克州乌恰站日降水量为 12.4 mm
493	2017	04	07	克州阿合奇站日降水量为 15.2 mm
494	2017	04	17	昌吉州天池站日降水量为 13.3 mm
495	2017	05	02	昌吉州天池站日降水量为 19.7 mm
496	2017	11	05	乌鲁木齐市小渠子站日降水量为 14.2 mm
497	2018	01	15	伊犁州霍尔果斯站日降水量为 12.9 mm

续表

序号	年	月	日	暴雪站点及降水量
498	2018	03	03	伊犁州新源站日降水量为 12.3 mm
499	2018	03	29	克州吐尔尕特站日降水量为 12.5 mm
500	2018	09	13	昌吉州天池站日降水量为 13.5 mm
501	2018	09	25	昌吉州天池站日降水量为 37.1 mm
502	2018	10	20	塔城地区塔城站日降水量为 16.2 mm
503	2018	11	01	伊犁州昭苏站日降水量为 16.9 mm
504	2018	11	25	塔城地区裕民站日降水量为 12.6 mm
505	2018	12	01	乌鲁木齐市乌鲁木齐站日降水量为 12.4 mm
506	2018	12	17	伊犁州伊宁县站日降水量为 12.2 mm
507	2019	04	07	乌鲁木齐市小渠子站日降水量为 16.0 mm
508	2019	04	26	乌鲁木齐市小渠子站日降水量分别为 14.1 mm
509	2019	04	30	克州吐尔尕特站日降水量为 13.6 mm
510	2019	05	12	克州吐尔尕特站日降水量为 12.9 mm
511	2019	05	14	昌吉州天池站日降水量为 32.5 mm
512	2019	05	18	克州吐尔尕特站日降水量为 19.1 mm
513	2019	10	22	哈密市巴里坤站日降水量为 12.7 mm
514	2019	11	08	哈密市巴里坤站日降水量为 13.2 mm
515	2019	11	16	昌吉州木垒站日降水量为 14.8 mm
516	2019	12	22	博州温泉站日降水量为 12.5 mm
517	2020	02	19	伊犁州新源站日降水量为 12.6 mm
518	2020	03	07	石河子市石河子站日降水量为 12.2 mm
519	2020	03	23	阿勒泰地区哈巴河站日降水量为 12.9 mm
520	2020	04	21	克州吐尔尕特站日降水量为 16.4 mm
521	2020	05	03	克州吐尔尕特站日降水量为 23.2 mm
522	2020	05	06	乌鲁木齐市小渠子站日降水量为 17.3 mm
523	2020	05	16	克州吐尔尕特站日降水量为 12.5 mm
524	2020	06	29	巴州巴音布鲁克站日降水量为 20.6 mm
525	2020	09	18	克州吐尔尕特站日降水量为 18.0 mm
526	2020	09	19	克州吐尔尕特站日降水量为 15.5 mm
527	2020	09	21	巴州巴音布鲁克站日降水量为 20.2 mm
528	2020	10	11	克州吐尔尕特站日降水量为 22.1 mm
529	2020	11	21	克州阿图什站日降水量为 13.4 mm
530	2020	11	29	博州博乐站日降水量为 13.3 mm
531	2021	01	13	阿勒泰地区吉木乃站日降水量为 14.6 mm
532	2021	02	12	伊犁州新源站日降水量为 12.3 mm
533	2021	04	05	哈密市伊吾站日降水量 16.3 mm

续表

序号	年	月	日	暴雪站点及降水量
534	2021	04	24	昌吉州天池站日降水量 12.6 mm
535	2021	04	25	哈密市巴里坤站日降水量 13.9 mm
536	2021	06	16	克州吐尔尕特站日降水量 15.2 mm
537	2021	10	22	克州吐尔尕特站日降水量 19.6 mm
538	2021	10	30	伊犁州昭苏站日降水量 12.2 mm
539	2021	12	09	塔城地区沙湾站日降水量 12.5 mm

第 5 章　新疆暴雪及大暴雪统计

新疆暴雪及大暴雪统计情况见表 5.1、表 5.2。

表 5.1　1980—2021 年新疆各站暴雪频次及最大日降雪量

地区	站名	暴雪频次	最大日降雪量/mm	出现日期		
				年	月	日
伊犁哈萨克自治州	霍尔果斯	28	30.1	2002	10	14
	霍城	26	22.1	2004	12	19
	伊宁	45	27.2	2010	03	28
	察布查尔	22	24.2	2000	01	02
	尼勒克	25	25.7	1996	12	30
	新源	60	34.6	1996	12	30
	昭苏	30	22.6	2011	10	09
	特克斯	16	29.9	1987	06	21
	巩留	9	17.2	2017	04	04
	伊宁县	68	28.0	2014	11	25
塔城地区	塔城	37	36.8	2010	12	03
	沙湾	17	24.7	2010	02	23
	乌苏	7	40.2	2010	02	23
	托里	6	20.1	1982	05	11
	额敏	22	39.8	2010	12	03
	裕民	35	41.4	2016	11	12
博尔塔拉蒙古自治州	温泉	22	23.3	1995	10	18
	阿拉山口	8	33.1	1986	02	22
	博乐	10	26.4	2009	03	19
阿勒泰地区	阿勒泰	24	25.2	1996	12	28
	福海	1	12.9	2010	01	07
	富蕴	31	37.3	2010	01	07
	青河	24	28.0	2016	11	16
	布尔津	4	21.6	2010	03	20
	吉木乃	2	14.6	2016	11	11
	哈巴河	16	22.0	2010	03	20
石河子市	石河子	20	26.8	1996	11	09
	莫索湾	1	14.7	2008	04	18
	炮台	3	16.7	2008	04	18
	乌兰乌苏	18	22.1	1996	11	09

续表

地区	站名	暴雪频次	最大日降雪量/mm	出现日期		
				年	月	日
哈密地区	哈密	2	19.1	2005	11	20
	巴里坤	30	24.8	2010	10	08
	伊吾	6	22.2	1998	03	08
	红柳河	1	12.8	1990	11	07
	淖毛湖	1	16.9	2005	11	19
巴音郭楞蒙古自治州	库尔勒	3	20.8	1987	02	13
	焉耆	2	17.6	1992	03	19
	和硕	4	19.2	1992	03	19
	巴仑台	10	36.2	2009	05	26
	巴音布鲁克	20	34.8	1994	07	15
	轮台	3	18.7	1989	04	12
克孜勒苏柯尔克孜自治州	乌恰	21	25.3	1995	04	06
	阿合奇	21	56.8	2001	09	23
	阿克陶	7	30.0	2003	03	02
	阿图什	11	27.6	1995	04	06
	吐尔尕特	75	38.3	1993	05	26
阿克苏地区	阿克苏	2	20.7	1993	03	18
	库车	2	14.9	2006	11	25
	温宿	1	16.6	2015	12	11
	拜城	4	41.0	2021	4	2
	柯坪	2	18.1	1993	02	18
	沙雅	3	24.5	2017	02	20
	新和	1	14.2	2006	11	25
	乌什	6	20.1	1985	03	19
喀什地区	莎车	2	17.1	1992	03	13
	塔什库尔干	2	15.9	2011	02	07
	英吉沙	6	24.6	1990	03	22
	岳普湖	1	13.4	1993	02	19
	泽普	2	17.9	1992	03	13
	伽师	1	12.9	1993	02	19
	叶城	1	19.8	1992	03	13
	喀什	7	19.7	1992	03	13
和田地区	民丰	1	12.9	1987	10	30
	于田	1	12.3	1987	10	30
	策勒	2	14.1	1996	03	30
	洛浦	2	16.4	1987	10	30
	墨玉	1	14.8	1996	03	30

续表

地区	站名	暴雪频次	最大日降雪量/mm	出现日期		
				年	月	日
乌鲁木齐市	乌鲁木齐	63	35.9	2015	12	11
	达坂城	1	28.7	2018	03	18
	天山大西沟	190	40.3	1996	07	19
	牧试站	50	33.8	2007	05	22
	小渠子	124	40.3	2007	05	22
	米泉	29	27.4	2015	12	11
昌吉回族自治州	昌吉	11	20.9	2008	04	18
	玛纳斯	3	16.7	2015	12	11
	呼图壁	8	17.7	2008	04	18
	蔡家湖	3	18	2015	12	11
	阜康	13	24.4	1996	10	21
	天池	155	57.4	1988	09	28
	吉木萨尔	8	23.8	2008	04	18
	奇台	13	18.5	2017	12	28
	北塔山	11	19.6	2010	05	16
	木垒	61	44.2	1996	08	30
克拉玛依市	克拉玛依	1	15.2	1993	03	29

表 5.2　1980—2021 年新疆大暴雪发生时间及降雪量

序号	年	月	日	站名	降水/mm
1	1980	08	09	吐尔尕特	30.7
2	1980	09	11	巴音布鲁克	26.6
3	1980	09	12	小渠子	30.8
4	1980	09	12	天池	31.2
5	1980	09	13	天池	28.2
6	1982	05	07	牧试站	26.0
7	1982	06	01	天山大西沟	24.8
8	1982	08	24	天山大西沟	29.3
9	1982	11	21	阿合奇	29.7
10	1983	05	19	小渠子	27.4
11	1983	05	19	天池	38.3
12	1983	06	02	天池	27.6
13	1983	09	16	小渠子	26.4
14	1983	10	22	米泉	25.3
15	1983	10	22	乌鲁木齐	26.7

续表

序号	年	月	日	站名	降水/mm
16	1983	10	22	小渠子	24.3
17	1983	10	22	天池	27.4
18	1984	05	11	吐尔尕特	24.6
19	1984	09	20	小渠子	24.3
20	1984	09	25	天池	24.2
21	1984	09	26	木垒	24.5
22	1985	06	02	小渠子	36.9
23	1985	06	02	天池	38.2
24	1985	06	03	天池	24.4
25	1986	02	22	阿拉山口	33.1
26	1986	08	23	吐尔尕特	24.4
27	1986	09	02	牧试站	24.4
28	1986	09	02	天池	39.4
29	1987	06	21	特克斯	29.9
30	1987	06	22	巴音布鲁克	30.3
31	1987	07	12	吐尔尕特	26.5
32	1987	07	18	天山大西沟	30.5
33	1987	07	27	天山大西沟	37.4
34	1988	04	15	天池	24.4
35	1988	09	28	天池	57.4
36	1989	09	01	天山大西沟	25.0
37	1990	03	22	乌恰	24.2
38	1990	03	22	英吉沙	24.6
39	1990	04	19	天池	28.5
40	1991	07	13	天山大西沟	36.3
41	1992	05	04	天池	32.4
42	1992	07	04	天山大西沟	35.7
43	1993	02	19	阿图什	25.9
44	1993	05	26	吐尔尕特	38.3
45	1994	04	30	特克斯	26.1
46	1994	04	30	小渠子	28.7
47	1994	04	30	天池	26.0
48	1994	05	01	阿合奇	31.3
49	1994	06	13	天山大西沟	24.5
50	1994	06	15	巴音布鲁克	24.9
51	1994	07	15	巴音布鲁克	34.8

续表

序号	年	月	日	站名	降水/mm
52	1994	09	07	小渠子	30.7
53	1994	09	14	牧试站	28.9
54	1994	09	14	天池	25.9
55	1994	10	08	天池	30.5
56	1995	04	06	阿图什	27.6
57	1995	04	06	乌恰	25.3
58	1995	04	22	乌恰	24.5
59	1995	10	19	拜城	27.4
60	1996	05	30	天池	24.2
61	1996	06	30	天山大西沟	24.3
62	1996	07	19	天山大西沟	40.3
63	1996	07	20	天山大西沟	35.3
64	1996	07	25	天山大西沟	29.2
65	1996	08	30	小渠子	39.6
66	1996	08	30	天池	31.0
67	1996	08	30	木垒	44.2
68	1996	10	21	阜康	24.4
69	1996	11	09	石河子	26.8
70	1996	11	09	新源	27.1
71	1996	12	28	阿勒泰	25.2
72	1996	12	30	尼勒克	25.7
73	1996	12	30	新源	34.6
74	1997	01	11	伊宁县	24.5
75	1997	12	17	塔城	25.3
76	1998	05	13	小渠子	29.3
77	1998	05	13	天池	24.9
78	1998	05	14	木垒	42.0
79	1998	05	19	小渠子	27.6
80	1998	05	19	天池	30.3
81	1998	05	19	木垒	36.1
82	1998	07	01	天山大西沟	33.6
83	1998	07	20	天山大西沟	31.8
84	1998	08	12	天山大西沟	35.0
85	1998	08	21	天山大西沟	25.3
86	1999	05	25	吐尔尕特	32.7
87	1999	07	20	天山大西沟	28.0

续表

序号	年	月	日	站名	降水/mm
88	2000	01	02	察布查尔	24.2
89	2000	01	02	伊宁	26.3
90	2000	01	02	伊宁县	27.4
91	2000	04	05	乌恰	24.6
92	2000	06	11	天山大西沟	26.1
93	2000	06	11	巴音布鲁克	30.6
94	2000	07	17	天山大西沟	25.8
95	2000	07	18	天山大西沟	28.7
96	2000	08	11	天山大西沟	34.5
97	2000	08	19	天山大西沟	27.9
98	2001	04	26	天池	35.1
99	2001	08	10	天山大西沟	24.1
100	2001	09	23	阿合奇	56.8
101	2002	04	13	木垒	27.4
102	2002	04	30	天池	37.4
103	2002	06	17	天山大西沟	25.2
104	2002	06	18	天山大西沟	39.6
105	2002	07	30	天山大西沟	33.3
106	2002	09	07	天池	25.7
107	2002	10	14	霍尔果斯	30.1
108	2002	11	21	塔城	30.1
109	2003	03	02	阿克陶	30.0
110	2003	04	10	吐尔尕特	24.4
111	2003	05	03	天池	38.5
112	2003	05	04	天池	50.5
113	2003	05	11	天池	46.1
114	2003	06	23	天山大西沟	26.4
115	2003	07	14	天山大西沟	40.2
116	2003	08	05	天山大西沟	28.4
117	2003	08	28	天山大西沟	24.4
118	2003	09	28	乌鲁木齐	31.5
119	2004	06	24	天山大西沟	25.1
120	2004	07	31	天山大西沟	28.1
121	2004	08	21	天山大西沟	29.8
122	2005	08	05	天山大西沟	39.7
123	2005	08	28	巴音布鲁克	25.8

续表

序号	年	月	日	站名	降水/mm
124	2007	05	09	小渠子	29.4
125	2007	05	09	天池	33.9
126	2007	05	22	小渠子	40.3
127	2007	05	22	牧试站	33.8
128	2007	05	22	天池	36.6
129	2007	05	28	天池	41.2
130	2007	08	13	天山大西沟	36.8
131	2009	03	19	博乐	26.4
132	2009	03	20	乌鲁木齐	27.5
133	2009	04	29	小渠子	29.6
134	2009	04	29	牧试站	29.5
135	2009	04	29	天池	46.0
136	2009	05	26	小渠子	36.3
137	2009	05	26	巴仑台	36.2
138	2009	05	26	牧试站	28.2
139	2009	05	26	天池	49.9
140	2009	06	30	天山大西沟	25.4
141	2009	07	01	天山大西沟	29.8
142	2010	01	07	富蕴	37.3
143	2010	01	07	青河	24.0
144	2010	02	23	乌苏	40.2
145	2010	02	23	沙湾	24.7
146	2010	02	23	新源	26.8
147	2010	03	21	沙湾	24.4
148	2010	03	28	伊宁	27.2
149	2010	05	08	吐尔尕特	26.0
150	2010	10	08	巴里坤	24.8
151	2010	12	03	塔城	36.8
152	2010	12	03	裕民	34.8
153	2010	12	03	额敏	39.8
154	2010	12	21	裕民	30.1
155	2011	02	26	阿图什	27.4
156	2011	02	26	乌恰	24.5
157	2011	04	04	乌鲁木齐	25.2
158	2011	04	28	小渠子	25.9
159	2011	09	30	吐尔尕特	26.4

续表

序号	年	月	日	站名	降水/mm
160	2012	07	06	天山大西沟	27.2
161	2012	09	22	天池	35.1
162	2012	11	08	沙湾	24.3
163	2013	06	19	巴音布鲁克	28.9
164	2014	04	08	小渠子	30.1
165	2014	06	03	天山大西沟	30.2
166	2014	07	16	天山大西沟	33.3
167	2014	10	09	木垒	31.4
168	2014	11	25	伊宁	24.6
169	2014	11	25	伊宁县	28.0
170	2015	06	16	天山大西沟	25.6
171	2015	08	29	天山大西沟	26.6
172	2015	08	30	天山大西沟	29.1
173	2015	12	11	米泉	27.4
174	2015	12	11	乌鲁木齐	35.9
175	2016	10	03	小渠子	24.8
176	2016	10	03	天池	43.3
177	2016	11	05	天池	27.9
178	2016	11	12	富蕴	25.2
179	2016	11	12	裕民	41.4
180	2016	11	16	青河	28.0
181	2017	02	20	沙雅	24.5
182	2017	04	14	天池	46.8
183	2018	03	18	达坂城	28.7
184	2018	04	19	天池	26.6
185	2018	05	07	小渠子	35.8
186	2018	05	07	牧试站	24.4
187	2018	05	07	天池	29.0
188	2018	05	24	小渠子	27.6
189	2018	05	24	牧试站	24.9
190	2018	05	24	天池	33.5
191	2018	09	25	天池	37.1
192	2018	10	18	乌鲁木齐	26.1
193	2019	05	14	天池	32.5
194	2021	04	02	拜城	41.0
195	2021	04	22	新源	24.2

参考文献

巴哈古力·买买提,2013.巴州地区局地暴雪过程诊断分析[J].沙漠与绿洲气象,7(1):28-32.

车罡,王荣梅,2005.哈密南部一次罕见暴雪天气诊断分析[J].新疆气象(S1):26-28.

崔彩霞,庄晓翠,贾丽红,等,2017.新疆北部暴雪天气预报预警技术研究[M].北京:气象出版社.

黄海波,徐海容,2007.新疆一次秋季暴雪天气的诊断分析[J].高原气象,26(3):624-629.

江远安,包斌,王旭,2001.南疆西部大降水天气过程的统计分析[J].新疆气象,24(5):19-20.

李桉孛,李如琦,李娜,等,2020.新疆北部持续暖区暴雪过程动力特征分析[J].沙漠与绿洲气象,14(5):53-60.

李娜,李如琦,秦贺,等,2020.2018年10月乌鲁木齐暴雪过程锋面分析[J].沙漠与绿洲气象,14(5):36-43.

李如琦,牟欢,肉孜·阿基,等,2013.2011年深秋北疆暴雪过程成因分析[J].沙漠与绿洲气象,7(2):9-14.

刘晶,李娜,陈春艳,2018.新疆北部一次暖区暴雪过程锋面结构及中尺度云团分析[J].高原气象,37(1):158-166.

刘崧,黄富祥,杨莲梅,等,2018.北疆暴雪发生条件的卫星遥感监测[J].高原气象,37(4):994-1001.

吕新生,万瑜,尹冰霞,等,2017.新疆北部一次强寒潮天气特征及成因[J].干旱气象,35(1):82-90.

牟欢,闵月,洪月,等,2017.2016年3月北疆一次暴雪天气过程诊断分析[J].沙漠与绿洲气象,11(6):26-33.

牟欢,赵丽,孙硕阳,等,2019.天山北麓两次暴雪天气对比分析[J].干旱区地理,42(6):1262-1272.

秦贺,杨莲梅,张云惠,2013.近40年来塔什干低涡活动特征的统计分析[J].高原气象,32(4):1042-1049.

万瑜,曹兴,窦新英,等,2014.中天山北坡一次区域暴雪气候背景分析[J].干旱区研究,31(5):891-897.

王健,宫恒瑞,贾健,等,2020.乌鲁木齐"12·27"高影响大暴雪天气综合分析[J].沙漠与绿洲气象,14(3):36-42.

王智敏,冯婉悦,李圆圆,等,2020.FY-2E卫星反演云特性参数产品在乌鲁木齐暴雪天气分析中的应用[J].沙漠与绿洲气象,14(3):53-60.

温克刚,史玉光,等,2006.中国气象灾害大典—新疆卷[M].北京:气象出版社.

杨利鸿,周宏,玛依热·艾海提,等,2015.2011年2月喀什一次暴雪天气过程分析[J].沙漠与绿洲气象,9(5):69-74.

杨霞,张云惠,赵逸舟,等,2015.南疆西部一次罕见大暴雪过程分析[J].高原气象,34(5):1414-1423.

于碧馨,张云惠,宋雅婷,2016.2012年前冬伊犁河谷持续性大暴雪成因分析[J].沙漠与绿洲气象,10(5):44-51.

于碧馨,洪月,张云惠,等,2020.天山两麓一次极端暴雪天气多尺度配置及机制分析[J].沙漠与绿洲气象,14(5):11-18.

张家宝,邓子风,1987.新疆降水概论[M].北京:气象出版社.

张家宝,苏起元,等,1986.新疆短期天气预报指导手册[M].乌鲁木齐:新疆人民出版社.

张俊兰,彭军,2017.北疆春季降水相态转换判识和成因分析[J].高原气象,36(4):939-949.

张俊兰,杨霞,李建刚,等,2018.2015年12月新疆极端暴雪天气过程分析[J].沙漠与绿洲气象,12(5):1-9.

张林梅,李博渊,庄晓翠,等,2021.新疆北部次罕见暖区暴雪过程对比分析[J].沙漠与绿洲气象,15(2):1-9.

张月华,王健,郑玉萍,等,2019.风廓线雷达资料在乌鲁木齐一次大暴雪过程分析中的应用[J].沙漠与绿洲气象,13(5):49-54.

张云惠,杨莲梅,肖开提·多莱特,等.2012.1971—2010年中亚低涡活动特征[J].应用气象学报,23(3):

312-321.

张云惠,陈春艳,杨莲梅,等,2013.南疆西部一次罕见暴雨过程的成因分析[J].高原气象,32(1):191-200.

张云惠,于碧馨,谭艳梅,等,2016a.乌鲁木齐一次极端暴雪事件中尺度分析[J].气象科技,44(3):430-438.

张云惠,于碧馨,谭艳梅,等,2016b.2011年两次中亚低涡影响南疆西部降雪机制分析[J].高原气象,35(5):1307-1316.

赵俊荣,郭金强,2010.天山北坡中部一次罕见特大暴雪天气成因[J].干旱气象,28(4):438-442.

赵俊荣,杨雪,蔺喜禄,等,2013.一次致灾大暴雪的多尺度系统配置及落区分析[J].高原气象,32(1):201-210.

朱蕾,王清平,王勇,等,2020.乌鲁木齐两次极端暴雪天气过程对比分析[J].暴雨灾害,39(3):225-233.

庄晓翠,赵俊荣,刘大锋,2004.阿勒泰地区一次暴雪天气过程分析[J].新疆气象(1):11-13.

庄晓翠,赵正波,张林梅,等,2010.新疆阿勒泰地区一次罕见暴雪天气过程分析[J].气象与环境学报,26(6):24-30.

庄晓翠,赵正波,张林梅,等,2012.新疆阿勒泰地区一次罕见暴雪天气分析[C]//沈阳第六届雨雪冰冻(霜冻)灾害论坛论文集:292-299.

庄晓翠,覃家秀,李博渊,2016a.2014年新疆西部一次暴雪天气的中尺度特征[J].干旱气象,34(2):326-334.

庄晓翠,李博渊,陈春艳,2016b.新疆北部一次暖区与冷锋暴雪并存的天气过程分析[J].气候与环境研究,21(1):17-28.

庄晓翠,崔彩霞,李博渊,等,2018a.新疆北部雪灾成因及预报技术研究[M].北京:气象出版社.

庄晓翠,李健丽,李博渊,等,2018b.天山北坡2次暴雪过程机理分析[C]//第35届中国气象学会年会S1灾害天气监测、分析与预报:2510-2522.

庄晓翠,李健丽,李博渊,等,2019.天山北坡2次暴雪过程机理分析[J].沙漠与绿洲气象,13(1):29-38.